电气自动化技能型人才实训系列

STC15增强型单片机

应用技能实训

肖明耀 程 莉 刘 平 编著

中国电力出版社
CHINA ELECTRIC POWER PRESS

内 容 提 要

STC15增强型单片机是从事工业自动化、机电一体化的技术人员应掌握的实用技术之一。本书采用以工作任务驱动为导向的项目训练模式，分为十五个项目，每个项目设有一个或多个训练任务，通过任务驱动技能训练，使读者快速掌握STC15增强型单片机的基础知识，增强C语言编程技能、STC15增强型单片机程序设计方法与技巧。项目后面设有习题，用于技能提高训练，全面提高读者STC15增强型单片机的综合应用能力。

本书由浅入深、通俗易懂、注重应用，可作为大中专院校机、电类专业的理论与实训教材，也可作为技能培训教材，还可供相关工程技术人员参考。

图书在版编目(CIP)数据

STC15增强型单片机应用技能实训/肖明耀，程莉，刘平编著. —北京：中国电力出版社，2016.4
(电气自动化技能型人才实训系列)
ISBN 978-7-5123-8881-9

Ⅰ.①S… Ⅱ.①肖…②程…③刘… Ⅲ.①单片微型计算机
Ⅳ.①TP368.1

中国版本图书馆 CIP 数据核字(2016)第 024660 号

中国电力出版社出版、发行
(北京市东城区北京站西街 19 号　100005　http://www.cepp.sgcc.com.cn)
北京雁林吉兆印刷有限公司印刷
各地新华书店经售

*

2016 年 4 月第一版　　2016 年 4 月北京第一次印刷
787 毫米×1092 毫米　16 开本　29.75 印张　808 千字
印数 0001—2000 册　定价 **69.00** 元 (1CD)

前 言

"电气自动化技能型人才实训系列"为电气类高技能人才的培训教材，以培养学生实际综合动手能力为核心，采取以工作任务为载体的项目教学方式，淡化理论，强化应用方法和技能的培养。本书为"电气自动化技能型人才实训系列"之一。

单片机已经广泛应用于我们的生活和生产领域中，目前很难找到没有单片机应用的领域，如飞机的各种仪表控制、计算机网络通信、控制数据传输、工控过程的数据采集与处理，以及各种 IC 智能卡、电视、洗衣机、空调、汽车控制、电子玩具、医疗电子设备、智能仪表均使用了单片机。

STC15 增强型单片机相对于 8051 单片机性能增强了许多，它以单时钟/机器周期运行，速度较普通 8051 单片机快 8～12 倍；片内拥有大容量 4096 字节的 SRAM；具有在系统、在应用可编程功能；具有 8 通道 10 位高速 ADC，便于进行模拟量处理；具有完全独立的高速异步串行通信端口，便于通信应用；具有 7 个定时器，具有可编程时钟输出功能；具有 PCA、PWM、CCP 功能，通用 I/O 端口最多达 62 个，便于扩展应用。

STC15 增强型单片机是从事工业自动化、机电一体化的技术人员应掌握的实用技术之一。本书采用以工作任务驱动为导向的项目训练模式，介绍了工作任务中所需的 STC15 增强型单片机的基础知识和完成任务的方法，通过完成工作任务的实际技能训练提高 STC15 增强型单片机综合应用的技巧和技能。

全书分为认识单片机，学用 C 语言编程，单片机的输入/输出控制，定时器、计数器及应用，突发事件的处理——中断，单片机的串行通信，应用 LCD 模块，模拟量处理，应用串行总线接口，矩阵 LED 点阵控制，电动机的控制、红外发射与接收、实时多任务操作系统及应用、模块化编程训练、创新设计十五个项目，每个项目设有一个或多个训练任务，通过任务驱动技能训练，使读者快速掌握 STC15 增强型单片机的基础知识，强化 C 语言编程技能、STC15 增强型单片机程序设计方法与技巧。项目后面设有习题，用于技能提高训练，全面提高读者 STC15 增强型单片机的综合应用能力。

本书由肖明耀、程莉、刘平编著。

由于编写时间仓促，加上作者水平有限，书中难免存在错误和不妥之处，恳请广大读者批评指正。

编　者

目　录

项目一 认识 STC15 单片机

 学习目标

(1) 了解单片机的基本结构。
(2) 了解 STC15 单片机的特点。
(3) 学会使用单片机开发工具。

任务 1 认识 STC15 系列单片机

 基础知识

一、单片机

1. 概述

将运算器、控制器、存储器、内部和外部总线系统、I/O 接口电路等集成在一片芯片上组成电子器件，即构成了单芯片微型计算机，即单片机。它的体积小、重量轻、价格便宜，为学习、应用和开发微型控制系统提供了便利条件。单片机的外形如图 1-1 所示。

单片机是由单板机发展过来的。将 CPU 芯片、存储器芯片、I/O 接口芯片和简单的 I/O 设备（小键盘、LED 显示器）等组装在一块印刷电路板上，再配上监控程序，就构成了一个单板微型计算机系统（简称单板机）。随着技术的发展，人们设想将计算机 CPU 和大

图 1-1 单片机

量的外围设备集成在一个芯片上，使微型计算机系统更小，更适应工作于复杂同时对体积要求严格的控制设备中，由此便产生了单片机。

Intel 公司按照这样的理念开发设计出具有运算器、控制器、存储器、内部和外部总线系统、I/O 接口电路的单片机，其中最典型的是 Intel 的 8051 系列。

单片机经历了低性能初级探索阶段、高性能单片机阶段、16 位单片机升级阶段、微控制器的全面发展阶段等四个阶段的发展。

（1）低性能初级探索阶段（1976～1978 年）。以 Intel 公司的 MCS-48 为代表，它采用了单片结构，即在一块芯片内集成有 8 位 CPU、定时/计数器、并行 I/O 口、RAM 和 ROM 等，主要用于工业领域。

（2）高性能单片机阶段（1978～1982 年）。单片机带有串行 I/O 口、8 位数据线、16 位地址线（可以寻址的范围达到 64KB）、控制总线、较丰富的指令系统等，推动了单片机的广泛应用，并不断地改进和发展。

（3）16 位单片机升级阶段（1982～1990 年）。16 位单片机除 CPU 为 16 位外，片内 RAM 和 ROM 的容量也进一步增大，且增加了字处理指令，实时处理能力更强，体现了微控制器的特征。

（4）微控制器的全面发展阶段（1990 年至今）。微控制器的全面发展阶段，各公司的产品在尽量兼容的同时，向高速、强运算能力、寻址范围大、通信功能强以及小巧廉价等方向发展。

2. 单片机的发展趋势

随着大规模集成电路及超大规模集成电路的发展，单片机将向着更深层次发展。

（1）高集成度。一片单片机内部集成的 ROM/RAM 容量增大，增加了电闪存储器，具有掉电保护功能，并且集成了 A/D、D/A 转换器、定时器/计数器、系统故障监测和 DMA 电路等。

（2）引脚多功能化。随着芯片内部功能的增强和资源的不断丰富，一脚多用的设计方案日益显示出其重要地位。随着芯片内部功能的增强和资源的丰富，一脚多用的设计方案日益显示出其重要地位。

（3）高性能。这是单片机发展所追求的一个目标，更高的性能将会使单片机应用系统设计变得更加简单、可靠。

（4）低功耗。这将是未来单片机发展所追求的一个目标。随着单片机集成度的不断提高，由单片机构成的系统体积越来越小，低功耗将是设计单片机产品时首先考虑的指标。

3. 常用的单片机芯片

（1）8051 单片机。8051 单片机是 Intel 公司推出的 8051/31 类单片机，也是世界上使用量最大的几种单片机之一。由于 Intel 公司将重点放在 286、386、奔腾等与 PC 类兼容的高档芯片开发上，8051 类单片机主要由 Philips、三星、华帮等公司接手。他们在保持与 8051 单片机兼容的基础上改善了 8051 的许多特点，提高了速度，降低了时钟频率，放宽了电源电压的动态范围。

目前增强型 8051 系列单片机一般采用 CMOS 工艺制作，故称作 80C51 系列单片机。

增加计数器、中断数量，扩展片内 RAM 空间的单片机为 8052 系列或 80C52 系列单片机。

（2）Philips 单片机。Philips 单片机是基于 8051 内核的单片机，嵌入了掉电检测、RC 振荡器，它速度快，具有集成度较高、成本低、功耗低的特点，应用广泛。

（3）三星单片机。三星单片机有 KS51、KS57 系列 4 位单片机，KS86、KS88 系列 8 位单片机，KS17 系列 16 位单片机和 KS32 系列 32 位单片机，三星还为 ARM 公司生产 ARM 单片机，三星 OTP 型单片机具有 ISP 在系统可编程功能。

（4）华帮单片机。华帮单片机属于 8051 类单片机，它们的 W78 系列与标准的 8051 兼容，W77 系列为增强型 51 单片机，对 8051 的时序做了改进，因此在同样的时钟下，速度快了不少。在 4 位机上，华帮有 921 系列等，带 LCD 驱动的 741 系列等。

（5）Motorola 单片机。Motorola 是世界上最大的单片机厂商，其产品品种全，选择余地大，新产品多，在 8 位机方面有 68HC05 和升级产品 68HC08。68HC05 有 30 多个系列、200 多个品种，产量超过 20 亿片。8 位增强型单片机 68HC11 也有 30 多个品种，年产量在 1 亿片以上，升级产品有 68HC12。16 位单片机 68HC16 有十多个品种。32 位单片机 683XX 系列有几十个品种。Motorola 单片机的特点之一是在同样的速度下所用的时钟较 Intel 类单片机低得多，因而使得它高频噪声低，抗干扰能力强，更适用于工控领域以及恶劣环境中。

（6）Microchip 单片机。Microchip 单片机是市场份额增长最快的单片机。它的主要产品是 16C 系列 8 位 PIC 单片机，它的 CPU 采用 RISC 结构，仅 33 条指令，运行速度快，且以低价位著称。

Microchip 单片机没有掩膜产品，全部都是 OTP 器件（现已推出 Flash 型单片机）。Microchip 单片机使用量大，档次低，强调节约成本的最优化设计，适应价格敏感的产品。

（7）Scenix 单片机。Scenix 单片机的 I/O 模块最有创意。

I/O 模块的集成与组合技术是单片机技术不可缺少的重要方面。除传统的 I/O 功能模块，如并行 I/O、UART、SPI、I²C、A/D、PWM、PLL、DTMF 等，新的 I/O 模块也在不断出现，如 USB、CAN、J1850 等，它集成了包括各种通信协议在内的 I/O 模块，通信功能更强。

（8）NEC 单片机。NEC 单片机自成体系，以 8 位机 78K 系列产量最高，也有 16 位、32 位单片机。16 位单片机采用内部倍频技术，以降低外时钟频率，部分单片机芯片采用内置操作系统。

（9）富士通单片机。富士通也有 8 位、16 位和 32 位单片机，但是 8 位机使用的是 16 位的 CPU 内核。也就是说 8 位机与 16 位机指令相同，这使得开发比较容易。

（10）Zilog 单片机。Z8 单片机是该公司的产品，它采用多累加器结构，有较强的中断处理能力。其产品为 OTP 型，Z8 单片机的开发工具可以说是物美价廉。Z8 单片机以低价位的优势面向低端应用。

（11）美国 Atmel 单片机。Atmel 公司的单片机是目前世界上一种独具特色而性能卓越的单片机。它将 8051 内核与其 Flash 专利技术结合，具有较高的性价比。它有 AT89、AT90 两个系列。AT89 系列是 8 位的 Flash 单片机，与 8051 系列兼容，其中 AT89S51 应用十分活跃。AT90 系列是增强型 RISC 内载 Flash 单片机，通常称为 AVR 系列。

（12）美国 TI 公司单片机。美国 TI 公司将 8051 内核与 ADC、DAC 结合起来，生产出了具有模拟量处理功能的单片机。

MSP430 系列单片机是由 TI 公司开发的 16 位单片机。其突出特点是超低功耗，非常适合于各种功率要求低的场合。它有多个系列和型号，分别由一些基本功能模块按不同的应用目标组合而成。其典型应用是流量计、智能仪表、医疗设备和保安系统等方面的应用。由于其具有较高的性能价格比，因此它的应用已日趋广泛。

（13）凌阳单片机。台湾凌阳科技股份有限公司致力于 8 位和 16 位机的开发。SPMC65 系列单片机是凌阳主推产品，采用 8 位 SPMC65 CPU 内核，不同型号的芯片只是对片内资源进行删减，其最大的特点就是超强的抗干扰能力。它广泛应用于家用电器、工业控制、仪器仪表、安防报警、计算机外围等领域。SPMC75 系列单片机具有多功能 I/O 口、串行口、ADC、定时计数器等硬件模块，以及能产生电动机驱动波形的 PWM 发生器，有很强的抗干扰能力，广泛应用于变频家电、变频器、工业控制等控制领域。

（14）SST 单片机。美国 SST 公司推出的 SST89 系列单片机为标准的 51 系列单片机，它与 8052 系列单片机兼容，提供系统在线编程（ISP）功能，内部 Flash 擦写次数 1 万次以上，程序保存时间可达 100 年。

（15）8051F 单片机。8051F 单片是 Silicon Labs 公司开发的片上系统单片机。它改进了 8051 内核，具有 JTAG 接口，可以实现在线下载和调试程序。

（16）中国深圳宏晶 STC 系列单片机。中国深圳宏晶 STC 系列单片机是 2005 年推出中国本土的第一款具有全球竞争力的，且与 MCS-51 兼容的 STC 系列单片机。它完全兼容 51 单片机，是新一代增强型单片机，它速度快、抗干扰性强、加密性强、带 ADC、PWM，超低功耗，可以远程升级，内部有 MAX810 专用复位电路，价格也较低廉，这些特点使得 STC 系列单片机的应用日益广泛。

深圳宏晶科技有限公司根据市场需求，在 STC89C51、STC89C52 的基础上，先后推出 STC10、STC11、STC12、STC15 系列的单片机。

4. STC15F2K60S2 单片机

STC15F2K60S2 单片机是一种增强型的 8051 单片机，是新型的 Flash 单片机，与传统的 8051 系列单片机兼容，在片内资源、操作性能和运行速度上做了较大的改进。STC15 系列单片机能够对应用程序进行在线修改，具有 ISP（在系统编程）和 IAP（在应用编程）功能，可以把单片机芯片硬件配置为具有仿真功能的单片机，与 Keil C51 编译器配合使用，进行仿真实验。

（1）性能特点。

1）高速。增强型 8051 内核，每个机器周期只需要 1 个系统时钟，速度比传统 8051 快 8~12 倍。

2）宽电压。3.8~5.5V。

3）低功耗设计。可工作于低速模式、空闲模式、停机模式，支持掉电唤醒。

4）不需要外部复位。内部高可靠复位设计，8 级可选复位门限电压，可省略外部复位电路。

5）不需要外部晶振。内部高精度 RC 振荡器，可省略外部晶振，内部时钟频率 5~35MHz 可选。

6）具有 ISP（在系统编程）/IAP（在应用编程）功能。无需专用编程器和仿真器。

7）内置 Flash 程序存储器。8~62 KB Flash 程序存储器，擦写次数 10 万次以上。

8）大容量存储器。2048 字节的 SRAM 存储器，1~53 KB 的 Flash 数据存储器（EEP-ROM），擦写次数 10 万次以上。

9）3 通道捕获/比较单元（PWM/PCA/CCP）。

10）8 通道高速 10 位 ADC。速度可达 30 万次/秒。

11）6 个定时器。3 个 16 位可重装初值定时器 T0/T1/ T2，3 个 CCP 可再实现 3 个定时器。

12）两个全双工异步串行口。

13）高速 SPI 串行同步通信接口。

14）多路可编程时钟输出。

15）最多 42 根 I/O 口线。每个 I/O 口驱动能力均可达 20mA，但整个芯片不可超过 120mA。

16）硬件看门狗（WDT）。

（2）内部结构框图。STC15F2K60S2 单片机结构中包含运算器、控制器、片内存储器，兼容 8051 系列单片机，但功能更强，除传统 4 个 I/O 口外增加了 P4、P5 口，串行口两个，可以同时使用；包含 6 个定时器；3 个 16 位可重装初值定时器 T0/T1/T2；3 个（PWM/PCA/CCP）；3 个 CCP 可再实现 3 个定时器。其中的 PWM 功能可以用作 D/A 转换器。它具有一个掉电唤醒定时器，一个片内看门狗，12 个中断源，两个中断优先级；具有 8 通道高速 A/D 转换器，还有高速 SPI 串行同步通信接口；具有外部总线功能，具有 ISP（在系统编程）/IAP（在应用编程）功能；具有大容量存储器（8~62KB Flash 程序存储器，2KB 的 SRAM 存储器）；具有多种封装形式（PDIP40、LQFP44）。STC15F2K60S2 内部结构如图 1-2 所示。

（3）存储器。传统的 8051 单片机片内只读存储器（ROM）用作程序存储器，用于存放已编好的程序、数据表格等。片内读写存储器（RAM）又称随机存取存储器，可用于存放输入、输出数据和中间计算结果，同时还作为数据堆栈区。当存储器的容量不够时，可以进行外部扩展。

STC15F2K60S2 单片机的存储器在结构上分为程序存储器（ROM）和数据存储器（RAM），其内部采用程序存储器与数据存储器各自独立编址的结构形式。在物理结构上共有 4 个存储空间：片内 Flash 程序存储器、片内数据 Flash 存储器、片内基本 RAM 存储器与片内扩展 XRAM 存储器。

1）片内 Flash 程序存储器。片内 Flash 程序存储器用于存储用户程序、常数、表格数据等，

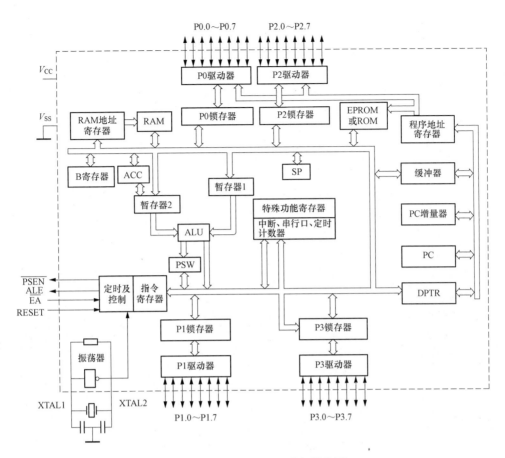

图 1-2　STC15F2K60S2 内部结构图

地址范围是 0000H～EFFFH，通常在 0000H 单元存放一条长跳转指令，转移到用户主程序指定的地址，开始运行用户主程序。

2）片内数据 Flash 存储器。片内数据 Flash 存储器通常由 EEPROM 电可擦除可编程存储器组成，用于存储经常修改的掉电后有需要保存的参数数据，地址范围是 0000H～3FFFH，分成两个扇区，每个扇区 512 字节，擦除按扇区进行。

3）片内基本 RAM 存储器。片内基本 RAM 存储器分成两个区：低 128 字节分为工作寄存器区（00H～1FH）、位寻址区（20H～2FH）和通用 RAM 区（30H～7FH）；高 128 字节为特殊功能寄存器区，也可以用作通用 RAM。通过直接寻址访问特殊功能寄存器，通过间接寻址访问通用 RAM。

特殊功能寄存器用于特殊功能模块的管理和控制，并监视其状态的变化。

STC15F2K60S2 单片机的特殊功能寄存器见表 1-1。

表 1-1　　　　　　　　　　　　　　　特殊功能寄存器

寄存器	功能	地址	位地址								复位值
P0	P0 口	80H	P0.7	P0.6	P0.5	P0.4	P0.3	P0.2	P0.1	P0.0	11111111
SP	堆栈指针	81H									00000111
DPL	数据指针低字节	82H									00000000

续表

寄存器	功能	地址	位地址								复位值
DPH	数据指针高字节	83H									00000000
S4CON	串口4控制寄存器	84H	S4SM0	S4SM1	S4SM2	S4REN	S4TB8	S4RB8	S4TI	S4RI	00000000
S4BUF	串口4数据缓冲器	85H									00000000
PCON	电源控制	87H	SMOD	SMOD0	LVDF	POF	GF1	GF0	PD	IDL	00110000
TCON	定时器/计数器控制	88H	TF1	TR1	TF0	TR0	IE1	IT1	IE0	IT0	00000000
TMOD	定时器/计数器方式控制	89H	GATA	C/T̄	M1	M0	GATA	C/T̄	M1	M0	00000000
TL0	定时器/计数器0低字节	8AH									00000000
TL1	定时器/计数器1低字节	8BH									00000000
TH0	定时器/计数器0高字节	8CH									00000000
TH1	定时器/计数器1高字节	8DH									00000000
AUXR	辅助	8EH	T0x12	T1x2	UART_M0x6	T2R	T2C/T	T2x12	EXTRAM	S1ST2	00000001
INT_CLK0	时钟分频	8FH	—	EX4	EX3	EX2	—	T2CLKO	T1CLKO	T0CLKO	x000x000
P1	P1口寄存器	90H	P1.7	P1.6	P1.5	P1.4	P1.3	P1.2	P1.1	P1.0	11111111
P1M0	P1口模式配置寄存器0	91H									00000000
P1M1	P1口模式配置寄存器1	92H									00000000
P0M0	P0口模式配置寄存器0	93H			—						00000000
P0M1	P0口模式配置寄存器1	94H									00000000
P2M0	P2口模式配置寄存器0	95H									00000000
P2M1	P2口模式配置寄存器1	96H									00000000
CLK-DIV	时钟分频	97H	MCKO-S1	MCKO-S0	ADRJ	Tx-Rx	Tx2-Rx2	CLKS2	CLKS1	CLKSO	00000000

寄存器	功能	地址	位地址								复位值
SCON	串口控制寄存器	98H	SM0	SM1	SM2	REN	TB8	RB8	TI	RI	00000000
SBUF	串口数据缓冲器	99H									00000000
S2CON	串口2控制寄存器	9AH	S2M0	—	S2M2	S2REN	S2TB8	S2RB8	S2TI	S2RI	00000000
S2BUF	串口2数据缓冲器	9BH									00000000
P1ASF	P1 模拟功能配置寄存器	9DH	P17ASF	P16ASF	P14ASF	P14ASF	P13ASF	P12ASF	P11ASF	P10ASF	00000000
P2	P1 口寄存器	A0H	P2.7	P2.6	P2.5	P2.4	P2.3	P2.2	P2.1	P2.0	11111111
BUS-SPEED	总线速度控制	A1H	—	—	—	—	—	—	EXRT1	EXRT0	xxxxxx10
AUXR1	辅助寄存器	A2H	S1_S1	S1_S0	CCP_S1	CCP_S0	SPI_S1	SPI_S0	0	DPS	01000000
IE	中断控制	A8H	EA	ELVD	EADC	ES	ET1	EX1	ET0	EX0	00000000
SADDR	从机地址控制寄存器	A9H									00000000
WKTCL	掉电唤醒定时器低位	AAH									11111111
WKTCH	掉电唤醒定时器高位	ABH									01111111
IE2	中断控制寄存器2	AFH	—	—	—	—	—	ET2	ESPI	ES2	xxxxx000
P3	P3 口寄存器	B0H	P3.7	P3.6	P3.5	P3.4	P3.3	P3.2	P3.1	P3.0	11111111
P3M0	P3 口模式配置寄存器 0	B1H									00000000
P3M1	P3 口模式配置寄存器 1	B2H									00000000
P4M0	P4 口模式配置寄存器 0	B3H									00000000
P4M1	P4 口模式配置寄存器 1	B4H									00000000
IP2	中断优先级控制 2	B5H	—	—	—	—	—	—	PSPI	PS2	xxxxxx00
IP	中断优先级控制	B8H	PPCA	PLVF	PADC	PS	PT1	PX1	PT0	PX0	00000000
SADEN	从机地址掩模	BAH									00000000
P_SW2	外围功能切换	BBH	—	—	—	—	—	S4_S	S3_S	S2_S	xxxxx000

续表

寄存器	功能	地址	位地址								复位值
ADC_CONTR	A/D 转换控制	BCH	ADC-POWER	SPEED1	SPEED0	ADC-FLAG	ADC_START	CHS2	CHS1	CHS0	00000000
ADC_RES	A/D 转换结果高位	BDH									00000000
ADC_RESL	A/D 转换结果低位	BEH									00000000
P4	P4 口寄存器	C0H	P4.7	P4.6	P4.5	P4.4	P4.3	P4.2	P4.1	P4.0	11111111
WDT_CONTR	看门狗控制	C1H	WDT_FLAG	—	EN_WDT	CLR_WDT	IDEL_WDT	PS2	PS1	PS0	0x000000
IAP_DATA	IAP 数据	C2H									11111111
IAP_ADDRH	IAP 地址高位	C3H									00000000
IAP_ADDRL	IAP 地址低位	C4H									00000000
IAP_CMD	IAP 命令	C5H	—						MS1	MS0	xxxxxx00
IAP_TRIG	IAP 触发	C6H									
IAP_CONTR	IAP 控制	C7H	IAPEN	SWBS	SWRST	CDM_FAIL	—	WT2	WT1	WT0	0000x000
P5	P5 口寄存器	C8H	—	—	P5.5	P5.4	P5.3	P5.2	P5.1	P5.0	xx111111
P5M0	P5 口模式配置 0	C9H									xx000000
P5M1	P5 口模式配置 1	CAH									xx000000
SPSTAT	SPI 状态	CDH	SPIF	WCOL							00xxxxxx
SPCTL	SPI 控制	CEH	SSIG	SPEN	DORD	WSTR	CPOL	CAPHA	SPR1	SPR0	00000000
SPDAT	SPI 数据	CFH									00000000
T2H	定时器 T2 高 8 位	D6H									00000000
T2L	定时器 T2 低 8 位	D7H									00000000
CCON	PCA 控制	D8H	CF	CR	—	—	CCF3	CCF2	CCF1	CCF0	00xx0000
CMOD	PCA 方式	D9H	CIDL	—	—	—	CPS1	CPS0	ECF		0xxx0000
CCAPM0	PCA0 方式	DAH	—	ECOM0	CAPP0	CAPN0	MAT0	TOG0	PWM0	ECCF0	x0000000
CCAPM1	PCA1 方式	DBH		ECOM1	CAPP1	CAPN1	MAT1	TOG1	PWM1	ECCF1	x0000000
CCAPM2	PCA2 方式	DCH	—	ECOM2	CAPP2	CAPN2	MAT2	TOG2	PWM2	ECCF2	x0000000
CL	PCA 基准	E9H									00000000
CCAP0L	PCA0 捕获	EAH									00000000
CCAP1L	PCA1 捕获	EBH									00000000

续表

寄存器	功能	地址	位地址								复位值
CCAP2L	PCA2 捕获	ECH									00000000
PCA_PWM0	PWM 辅助寄存器 0	F2H	EBS0_1	EBS0_0	—	—	—	—	EPC0H	EPC0L	xxxxxx00
PCA_PWM1	PWM 辅助寄存器 1	F3H	EBS1_1	EBS1_0	—	—	—	—	EPC1H	EPC1L	xxxxxxx00
PCA_PWM2	PWM 辅助寄存器 2	F4H	EBS2_1	EBS2_0	—	—	—	—	EPC2H	EPC2L	xxxxxx00
CH	PCA 基准寄存器	F9H									00000000
CCAP0H	PCA1 捕获寄存器高字节	FAH									00000000
CCAP1H	PCA 捕获寄存器高字节	FBH									00000000
CCAP2H	PCA2 捕获寄存器高字节	FCH									00000000

4）片内扩展 XRAM 存储器。片内扩展 XRAM 存储器的地址范围是 0000H～06FFH。当超过 06FFH 时，系统自动访问片外扩展 RAM，通过 MOVX 指令访问，同时 STC15F2K60S2 单片机保留了数据存储器扩展功能，可以通过 AUXR 进行选择。实际应用中，应尽量使用片内扩展的 XRAM。

通过特殊功能寄存器 AUXR 的 EXTRAM 位可以设定允许或禁止访问片内扩展 XRAM。当 EXTRAM＝0 时，允许访问片内扩展 XRAM；当 EXTRAM＝1 时，禁止访问片内扩展 XRAM。

（4）单片机的时钟与时序。STC15F2K60S2 单片机可以选择使用片内 RC 振荡器时钟或外部时钟。片内 RC 振荡器时钟的选择需要通过 STC 公司提供的 STC-ISP 软件进行设置，STC-ISP 软件启动运行后，时钟频率设置如图 1-3 所示。时钟频率 f_{osc} 可在 5～35MHz 的范围内选择。

STC15F2K60S2 单片机出厂时配置为使用片内 RC 振荡器。通过 STC-ISP 软件设置可以选择使用外部时钟，这时，单片机的时钟信号由连接在单片机 XTAL1、XTAL2 引脚的晶振产生，或直接由连接于 XTAL1 的外部时钟信号提供。

STC15F2K60S2 单片机的时钟输出信号不是直接与单片机 CPU、内部接口和时钟信号连接，而是经过一个可编程时钟分频器，再提供给单片

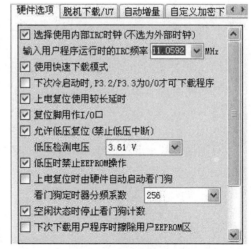

图 1-3 时钟频率设置

机 CPU 和内部接口。一般称片内 RC 振荡器或外部时钟为主时钟，其频率记为 f_{osc}，单片机 CPU、内部接口的时钟称为系统时钟，记为 f_{sys}，它们的关系是 $f_{sys}＝f_{osc}/N$，其中 N 为分频系数，通过特殊功能寄存器 CLK_DIV 进行设置，具体情况见表 1-2。

表 1-2 CPU 的系统时钟

CLKS2	CLKS1	CLKS0	分频系数	系统时钟
0	0	0	1	f_{osc}
0	0	1	2	$f_{osc}/2$
0	1	0	4	$f_{osc}/4$
0	1	1	8	$f_{osc}/8$
1	0	0	16	$f_{osc}/16$
1	0	1	32	$f_{osc}/32$
1	1	0	64	$f_{osc}/64$
1	1	1	128	$f_{osc}/128$

　　STC15F2K60S2 单片机主时钟由 P5.4 输出，主时钟输出频率由 CLK_DIV 寄存器中的 MC-KO_S1 和 MCKO_S0 位决定，主时钟输出见表 1-3。

表 1-3 主时钟输出

MCKO_S1	MCKO_S0	主时钟
0	0	禁止输出
0	1	f_{osc}
1	0	$f_{osc}/2$
1	1	$f_{osc}/4$

　　CPU 的时序是指各控制信号在时间上的相互联系与先后次序。单片机本身就如同一个复杂的同步时序电路，为了确保同步工作方式的实现，电路应在统一的时钟信号控制下按时序进行工作。

　　单片机内部有一个高增益的反相放大器，通过外引脚 XTAL1、XTAL2 连接外部石英晶体和电容组成晶体振荡器，振荡器的频率主要由石英晶体确定，外接电容有微调作用。

　　8051 型单片机时序的基本单位有节拍、状态、机器周期和指令周期。

　　节拍与状态振荡脉冲由单片机内部的振荡电路产生，一个振荡周期称为一个节拍，用 P 表示。振荡脉冲经二分频就是单片机的时钟周期。一个时钟周期称为一个状态，用 S 表示。一个状态 S 包括两个节拍——P1 和 P2。

　　晶体振荡器输出的振荡脉冲经过二分频器形成内部时钟信号，用作单片机内部各功能部件按时序协调工作的控制信号，其周期称为时钟周期，也称为状态周期。

　　机器周期是单片机的基本操作周期。一个机器周期为 12 个振荡周期，即 6 个状态，依次表示为 S1～S6。如果采用 6MHz 晶体振荡器，则每个机器周期为 $2\mu s$；如果采用 12MHz 晶体振荡器，则每个机器周期为 $1\mu s$。

　　指令周期就是执行一条指令所需要的时间，指令周期是时序中最大的时间单位。由于执行不同的指令所需要的时间长短不同，因此通常以指令消耗机器周期的多少为依据来确定指令周期。8051 单片机有单机器周期指令、双机器周期指令和四机器周期指令。四机器周期指令只有乘法和除法两条指令。

　　指令的执行速度由机器的时钟周期和指令周期决定。

单片机每条指令的执行均包括取指和执行两个阶段。在取指阶段，CPU 从程序存储器中取出指令的操作码，在执行阶段把取出的操作码进行译码，产生相应的控制信号，完成指令操作。

图 1-4 所示为 MOVX 指令取指令和执行指令的外部时序图。其中，第一机器周期为取指周期，第二机器周期为指令执行周期。

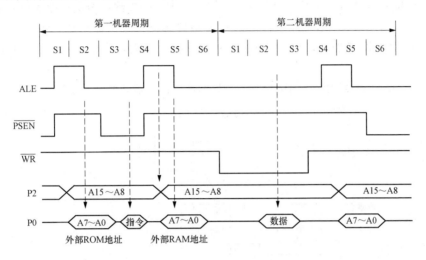

图 1-4　MOVX 指令的时序图

（5）程序状态字 PSW(D0H)。PSW 是程序状态字寄存器，用于存放程序的状态信息。PSW 的每一位均可用软件置位或清零。程序状态字寄存器各位的符号表示见表 1-4。

表 1-4　　　　　　　　　　　　　程序状态字寄存器位符号

D7	D6	D5	D4	D3	D2	D1	D0
CY	AC	F0	RS1	RS0	OV	—	P

程序状态字寄存器各位的含义见表 1-5。

表 1-5　　　　　　　　　　　　　程序状态字寄存器位信息含义

位	含　义
CY	进位标志位。执行加/减运算时，表示运算结果是否有进/借位。1 表示有进/借位，0 表示无进/借位。进行布尔操作时，CY 作为位累加器使用
AC	辅助进位标志位（半进位标志）。执行加/减运算时，若低半字节向高半字节有进/借位，则 AC 置 1，否则清零
F0	用户标志位。由用户定义的一个状态标志
RS1、RS2	工作寄存器组选择位
OV	溢出标志位。在作带符号数加/减运算时，当运算结果超出 $-128 \sim +127$ 时，产生溢出，由硬件置 1，否则清零
P	奇偶标志位。CPU 根据 A 中的内容对 P 自动置 1 或清零。当累加器 A 中"1"的个数为奇数时，则 P 置 1；当 A 中"1"的个数为偶数时，则 P 清零

工作寄存器的选择见表 1-6。

表 1-6 　　　　　　　　　　　　　　　　　**工作寄存器的选择**

RS1	RS0	工作寄存器	RS1	RS0	工作寄存器
0	0	0组（00H~07H）	1	0	2组（10H~17H）
0	1	1组（08H~0FH）	1	1	3组（18H~1FH）

（6）单片机并行接口。单片机并行 I/O 口有 32 条 I/O 口线，分为 4 个 8 位双向端口 P0、P1、P2 和 P3。每个端口均由锁存器、输出驱动电路和输入缓冲器组成，每一组 I/O 口线均能独立地进行输入输出操作，但 4 个端口的结构不尽相同，因此它们的功能和用途也不相同。

1）P0 口（见图 1-5）。P0 口内部含有一个数据输出锁存器和两个三态数据输入缓冲器。

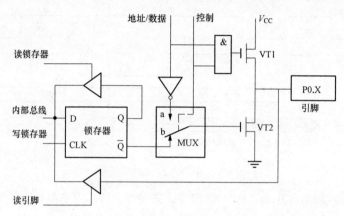

图 1-5　P0 口

一个多路转接电路 MUX 在控制信号的作用下可以分别接通锁存器输出或地址/数据线。当 P0 口作为通用的 I/O 口使用时，内部的控制信号为低电平，封锁与门将输出驱动电路的上拉场效应管（FET）截止，同时使 MUX 接通锁存器 $\overline{Q}$ 端的输出通路。

2）P1 口（见图 1-6）。P1 口一般作通用 I/O 口使用，在电路结构上与 P0 口有一些不同之处。它不再需要多路转接电路 MUX，电路的内部有上拉电阻，与场效应管共同组成输出驱动电路。当 P1 口作为输出口使用时，能向外提供推拉电流负载，无需再外接上拉电阻。

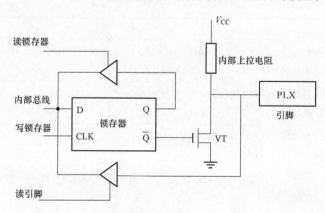

图 1-6　P1 口

3）P2 口（见图 1-7）。P2 口在电路上比 P1 口多了一个多路转换电路 MUX，与 P0 口一样。P2 口也可以作为通用 I/O 使用，这时多路转接开关倒向锁存器的 Q 端。通常应用情况下，P2

口作为高位地址线使用，此时多路转接开关应倒向相反方向。

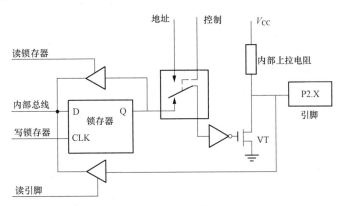

图 1-7　P2 口

4）P3 口（见图 1-8）。P3 口为双功能复用口，既可以作 I/O 口，还可以作第二功能使用。当作为 I/O 使用时，第二功能信号引线应保持高电平，与非门开通，以维持从锁存器到输出端数据输出通路的畅通。当输出第二功能信号时，该位的锁存器应置 1，使与非门对第二功能信号的输出是畅通的，从而实现第二功能信号的输出。

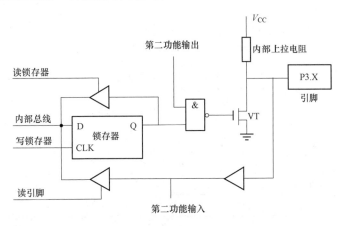

图 1-8　P3 口

P3 口的第二功能如下。

a. P3.0：RXD（串行口输入）。

b. P3.1：TXD（串行口输出）。

c. P3.2：INT0（外部中断 0 输入）。

d. P3.3：INT1（外部中断 1 输入）。

e. P3.4：T0（定时器 0 的外部输入）。

f. P3.5：T1（定时器 1 的外部输入）。

g. P3.6：$\overline{WR}$（片外数据存储器"写选通控制"输出）。

h. P3.7：$\overline{RD}$（片外数据存储器"读选通控制"输出）。

5）P4、P5 口。P4、P5 口为双功能复用口，既可以作 I/O 口，还可以作第二功能使用。当作为 I/O 使用时，第二功能信号引线应保持高电平，与非门开通，以维持从锁存器到输出端数据输出通路的畅通。当输出第二功能信号时，该位的锁存器置 1，使与非门对第二功能信号的输出是畅通的，从而实现第二功能信号的输出。

P4 口的第二功能如下。

- P4.1：MISO_3（SPI 接口）。
- P4.2：$\overline{\text{WR}}$（片外数据存储器"写选通控制"输出）。
- P4.4：$\overline{\text{RD}}$（片外数据存储器"读选通控制"输出）。
- P4.5：ALE（外部数据存储器扩展时的地址锁存信号）。
- P5.4：SS_3（SPI 接口），也可配置为 MCLKO（主时钟输出），还可配置为 RST（复位端，通过 STC-ISP 软件设置）。

（7）I/O 口的工作模式。STC15F2K60S2 单片机具有 6 个并行 I/O 端口，除 P0～P3 外还增加了 P4、P5 口，同时所有端口引脚都复合了多种功能。单片机复位后，各个端口默认为 I/O 功能，使用方法与普通 8051 单片机相同。如果需要使用端口的其他功能，则要配置相关的特殊功能寄存器。

STC15F2K60S2 单片机端口作为 I/O 功能使用时，P0～P5 端口可以由软件配置成以下四种工作模式。

1）准双向口/弱上拉。

2）推挽输出/强上拉。

3）仅为输入（高阻）。

4）开漏输出。

单片机上电复位后为准双向口/弱上拉模式，每个端口的工作模式通过两个特殊功能寄存器 PxM1、PxM0（x＝0～5）中的相应位来设置，具体情况见表 1-7。

表 1-7　　　　　　　　　　　　　　I/O 端口工作模式设置

控制信号		I/O 端口工作模式
PxM1	PxM0	
0	0	准双向口/弱上拉，灌电流 20mA，拉电流 150～230μA
0	1	推挽输出/强上拉，输出电流 20mA，需要外接限流电阻
1	0	仅为输入（高阻）
1	1	开漏输出，可外接上拉电阻，进行电平转换

（8）STC15F2K60S2 单片机定时器/计数器。STC15F2K60S2 系列单片机至少有 4 个 16 位内部定时器/计数器，它们即可以编程为定时器使用，也可编程为计数器使用。作定时器使用时，对晶体振荡器产生的时钟信号进行计数；作计数器使用时，对外部输入引脚送来的脉冲信号进行计数。

（9）STC15F2K60S2 单片机串口。STC15F2K60S2 单片机具有两个串口，用于单片机与其他外部串口设备的通信。串行收发存储器使用特殊功能寄存器串行数据缓冲器 SBUF，SBUF 地址为 99H。单片机内部用于收、发的缓冲器实际上有两个，即发送缓冲器和接收缓冲器，它们均以 SBUF 命名，只是根据对 SBUF 的读写操作，单片机会自动切换发送缓冲器或接收缓冲器。

（10）STC15F2K60S2 单片机中断系统。STC15F2K60S2 单片机中断系统的功能有 14 个中断源，两个中断优先级，由此实现二级中断嵌套，每一个中断源的优先级可以由程序设定。与中断系统工作有关的特殊功能寄存器有中断控制允许寄存器 IE、中断优先级控制寄存器 IP 及定时/计数器控制寄存器 TCON 等。

（11）STC15F2K60S2 单片机外部引脚。STC15F2K60S2 单片机外部引脚如图 1-9 所示。
STC15F2K60S2 单片机外部引脚功能见表 1-8。

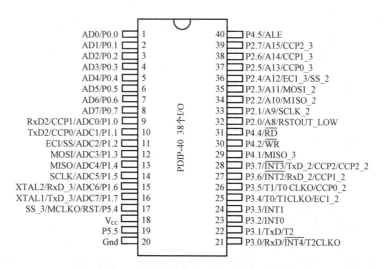

图 1-9 STC15F2K60S2 单片机外部引脚

表 1-8 STC15F2K60S2 单片机外部引脚功能

序号	功　能	序号	功　能
1	P0.0/AD0	21	P3.0/RxD/$\overline{\text{INT4}}$/T2CLKO
2	P0.1/AD1	22	P3.1/TxD/T2
3	P0.2/AD2	23	P3.2/INT0
4	P0.3/AD3	24	P3.3/INT1
5	P0.4/AD4	25	P3.4/T0/T1CLKO/ECI_2
6	P0.5/AD5	26	P3.5/T1/T0CLKO/CCP0_2
7	P0.6/AD6	27	P3.6/$\overline{\text{INT2}}$/RxD_2/CCP1_2
8	P0.7/AD7	28	P3.7/$\overline{\text{INT3}}$/TxD_2/CCP2/CCP2_2
9	P1.0/ADC0/CCP1/RxD2	29	P4.1/MISO_3
10	P1.1/ADC1/CCP0/TxD2	30	P4.2/$\overline{\text{WR}}$
11	P1.2/ADC2/SS/ECI	31	P4.3/$\overline{\text{RD}}$
12	P1.3/ADC3/MOSI	32	P2.0/A8/RSTOUT_LOW
13	P1.4/ADC4/MISO	33	P2.1/A9/SCLK_2
14	P1.5/ADC5/SCLK	34	P2.2/A10/MISO_2
15	P1.6/ADC6/RxD_3/XTAL2	35	P2.0/A11/MOSI_2
16	P1.7/ADC7/TxD_3/XTAL1	36	P2.4/A12/ECI_3/SS_2
17	P5.4/RST/SS_3/MCLKO	37	P2.5/A13/CCP0_3
18	Vcc	38	P2.6/A14/CCP1_3
19	P5.5	39	P2.7/A15/CCP2_3
20	Gnd	40	P4.5/ALE

5. 单片机开发流程

（1）项目评估。根据用户需求，确定待开发产品的功能、所实现的指标和成本，进行可行性分析，然后出初步技术开发方案，据此给出预算，包括可能的开发成本、样机成本、开发耗时、样机制造耗时、利润空间等，然后根据开发项目的性质和细节评估风险，以决定项目是否可做。

（2）总体设计。

1）机型选择：8位、16位或32位。

2）外形设计、功耗、使用环境等。

3）软、硬件任务划分，方案确定。

（3）项目实施。

1）设计电原理图。根据功能确定显示（液晶还是数码管）、存储（空间大小）、定时器、中断、通信（RS-232C、RS-485、USB）、打印、A/D、D/A及其他I/O操作。

考虑到单片机的资源分配和将来的软件框架，制定好各种通信协议，尽量避免出现当板子做好后，即使把软件优化到极限仍不能满足项目要求的情况，还要计算各元件的参数和各芯片间的时序配合，有时候还需要考虑外壳结构、元件供货、生产成本等因素，还可能需要做必要的试验，以验证一些具体的实现方法。设计中每一步骤出现的失误都会在下一步骤引起连锁反应，所以对一些没有把握的技术难点应尽量核实。

2）设计印刷电路板（PCB）图。完成电原理图设计后，根据技术方案的需要设计PCB图，这一步需要考虑机械结构、装配过程、外壳尺寸细节、所有要用到的元器件的精确三维尺寸、不同制版厂的加工精度、散热、电磁兼容性等，修改完善电原理图和PCB图。

3）把PCB图发往制版厂制版。将加工要求尽可能详细地写下来与PCB图文件一起发电子邮件给PCB生产工厂，并保持沟通，及时解决加工中出现的一些相关问题。

4）采购开发系统和元件。

5）装配样机。

PCB板拿到后开始进行样机装配，设计中的错漏会在装配过程中开始显现，应尽量进行补救。

6）软件设计与仿真。根据项目需求建立数学模型，确定算法及数据结构，进行资源分配及结构设计，绘制流程图，设计、编制各子程序模块，进行仿真、调试，固化程序。

7）样机调试。样机初步装好后就可以开始进行硬件调试，硬件初步检测完，就可以开始进行软件调试。在样机调试过程中，逐步完善硬件和软件设计。

进行软硬件测试，进行老化实验，高、低温试验和振动试验。

8）整理数据。将样机研发过程中得到的重要数据记录保存下来，包括电原理图里的元件参数、PCB元件库里的模型，还要记录设计上的失误、分析得到的失误的原因、采用的补救方案等。

9）产品定型，编写设备文档。编制使用说明书，技术文件。制定生产工艺流程，形成工艺，进入小批量生产环节。

6. 单片机的特点

（1）可靠性高。单片机采用三总线结构，抗干扰能力强，可靠性高。

（2）功能强。单片机具有判断和处理能力，可以直接对I/O口进行各种操作（输入输出、位操作以及算术逻辑操作等），运算速度高，实时控制能力强。

（3）体积小、功耗低。由于单片机包含了运算器等基本功能部件，具有较高的集成度，因此由单片机组成的应用系统结构简单、体积小、功能全。单片机的电源单一，功耗低。

（4）使用方便。由于单片机内部功能强，系统扩展方便，因此应用系统的硬件设计非常简单。

（5）性能价格比较高，易于产品化。单片机具有功能强、价格便宜、体积小、功耗小、插接件少、安装调试简单等特点，使得单片机应用系统的性能价格比较高。单片机的开发工具很多，具有很强的软硬件调试功能，使单片机的应用开发极为方便，大大缩短了产品研制的周期，并使单片机应用系统易于产品化。

7. 单片机应用

单片机已经广泛应用于我们的生活和生产领域，目前很难找到哪个领域中没有单片机的应用，飞机各种仪表控制、计算机网络通信、控制数据传输、工控过程的数据采集与处理，各种 IC 智能卡、电视、洗衣机、空调、汽车控制、电子玩具、医疗电子设备、智能仪表等均使用了单片机。

二、STC15 宏晶单片机

1. IAP15W4K58S4RD 单片机

IAP15W4K58S4RD 单片机是深圳宏晶科技推出的新一代高速、低功耗、超强抗干扰的单片机，指令代码完全兼容传统 8051 单片机，可以在 12 时钟/机器周期和 6 时钟/机器周期中任意选择。

2. IAP15W4K58S4RD 特性

（1）增强型 8051 单片机，6 时钟/机器周期和 12 时钟/机器周期可以任意选择，指令代码完全兼容传统 8051 单片机。

（2）工作电压。3.3～5.5V（5V 单片机）/2.0～3.8V（3V 单片机）。

（3）工作频率范围。工作频率范围为 0～40MHz，相当于普通 8051 的 0～80MHz，实际工作频率可达 48MHz。

（4）大容量内部数据 RAM，1KB 的 RAM。

（5）64/32/16/8KB 片内 Flash 程序存储器，具有在应用可编程（IAP），在系统可编程（ISP），可实现远程软件升级，无需编程器。

（6）通用 I/O 口（32 个端口）。复位后，P1/P2/P3/P4 是准双向口/弱上拉；P0 口是漏极开路输出，作为总线扩展使用时，不用加上拉电阻，作为 I/O 口使用时，需加上拉电阻。

（7）具有 3 个 16 位定时器/计数器，即定时器 T0、T1、T2。

（8）外部中断 4 路，下降沿中断或低电平触发电路，Power Down 模式可以由外部中断低电平触发中断方式唤醒。

（9）具有通用异步串行口（UART），还可用定时器软件实现多个 UART。

（10）具有双 DPTR 数据指针。

（11）ISP（在系统可编程）/IAP（在应用可编程），无需专用编程器，无需专用仿真器，可以通过串口（RxD/P3.0，TxD/P3.1）直接下载用户程序，数秒即可完成。

（12）具有 PCA（可编程计数器阵列），具有 PWM 的捕获/比较功能。

（13）兼容 TTL 和 COMS 逻辑电平，便于连接 TTL 和 COMS 数字集成电路。

（14）具有 EEPROM 功能。

（15）具有看门狗功能。

（16）工作温度范围：－40～＋85℃（工业级）/0～75℃（商业级）。

（17）封装形式多样。具有 DIP40、PLCC44、PQFP44 等封装形式。

三、FSST15-V1.0 单片机开发板

1. FSST15-V1.0 单片机开发板功能框图

FSST15-V1.0 单片机开发板功能框图如图 1-10 所示。

2. FSST15-V1.0 单片机开发板基本配置

（1）主芯片是 IAP15W4K58S4，包含 58KB 的 Flash、256 字节的 RAM 和 62 个 I/O 口。

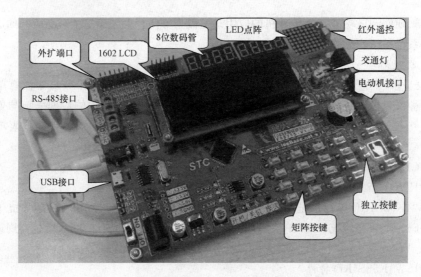

图 1-10　FSST15-V1.0 单片机开发板功能框图

（2）32 个 I/O 口全部用优质的排针引出，方便扩展。

（3）板载一块 STC15 官方推荐的 USB 转串口 IC（CH340T），实现一线供电、下载、通信。

（4）一个电源开关、电源指示灯，电源也用排针引出，方便扩展。

（5）12 个 LED，方便做流水灯、交通灯等试验。

（6）一个 RS-485 接口，可以下载、调试程序，也能与上位机通信。

（7）8 位共阴极数码管，以便做静、动态数码管实验，其中数码管的消隐例程尤为经典。

（8）1602 LCD 液晶接口一个。

（9）一个蜂鸣器，实现简单的音乐播放、SOS 等实验。

（10）一个步进电动机接口，可以做步进、直流电动机实验，其中步进电动机精确到了小数点后三位。

（11）附带万能红外接收头，配合遥控器做红外编、解码实验。

（12）16 个按键组成了矩阵按键，学习矩阵按键的使用。

（13）4 个独立按键，可配合数码管做秒表、配合液晶做数字时钟等试验。

（14）一块 EEPROM 芯片（AT24C02），可学习 I²C 通信试验。利用指针，一个函数，多次读写。

（15）一块时钟芯片（PCF8563），可以做时钟试验，具有可编程输出 PWM 的功能。不仅是时钟，还是万年历，更是 PWM 产生器，国内首家使用。

（16）集成温度传感器芯片（LM75A），配合数码管做温度采集实验，结合上位机还可以做更多的实验，国内首家使用。

（17）LED 点阵（8×8），在学习点阵显示原理的同时还可以掌握 74HC595 的用法。

（18）结合外围器件做 RTX51 Ting 操作系统试验，为以后学习 μCOS、Linux、WinCE 等操作系统奠定基础。

（19）FM 收音电路模块，便于做 FM 收音实验。

（20）WiFi 接口，便于做 WiFi 应用实验。

 技能训练

一、训练目标

（1）认识 IAP15W4K58S4 单片机。

（2）了解 FSST15-V1.0 单片机开发板的使用模块。

二、训练步骤与内容

1. 认识 IAP15W4K58S4 单片机

（1）查看 LQFP64 封装的 IAP15W4K58S4 单片机。

（2）查看 PLCC44 封装的 STC15W4K32S4 单片机。

2. 查看 FSST15-V1.0 单片机开发板的各个模块

（1）查看 FSST15-V1.0 单片机开发板，了解 FSST15-V1.0 单片机开发板的构成。

（2）查看 FSST15-V1.0 单片机开发板的 USB 接口。

（3）查看 FSST15-V1.0 单片机开发板的 RS-485 接口。

（4）查看 FSST15-V1.0 单片机开发板的时钟模块芯片 PCF8563。

（5）查看 FSST15-V1.0 单片机开发板的 EEPROM 芯片 AT24C02。

（6）查看 FSST15-V1.0 单片机开发板的温度模块芯片 LM75A。

（7）查看 FSST15-V1.0 单片机开发板的 8 位数码管。

（8）查看 FSST15-V1.0 单片机开发板的 LED 点阵模块。

（9）查看 FSST15-V1.0 单片机开发板的红外遥控接收模块。

（10）查看 FSST15-V1.0 单片机开发板的交通灯模块。

（11）查看 FSST15-V1.0 单片机开发板的独立按键。

（12）查看 FSST15-V1.0 单片机开发板的矩阵按键。

（13）查看 FSST15-V1.0 单片机开发板的电动机接口。

（14）查看 FSST15-V1.0 单片机开发板的扩展接口。

（15）查看 FSST15-V1.0 单片机开发板的蜂鸣器。

（16）查看 FSST15-V1.0 单片机开发板的收音模块。

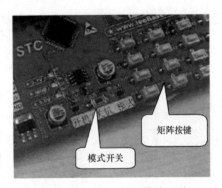

3. 使用 FSST15-V1.0 单片机开发板

（1）取出实验板及 USB 下载线。

（2）将 USB 下载线的 USB mini 接口与开发板的 USB 接口对接。

（3）打开单片机开机、关机模式开关（开发板的下部 POW1，见图 1-11），此时就可以看到开发板上的 LED、数码管等开始运行。

图 1-11 开机、关机模式开关

（4）若经过了上面的开机测试，则表明 FSST15-V1.0 单片机开发板工作正常。

任务 2 学习单片机应用系统开发工具

 基础知识

一、Keil μVision4 集成开发环境

1. 建立一个工程

（1）双击 Keil μVision4 软件图标 ，启动 Keil μVision4 软件，Keil μVision4 集成开发环

境如图 1-12 所示。

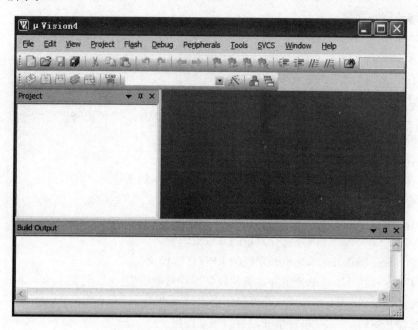

图 1-12　Keil μVision4 集成开发环境

（2）如图 1-13 所示，选择执行"Project"工程菜单下的"New μVision Project"命令，新建一个 μVision 工程项目。

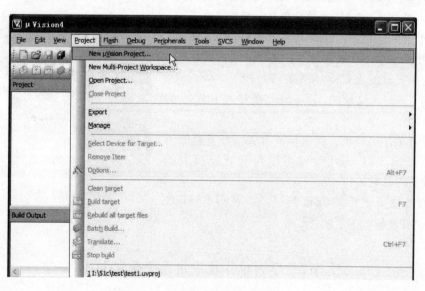

图 1-13　执行新建工程项目命令

（3）新建工程项目后，弹出图 1-14 所示的创建新项目对话框。

（4）在创建新项目对话框中，输入工程文件名"test1"，单击"保存"按钮，弹出图 1-15 所示的选择 CPU 数据库对话框，选择 STC CPU 数据库。

（5）单击"OK"按钮，弹出"Select Device for Target'Target 1'"选择目标器件对话框，出现图 1-16 所示的选项。

（6）单击"STC"左边的"＋"号，展开选项，如图 1-17 所示。然后选择"STC15F2K60S2"

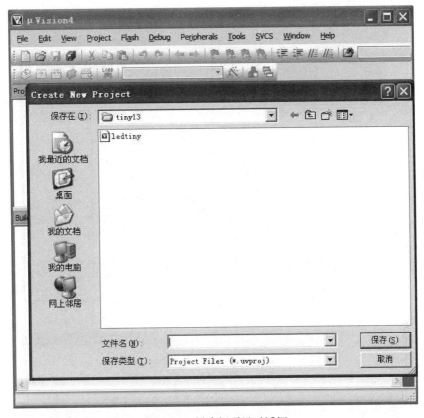

图 1-14　创建新项目对话框

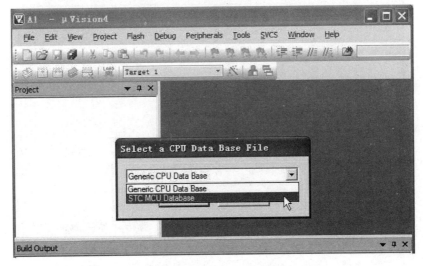

图 1-15　选择 STC CPU 数据库

选项。

（7）单击"OK"按钮，弹出图 1-18 所示的是否添加标准 8051 启动代码对话框。

（8）单击"是"按钮，即可在开发环境自动为我们建立好包含启动代码项目的空文件，启动代码为"STARTUP.A51"如图 1-19 所示。

（9）开发环境中的启动代码"STARTUP.A51"为汇编语言文件，一般不需要修改这个文件，然后我们在开发环境编辑 C 语言程序，再与启动代码一起编译就可以了。

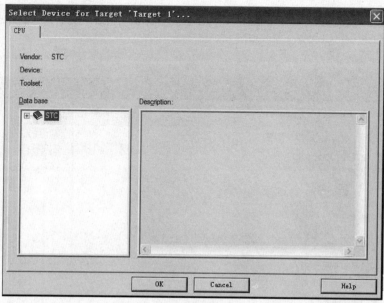

图 1-16 选择目标器件对话框

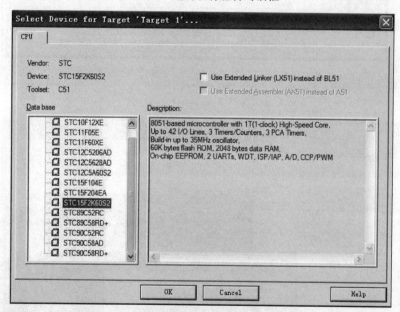

图 1-17 选择 "STC15F2K60S2" 选项

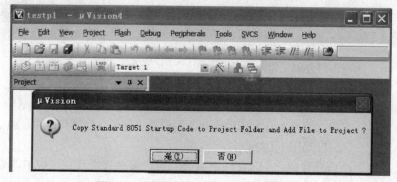

图 1-18 添加标准 8051 启动代码对话框

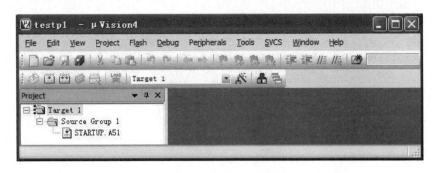

图 1-19　建立标准启动代码文件

2. 编写程序文件

（1）单击执行 "File" 文件菜单下的 "New" 命令，新建一个文件 "TEXT1"。

（2）单击执行 "File" 文件菜单下的 "Save As" 命令，弹出另存文件对话框，在文件名栏输入 "main. c"。

（3）单击 "保存" 按钮，保存文件。

（4）在左边的工程浏览窗口，鼠标右键单击 "Source Group1" 选项，在弹出的右键菜单中，选择执行 "Add Files to Group′Source Group1′" 命令，如图 1-20 所示。

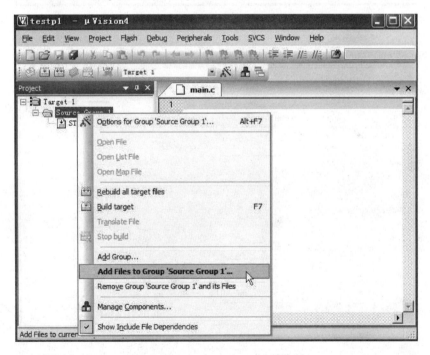

图 1-20　执行添加文件命令

（5）弹出选择文件对话框，选择 "main. c" 文件，单击 "Add" 添加按钮，将文件添加到工程项目中。

（6）编写小程序，如图 1-21 所示。

3. 编译程序

（1）设置输出文件选项。在左边的工程浏览窗口，鼠标右键单击 "Target" 选项，在弹出的右键菜单中，选择执行 "Options for Target′Target1′" 菜单命令，如图 1-22 所示。

任务
2

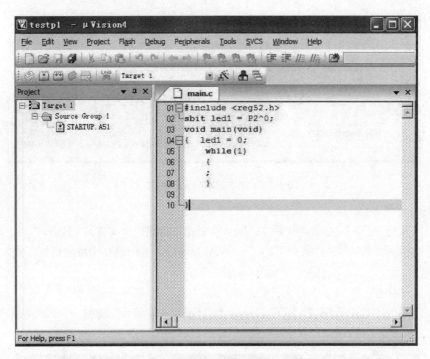

图 1-21　编写小程序

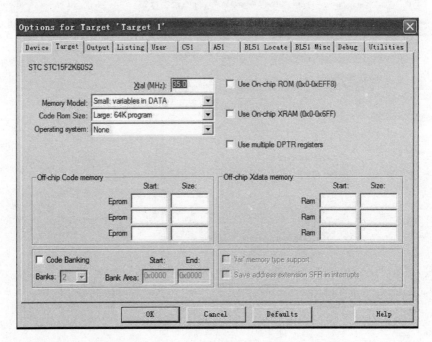

图 1-22　目标选项命令

（2）在"Options for Target′ Target1′"对话框，选择"Output"输出页，选择"Create HEX File"选项创建 HEX 文件，如图 1-23 所示。

（3）单击"OK"按钮，返回程序编辑界面。

（4）如图 1-24 所示，单击编译工具栏的编译所有文件按钮，开始编译文件。

（5）在编译输出窗口显示的编译信息如图 1-25 所示。

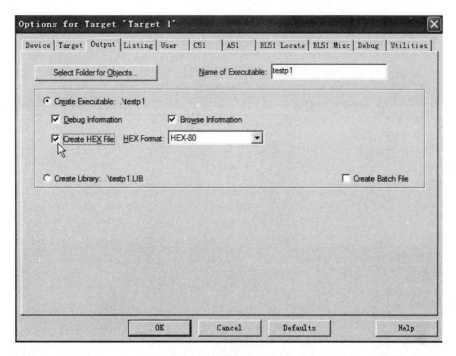

图 1-23 创建 HEX 文件

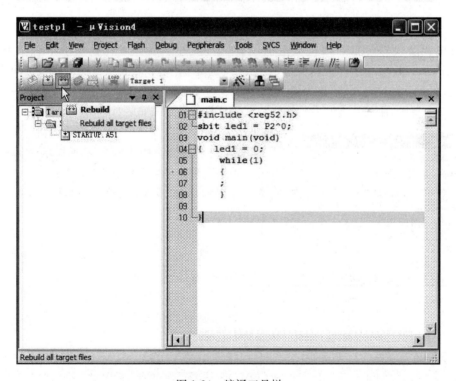

图 1-24 编译工具栏

二、STC15 单片机 ISP 在线编程下载软件

1. CH340 驱动的安装

由于大多数读者的计算机没有串口，所以需要将 USB 转为串口，需要安装 CH340 驱动软件，否则无法给单片机下载程序。

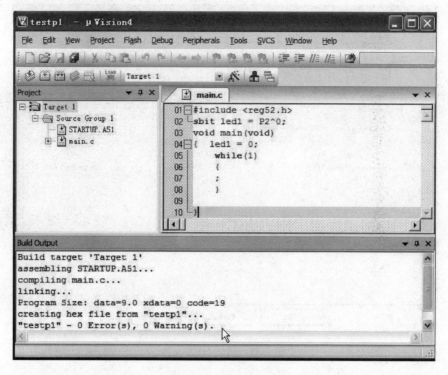

图 1-25　显示的编译信息

CH340 驱动软件可以到随机光盘的工具文件夹里找到，或者到电子工程师基地论坛（www. icebase. net）下载，该驱动分为 32 位、64 位机型两种，根据读者的计算机选择解压后再进行安装。

（1）双击解压后的 HL-340 安装软件，弹出图 1-26 所示的安装对话框。

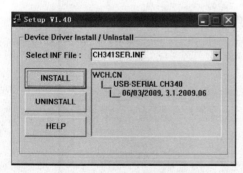

图 1-26　HL-340 安装对话框

（2）单击 "INSTALL" 安装按钮，软件自动安装，安装完毕后弹出安装完成提示对话框，单击 "确定" 按钮；结束驱动安装。

（3）用实验板附带的 USB 线连接单片机和计算机。

（4）鼠标右键单击 "我的电脑"，在弹出的级联菜单中选择执行 "设备管理器" 命令，弹出 "设备管理器" 对话框。

（5）在弹出的 "设备管理器" 对话框中单击 "端口（COM 和 LPT）" 前的 "＋" 号，展开该选项，看到一个虚拟的 COM 口（COM7），如图 1-27 所示。

（6）鼠标右键单击 "USB-SERIAL CH340（COM7）"，在弹出的级联菜单中，选择执行 "属性" 命令，或双击 "USB-SERIAL CH340（COM7）" 选项，弹出端口设置对话框，如图 1-28 所示。

（7）选择 "端口设置" 属性页，单击 "高级设置" 按钮，弹出高级设置对话框，如图 1-29 所示，将端口重新设置为其他的虚拟端口。

2. STC15-ISP（STC15 单片机下载软件）

（1）添加 STC15 单片机仿真设置。

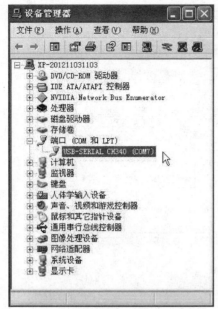

图 1-27 虚拟的 COM 口（COM7）

图 1-28 端口设置对话框

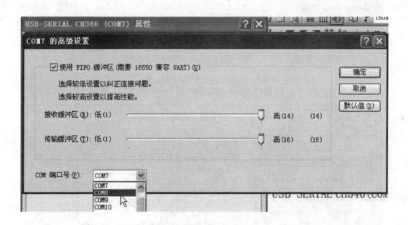

图 1-29 重新设置端口

1）双击 STC15-ISP-15xx-v6.85 图标 ，启动 STC15 单片机下载软件，启动后的下载软件界面如图 1-30 所示。

2）单击选择"Keil 仿真设置"选项，打开"Keil 仿真设置"窗口，如图 1-31 所示。

3）单击"添加型号和头文件到 Keil 中"按钮，在弹出的目录选择窗口中，定位到 Keil 的安装目录，如图 1-32 所示。

4）单击"确定"按钮，弹出安装成功提示信息。

5）单击安装成功提示信息的"确定"按钮，将 STC15 单片机相关的头文件与 STC15 的 monitor51 仿真驱动 STC15MONI51. DLL 安装到 Keil 软件中。

6）修改 STC 单片机运行频率，如图 1-33 所示。

7）将 IAP15W4K58S4 设置为仿真芯片，如图 1-34 所示。

任务
2

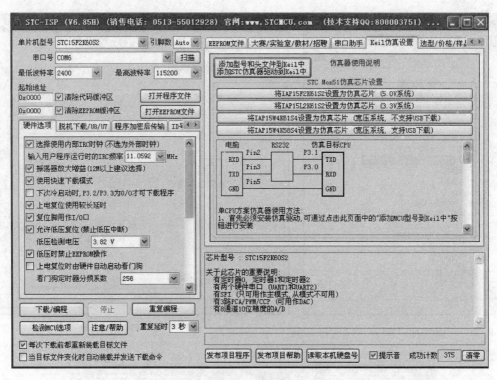

图1-30 启动后下载软件界面

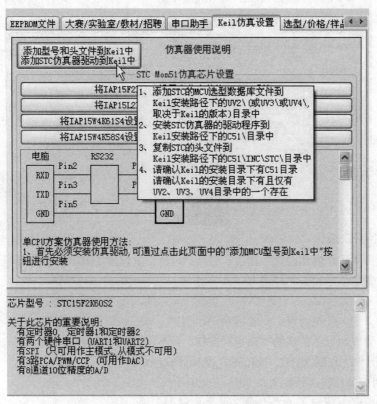

图1-31 "Keil仿真设置"窗口

图 1-32 定位到 Keil 的安装目录

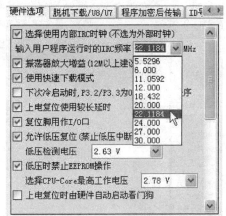

图 1-33 修改 STC 单片机运行频率

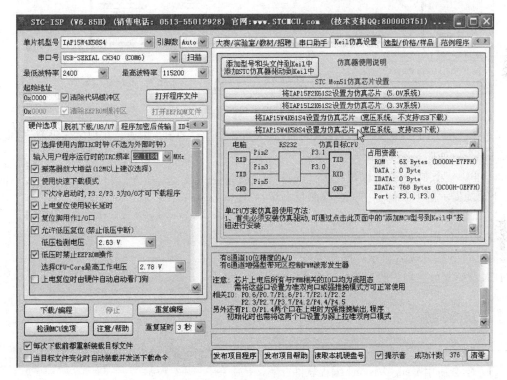

图 1-34 设置仿真芯片

（2）下载 HEX 文件到 FSST15-V1.0 单片机开发板。

1）双击 STC15-ISP 图标 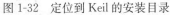，启动 STC15 单片机下载软件。

2）选择所用单片机的型号，FSST15-V1.0 单片机开发板使用的是 IAP15W4K58S4，这里选择"IAP15W4K58S4"。

3）选择 COM 口，这里一般不用选择，计算机连接 FSST15-V1.0 单片机开发板后，软件会自动选择。

4）单击"打开程序文件"按钮，弹出图 1-35 所示的"打开程序代码文件"对话框。

图 1-35 "打开程序代码文件"对话框

5）选择由 Keil μVision4 软件生成的 HEX 文件，单击"打开"按钮，在程序代码窗口显示代码文件信息，如图 1-36 所示。

6）单击"下载/编程"按钮，此时代码显示框下面的提示框中会显示"正在检测目标单片机"。

7）程序代码开始下载，提示框显示一串下载信息，下载完成后显示"操作完成"，表示 HEX 代码文件已经下载到单片机中了。

 技能训练

一、训练目标

（1）学会使用 Keil μVision4 编程软件。

（2）学会使用 STC15-ISP 单片机下载软件。

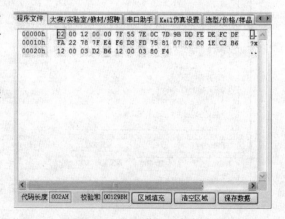

图 1-36 显示代码文件信息

二、训练步骤与内容

1．建立一个工程

（1）在计算机 E 盘新建一个文件夹"EX1"。

（2）打开文件夹"EX1"，在其内部新建一个文件夹"TP1"。

（3）双击 Keil μVision4 软件图标 ，启动 Keil μVision4 软件。

（4）选择执行"Project"工程菜单下的"New μVision Project"命令，新建一个 μVision 工程项目，弹出创建新项目对话框。

（5）在创建新项目对话框中，输入工程文件名"A1"，单击"保存"按钮，弹出选择 CPU 数据库对话框。

（6）选择 STC15 MCU Data base 数据库，单击"OK"按钮，弹出"Select Device for Target"选择目标器件对话框。

（7）单击"STC15"左边的"＋"号，展开选项，选择"STC15W4K32S4"选项。

（8）单击"OK"按钮，弹出是否添加标准 8051 启动代码对话框。

（9）单击"是"按钮，即可在开发环境自动为我们建立好包含启动代码项目的空文件，启动代码为"STARTUP. A51"。

（10）开发环境中的启动代码"STARTUP. A51"为汇编语言文件，一般不需要修改这个文件，然后我们在开发环境编辑 C 语言程序，再与启动代码一起编译就可以了。

2. 编写程序文件

（1）单击执行"File"文件菜单下的"New"命令，新建一个文件"TEXT1"。

（2）单击执行"File"文件菜单下的"Save As"命令，弹出另存文件对话框，在文件名栏输入"main. c"。

（3）单击"保存"按钮，保存文件。

（4）在左边的工程浏览窗口，鼠标右键单击"Source Group1"选项，在弹出的右键菜单中，选择执行"Add Files to Group′Source Group1′"命令。

（5）弹出选择文件对话框，选择"main. c"文件，单击"Add"添加按钮，将文件添加到工程项目中。

（6）单击添加文件对话框右上角的红色"×"，关闭添加文件对话框。

（7）在"main"中输入下列程序，单击工具栏的保存按钮🖫，并保存文件。

```
＃include ＜STC15F2K60S2. h＞
sbit led1 = P7^0;
void main(void)
{   led1 = 0;
    while(1)
    {
      ;
    }

}
```

3. 编译程序

（1）设置输出文件选项。在左边的工程浏览窗口，鼠标右键单击"Target"选项，在弹出的右键菜单中，选择执行"Options for Target′Target1′"菜单命令。

（2）在"Options for Target′Target1′"对话框，选择"Output"输出页，选择"Create HEX File"创建 HEX 文件。

（3）单击"OK"按钮，返回程序编辑界面。

（4）单击编译工具栏的编译所有文件按钮▦，开始编译文件。

（5）在编译输出窗口查看程序的编译信息。

4. 下载程序

（1）启动 STC15 单片机下载软件。

任务 2

（2）单击单片机型号栏右边的下拉列表箭头，选择"IAP15W4K58S4"。

（3）选择 COM 口，计算机连接 FSST15-V1.0 单片机开发板后，软件会自动选择。

（4）单击"打开程序文件"按钮，弹出"打开程序代码文件"对话框，选择"TP1"文件夹里的"A1.hex"文件，单击"打开"按钮，在程序代码窗口显示代码文件信息。

（5）单击"下载/编程"按钮，此时代码显示框下面的提示框中会显示"正在检测目标单片机"。

（6）程序代码开始下载，提示框显示一串下载信息，下载完成后显示"操作完成"，表示HEX 代码文件已经下载到单片机中了，下载的程序自动运行，开发板上与 P7.0 连接的发光二极管点亮。

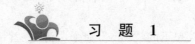

习　题　1

1. 叙述单片机的应用领域。

2. 如何应用单片机的开发软件？

3. 叙述 FSST15-V1.0 单片机开发板的功能。

4. 如何应用 STC15 单片机下载软件下载程序？

项目二 学用 C 语言编程

 学习目标

(1) 了解 C 语言程序结构。

(2) 了解 C 语言的数据类型。

(3) 学会应用 C 语言的运算符和表达式。

(4) 学会使用 C 语言的基本语句。

(5) 学会定义和调用函数。

任务 3 认识 C 语言程序

 基础知识

一、C 语言的特点及程序结构

1. C 语言的主要特点

C 语言是一种程序语言，一种能以简易方式编译、处理低级存储器、产生少量的机器码、不需要任何运行环境支持便能运行的编程语言。

(1) 语言简洁、紧凑，使用方便、灵活。C 语言一共只有 32 个关键字，9 种控制语句，程序书写形式自由，主要用小写字母表示，压缩了一切不必要的成分。

(2) 运算符丰富。C 语言的运算符包含的范围很广泛，共有 34 种运算符。C 语言把括号、赋值、强制类型转换等都作为运算符处理，从而使得 C 语言的运算类型极其丰富，表达式类型多样化。灵活使用各种运算符可以实现在其他高级语言中难以实现的运算。

(3) 数据结构丰富，具有现代化语言的各种数据结构。C 语言的数据类型有整型、实型、字符型、数组类型、指针类型、结构体类型、共用体类型等，能用来实现各种复杂的数据结构（如链表、树、栈等）的运算，尤其是指针类型数据，使用起来非常灵活多样。

(4) 具有结构化的控制语句（如 if…else 语句、while 语句、do…while 语句、switch 语句、for 语句等）。用函数作为程序的模块单位，便于实现程序的模块化。C 语言是良好的结构化语言，符合现代编程风格的要求。

(5) 语法限制不太严格，程序设计自由度大。对变量的类型使用比较灵活，如整型数据与字符型数据可以通用。一般的高级语言语法检查比较严格，能检查出几乎所有的语法错误，而 C 语言允许程序编写者有较大的自由度。

(6) C 语言能进行位（bit）操作，能实现汇编语言的大部分功能，可以直接对硬件进行操作。C 语言可以与汇编语言混合编程，即可以用于编写系统软件，也可以用于编写应用软件。

2. C 语言的标识符与关键字

C 语言的标识符用于识别源程序中的对象名称。这些对象可以是常量、变量数组、数据类型、存储方式、语句、函数等。标识符由字母、数字和下划线等组成。第一个字符必须是字母或下划线。标识符应当含义清晰、简洁明了，便于阅读与理解。C 语言对大小写字母敏感，大小写不同的两个标识符，会看作两个不同的对象。

关键字是一类具有固定名称和特定含义的特别的标识符，有时也称为保留字。在设计 C 语言程序时，一般不允许将关键字另作他用，即要求标识符命名不能与关键字相同。与其他语言相比较，C 语言标识符还是比较少的。美国国家标准局（American National Standards Institute, ANSI）ANSI C 标准的关键字见表 2-1。

表 2-1　　　　　　　　　　　　　　　ANSI C 标准的关键字

关键字	用途	说明
auto	存储类型声明	指定为自动变量，由编译器自动分配及释放。通常在栈上分配，与 static 相反。当变量未指定时默认为 auto
break	程序语句	跳出当前循环或 switch 结构
case	程序语句	开关语句中的分支标记，与 switch 连用
char	数据类型声明	字符型类型数据，属于整型数据的一种
const	存储类型声明	指定变量不可被当前线程改变（但有可能被系统或其他线程改变）
continue	程序语句	结束当前循环，开始下一轮循环
default	程序语句	开关语句中的"其他"分支，可选
do	程序语句	构成 do…while 循环结构
double	数据类型声明	双精度浮点型数据，属于浮点数据的一种
else	程序语句	条件语句否定分支（与 if 连用）
enum	数据类型声明	枚举声明
extern	存储类型声明	指定对应变量为外部变量，即标示变量或者函数的定义在别的文件中，提示编译器遇到此变量和函数时在其他模块中寻找其定义
float	数据类型声明	单精度浮点型数据，属于浮点数据的一种
for	程序语句	构成 for 循环结构
goto	程序语句	无条件跳转语句
if	程序语句	构成 if…else…条件选择语句
int	数据类型声明	整型数据，表示范围通常为编译器指定的内存字节长
long	数据类型声明	修饰 int，长整型数据，可省略被修饰的 int
register	存储类型声明	指定为寄存器变量，建议编译器将变量存储到寄存器中使用，也可以修饰函数形参，建议编译器通过寄存器而不是堆栈传递参数
return	程序语句	函数返回。用在函数体中，返回特定值
short	数据类型声明	修饰 int，短整型数据，可省略被修饰的 int
signed	数据类型声明	修饰整型数据，有符号数据类型
sizeof	程序语句	得到特定类型或特定类型变量的大小
static	存储类型声明	指定为静态变量，分配在静态变量区，修饰函数时，指定函数作用域为文件内部
struct	数据类型声明	结构体声明

续表

关键字	用 途	说 明
switch	程序语句	构成 Switch 开关选择语句（多重分支语句）
typedef	数据类型声明	声明类型别名
union	数据类型声明	共用体声明
unsigned	数据类型声明	修饰整型数据，无符号数据类型
void	数据类型声明	声明函数无返回值或无参数，声明无类型指针，显示丢弃运算结果
volatile	数据类型声明	指定变量的值有可能会被系统或其他线程改变，强制编译器每次从内存中取得该变量的值，阻止编译器把该变量优化成寄存器变量
while	程序语句	构成 while 和 do…while 循环结构

Keil C51 是一种专为 51 系列单片机设计的 C 高级语言编译器，支持符合 ANSI 标准 C 语言进行程序设计，同时针对 51 系列单片机的特点，进行了特殊扩展，Keil C51 编译器的扩展关键字见表 2-2。

表 2-2 **Keil C51 编译器的扩展关键字**

关键字	用 途	说 明
_ at _	地址定位	为变量进行存储器绝对位置地址定位
alien	函数特性声明	用于声明与 PL/M51 兼容的函数
bdata	存储类型声明	可位寻址内部数据存储器
bit	位变量声明	声明一个位变量或位类型的函数
code	存储类型声明	程序存储器空间
compact	存储器模式	指定使用外部分页寻址数据寄存器空间
data	存储类型声明	直接寻址内部数据寄存器
idata	存储类型声明	间接寻址内部数据寄存器
interrupt	中断函数声明	定义一个中断服务函数
lage	存储器模式	指定使用外部数据存储器空间
pdata	存储类型声明	分页寻址外部数据寄存器
_ priority _	多任务优先声明	规定 RTX51 或 RTX51 Tiny 的任务优先级
reentrant	再入函数声明	定义一个再入函数
sbit	位变量声明	声明一个可位寻址变量
sfr	特殊功能寄存器声明	声明一个 8 位特殊功能寄存器
sfr16	特殊功能寄存器声明	声明一个 16 位特殊功能寄存器
small	存储器模式	指定使用内部数据寄存器空间
_ task _	任务声明	定义实时多任务函数
using	寄存器组声明	声明使用工作寄存器组
xdata	存储类型声明	外部数据寄存器

3. C 语言程序结构

与标准 C 语言相同，C 语言程序由一个或多个函数构成，至少包含一个主函数 main（）。程序执行是从主函数开始的，调用其他函数后又返回主函数。被调用函数如果位于主函数前，则可

35

以直接调用,否则要先进行声明然后再调用,函数之间可以相互调用。

C 语言程序结构如下。

```
# include <STC15F2K. h>            /*预处理命令,用于包含头文件等*/
sbit led1 = P2^0;                  /*全局变量定义,可以被本程序所有函数引用*/
void DelayMS(unsigned int i)       /*函数 1 说明
                                        ...
                                    函数 n 说明*/

void main(void)                    /*主函数*/
  {                                /*主函数开始*/
    while(1)                       /* while 循环语句*/
    {  led1 = 0;                   /*赋值语句*/
       DelayMS(500);               /*函数调用(形式参数)*/
       led1 = 1;
            DelayMS(500);
    }
  }                                /*主函数结束*/
/*函数 1 定义*/
void DelayMS(unsigned int i)       /*函数 1(形式参数说明)*/
{
    unsigned int uiVal, ujVal;     /*局部变量定义,变量在所定义的函数内部引用*/
    for(uiVal = 0; uiVal < i; uiVal++)   /*执行语句,for 循环语句*/
        for(ujVal = 0; ujVal < 113; ujVal++);
}
/*函数 n 定义*/
```

C 语言程序是由函数组成的,函数之间可以相互调用,但主函数 main () 只能调用其他函数,主函数 main () 不可以被其他函数调用。其他函数可以是用户定义的函数,也可以是 C51 的库函数。无论主函数 main () 在什么位置,程序总是从主函数 main () 开始执行的。

编写 C 语言程序的要求如下。

(1) 函数以左花括号"{"开始,到右花括号"}"结束。包含在"{}"内部的部分称为函数体。花括号必须成对出现,如果在一个函数内有多对花括号,则最外层花括号为函数体范围。为了使程序便于阅读和理解,花括号对可以采用缩进方式。

(2) 每个变量必须先定义再使用。在函数内定义的变量为局部变量,只可以在函数内部使用,又称为内部变量。在函数外部定义的变量为全局变量,在定义的程序文件内使用,可称为外部变量。

(3) 每条语句最后必须以一个";"英文的分号结束,分号是 C51 程序的重要组成部分。

(4) C 语言程序没有行号,书写格式自由,一行内可以写多条语句,一条语句也可以写于多行上。

(5) 程序的注释必须放在"/*……*/"之内,也可以放在"//"之后。

二、C 语言的数据类型

C 语言的数据类型可以分为基本数据类型和复杂数据类型。基本数据类型包括字符型(char)、整型(int)、长整型(long)、浮点型(float)、指针型(*p)等。复杂数据类型由基本数据类型组合而成。Keil C51 除了支持基本数据类型外,还支持下列扩展数据类型。

1. 位数据类型 bit

位数据类型 bit 可以定义一个位变量，但不能定义位指针和位数组。

2. 8 位特殊功能寄存器 sfr

sfr 可以定义 51 单片机内部所有的 8 位特殊功能寄存器，sfr 定义的数据占用一个内存单元，其取值为 0～255。

3. 16 位特殊功能寄存器 sfr16

可以用 sfr16 定义 51 单片机内部所有的 16 位特殊功能寄存器，sfr16 定义的数据占用两个内存单元，其取值为 0～65535。

4. 可寻址位 sbit

可寻址位 sbit 可以定义 51 单片机内部 RAM 中的可寻址位或特殊功能寄存器中的可寻址位。定义方法有三种。

（1）sbit 位变量名＝位地址。用这种方法将位绝对地址直接赋值给位变量，要求位地址在 0x80～0xFF，如 sbit CY＝0xD7。

（2）sbit 位变量名＝特殊功能寄存器名ˆ位位置。用这种方法定义的可寻址位处于特殊功能寄存器中。位位置是 0～7 中的常数。如 CY＝PSWˆ7。

（3）sbit 位变量名＝字节地址ˆ位位置。这种方法以字节地址作为基地址，基地址必须在 0x80～0xFF，如 sbit CY＝0xD0ˆ7。

5. Keil C51 编译器可识别的数据类型

Keil C51 编译器可识别的数据类型见表 2-3。

表 2-3　　　　　　　　　　　Keil C51 编译器可识别的数据类型

数据类型	字节长度	取值范围
unsigned char	1 字节	0～255
signed char	1 字节	−128～127
unsigned int	2 字节	0～65535
signed int	2 字节	−32768～32767
unsigned long	4 字节	0～4294967925
signed long	4 字节	−2147483648～2147483647
float	4 字节	±1.175494E−38～±3.402823E+38
*	1～3 字节	对象地址
bit	位	0 或 1
sfr	1 字节	0～255
sfr16	2 字节	0～65535
sbit	位	0 或 1

6. 数据类型的隐形变换

在 C 语言程序的表达式或变量赋值中，有时会出现运算对象不一致的状况，C 语言允许任何标准数据类型之间的隐形变换。隐形变换按 bit→char→int→long→float 和 signed→unsigned 的方向进行变换。

7. 数据类型

Keil C51 编译器支持结构类型、联合类型、枚举类型数据等复杂数据。

37

8. 用 typedef 重新定义数据类型

在 C 语言程序设计中，除了可以采用基本的数据类型和复杂的数据类型外，读者还可以根据自己的需要，对数据类型进行重新定义。重新定义使用关键字 typedef，定义方法为

typedef 已有的数据类型 新的数据类型名；

其中："已有的数据类型"是指 C 语言已有的基本数据类型、复杂的数据类型，包括数组、结构、枚举、指针等；"新的数据类型名"需要根据读者的习惯和任务决定。关键字 typedef 只是将已有的数据类型做了置换，用置换后的新数据类型名来进行数据类型定义。例如：

typedef unsigned char UCHAR8；/ * 定义 unsigned char 为新的数据类型名 UCHAR8 * /

typedef unsigned int UINT16；/ * 定义 unsigned int 为新的数据类型名 UINT16 * /

UCHAR8 i，j；/ * 用新数据类型 UCHAR8 定义变量 i 和 j * /

UINT16 p，k；/ * 用新数据类型 UINT16 定义变量 p 和 k * /

先用关键字 typedef 定义新的数据类型 UCHAR8、UINT16，再用新数据类型 UCHAR8 定义变量 i 和 j，UCHAR8 等效于 unsigned char，所以 i、j 被定义为无符号的字符型变量。用新数据类型 UINT16 定义 p 和 k，U INT16 等效于 unsigned int，所以 i、j 被定义为无符号整数型变量。

习惯上，用 typedef 定义新的数据类型名时用大写字母表示，以便与原有的数据类型相区别。值得注意的是，用 typedef 可以定义新的数据类型名，但不可以直接定义变量，因为 typedef 只是用新的数据类型名替换了原来的数据类型名，并没有创造新的数据类型。

采用 typedef 定义新的数据类型名可以简化较长的数据类型定义，便于程序移植。

9. 常量

C 语言程序中的常量包括字符型常量、字符串常量、整型常量、浮点型常量等。字符型常量是所带单引号内的字符，例如 'i'、'j' 等。对于不可显示的控制字符，可以在该字符前加反斜杠 "\" 组成转义字符。常用的转义字符见表 2-4。

表 2-4　　常用的转义字符

转义字符	转义字符的意义	ASCII 代码	转义字符	转义字符的意义	ASCII 代码
\ 0	空字符（NULL）	0x00	\ r	回车（CR）	0x0D
\ b	退格（BS）	0x08	\ "	双引号符	0x22
\ t	水平制表符（HT）	0x09	\ '	单引号符	0x27
\ n	换行（LF）	0x0A	\ \	反斜线符 "\"	0x5C
\ f	走纸换页（FF）	0x0C			

字符串常量由双引号内的字符组成，如 "abcde"、"k567" 等。字符串常量的首尾双引号是字符串常量的界限符。当双引号内字符个数为 0 时，表示空字符串常量。C 语言将字符串常量当作字符型数组来处理，在存储字符串常量时，要在字符串的尾部加一个转义字符 "\ 0" 作为结束符，编程时要注意字符常量与字符串常量的区别。

10. 变量

C 语言程序中的变量是一种在程序执行过程中其值不断变化的量。变量在使用之前必须先定义，用一个标识符表示变量名，并指出变量的数据类型和存储方式，以便 C 语言编译器系统为它分配存储单元。C 语言变量的定义格式为

[存储种类]数据类型[存储器类型]变量名表；

其中："存储种类"和"存储器类型"是可选项。存储种类有四种，分别是自动（auto）、外部

(extern)、静态（static）和寄存器（register）。定义时如果省略存储种类，则该变量为自动变量。

定义变量时除了可以设置数据类型外，还允许设置存储器类型，使其能在 51 单片机系统内准确定位。存储器类型见表 2-5。

表 2-5 存储器类型

存储器类型	说　　明
data	直接地址的片内数据存储器（128 字节），访问速度快
bdata	可位寻址的片内数据存储器（16 字节），允许位、字节混合访问
idata	间接访问的片内数据存储器（256 字节），允许访问片内全部地址
pdata	分页访问的片内数据存储器（256 字节），用 MOVX@Ri 访问
xdata	片外的数据存储器（64KB），用 MOVX @DPTR 访问
code	程序存储器（64KB），用 MOVC @A＋DPTR 访问

根据变量的作用范围，可以将变量分为全局变量和局部变量。全局变量是在程序开始处或函数外定义的变量，在程序开始处定义的全局变量在整个程序中有效。在各功能函数外定义的变量，从定义处开始起作用，对其后的函数有效。

局部变量是指函数内部定义的变量，或函数的"{}"功能块内定义的变量，只在定义在它的函数内或功能块内有效。

根据变量存在的时间，变量可分为静态存储变量和动态存储变量。静态存储变量是指变量在程序运行期间存储空间固定不变；动态存储变量是指存储空间不固定的变量，在程序运行期间动态为其分配空间。全局变量属于静态存储变量，局部变量为动态存储变量。

C 语言允许在变量定义时为变量赋予初值。

下面是变量定义的一些例子。

```
char data a1;              /*在 data 区域定义字符变量 a1*/
char bdata a2;             /*在 bdata 区域定义字符变量 a2*/
int  idata a3;             /*在 idata 区域定义整型变量 a3*/
char code a4[] = "cake";   /*在程序代码区域定义字符串数组 a4[]*/
extern float idata x, y;   /*在 idata 区域定义外部浮点型变量 x、y*/
sbit led1 = P2^1;          /*在 bdata 区域定义位变量 led1*/
```

变量定义时如果省略存储种类，则按编译时使用的存储模式来规定默认的存储器类型。存储模式分为 SMALL、COMPACT、LARGE 三种。

（1）SMALL 模式时，变量被定义在单片机的片内数据存储器中（最大 128 字节，默认存储类型是 data），访问十分方便、速度快。

（2）COMPACT 模式时，变量被定义在单片机的分页寻址的外部数据寄存器中（最大 256 字节，默认存储类型是 pdata），每一页地址空间是 256 字节。

（3）LARGE 模式时，变量被定义在单片机的片外数据寄存器中（最大 64KB，默认存储类型是 xdata），使用数据指针 DPTR 来间接访问，用此数据指针进行访问效率低，速度慢。

三、C 语言的运算符及表达式

C 语言具有丰富的运算符，数据表达、处理能力强。运算符是完成各种运算的符号，表达式是由运算符与运算对象组成的具有特定含义的式子。表达式语句是由表达式及后面的分号";"组成，C 语言程序就是由运算符和表达式组成的各种语句组合而成的。

C 语言使用的运算符包括赋值运算符、算术运算符、逻辑运算符、关系运算符、加 1 和减 1

运算符、位运算符、逗号运算符、条件运算符、指针地址运算符、强制转换运算符、复合运算符等。

1. 赋值运算符

符号"="在C语言中称为赋值运算符,它的作用是将符号右边数据的值赋值给符号左边的变量,利用它可以将一个变量与一个表达式连接起来组成赋值表达式,在赋值表达式后添加分号";",便可以组成C语言的赋值语句。

赋值语句的格式为

变量=表达式;

在C语言程序运行时,赋值语句先计算出右边表达式的值,再将该值赋给左边的变量。右边的表达式可以是另一个赋值表达式,即C语言程序允许多重赋值。例如:

a=6;　　　 /*将常数6赋值给变量a*/

b=c=7;　　/*将常数7赋值给变量b和c*/

2. 算术运算符

C语言中的算术运算符包括"+"(加或取正值)运算符、"−"(减或取负值)运算符、"*"(乘)运算符、"/"(除)运算符和"%"(取余)运算符。

在C语言中,加、减、乘法运算符合一般的算术运算规则,除法稍有不同。两个整数相除,结果为整数,小数部分舍弃;两个浮点数相除,结果为浮点数,取余的运算要求两个数据均为整型数据。

将运算对象与算术运算符连接起来的式子称为算术表达式。算术表达式的表现形式为

表达式1　算术运算符　表达式2

例如:x/(a+b),(a−b)*(m+n)。

在运算时,要按运算符的优先级别进行,算术运算中,括号()优先级最高,其次是取负值(−),再其次是乘法(*)、除法(/)和取余(%),最后是加(+)减(−)。

3. 加1和减1运算符

加1(++)和减1(− −)是两个特殊的运算符,分别作用于变量作加1和减1运算。

例如:m++,++m,n− −,− −j等。但m++与++m不同,前者m++是在使用m后加1,后者++m是先将m加1后再使用。

4. 关系运算符

C语言中有六种关系运算符,分别是>(大于)、<(小于)、>=(大于等于)、<=(小于等于)、==(等于)、!=(不等于)。前4种具有相同的优先级,后两种具有等同的优先级,前4种的优先级高于后两种。用关系运算符连接的表达式称为关系表达式,一般形式为

表达式1　关系运算符　表达式2

例如:x+y>2。

关系运算符常用于判断条件是否满足,关系表达式的值只有0和1两种,当指定的条件满足时值为1,否则值为0。

5. 逻辑运算符

C语言中有三种逻辑运算符,分别是||(逻辑或)、&&(逻辑与)、!(逻辑非)。

逻辑运算符用于计算条件表达式的逻辑值,逻辑表达式就是用关系运算符和表达式连接在一起的式子。

逻辑表达式的一般形式为

条件1　关系运算符　条件2

例如：x&&y, m‖n,！z都是合法的逻辑表达式。

逻辑运算时的优先级为：逻辑非→算术运算符→关系运算符→逻辑与→逻辑或。

6. 位运算符

对 C 语言对象进行按位操作的运算符称为位运算符。位运算是 C 语言的一大特点，使其能对计算机硬件直接进行操控。

位运算符有六种，分别是～（按位取反）、≪（左移）、≫（右移）、&（按位与）、ˆ（按位异或）、｜（按位或）。

位运算形式为

变量1　位运算符　变量2

位运算不能用于浮点数。

位运算符的作用是对变量进行按位运算，并不改变参与运算变量的值。如果希望改变参与位运算变量的值，则要使用赋值运算。

例如：a＝a≫1表示 a 右移1位后赋给 a。

位运算的优先级为：～（按位取反）→≪（左移）和≫（右移）→&（按位与）→ˆ（按位异或）、→｜（按位或）。

7. 逗号运算符

C 语言中的逗号运算符"，"是一个特殊的运算符，它将多个表达式连接起来，称为逗号表达式。逗号表达式的格式为

表达式1，表达式2，…表达式 n

程序运行时，从左到右依次计算各个表达式的值，整个逗号表达式的值为表达式 n 的值。

8. 条件运算符

条件运算符"?"是 C 语言中唯一的三目运算符，它有3个运算对象，用条件运算符可以将3个表达式连接起来构成一个条件表达式。

条件表达式的形式为

逻辑表达式? 表达式1：表达式2

程序运行时，先计算逻辑表达式的值，当值为真（非0）时，将表达式1的值作为整个条件表达式的值；否则，将表达式2的值作为整个条件表达式的值。

例如：min＝(a<b)? a：b 的执行结果是将 a、b 中的较小值赋给 min。

9. 指针与地址运算符

指针是 C 语言中一个十分重要的概念，C 语言中专门规定了一种指针型数据。变量的指针实质上就是变量对应的地址，定义的指针变量用于存储变量的地址。对于指针变量和地址间的关系，C 语言设置了两个运算符：&（取地址）和 *（取内容）。

取地址与取内容的一般形式为

指针变量＝& 目标变量

变量＝* 指针变量

取地址是把目标变量的地址赋值给左边的指针变量。

取内容是将指针变量所指向的目标变量的值赋给左边的变量。

10. 复合赋值运算符

在赋值运算符的前面加上其他运算符，就构成了复合运算符，C 语言中有10种复合运算符，分别是＋＝（加法赋值）、－＝（减法赋值）、*＝（乘法赋值）、/＝（除法赋值）、%＝（取余赋值）、≪＝（左移位赋值）、≫＝（右移位赋值）、&＝（逻辑与赋值）、｜＝（逻辑或赋值）、～＝（逻辑

非赋值)和^=(逻辑异或赋值)。

使用复合运算符,可以使程序简化,提高程序的编译效率。

复合赋值运算时首先对变量进行某种运算,然后再将结果赋值给该变量。复合赋值运算的一般形式为

变量 复合运算符 表达式

例如:i+=2等效于i=i+2。

四、C语言的基本语句

1. 表达式语句

C语言中,表达式语句是最基本的程序语句,在表达式后面加";"号,就组成了表达式语句。

a=2;b=3;

m=x+y;

++j;

表达式语句也可以只由一个分号";"组成,称为空语句。空语句可以用于等待某个事件的发生,特别是用在while循环语句中。空语句还可以用于为某段程序提供标号,表示程序执行的位置。

2. 复合语句

C语言的复合语句是由若干条基本语句组合而成的一种语句,它用一对花括号"{}"将若干条语句组合在一起,形成一种控制功能块。复合语句不需要用分号";"结束,但它内部各条语句要加分号";"。复合语句的形式为

{

局部变量定义;

语句1;

语句2;

……;

语句n;

}

复合语句依次顺序执行,等效于一条单语句。复合语句主要用于函数中,实际上,函数的执行部分就是一个复合语句。复合语句允许嵌套,即复合语句内可以包含其他复合语句。

3. if条件语句

条件语句又称为选择分支语句,它由关键字"if"和"else"等组成。C语言提供了三种if条件语句格式。

if(条件表达式)语句

当条件表达式为真时,就执行其后的语句;否则不执行其后的语句。

if(条件表达式)语句1

else 语句2

当条件表达式为真时,就执行其后的语句1。否则,执行else后的语句2。

if(条件表达式1)   语句1

else if(条件表达式2)语句2

……

else if(条件表达式i)语句i

else   语句n

顺序逐条判断执行条件，决定执行的语句，否则执行语句 n。

4．swich/case 开关语句

虽然条件语句可以实现多分支选择，但是当条件分支较多时，会使程序繁冗，不便于阅读。开关语句是直接处理多分支语句，其程序结构清晰，可读性强。swich/case 开关语句的格式为

```
swich（条件表达式）
{
case 常量表达式 1：语句 1；
break；
case 常量表达式 2：语句 2；
break；
……
case 常量表达式 n：语句 n；
break；
default：语句 m
}
```

将 swich 后条件表达式的值与 case 后各个表达式的值逐个进行比较，若有相同的，就执行相应的语句，然后执行 break 语句，终止执行当前语句的执行，跳出 switch 语句；若无匹配就执行语句 m。

5．for、while、do…while 语句循环语句

循环语句用于 C 语言的循环控制，使某种操作反复执行多次。循环语句有：for 循环、while 循环、do…while 循环等。

（1）for 循环。采用 for 语句构成的循环结构的格式为

for（初值设置表达式；循环条件表达式；更新表达式）语句

for 语句执行的过程是：先计算初值设置表达式的值，将其作为循环控制变量的初值，再检查循环条件表达式的结果。当满足条件时，就执行循环体语句，再计算更新表达式的值，然后再进行条件比较，根据比较结果，决定循环体是否执行，一直到循环表达式的结果为假（0 值）时，退出循环体。

for 循环结构中的 3 个表达式是相互独立的，不要求它们相互依赖。3 个表达式可以是默认的，但循环条件表达式不要默认，以免形成死循环。

（2）while 循环。while 循环的一般形式为

while（条件表达式）语句；

while 循环中的语句可以使用复合语句。

当条件表达式的结果为真（非 0 值）时，程序执行循环体的语句，一直到条件表达式的结果为假（0 值）。while 循环结构先检查循环条件，再决定是否执行其后的语句。如果循环表达式的结果一开始就为假，那么，其后的语句一次都不执行。

（3）do…while 循环。采用 do…while 也可以构成循环结构。do…while 循环结构的格式为

do 语句 while（条件表达式）

do…while 循环结构中的语句可使用复合语句。

do…while 循环先执行语句，再检查条件表达式的结果。当条件表达式的结果为真（非 0 值）时，程序继续执行循环体的语句，一直到条件表达式的结果为假（0 值）时退出循环。

do…while 循环结构中的语句至少执行一次。

6. goto、break、continue 语句

（1）goto 语句。goto 语句是一个无条件转移语句，一般形式为

goto 语句标号：

语句标号是一个带冒号"："的标识符。

goto 语句可以与 if 语句构成循环结构，goto 语句主要用于跳出多重循环，一般用于从内循环跳到外循环，不允许从外循环跳到内循环。

（2）break 语句。break 语句用于跳出循环体，一般形式为

break；

对于多重循环，break 语句只能跳出它所在的那一层循环，而不能像 goto 语句一样可以跳出最内层循环。

（3）continue 语句。continue 是一种中断语句，其功能是中断本次循环。它的一般形式为

continue；

continue 语句一般与条件语句一起用在 for、while 等语句构成的循环结构中，它是具有特殊功能的无条件转移语句。与 break 不同的是，continue 语句并不决定是否跳出循环，而是决定是否继续执行。

7. return 返回语句

return 返回语句用于终止函数的执行，并控制程序返回到调用该函数时所处的位置。

返回语句的基本形式为

return 或

return（表达式）。

当返回语句带有表达式时，则要先计算表达式的值，并将表达式的值作为该函数的返回值。

当返回语句不带表达式时，则被调用的函数返回主调函数时，函数值不确定。

五、函数

1. 函数的定义

一个完整的 C 语言程序是由若干个模块构成的，每个模块完成一种特定的功能，而函数就是 C 语言的一个基本模块，用以实现一个子程序功能。C 语言总是从主函数开始，main（）函数是一个控制流程的特殊函数，它是程序的起始点。在程序设计时，如果程序较大，就可以将其分为若干个子程序模块，每个子程序模块完成一个特殊的功能，这些子程序通过函数实现。

C 语言函数可以分为两大类，即标准库函数和用户自定义函数。标准库函数是 Keil C51 提供的，用户可以直接使用；用户自定义函数是用户根据实际需要，自己定义和编写的能实现一种特定功能的函数，函数必须先定义后使用。函数定义的一般形式为

函数类型 函数名（形式参数表）

形式参数说明

{

局部变量定义

函数体语句

}

其中："函数类型"定义函数返回值的类型；"函数名"是用标识符表示的函数名称；"形式参数表"中列出的是主调函数与被调函数之间传输数据的形式参数，形式参数的类型必须说明，AN-SI C 标准允许在形式参数表中直接对形式参数类型进行说明，如果定义的是无参数函数，可以没有形式参数表，但圆括号"（）"不能省略；"局部变量定义"是定义在函数内部使用的变量；"函数体语句"是为完成函数功能而组合的各种 C 语言语句。

如果定义的函数内只有一对花括号且没有局部变量定义和函数体语句，则该函数为空函数，空函数也是合法的。

2. 函数的调用

通常 C 语言程序是由一个主函数 main（）和若干个函数构成的。主函数可以调用其他函数，其他函数可以彼此调用，同一个函数可以被多个函数调用任意多次。通常把调用其他函数的函数称为主调函数，其他函数称为被调函数。

函数调用的一般形式为

函数名（实际参数表）

其中："函数名"指出被调用函数的名称；"实际参数表"中可以包括多个实际参数，各个参数之间用逗号分隔。实际参数的作用是将它的值传递给被调函数中的形式参数。要注意的是，函数调用中实际参数与函数定义的形式参数在个数、类型及顺序上必须严格保持一致，以便将实际参数的值分别正确地传递给形式参数。如果调用的函数无形式参数，则可以没有实际参数表，但圆括号"（）"不能省略。

C 语言函数调用有以下三种形式。

（1）函数语句。在主调函数中通过一条语句来表示。

nop（）;

这是无参数调用，是一个空操作。

（2）函数表达式。在主调函数中，被调函数作为一个运算对象直接出现在表达式中，这种表达式称为函数表达式。

y = add(a, b) + sub(m, n);

这条赋值语句包括两个函数调用，每个函数调用都有一个返回值，将两个函数返回值相加后赋值给变量 y。

（3）函数参数。在主调函数中将被调函数作为另一个函数调用的实际参数。

x = add(sub(m, n), c)

函数 sub（m，n）在一个函数 add(sub(m，n)，c)的实际参数表中，以它的返回值作为另一个被调函数的实际参数。这种在调用一个函数的过程中有调用另一个函数的方式，称为函数的嵌套调用。

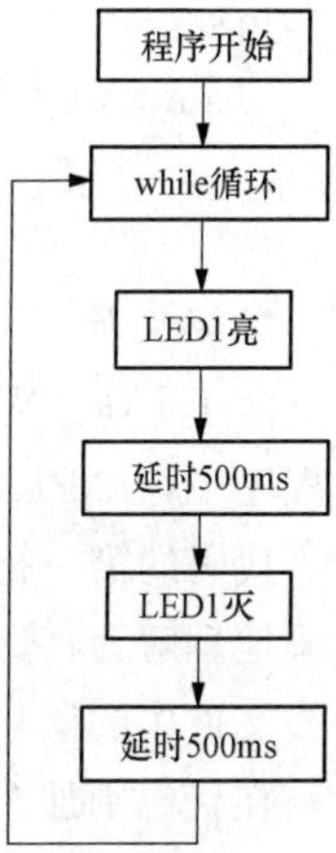

六、第一个 C 语言程序设计

1. LED 灯闪烁控制流程图

LED 灯闪烁控制流程图如图 2-1 所示。

图 2-1　LED 灯闪烁控制流程图

2. LED 灯闪烁控制程序

```
#include < STC15F2K60S2.h>
sbit LED1 = P7^0; //定义位变量 LED1
/**************************************************************/
//函数名称：DelayMS()
//函数功能：延时 ValMS 毫秒
//入口参数：延时毫秒数(ValMS)
//出口参数：无
/**************************************************************/
void DelayMS(unsigned int N)
{
```

```
    unsigned int i;
    do{
        i = 1700;      //MAIN _ Fosc/13000 = 22118400/13000
        while(--i);
    }while(- -N);
}//**********************************************************
//函数名称：main
//函数功能：函数主体
//入口参数：无
//出口参数：无
  **********************************************************/
void main(void)      //主函数
{
  P7 = 0xFF;         //初始化 P7 口为高电平
while(1)             //while 循环
  {
  LED1 = 0;          //点亮 LED1
  DelayMS(500);      //延时 500ms
  LED1 = 1;          //熄灭 LED1
  DelayMS(500);      //延时 500ms
  }
}
```

3. 头文件

由于 IAP15W4K58S4 芯片的头文件与 STC15F2K60S2 芯片的头文件相同，所以在今后的应用程序中，IAP15W4K58S4 芯片直接引用 STC15F2K60S2 芯片的头文件即可。

代码的第一行♯include ＜STC15F2K60S2.h＞，包含头文件。代码中引用头文件的意义可以形象地理解为将这个头文件中的全部内容放在引用头文件的位置处，避免每次编写同类程序都要将头文件中的语句重复编写一次。

在代码中加入头文件有两种书写方法，分别是：♯ include ＜ STC15F2K60S2.h＞和♯include "STC15F2K60S2.h"。那么这两种形式有何区别呢？

使用 "＜xx.h＞" 包含头文件时，编译器只会进入到软件安装文件夹处开始搜索这个头文件，也就是如果 Keil \ C51 \ INC 文件夹下没有引用的头文件，则编译器会报错。当使用 "xx.h" 包含头文件时，编译器先进入当前工程所在的文件夹开始搜索头文件，如果当前工程所在文件夹下没有该头文件，编译器又会去软件安装文件夹处搜索这个头文件，若还是找不到，则编译器会报错。

由于该文件存在于软件安装文件夹下，因而一般将该头文件写成♯ include＜STC15F2K60S2.h＞的形式，当然，写成♯include "STC15F2K60S2.h" 也可以。以后进行模块化编程时，一般写成 "xx.h" 的形式，如自己编写的头文件 "LED.h"，则可以写成♯ include "LED.h"。这里包含头文件，主要是为了引用单片机的 P2 口，其实单片机中并没有 P0～P3 口，只是为了便于操作，给单片机起了 4 个别名 P0～P3 口。为了深入了解，可以将鼠标放到 Keil μVision4 中的♯include ＜STC15F2K60S2.h＞处右击，并选择 "Open document＜STC15F2K60S2.h＞" 打开该头文件。打开该头文件内容如下：

//包含本头文件后，不用另外再包含"REG51.h"

//内核特殊功能寄存器　　　　// 复位值　描述
sfr ACC　　　　=　0xE0;　//0000，0000 累加器 Accumulator
sfr B　　　　　=　0xF0;　//0000，0000 B 寄存器
sfr PSW　　　　=　0xD0;　//0000，0000 程序状态字
sbit CY　　　　=　PSW^7;
sbit AC　　　　=　PSW^6;
sbit F0　　　　=　PSW^5;
sbit RS1　　　 =　PSW^4;
sbit RS0　　　 =　PSW^3;
sbit OV　　　　=　PSW^2;
sbit P　　　　 =　PSW^0;
sfr SP　　　　 =　0x81;　//0000，0111 堆栈指针
sfr DPL　　　　=　0x82;　//0000，0000 数据指针低字节
sfr DPH　　　　=　0x83;　//0000，0000 数据指针高字节

//I/O 口特殊功能寄存器
sfr P0　　　　 =　0x80;　//1111，1111 端口 0
sbit P00　　　 =　P0^0;
sbit P01　　　 =　P0^1;
sbit P02　　　 =　P0^2;
sbit P03　　　 =　P0^3;
sbit P04　　　 =　P0^4;
sbit P05　　　 =　P0^5;
sbit P06　　　 =　P0^6;
sbit P07　　　 =　P0^7;
sfr P1　　　　 =　0x90;　//1111，1111 端口 1
sbit P10　　　 =　P1^0;
sbit P11　　　 =　P1^1;
sbit P12　　　 =　P1^2;
sbit P13　　　 =　P1^3;
sbit P14　　　 =　P1^4;
sbit P15　　　 =　P1^5;
sbit P16　　　 =　P1^6;
sbit P17　　　 =　P1^7;
sfr P2　　　　 =　0xA0;　//1111，1111 端口 2
sbit P20　　　 =　P2^0;
sbit P21　　　 =　P2^1;
sbit P22　　　 =　P2^2;
sbit P23　　　 =　P2^3;
sbit P24　　　 =　P2^4;
sbit P25　　　 =　P2^5;
sbit P26　　　 =　P2^6;

任务
3

```
sbit P27        =    P2^7;
sfr P3          =    0xB0;    //1111, 1111 端口 3
sbit P30        =    P3^0;
sbit P31        =    P3^1;
sbit P32        =    P3^2;
sbit P33        =    P3^3;
sbit P34        =    P3^4;
sbit P35        =    P3^5;
sbit P36        =    P3^6;
sbit P37        =    P3^7;
sfr P4          =    0xC0;    //1111, 1111 端口 4
sbit P40        =    P4^0;
sbit P41        =    P4^1;
sbit P42        =    P4^2;
sbit P43        =    P4^3;
sbit P44        =    P4^4;
sbit P45        =    P4^5;
sbit P46        =    P4^6;
sbit P47        =    P4^7;
sfr P5          =    0xC8;    //xxxx, 1111 端口 5
sbit P50        =    P5^0;
sbit P51        =    P5^1;
sbit P52        =    P5^2;
sbit P53        =    P5^3;
sbit P54        =    P5^4;
sbit P55        =    P5^5;
sbit P56        =    P5^6;
sbit P57        =    P5^7;
sfr P6          =    0xE8;    //0000, 0000 端口 6
sbit P60        =    P6^0;
sbit P61        =    P6^1;
sbit P62        =    P6^2;
sbit P63        =    P6^3;
sbit P64        =    P6^4;
sbit P65        =    P6^5;
sbit P66        =    P6^6;
sbit P67        =    P6^7;
sfr P7          =    0xF8;    //0000, 0000 端口 7
sbit P70        =    P7^0;
sbit P71        =    P7^1;
sbit P72        =    P7^2;
sbit P73        =    P7^3;
sbit P74        =    P7^4;
sbit P75        =    P7^5;
```

任务 3

48

```
sbit P76          =    P7^6;
sbit P77          =    P7^7;
sfr  P0M0         =    0x94;    //0000, 0000 端口 0 模式寄存器 0
sfr  P0M1         =    0x93;    //0000, 0000 端口 0 模式寄存器 1
sfr  P1M0         =    0x92;    //0000, 0000 端口 1 模式寄存器 0
sfr  P1M1         =    0x91;    //0000, 0000 端口 1 模式寄存器 1
sfr  P2M0         =    0x96;    //0000, 0000 端口 2 模式寄存器 0
sfr  P2M1         =    0x95;    //0000, 0000 端口 2 模式寄存器 1
sfr  P3M0         =    0xB2;    //0000, 0000 端口 3 模式寄存器 0
sfr  P3M1         =    0xB1;    //0000, 0000 端口 3 模式寄存器 1
sfr  P4M0         =    0xB4;    //0000, 0000 端口 4 模式寄存器 0
sfr  P4M1         =    0xB3;    //0000, 0000 端口 4 模式寄存器 1
sfr  P5M0         =    0xCA;    //0000, 0000 端口 5 模式寄存器 0
sfr  P5M1         =    0xC9;    //0000, 0000 端口 5 模式寄存器 1
sfr  P6M0         =    0xCC;    //0000, 0000 端口 6 模式寄存器 0
sfr  P6M1         =    0xCB;    //0000, 0000 端口 6 模式寄存器 1
sfr  P7M0         =    0xE2;    //0000, 0000 端口 7 模式寄存器 0
sfr  P7M1         =    0xE1;    //0000, 0000 端口 7 模式寄存器 1


//系统管理特殊功能寄存器
sfr  PCON         =    0x87;    //0001, 0000 电源控制寄存器
sfr  AUXR         =    0x8E;    //0000, 0000 辅助寄存器
sfr  AUXR1        =    0xA2;    //0000, 0000 辅助寄存器 1
sfr  P_SW1        =    0xA2;    //0000, 0000 外设端口切换寄存器 1
sfr  CLK_DIV      =    0x97;    //0000, 0000 时钟分频控制寄存器
sfr  BUS_SPEED    =    0xA1;    //xx10, x011 总线速度控制寄存器
sfr  P1ASF        =    0x9D;    //0000, 0000 端口 1 模拟功能配置寄存器
sfr  P_SW2        =    0xBA;    //xxxx, x000 外设端口切换寄存器


//中断特殊功能寄存器
sfr  IE           =    0xA8;    //0000, 0000 中断控制寄存器
sbit EA           =    IE^7;
sbit ELVD         =    IE^6;
sbit EADC         =    IE^5;
sbit ES           =    IE^4;
sbit ET1          =    IE^3;
sbit EX1          =    IE^2;
sbit ET0          =    IE^1;
sbit EX0          =    IE^0;
sfr  IP           =    0xB8;    //0000, 0000 中断优先级寄存器
sbit PPCA         =    IP^7;
sbit PLVD         =    IP^6;
sbit PADC         =    IP^5;
sbit PS           =    IP^4;
```

```
sbit PT1        =    IP^3;
sbit PX1        =    IP^2;
sbit PT0        =    IP^1;
sbit PX0        =    IP^0;
sfr IE2         =    0xAF;    //0000, 0000 中断控制寄存器 2
sfr IP2         =    0xB5;    //xxxx, xx00 中断优先级寄存器 2
sfr INT_CLKO    =    0x8F;    //0000, 0000 外部中断与时钟输出控制寄存器

//定时器特殊功能寄存器
sfr TCON        =    0x88;    //0000, 0000 T0/T1 控制寄存器
sbit TF1        =    TCON^7;
sbit TR1        =    TCON^6;
sbit TF0        =    TCON^5;
sbit TR0        =    TCON^4;
sbit IE1        =    TCON^3;
sbit IT1        =    TCON^2;
sbit IE0        =    TCON^1;
sbit IT0        =    TCON^0;
sfr TMOD        =    0x89;    //0000, 0000 T0/T1 模式寄存器
sfr TL0         =    0x8A;    //0000, 0000 T0 低字节
sfr TL1         =    0x8B;    //0000, 0000 T1 低字节
sfr TH0         =    0x8C;    //0000, 0000 T0 高字节
sfr TH1         =    0x8D;    //0000, 0000 T1 高字节
sfr T4T3M       =    0xD1;    //0000, 0000 T3/T4 模式寄存器
sfr T3T4M       =    0xD1;    //0000, 0000 T3/T4 模式寄存器
sfr T4H         =    0xD2;    //0000, 0000 T4 高字节
sfr T4L         =    0xD3;    //0000, 0000 T4 低字节
sfr T3H         =    0xD4;    //0000, 0000 T3 高字节
sfr T3L         =    0xD5;    //0000, 0000 T3 低字节
sfr T2H         =    0xD6;    //0000, 0000 T2 高字节
sfr T2L         =    0xD7;    //0000, 0000 T2 低字节
sfr WKTCL       =    0xAA;    //0000, 0000 掉电唤醒定时器低字节
sfr WKTCH       =    0xAB;    //0000, 0000 掉电唤醒定时器高字节
sfr WDT_CONTR   =    0xC1;    //0000, 0000 看门狗控制寄存器

//串行口特殊功能寄存器
sfr SCON        =    0x98;    //0000, 0000 串口 1 控制寄存器
sbit SM0        =    SCON^7;
sbit SM1        =    SCON^6;
sbit SM2        =    SCON^5;
sbit REN        =    SCON^4;
sbit TB8        =    SCON^3;
sbit RB8        =    SCON^2;
sbit TI         =    SCON^1;
```

```
sbit RI          =      SCON^0;
sfr SBUF         =      0x99;   //xxxx，xxxx 串口 1 数据寄存器
sfr S2CON        =      0x9A;   //0000，0000 串口 2 控制寄存器
sfr S2BUF        =      0x9B;   //xxxx，xxxx 串口 2 数据寄存器
sfr S3CON        =      0xAC;   //0000，0000 串口 3 控制寄存器
sfr S3BUF        =      0xAD;   //xxxx，xxxx 串口 3 数据寄存器
sfr S4CON        =      0x84;   //0000，0000 串口 4 控制寄存器
sfr S4BUF        =      0x85;   //xxxx，xxxx 串口 4 数据寄存器
sfr SADDR        =      0xA9;   //0000，0000 从机地址寄存器
sfr SADEN        =      0xB9;   //0000，0000 从机地址屏蔽寄存器

//ADC 特殊功能寄存器
sfr ADC _ CONTR  =      0xBC;   //0000，0000 A/D 转换控制寄存器
sfr ADC _ RES    =      0xBD;   //0000，0000 A/D 转换结果高 8 位
sfr ADC _ RESL   =      0xBE;   //0000，0000 A/D 转换结果低 2 位

//SPI 特殊功能寄存器
sfr SPSTAT       =      0xCD;   //00xx，xxxx SPI 状态寄存器
sfr SPCTL        =      0xCE;   //0000，0100 SPI 控制寄存器
sfr SPDAT        =      0xCF;   //0000，0000 SPI 数据寄存器

//IAP/ISP 特殊功能寄存器
sfr IAP _ DATA   =      0xC2;   //0000，0000 EEPROM 数据寄存器
sfr IAP _ ADDRH  =      0xC3;   //0000，0000 EEPROM 地址高字节
sfr IAP _ ADDRL  =      0xC4;   //0000，0000 EEPROM 地址低字节
sfr IAP _ CMD    =      0xC5;   //xxxx，xx00 EEPROM 命令寄存器
sfr IAP _ TRIG   =      0xC6;   //0000，0000 EEPRPM 命令触发寄存器
sfr IAP _ CONTR  =      0xC7;   //0000，x000 EEPROM 控制寄存器

//PCA/PWM 特殊功能寄存器
sfr CCON         =      0xD8;   //00xx，xx00 PCA 控制寄存器
sbit CF          =      CCON^7;
sbit CR          =      CCON^6;
sbit CCF2        =      CCON^2;
sbit CCF1        =      CCON^1;
sbit CCF0        =      CCON^0;
sfr CMOD         =      0xD9;   //0xxx，x000 PCA 工作模式寄存器
sfr CL           =      0xE9;   //0000，0000 PCA 计数器低字节
sfr CH           =      0xF9;   //0000，0000 PCA 计数器高字节
sfr CCAPM0       =      0xDA;   //0000，0000 PCA 模块 0 的 PWM 寄存器
sfr CCAPM1       =      0xDB;   //0000，0000 PCA 模块 1 的 PWM 寄存器
sfr CCAPM2       =      0xDC;   //0000，0000 PCA 模块 2 的 PWM 寄存器
sfr CCAP0L       =      0xEA;   /* 0000，0000 PCA 模块 0 的捕捉/比较寄存器低字节 */
sfr CCAP1L       =      0xEB;   /* 0000，0000 PCA 模块 1 的捕捉/比较寄存器低字节 */
```

任务 3

51

```
sfr CCAP2L     =    0xEC;    /* 0000, 0000 PCA 模块 2 的捕捉/比较寄存器低字节 */
sfr PCA_PWM0   =    0xF2;    //xxxx, xx00 PCA 模块 0 的 PWM 寄存器
sfr PCA_PWM1   =    0xF3;    //xxxx, xx00 PCA 模块 1 的 PWM 寄存器
sfr PCA_PWM2   =    0xF4;    //xxxx, xx00 PCA 模块 1 的 PWM 寄存器
sfr CCAP0H     =    0xFA;    /* 0000, 0000 PCA 模块 0 的捕捉/比较寄存器高字节 */
sfr CCAP1H     =    0xFB;    /* 0000, 0000 PCA 模块 1 的捕捉/比较寄存器高字节 */
sfr CCAP2H     =    0xFC;    /* 0000, 0000 PCA 模块 2 的捕捉/比较寄存器高字节 */
```

该头文件定义了 STC15F2K60S2 系列单片机内部所有的功能寄存器，用到了两个关键字 sfr 和 sbit，如第 28 行 sfr P1=0x90；的意思为地址 0x90 处的这个寄存器重新命名为 P1，P1 口有 8 位（0x90～0x97）。但（0x90～0x97）与 P1 毫无关系，当操作 P1 口时，实质是在操作 0x90～0x97 这 8 位寄存器。如果写入一句"P1=0x00"，则等价于将从地址 0x90 开始的 8 个位寄存器全部清零，之后单片机内部又通过数据总线将这 8 位寄存器与 I/O 口相连，最后操作这些寄存器就可以达到控制 I/O 的目的了。

举个形象的例子：P0～P3 就相当于 0（地下室）、1、2、3 楼层，一层楼房又分 8 个房间。例如，房号有 001、102、203、306 等，这些房号类似于单片机中寄存器的地址 0x90、0x96 等，或者是所取的别名 P1.0、P1.6 等，接着房间里面可以住男性（1），也可以住女性（0），同理，这些寄存器中可以存入"1"或者"0"。这样，32 个房间（4 层×8 个房间）刚好就对应 32 个寄存器，最后将这 32 个寄存器用某种特殊的线连接到 32 个 I/O 口上，从而实现了通过控制寄存器控制 I/O 口的目的。

接着再看看 sbit，例如第 7 行"sbit CY = PSW^7;"就是将 PSW 寄存器（它也对应一个地址，单片机也并不认识 CY）的最高位重新命名为 CY，以后要置位它时就可以直接写"CY = 1;"，意思是将 CY 对应的最高位置 1（写高电平）。

4. LED 灯闪烁控制程序分析

LED 灯闪烁控制程序第 2～3 行是 C 语言中常用的宏定义。在编写程序时，写 unsigned char 明显比写 uChar8 麻烦，所以用宏定义给 unsigned char 来了一个简写的方法 uChar8，当程序运行中遇到 uChar8 时，则用 unsigned char 代替，这样就简化了程序的编写过程。

第 4 行，用 sbit 给 P7 的最低位起个别名 LED1。

程序第 5～10 行，给函数提供一个说明。养成一个良好的编程习惯，等到以后编写复杂程序时会起到事半功倍的效果。

第 11～17 行是一个延时子函数，名称为 DelayMS()，里面有个形式参数 N，延时时间由形参变量 N 设置，就是延时的毫秒数，通过 for 嵌套循环进行空操作，以达到一定的延时效果。

在主函数中，首先初始化 P7 口所有端口为高电平。其中使用了 while 循环，将条件设置为 1，表示进入死循环。在 while 循环中，LED1 是通过 sbit 来定义的位变量，即定义 P7^0 为 LED1，LED1 只对连接在 P7^0 的 LED 灯进行控制。当 LED1=0 时，点亮 LED 灯；当 LED1=1 时，熄灭 LED 灯。

5. 查看 HEX 文件

（1）创建 HEX 文件。

1）右键单击工程浏览器中的"Target1"选项，在弹出的级联菜单中执行"Option for Target'Target1'"命令，打开目标选择器对话框。

2）在"Option for Target'Target1'"对话框中，选择"Output"输出页，选择"Create HEX File"选项创建 HEX 文件。

3）单击"OK"按钮，返回程序编辑界面。

4）单击编译工具栏的编译所有文件按钮，开始编译文件。

（2）查看 HEX 文件。

1）启动 Word 软件。

2）单击执行"文件"菜单下的"打开"命令，弹出打开文件对话框。

3）在打开文件对话框中，单击"文件类型"右边的下拉列表箭头，选择"所有文件"类型。

4）打开 LED1.hex 所在的文件夹，选择 LED1.hex 文件。

5）单击"打开"按钮，打开 LED1.hex 文件，文件内容如图 2-2 所示。

图 2-2　LED1.hex 文件内容

（3）阅读 HEX 文件数据记录。Intel HEX 文件是由一行行符合 Intel HEX 文本格式的 ASCII 组成的文本文件。在 Intel HEX 文件中，每一行包含一个 HEX 记录。这些记录由对应机器语言码和常量数据的十六进制编码数字组成。Intel HEX 文件通常用于传输将被存于 ROM 或者 EPROM 中的程序和数据，大多数 EPROM 编程器或模拟器使用 Intel HEX 文件。

Intel HEX 由任意数量的十六进制记录组成。每个记录包含 5 个域，它们按以下格式排列。

: llaaaatt [dd…] cc

每一组字母对应一个不同的域，每一个字母对应一个十六进制编码的数字。每一个域由至少两个十六进制编码数字组成。它们构成一个字节，具体描述如下。

1）":"，每个 Intel HEX 记录都由冒号开头。

2）"11"，数据长度域，它代表记录当中数据字节（dd.）的数量。

3）"aaaa"：地址域，它代表记录当中数据的起始地址。

4）"tt"：代表 HEX 记录类型的域，它可能是以下数据当中的一个：①00——数据记录；②01——文件结束记录；③02——扩展段地址记录；④04——扩展线性地址记录。

5）"dd"是数据域，它代表一个字节的数据。一个记录可以有许多数据字节。记录当中数据字节的数量必须和数据长度域（11）中指定的数字相符。

6）"cc"是校验和域，它表示这个记录的校验和。校验和的计算是通过将记录当中所有十六进制编码数字对的值相加，以 256 为模进行补足的。

从图 2-2 中可以看到 LED1.hex 的第一条数据": 03000000020036C5"，其中"03"是这个

记录中数据字节的数量；"0000"是数据将被下载到存储器当中的地址；"00"是记录类型（数据记录）；"020036"是数据；"C5"是这个记录的校验和。

校验和计算方法为

$\sim(0x03 + 0x00 + 0x00 + 0x00 + 0x00 + 0x02 + 0x00 + 0x36) + 0x01 = 0xC5$

 技能训练

一、训练目标

（1）学会书写 C 语言基本程序。

（2）学会 C 语言变量定义。

（3）学会编写 C 语言函数程序。

（4）学会调试 C 语言程序。

二、训练步骤与内容

1．画出 LED 灯闪烁控制流程图

2．建立一个工程

（1）在计算机 E 盘新建一个文件夹"LED1"。

（2）启动 Keil μVision4 软件。

（3）选择执行"Project"工程菜单下的"New μVision Project"命令，新建一个 μVision 工程项目，弹出创建新项目对话框。

（4）在创建新项目对话框，输入工程文件名"LED1"，单击"保存"按钮，弹出选择 CPU 数据库对话框。

（5）选择 STC CPU Data base 数据库，单击"OK"按钮，弹出"Select Device for Target"选择目标器件对话框，单击"STC"左边的"+"号，展开选项，选择"STC15W4K32S4"选项。

（6）单击"OK"按钮，弹出是否添加标准 8051 启动代码对话框。

（7）单击"是"按钮，即可在开发环境自动为我们建立好包含启动代码项目的空文件，启动代码为"STARTUP. A51"。

3．编写程序文件

（1）单击执行"File"文件菜单下的"New"命令，新建一个文件"TEXT1"。

（2）单击执行"File"文件菜单下的"Save As"命令，弹出另存文件对话框，在文件名栏输入"main. c"，单击"保存"按钮，保存文件。

（3）在左边的工程浏览窗口，鼠标右键单击"Source Group1"选项，在弹出的右键菜单中，选择执行"Add Files to Group'Source Group1'"命令。

（4）弹出选择文件对话框，选择"main. c"文件，单击"Add"添加按钮，将文件添加到工程项目中，单击添加文件对话框右上角的红色"×"，关闭添加文件对话框。

（5）在"main"中输入下列程序，单击工具栏保存按钮 💾，并保存文件。

```
#include < STC15F2K60S2. h>
sbit LED1 = P2^0；//定义位变量 LED1
/**********************************************************
//函数名称：DelayMS()
//函数功能：延时 N 毫秒
//入口参数：延时毫秒数 N
```

```
//出口参数：无
*****************************************************************/
void DelayMS(unsigned int N)
{
    unsigned int i;
    do{
        i = 1700;      //MAIN _ Fosc /13000 = 22118400/13000
      while(- -i);
     }while(- -N);
}/*****************************************************************
//函数名称：main
//函数功能：函数主体
//入口参数：无
//出口参数：无
*****************************************************************/
void main(void)          //主函数
{
    P2 = 0xFF;           //初始化 P2 口为高电平
while(1)                 //while 循环
    {
    LED1 = 0;            //点亮 LED1
    DelayMS(500);        //延时 500ms
    LED1 = 1;            //熄灭 LED1
    DelayMS(500);        //延时 500ms
    }
}
```

4. 编译程序

（1）设置输出文件选项。在左边的工程浏览窗口，鼠标右键单击"Target"选项，在弹出的右键菜单中，选择执行"Options for Target'Target1'"菜单命令。

（2）在"Options for Target'Target1'"对话框，选择"Output"输出页，选择"Create HEX File"创建 HEX 文件。

（3）单击"OK"按钮，返回程序编辑界面。

（4）单击编译工具栏的编译所有文件按钮，开始编译文件。

（5）在编译输出窗口查看图 2-3 所示的程序编译信息。

5. 软件仿真调试

（1）右键单击工程浏览器中的"Target1"选项，在弹出的级联菜单中执行"Options for Target'Target1'"命令，打开目标选择器对话框。

（2）单击"Target"选项卡，在晶体振荡器频率栏"Xtal（MHz）"中输入"22.1184"，设置仿真晶振的频率为 22.1184MHz。

（3）打开 LED1 闪烁程序，编译通过后，单击工具栏的进入调试环境的图标，如图 2-4 所示。

（4）弹出调试环境，程序运行的第一步从 P2＝0xFF 开始，如图 2-5 所示。

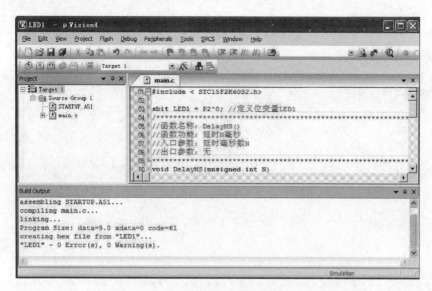

图 2-3　查看程序编译信息

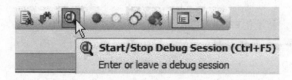

图 2-4　进入调试环境按钮

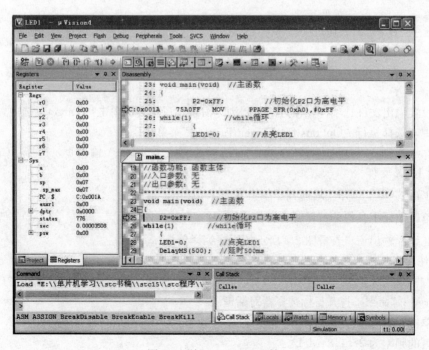

图 2-5　从 P2＝0xFF 开始

（5）单击反汇编窗口右边的"×"按钮，关闭反汇编窗口。

（6）单击 Step Over 单步步出按钮 ㊉，如图 2-6 所示。

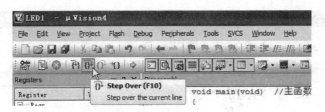

图 2-6　单击单步步出按钮

（7）程序运行到 LED1＝0 处，如图 2-7 所示。

图 2-7　程序运行到 LED1＝0 处

（8）如图 2-8 所示，单击执行 "Peripherals" 外围设备菜单下的 I/O 端口子菜单 "I/O Ports" 下的 "Port2" 命令。

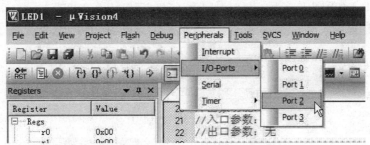

图 2-8　执行 "Port2" 菜单命令

（9）弹出图 2-9 所示的并行输出 "Port2" 端口，其中 "P2" 栏显示单片机 P2 口锁存器的状态，"Pins" 栏显示 P2 口各个引脚的状态，仿真时，它们各位的状态可以根据需要更改。

（10）单击工具栏 Step 单步执行按钮 ，P2 口各个引脚的状态变化，P2.0＝0，如图 2-10 所示。

（11）程序跳到 DelayMS（500）处，同时工程浏览器窗口中的 "Regiter" 寄存器选项卡中的 Sec 的数值为 0.00003536＝0.035ms。

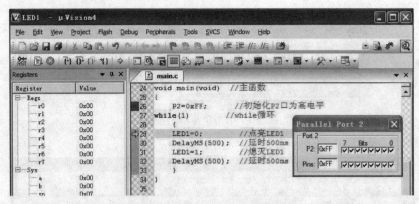

图 2-9　打开"Port2"端口观察窗

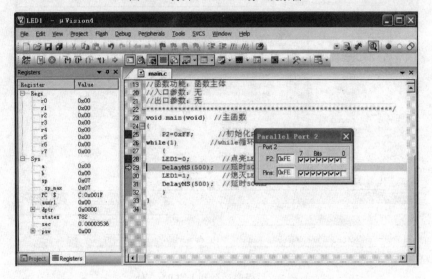

图 2-10　单步执行

（12）单击 Step Over 单步步出按钮，让 DelayMS（500）程序执行完毕，记下当前的 Sec 值为 0.50027561s，如图 2-11 所示。延时时间为 0.50027561s－0.00003536s＝0.500240s。

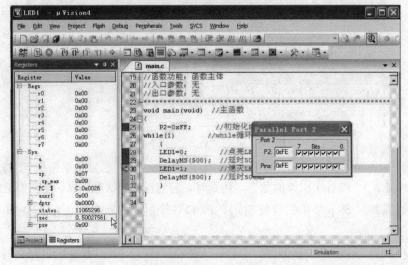

图 2-11　调试延时时间

6. 修改、编译程序

(1) 修改程序。由于 FSST15-V1.0 单片机开发板连接 LED 输出端为 P7，所以将程序中的语句

```
sbit LED1 = P2^0;        //定义位变量 LED1
P2 = 0xFF;               //初始化 P2 口为高电平
```

修改为

```
sbit LED1 = P7^0;        //定义位变量 LED1
P7 = 0xFF;               //初始化 P7 口为高电平
```

(2) 保存、编译程序。

7. 下载程序

(1) 启动 STC 单片机下载软件。

(2) 单击单片机型号栏右边的下拉列表箭头，选择 "IAP15W4K58S4"。

(3) 选择 COM 口，计算机连接 FSST15-V1.0 单片机开发板后，软件会自动选择。

(4) 单击 "打开程序文件" 按钮，弹出 "打开程序代码文件" 对话框，选择 "LED1" 文件夹里的 "LED1.hex" 文件，单击 "打开" 按钮，在程序代码窗口显示代码文件信息，如图 2-12 所示。

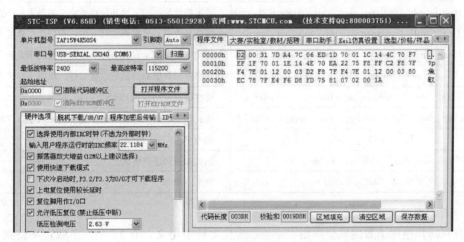

图 2-12　代码文件信息

(5) 单击 "下载/编程" 按钮，此时代码显示框下面的提示框中会显示 "正在检测目标单片机"。

(6) 程序代码开始下载，提示框显示一串下载信息，下载完成后显示 "操作完成"，表示 HEX 代码文件已经下载到单片机中了。

(7) 程序下载完成后会自动运行，开发板上与 P7 口连接的发光二极管闪烁。

任务 4　单片机的数据操作

 基础知识

一、C 语言的库函数

库函数是指存放在函数库中的函数。库函数具有明确的功能、入口调用参数和返回值。

C语言的库函数并不是C语言本身的一部分，它是由编译程序根据一般用户的需要编制并提供给用户使用的一组程序。C语言的库函数极大地方便了用户，同时也补充了C语言本身的不足之处。在编写C语言程序时，使用库函数既可以提高程序的运行效率，又可以提高编程的质量。

Keil C51 的一个重要特征是具有大量可以直接调用的库函数，正确且灵活使用库函数可以使程序代码简单、结构清晰、易于调试和维护。每个库函数都在相应头文件中给出了函数原型声明，如果用户需要使用库函数，必须在源程序的开始处采用预处理器命令♯include 将有关的头文件包含进来。如果省略了头文件，将不能保证函数的正确运行。下面简要介绍 Keil C51 编译器提供的库函数。

1. 基本库函数

基本库函数是指编译时直接将固定的代码插入到当前行，而不是用汇编语言中的 ACALL 和 LCALL 指令来实现调用，从而大大提高了函数的访问效率。非基本库函数则必须由 ACALL 和 LCALL 指令来实现调用。Keil C51 的基本库函数有 9 个，数量虽少，但非常有用，具体情况见表 2-6。使用基本库函数时，C51 源程序中必须包含预处理命令♯include <intrins. h>。

表 2-6　　　　　　　　　　　　　　　　　　　　基本库函数

函数名与定义	功　　能
unsigned char _ crol _ (unsigned char vrbl，unsigned char n)	将字符型数据 vrbl 循环左移 n 位，相当于左移指令 RL
unsigned int _ irol _ (unsigned int vrbl，unsigned char n)	将整型数据 vrbl 循环左移 n 位，相当于左移指令 RL
unsigned long _ lrol _ (unsigned long vrbl，unsigned char n)	将长整型数据 vrbl 循环左移 n 位，相当于左移指令 RL
unsigned char _ cror _ (unsigned char vrbl，unsigned char n)	将字符型数据 vrbl 循环右移 n 位，相当于左移指令 RR
unsigned int _ iror _ (unsigned int vrbl，unsigned char n)	将整型数据 vrbl 循环右移 n 位，相当于右移移指令 RR
unsigned int _ lror _ (unsigned long vrbl，unsigned char n)	将长整型数据 vrbl 循环右移 n 位，相当于右移指令 RR
bit _ testht _ （bitx)	相当于 JBC bit 指令
unsigned char _ chkfloat _ (float vrbl)	测试并返回浮点数状态
Void _ nop _ （void)	产生一个 NOP 指令

2. 字符判断转换库函数

字符判断转换库函数的原型声明在 ctype. h 头文件中定义，有 16 个库函数，字符判断转换库函数的功能说明见表 2-7。

表 2-7　　　　　　　　　　　　　　　　　　　　字符判断转换库函数

函数名及定义	功能说明
bit isalpha (char c)	检查参数字符是否为英文字母，是则返回 1，否则返回 0
bit isalnum (char c)	检查参数字符是否为英文字母或数字字符，是则返回 1，否则返回 0
bit iscntrl (char c)	检查参数值是否为控制字符（值在 0x00～0x1F 之间或等于 0x7F)，如果是则返回 1，否则返回 0
bit isdigit (char c)	检查参数的值是否为十进制数字 0～9，是则返回 1，否则返回 0
bit isgraph (char c)	检查参数是否为可打印字符（不包括空格)，可打印字符的值域为 0x21～0x7E，是则返回 1，否则返回 0
bit isprint (char c)	除了与 isgraph 相同之外，还接受空格符（0x20)
bit ispunct (charc)	检查字符参数是否为标点、空格或格式字符。如果是空格或是 32 个标点和格式字符之一（假定使用 ASCII 字符集中 128 个标准字符)，则返回 1，否则返回 0

续表

函数名及定义	功能说明
bit islower (charc)	检查参数字符的值是否为小写英文字母，是则返回 1，否则返回 0
bit isuppu (charc)	检查参数字符的值是否为大写英文字母，是则返回 1，否则返回 0
bit isspace (charc)	检查参数字符是否为下列之一：空格、制表符、回车符、换行符、垂直制表符和送纸（值为 0x09~0x0D），或为 0x20。是则返回 1，否则返回 0
bit isxdigit (char c)	检查参数字符是否为十六进制数字字符，是则返回 1，否则返回 0
char toint (char c)	将 ASCII 字符的 0~9、a~f（大小写无关）转换为十六进制数字，对于 ASCII 字符的 0~9，返回值为 0H~9H，对于 ASCII 字符的 a~f（大小写无关），返回值为 0AH~0FH
char tolower (char c)	将大写字符转换成小写形式，如果字符参数不在 'A'~'Z' 之间，则该函数不起作用
char _ tolower (char c)	将字符参数 c 与常数 0x20 逐位相或，从而将大写字符转换为小写字符
char touppe (char c)	将字符参数 c 与常数 0xDF 逐位相与，从而将小写字符转换为大写字符
char toascii (char c)	将任何字符型参数值缩小到有效的 ASCII 范围之内，即将参数值和 0x7F 相与，从而去掉第 7 位以上的所有数位

3. 数学运算库函数

数学运算库函数的原型声明包含在头文件 math. h 中，数学运算库函数有 22 个，数学运算库函数的功能说明见表 2-8。

表 2-8   数学运算库函数

函数名及定义	功 能 说 明
int abs (int x) char cabs (char x) float fabs (float x) long labs (long x)	计算并返回 x 的绝对值，如果 x 为正，则不改变就返回，如果为负，则返回相反数。其余三个函数除了变量和返回值类型不同之外，其他功能完全相同
float exp (float x) float log (float x) float log10 (float x)	exp 计算并返回浮点数 x 的指数函数 log 计算并返回浮点数 x 的自然对数（自然对数以 e 为底，e＝2.718282） log10 计算并返回浮点数 x 以 10 为底的 x 的对数
float sqrt (float x)	计算并返回的正平方根
float cos (float x) float sin (float x) float tan (floatx)	cos 计算并返回 x 的余弦值 sin 计算并返回 x 的正弦值 tan 计算并返回 x 的正切值，所有函数的变量范围都是 $-\pi/2 \sim +\pi/2$，变量的值必须在 ±65535 之间，否则产生一个 NaN 错误
float acos (float x) float asin (float x) float atan (float x) float atan2 (floaty, floatx)	acos 计算并返回 x 的反余弦值 asm 计算并返回 x 的反正弦值 atan 计算并返回 x 的反正切值，它们的值域为 $-\pi/2 \sim +\pi/2$。atan2 计算并返回 y/x 的反正切值，它们的值域为 $-\pi \sim +\pi$
float cosh (float x) float sinh (float x) float tanh (float x)	cosh 计算并返回 x 的双曲余弦值 sinh 计算并返回 x 的双曲正弦值 tanh 计算并返回 x 的双曲正切值
float ceil (float x)	计算并返回一个不小于 x 的最小整数（作为浮点数）
float floor (float x)	计算并返回一个不大于 x 的最大整数（作为浮点数）
float modf t floatx, float ∗ ip)	将浮点数 x 分成整数和小数两部分，两者都含有与 x 相同的符号，整数部分放入 ∗ip，小数部分作为返回值
float pow (floatx, floaty)	计算并返回 x^y 的值，如果 x 不等于 0，而 y＝0，则返回 1。当 x＝0 且 y≤1，或当 x<0 且 y 不是整数时，则返回 NaN 错误

4. 输入、输出库函数

输入、输出库函数的原型声明在头文件 stdio.h 中定义，输入、输出库函数的定义及功能说明见表 2-9。

表 2-9　　　　　　　　　　　　　　输入、输出库函数

函数名及定义	功 能 说 明
char _getkey (void)	等待从 8051 串口读入一个字符，这个函数是改变整个输入端口机制时应修改的唯一的一个函数
char getchar (void)	使用 _getkey 从串口读入字符，并将读入的字符马上传给 putchar 函数输出，其他与 _getkey 函数相同
char * gets (char * s, int n)	该函数通过 getchar 从串口读入一个长度为 n 的字符串并存由指针 s 指向的数组。输入时，一旦检测到换行符就结束字符输入。输入成功时，返回传入的参数指针，失败时返回 NULL
char ungetchar (char c)	将输入字符回送输入缓冲区，因此下次 gets 或 getchar 可用该字符。成功时返回 char 型值 c，失败时返回 EOF，不能用 ungetchar 处理多个字符
char putchar (char c)	通过 8051 串行口输出字符，与函数 _getkey 一样，这是改变整个输出机制所需修改的唯一一个函数
int printf (const char * fmstr [, argument] …)	以第一个参数指向字符串指定的格式通过 8051 串行口输出数值和字符串，返回值为实际输出的字符数
int sprintf (char * s, const char * fmstr [, argument] …)	与 printf 的功能相似，但数据不是输出到串行口，而是通过一个指针 s 送入内存缓冲区，并以 ASCII 码的形式储存。参数 fmstr 与函数 printf 一致
int puts (const char * s)	利用 putchar 函数将字符串和换行符写入串行口，错误时返回 EOF，否则返回 o
int scanf (const char * s)	在格式控制串的控制下，利用 getchar 函数从串行口读入数据，每遇到一个符合格式控制串 fmstr 规定的值，就将它按顺序存入由参数指针 argument 指向的存储单元。注意，每个参数都必须是指针。scanf 返回它所发现并转换的输入项数，若遇到错误则返回 EOF
int sscanf (char * s, frnstr [, argument] …)	与 scanf 的输入方式相似，但字符串的输入不是通过串行口，而是通过指针指向的数据缓冲区
void vprintf (const char * s, char * fmstr, char * argptr)	将格式化字符串和数据值输出到由指针 s 指向的内存缓冲区内。该函数似于 sprintf ()，但它接收一个指向变量表的指针而不是变量表。返回值为实际写入到输出字符串中的字符数。格式控制字符串 fmstr 与 printf 函数一致

通过 8051 系列单片机的串行接口工作，如果希望支持其他 I/O 接口，只需要改动 _getkey () 和 putchar () 函数，库中所有其他 I/O 支持函数都依赖于这两个函数模块。在使用 8051 系列单片机的串行口之前，应先对其进行初始化。例如，以 9600bit/s（12MHz 时钟频率）初始化串行口的语句如下：

```
TMOD & = 0x0F;     /* Q 清空定时器 1 */
TMOD | = 0x20;     /* TMOD 置初值 */
SCON = 0x52;       /* SCON 置初值，*/
TH1 = 0xFD;        /* T1 置初值 */
TR1 = 1;           /* 启动 T1 */
```

5. 其他库函数

字符串处理库函数的原字符串处理库函数有 22 个，它的原型声明包含在头文件 string.h 中，这些字符串函数通常接收指针串作为输入值。一个字符串应包括两个或多个字符，字符串的结尾

以空字符表示。在函数 memcmp()、memcpy()、memchr()、memset()和 memmove()中，字符串的长度由调用者明确规定，这些函数可以工作在任何模式。

类型转换及内存分配库函数有 13 个，它的原型声明包含在头文件 stdlib.h 中，利用该库函数可以完成数据类型转换及存储器分配操作。

二、创建用户自己的库函数

库函数以 LIB 文件表示，LIB 文件（x.lib）实质就是 C 文件（x.c）的另一种表现形式，不具可见性，但能在编译时提供调用。如图 2-13 所示，LIB 文件在实际应用中的作用，就是当集成商使用自身开发的设备时，向其提供 LIB 文件，而不是 C 文件，这样就能很好地保护自身的知识产权。

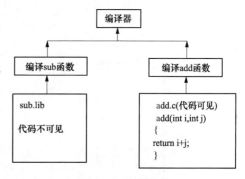

图 2-13　LIB 文件

1. 创建 LIB 文件

（1）新建一个 LIB 工程，另存为 x.lib。

（2）编写 sub 函数程序，清单如图 2-14 所示。

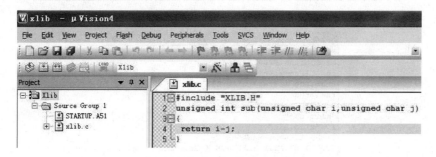

图 2-14　sub 函数

xlib.c 程序清单如下：

♯ include "XLIB.h"

unsigned int sub（unsigned char i，unsigned char j）

{

return　i-j；

}

XLIB.h 程序清单如下：

extern unsigned int sub(unsigned char i, unsigned chat j)

（3）进入目标选项对话框，在"Output"选项卡中选中"Create Library"选项，如图 2-15 所示。

（4）编译工程，在输出窗口显示编译信息，如图 2-16 所示。

2. 使用 LIB 文件

（1）新建 APPLIB 工程。

（2）将 xlib.lib 文件拷贝到 APPLIB 文件夹。

（3）新建一个文件，将文件另存为 applib.c，并将文件添加至工程下。

（4）鼠标右键单击 Source Group 1，如图 2-17 所示。在弹出的菜单中选择执行"Add File to Group'Source Group 1'"命令，打开添加文件对话框。

（5）在添加文件对话框中，选择文件类型为"＊.lib"，在对话框中选择已经显示的 xlib 文件，如图 2-18 所示。

Options for Target 'Xlib'
Device
Target
Output
Listing
User
C51
A51
BL51 Locate
BL51 Misc
Debug
Utilities
Select Folder for Objects...
Name of Executable: xlib
Create Executable: .\xlib
Debug Information
Browse Information
Create HEX File
HEX Format: HEX-80
Create Library: .\xlib.LIB
Create Batch File
OK
Cancel
Defaults
Help

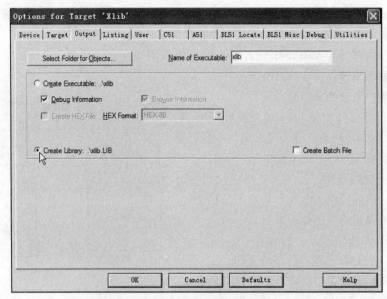

图 2-15　目标选项对话框

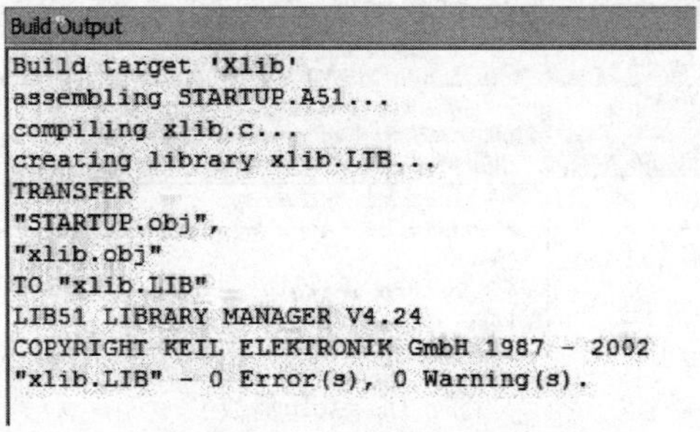

Build Output
Build target 'Xlib'
assembling STARTUP.A51...
compiling xlib.c...
creating library xlib.LIB...
TRANSFER
"STARTUP.obj",
"xlib.obj"
TO "xlib.LIB"
LIB51 LIBRARY MANAGER V4.24
COPYRIGHT KEIL ELEKTRONIK GmbH 1987 - 2002
"xlib.LIB" - 0 Error(s), 0 Warning(s).

图 2-16　显示编译信息

APPLIB - µVision4
File
Edit
View
Project
Flash
Debug
Peripherals
Tools
SVCS
APPLIB
Project
applib.c
APPLIB
Options for Group 'Source Group 1'...　Alt+F7
Open File
Open List File
Open Map File
Rebuild all target files
Build target　F7
Translate File
Stop build
Add Group...
Add Files to Group 'Source Group 1'...
Remove Group 'Source Group 1' and its Files
Manage Components...
Show Include File Dependencies
Build Output

图 2-17　执行添加文件命令

Add Files to Group 'Source Group 1'
查找范围(I): APPLIB
xlib
文件名(N): xlib
文件类型(T): Library file (*.lib)
Add
Close

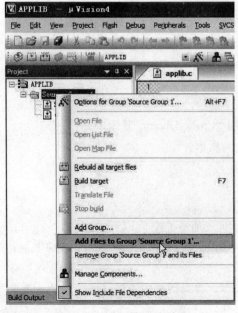

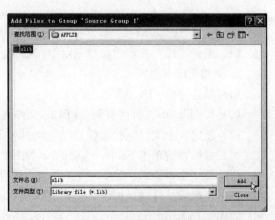

图 2-18　添加文件命令

（6）单击"Add"按钮，将 xlib. lib 文件添加到工程中去，如图 2-19 所示。

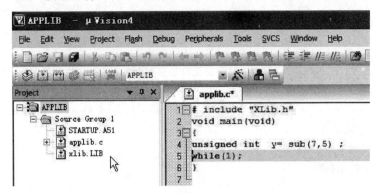

图 2-19　添加 xlib. lib 文件

（7）编写 applib. c 文件代码程序。程序如下：

＃ include "XLib. h"

void main (void)

｛

unsigned int　y = sub (7, 5);

while (1);

｝

（8）编译工程。

（9）单击调试按钮 🔍，进入 Keil 调试环境，且在观察窗中调用 sub(7，5)后，观察 y 变量的值为 2，如图 2-20 所示。

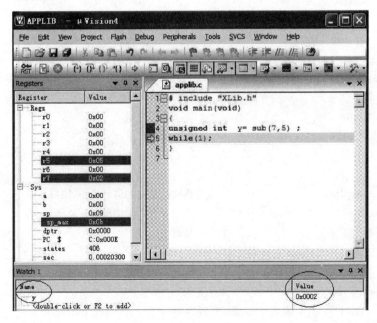

图 2-20　监视 y 变量

三、LED 跑马灯控制

1. LED 跑马灯控制程序

跑马灯像跑马一样执行程序。程序执行过程中，先点亮第一个 LED，延时一段时间后再熄灭，之后点亮第二个 LED 灯，过一会再熄灭，依次循环。根据上述要求，编写的 LED 跑马灯控制程序如下：

```c
# include < STC15F2K60S2. h>
# include <intrins. h>
typedef unsigned int uInt16;          /* 定义无符号整型别名 uInt16 */
typedef unsigned char uChar8;         /* 定义无符号字符型别名 uChar8 */
/*************************************************************
//函数名称：DelayMS()
//函数功能：延时 ValMS 毫秒
//入口参数：延时毫秒数(ValMS)
//出口参数：无
 *************************************************************/
void DelayMS(unsigned int N)
{
    unsigned int i;
    do{
        i = 1700;      //MAIN_Fosc/13000 = 22118400/13000
      while(--i);
    }while(--N);
}
/*************************************************************
//函数名称：main()
//函数功能：实现跑马灯效果
//入口参数：无
//出口参数：无
/* *********************************************************** */
void main(void)
{
    uChar8 uTempVal;                    //定义临时变量
    uTempVal = 0xFE;                    //为临时变量赋值
    while(1)
    {
      P7 = uTempVal;                    //将临时变量的值赋给 P7 端口
      uTempVal = _crol_(uTempVal, 1);   //采用函数库中的循环左移函数
      DelayMS(100);                     //延时
    }
}
```

2. LED 跑马灯控制程序分析

程序调用了 Keil C51 的库函数 _crol_ 循环左移函数，利用这个函数大大简化了 LED 控制程序。_crol_ 循环左移函数包含在"intrins. h"头文件中，所以在程序的第 2 行写了一句 ♯ include<intrins. h>，以包含该头文件。

使用 typedef 别名定义语句为"unsigned int"无符号整型变量取了一个别名 uInt16。

使用 typedef 别名定义语句为"unsigned char"无符号字符型变量取了一个别名 uChar8。

在主函数中，使用 uChar8 uTempVal 定义临时变量，使用 uTempVal ＝ 0xFE 语句为临时变量赋值。

使用 while（1）语句构建循环。

使用 P7＝uTempVal 语句，将临时变量的值赋给 P7 端口。

使用 uTempVal ＝ ＿ crol ＿ （uTempVal，1）语句，调用函数库中的循环左移函数，给临时变量赋值，改变临时变量的值。

使用 DelayMS（100）语句，调用延时函数，延时 100ms。

延时 100ms 后，继续 while 循环。

 **技能训练**

一、训练目标

（1）学会书写 C 的语言基本程序。

（2）学会 C 语言的变量定义。

（3）学会编写 C 语言函数程序。

（4）学会调试 C 语言程序。

二、训练步骤与内容

1. 建立一个工程

（1）在计算机 E 盘新建一个文件夹"LED2"。

（2）启动 Keil μVision4 软件。

（3）选择执行"Project"工程菜单下的"New μVision Project"命令，新建一个 μVision 工程项目，弹出创建新项目对话框。

（4）在创建新项目对话框中，输入工程文件名"LED2"，单击"保存"按钮，弹出选择 CPU 数据库对话框。

（5）选择 STC CPU Data base 数据库，单击"OK"按钮，弹出"Select Device for Target"选择目标器件对话框，单击"STC"左边的"＋"号，展开选项，选择"STC15W4K32S4"选项。

（6）单击"OK"按钮，弹出是否添加标准 8051 启动代码对话框。

（7）单击"是"按钮，即可在开发环境自动为我们建立好包含启动代码项目的空文件，启动代码为"STARTUP. A51"。

2. 编写程序文件

（1）单击执行"File"文件菜单下的"New"命令，新建一个文件"TEXT1"。

（2）单击执行"File"文件菜单下的"Save As"命令，弹出另存文件对话框，在文件名栏输入"main. c"，单击"保存"按钮，保存文件。

（3）在左边的工程浏览窗口，鼠标右键单击"Source Group1"选项，在弹出的右键菜单中，选择执行"Add Files to Group′Source Group1′"命令。

（4）弹出选择文件对话框，选择"main. c"文件，单击"Add"添加按钮，将文件添加到工程项目中，单击添加文件对话框右上角的红色"×"，关闭添加文件对话框。

（5）在"main"中输入下列程序，单击工具栏的保存按钮 ，并保存文件。

```
# include ＜ STC15F2K60S2. h＞
# include ＜intrins. h＞
typedef unsigned int uInt16;        /＊ 定义无符号整型别名 uInt16 ＊/
```

```
typedef unsigned char uChar8;        /* 定义无符号字符型别名 uChar8 */
/************************************************************************
//函数名称：DelayMS ()
//函数功能：延时 ValMS 毫秒
//入口参数：延时毫秒数 (ValMS)
//出口参数：无
**************************************************************************/
void DelayMS (unsigned int N)
{
    unsigned int i;
    do {
      i = 1700;      //MAIN_ Fosc/13000 = 22118400/13000
      while (--i);
    } while (--N);
}
/**********************************************************************
//函数名称：main ()
//函数功能：实现跑马灯效果
//入口参数：无
//出口参数：无
/* ******************************************************** */
void main (void)
{
    uChar8 uTempVal;                    //定义临时变量
    uTempVal = 0xFE;                    //为临时变量赋值
    while (1)
     {
      P7 = uTempVal;                    //将临时变量的值赋给 P7 端口
      uTempVal = _ crol _ (uTempVal, 1);  //采用函数库中循环左移函数
      DelayMS (100);                    //延时
     }
}
```

3. 调试运行

（1）编译程序。

1）设置输出文件选项。在左边的工程浏览窗口，鼠标右键单击"Target"选项，在弹出的右键菜单中，选择执行"Options for Target'Target1'"菜单命令。

2）单击"Target"选项页，在晶体振荡器频率栏"Xtal（MHz）"中输入"22.1184"，设置仿真晶振的频率为 22.1184MHz。

3）在"Options for Target'Target1'"对话框，选择"Output"输出页，选择"Create HEX File"创建 HEX 文件。

4）单击"OK"按钮，返回程序编辑界面。

5）单击编译工具栏的编译所有文件按钮，开始编译文件。

6）在编译输出窗口，查看程序编译信息。

（2）下载程序。

1）启动 STC 单片机下载软件。

2）单击单片机型号栏右边的下拉列表箭头，选择"IAP15W4K58S4"。

3）选择 COM 口，计算机连接 FSST15-V1.0 单片机开发板后，软件会自动选择。

4）单击"打开程序文件"按钮，弹出"打开程序代码文件"对话框，选择"LED2"文件夹里的"LED2.hex"文件，单击"打开"按钮，在程序代码窗口显示代码文件信息。

5）单击"下载/编程"按钮，此时代码显示框下面的提示框中会显示"正在检测目标单片机"。

6）打开开发板电源开关，程序代码开始下载，提示框显示一串下载信息，下载完成后显示"操作完成"，表示 HEX 代码文件已经下载到单片机中了。

7）程序下载完成后会自动运行，开发板上与 P7 口连接的发光二极管跑马式显示。

4. 流水灯控制

流水灯与跑马灯不同，让 LED 灯如流水般点亮，程序执行过程中，第一个 LED 亮，过一会第二个 LED 灯亮，第一个继续亮，以此类推，亮第 3～8 个。

（1）新建一个工程"LED2B"。

（2）新建一个文件"LEDmain.c"。在"LEDmain.c"输入下列程序代码。

```c
#include < STC15F2K60S2.h>
typedef unsigned int uInt16;
typedef unsigned char uChar8;
/***************************************************************
//函数名称：DelayMS()
//函数功能：延时 ValMS 毫秒
//入口参数：延时毫秒数(ValMS)
//出口参数：无
***************************************************************/
void DelayMS(unsigned int N)
{
    unsigned int i;
    do{
        i = 1700;        //MAIN_Fosc/13000 = 22118400/13000
        while(--i);
    }while(--N);
}
/* *********************************************************** */
// 函数名称：ledmain()
// 函数功能：实现流水灯效果
// 入口参数：无
// 出口参数：无
/* *********************************************************** */
void main(void)
{
    uChar8 i;                //循环变量
    while(1)
```

```
    {
        P7 = 0xFF;              //设定 LED 灯初始值
        DelayMS(200);
        for(i = 0; i < 8; i++)
        {
            P7 = P7 << 1;       //移位、依次点亮
            DelayMS(200);       //延时
        }
    }
}
```

（3）将文件添加到工程项目中。

（4）在工程目标文件选项中，选择创建二进制 HEX 文件。

（5）编译工程文件，生成"LED2B. hex"文件。

（6）下载"LED2B. hex"文件到 FSST15-V1.0 单片机开发板。

（7）观察程序运行结果，并与跑马灯程序进行比较。

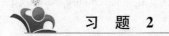 习 题 2

1. 使用库函数 _ cror _ 函数，设计从高位依次向低位循环的跑马灯程序，并注意初始值的设置。

2. 创建一个库函数，完成两个无符号整数的加法运算。

3. 使用基本赋值指令和用户延时函数设计跑马灯控制程序。

4. 使用右移位赋值指令，实现高位依次向低位循环点亮的流水灯控制。

项目三　单片机的输入/输出控制

学习目标

（1）认识单片机的输入/输出口。

（2）学会设计输出控制程序。

（3）学会设计按键输入控制程序。

任务 5　LED 灯 输 出 控 制

基础知识

一、单片机的输入/输出端口

单片机的输入/输出端口，即通用 I/O 口，通过设置 P0、P1、P2、P3，就可以控制对应 I/O 口外围引脚的输出逻辑电平，输出"0"或"1"，即低电平或高电平。这样，我们就可以通过程序来控制 I/O 口，输出各种类型的逻辑信号，如矩形脉冲；或控制外围电路执行各种动作。单片机的输入/输出端口不仅可以输出数字信号，而且可以对单片机端口输入的数字信号或者模拟信号进行捕捉，而单片机对模拟信号进行处理时一般需要将其转变为数字信号。

在普通的 8051 系列单片机中，P0 口与 P1～P3 口是有所区别的，复位后，P1、P2、P3 是准双向口/弱上拉；P0 口是开漏输出，作为总线拓展用时不用加上拉电阻，但是作为输入/输出端口 I/O 时需要加上拉电阻，上拉电阻的作用主要是增大驱动电流。如果使用 P0 驱动数码管、驱动液晶或者驱动其他外设，则务必加上拉电阻，否则外部设备工作不正常。8051 系列单片机的并行口有 P0、P1、P2、P3，由于 P0 口是地址/数据总线口，P2 口是高 8 位地址线，P3 口具有第二功能，这样，完全可以作为双向 I/O 口应用的就只有 P1 口了。这在大多数应用中往往是不够的，大部分 8051 列单片机应用系统设计都不可避免地需要对 P0 口进行拓展。P3 口具有第二功能、第三功能，主要是串口收发数据、外部中断检测、计数脉冲捕获、外部 RAM 读/写选通的控制。

由于 8051 系列单片机的外部 RAM 和 I/O 口是统一编址的，因此，可以把单片机外部 64KB RAM 空间的一部分作为拓展外围 I/O 空间的地址空间，这样单片机就可以像访问存储器单元那样访问外部的 P0 口接口芯片，对 P0 口进行读/写操作。用于 P0 口扩展的专用芯片有很多，如 8255 可编程并行 P0 口扩展芯片、8155 并行 P0 口扩展芯片等。

1. STC15F2K60S2 单片机的输入/输出端口

STC15F2K60S2 单片机采用 PDIP（Plastic Dual In-Line Package，塑料双列直插式封装）、SOP（Small Out-Line Package，小外形封装）、LQFP（Low-profile Quad Flat Package，薄型四方扁平式封装），其中 LQFP-44 封装如图 3-1 所示。

STC15F2K60S2 的引脚排列与传统的 8051 单片机不兼容，除了 18、20 脚为电源、地之外，其他引脚均可以作 I/O 端口使用，且大多数都是多功能复用的。

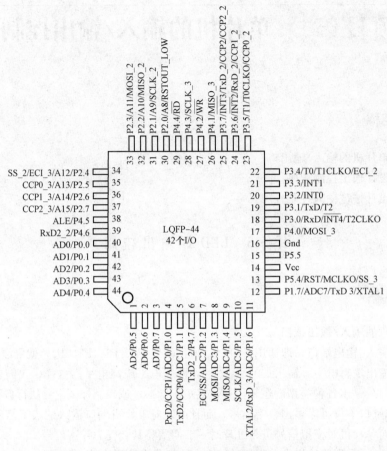

图 3-1　LQFP-44 封装图

2. P0 口

P0.0～P0.7 引脚可作为 8 位 I/O 端口使用。访问外部存储器时，P0 口可分时复用，作为低 8 位地址线和 8 位数据线使用。

3. P1 口

P1.0～P1.7 引脚可作为 8 位 I/O 端口使用，也可以配置为 8 路 A/D 模拟输入端口，还可以配置为其他用途。

P1.0、P1.1 引脚可配置为 CCP 通道 0 和 CCP 通道 1，可以用作外部信号捕捉、高速脉冲输出或脉宽输出通道 0、1，还可以配置串口 2 数据接收端 RXD2 和串口 2 数据发送端 TXD2。

P1.2 引脚可以配置为 ECI（PCA 计数器外部脉冲输入端）；还可以配置为 SS（SPI 同步串行接口从机选择信号）。

P1.3～P1.5 引脚可配置为 SPI 同步串行接口的 MOSI（主出从入）、MISO（主入从出）、SCLK（同步时钟）信号线。

P1.6、P1.7 引脚可配置为 RXD3（串口 3 数据接收端）和 TXD3（串口 3 数据发送端）；还可配置为外接晶振 XTAL2、XTAL1 端（通过 ISP 烧录软件设置）。

4. P2 口

P2.0～P2.7 引脚可以用作 8 位 I/O 端口，访问外部存储器时作为高 8 位地址线，还可以进行以下配置。

P2.0引脚可配置为 RSTOUT_LOW，上电复位后输出低电平。

P2.1～P2.3引脚可配以置为 SPI 同步串行接口的 SCLK_2、MIS0_2 和 MOSI_2 信号线。

P2.4引脚可配置为 ECI_3（PCA 计数器外部脉冲输入端）；还可以配置为 SS_2（SPI 同步串行接口从机选择信号）。

P2.5～P2.7引脚可配置为 CCP0_3～CCP2_3，用作外部信号捕获、高速脉冲输出或脉宽 0～2。

5. P3 口

P3.0～P3.7引脚可以用作 8 位 I/O 端口。还可进行如下配置：

P3.0、P3.1引脚配以置为 RXD（串口 1 数据接收端）和 TXD（串口 1 数据发送端）；P3.0引脚还可以配置为 $\overline{\text{INT4}}$（外部中断 4，下降沿触发）和 T2CLKO（定时器 T2 的时钟输出端）。P3.1还可以配置为 T2（定时器 T2 的外部计数脉冲输入端）。

P3.2、P3.3引脚可配置为外部中断 INT0 和 INT1，触发方式可选择上升沿或下降沿触发。

P3.4～P3.5引脚可配置为定时器 T1 和定时器 T1 的外部脉冲输入端，还可以配置为 T1CLKO（定时器 T1 时钟输出端）和 T0CLKO（定时器 T0 时钟输出端）。P3.4还可以配置 ECI_2（PCA 计数器外部计数脉冲输入端）。P3.5还可以配置为 CCP0_2（CCP 通道 0）。

P3.6、P3.7引脚可配置为 $\overline{\text{INT2}}$（外部中断 2，下降沿触发）和 $\overline{\text{INT3}}$（外部中断 3，下降沿触发），还可以配置为串口 2 数据接收端 RxD2 和串口 2 数据发送端 TxD2，配置为 CCP 通道 1、2。P3.7还可以配置为 CCP2_2 通道 2。

6. P4 口

P4.0～P4.7引脚可用作 8 位 I/O 端口。

P4.0引脚可配置为 SPI 接口的 MIS0_3（主入从出 3）。

P4.1引脚可配置为 SPI 接口的 MOSI_3（主出从入 3）。

P4.2引脚可配置为 $\overline{\text{WR}}$（外部数据写入，低电平有效）。

P4.3引脚可配置为 SCLK_3（SPI 同步串行接口的时钟信号）。

P4.4引脚可配置为 $\overline{\text{RD}}$（外部数据读出，低电平有效）。

P4.5引脚可配置为 ALE（外部数据存储器扩展时的地址锁存信号）。

P4.6、P4.7还可以配置串口 2 数据接收端 RxD2 和串口 2 数据发送端 TxD2。

7. P5 口

P5.4引脚可配置为 SPI 接口的 SS_3。也可以配置为 MCLKO（主时钟输出，可输出不分频、2 分频或 4 分频主时钟信号）。还可以配置为 RST（复位端，通过 ISP 烧录软件设置）。

P5.5引脚可配置为标准的 I/O 端口。

8. IAP15W4K58S4 单片机的输入/输出端口

IAP15W4K58S4 单片机采用 PDIP（Plastic Dual In-Line Package，塑料双列直插式封装）、SOP（Small Out-Line Package，小外形封装）、LQFP（Low-profile Quad Flat Package，薄型四方扁平式封装）。

IAP15W4K58S4 单片机 PDIP40 的引脚排列与 STC15F2K60S2 单片机 PDIP40 的引脚排列相同，功能也一致；与传统的 8051 单片机不兼容，除了 18、20 脚为电源、地之外，其他引脚均可以作 I/O 端口使用，且大多数都是多功能复用的。

IAP15W4K58S4 单片机 LQFP 引脚排列如图 3-2 所示。

P1 引脚既可以作普通 I/O 口使用，也可以配置为 8 路 A/D 模拟输入端口，还可以配置为其

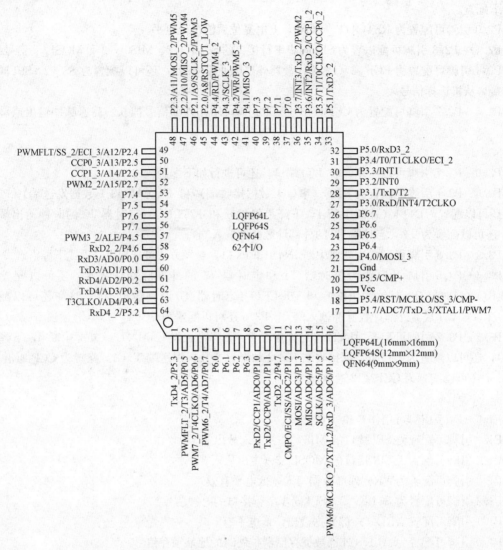

图 3-2　IAP15W4K58S4 单片机 LQFP 引脚排列

他用途。

P0、P2～P7 引脚既可以作普通 I/O 口使用，也可以配置为其他用途，详见 STC 公司给出的产品手册。

9. 三极管驱动电路

单片机 I/O 端口引脚本身的驱动能力有限，如果需要驱动较大功率的器件，则可以采用单片机 I/O 引脚控制晶体管进行输出的方法。如图 3-3 所示，如果用弱上拉控制，建议加上拉电阻 R1，阻值为 3.3～10kΩ。如果不加上拉电阻 R1，建议 R2 的取值在 15kΩ 以上，或用强推挽输出。

10. 二极管驱动电路

单片机 I/O 端口设置为弱上拉模式时，采用灌电流方式驱动发光二极管，如图 3-4(a) 所示，I/O 端口设置为推挽输出驱动发光二极管，如图 3-4(b) 所示。

实际使用时，应尽量采用灌电流驱动方式，而不要采用拉电流驱动，这样可以提高系统的负载能力和可靠性。只有在要求供电线路比较简单时，才采用拉电流驱动方式。

任务
5

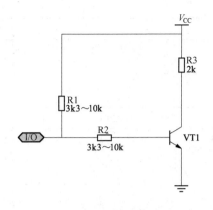

图 3-3 三极管驱动电路

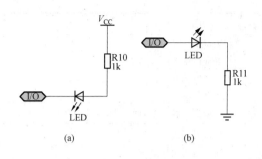

图 3-4 二极管驱动电路
（a）灌电流方式驱动发光二极管；（b）推挽输出
驱动发光二极管

将 I/O 端口用于矩阵按键扫描电路时，需要外加限流电阻。因为实际工作时可能出现两个 I/O 端口均输出低电平的情况，并且在按键按下时短接在一起，这种情况对于 CMOS 电路是不允许的。在按键扫描电路中，一个端口为了读取另一个端口的状态，必须先将端口置为高电平才能进行读取，而单片机 I/O 端口的弱上拉模式在由 "0" 变为 "1" 时，会有两个时钟强推挽输出电流，输出到另外一个输出低电平的 I/O 端口。这样可能导致 I/O 端口的损坏，因此建议在按键扫描电路中的两侧各串联一个 300Ω 的限流电阻。

11. 混合供电 I/O 端口的互联

混合供电 I/O 端口互联时，可以采用电平移位方式转接。输出方采用开漏输出模式，连接一个 470Ω 的保护电阻后，再通过连接一个 10kΩ 的电平转移电阻到转移电平电源，两个电阻的连接点可以接后级的 I/O 端口。

单片机的典型工作电压为 5V，当它与 3V 器件连接时，为了防止 3V 器件承受不了 5V 电压，可以将 5V 器件的 I/O 端口设置成开漏模式，断开内部上拉电阻。一个 470Ω 的限流电阻与 3V 器件的 I/O 端口相连，3V 器件的 I/O 端口外部加 10kΩ 电阻到 3V 器件的 Vcc，这样一来高电平是 3V，低电平是 0V，可以保证正常的输入和输出。

二、输入/输出特殊功能寄存器

1. STC15F2K60S2 的输入/输出特殊功能寄存器

STC15F2K60S2 的输入/输出特殊功能寄存器见表 3-1。

表 3-1　　　　　　　　　　　STC15F2K60S2 的输入/输出特殊功能寄存器

寄存器	功能	地址	位地址								复位值
P0	P0 口寄存器	80H	P0.7	P0.6	P0.5	P0.4	P0.3	P0.2	P0.1	P0.0	11111111
P1	P1 口寄存器	90H	P1.7	P1.6	P1.5	P1.4	P1.3	P1.2	P1.1	P1.0	11111111
P1M0	P1 口模式配置寄存器 0	91H									00000000
P1M1	P1 口模式配置寄存器 1	92H									00000000
P0M0	P0 口模式配置寄存器 0	93H									00000000
P0M1	P0 口模式配置寄存器 1	94H									00000000

任务 5

续表

寄存器	功能	地址	位地址								复位值
P2M0	P2 口模式配置寄存器 0	95H									00000000
P2M1	P2 口模式配置寄存器 1	96H									00000000
P2	P2 口寄存器	A0H	P2.7	P2.6	P2.5	P2.4	P2.3	P2.2	P2.1	P2.0	11111111
P3	P3 口寄存器	B0H	P3.7	P3.6	P3.5	P3.4	P3.3	P3.2	P3.1	P3.0	11111111
P3M0	P3 口模式配置寄存器 0	B1H									00000000
P3M1	P3 口模式配置寄存器 1	B2H									00000000
P4M0	P4 口模式配置寄存器 0	B3H									00000000
P4M1	P4 口模式配置寄存器 1	B4H									00000000
P4	P4 口寄存器	C0H	P4.7	P4.6	P4.5	P4.4	P4.3	P4.2	P4.1	P4.0	11111111
P5	P5 口寄存器	C8H	—	—	P5.5	P5.4	P5.3	P5.2	P5.1	P5.0	xx111111
P5M0	P5 口模式配置寄存器 0	C9H									xx000000
P5M1	P5 口模式配置寄存器 1	CAH									xx000000

2. I/O 口的工作模式

STC15F2K60S2 单片机具有 6 个并行 I/O 端口，除 P0～P3 口外，还增加了 P4、P5 口，同时所有端口引脚都复合了多种功能。单片机复位后，各个端口默认为 I/O 功能，使用方法与普通 8051 单片机相同。如果需要使用端口的其他功能，则要配置相关的特殊功能寄存器。

STC15F2K60S2 单片机端口作为 I/O 功能使用时，P0～P5 端口可以由软件配置成以下四种工作模式。

（1）准双向口/弱上拉。

（2）推挽输出/强上拉。

（3）仅为输入（高阻）。

（4）开漏输出。

单片机上电复位后为准双向口/弱上拉模式，每个端口的工作模式通过两个特殊功能寄存器 PxM1、PxM0（x＝0～5）中的相应位来设置，具体情况见表 3-2。

表 3-2 I/O 端口工作模式设置

控制信号		I/O 端口工作模式
PxM1	PxM0	
0	0	准双向口/弱上拉，灌电流 20mA，拉电流 150～230μA
0	1	推挽输出/强上拉，输出电流 20mA，需要外接限流电阻
1	0	仅为输入（高阻）
1	1	开漏输出，可外接上拉电阻，进行电平转换

STC15F2K60S2 单片机每个 I/O 端口的弱上拉、推挽输出、开漏输出都可以承受 20mA 的灌

电流，推挽输出能输出 20mA 的拉电流，但需外接 470Ω~1kΩ 的限流电阻。所有 I/O 端口上电复位时均为准双向口/弱上拉模式，但 P1.6、P1.7 外接晶振时，它们上电初始态是高阻态。

P5.4 可作一般 I/O 端口使用，也可以作复位输入 RST 引脚使用，需要在 STC-ISP 软件对 P5.4 引脚进行设置，当用户设置为普通 I/O 端口时，其上电初始模式为准双向口/弱上拉模式。

P2.0 可作一般 I/O 端口使用，也可以作 RSTOUT_LOW 引脚用，上电复位后可以输出低电平，也可以输出高电平，需要在 STC-ISP 软件对 P2.0 引脚进行设置。例如：

P2M1 = 0X06H；

P2M0 = 0X05H；

P2.0 设置为推挽输出模式，P2.1 设置为仅为输入（高阻）模式，P2.1 设置为开漏输出模式，其他为准双向口/弱上拉模式。

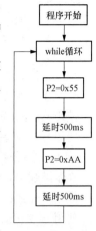

图 3-5 交叉闪烁 LED 灯输出控制程序框图

三、交叉闪烁 LED 灯输出控制

1. 交叉闪烁 LED 灯输出控制程序框图（见图 3-5）
2. 交叉闪烁 LED 灯输出控制程序

```
#include <STC15F2K60S2.h>              /*预处理命令，用于包含头文件等*/
typedef unsigned int uInt16;           /*定义无符号整型别名 uInt16*/
typedef unsigned char uChar8;          /*定义无符号字符型别名 uChar8*/
/* ***************************************************** */
// 函数名称：DelayMS()
// 函数功能：毫秒延时
// 入口参数：延时毫秒数(ValMS)
// 出口参数：无
/* ***************************************************** */
void DelayMS(uInt16 ValMS)
{
uInt16 uiVal, ujVal;                   /*局部变量定义，变量在所定义的函数内部引用*/
for(uiVal = 0; uiVal < ValMS; uiVal++) /*执行语句，for 循环语句*/
for(ujVal = 0; ujVal < 1080; ujVal++); /*执行语句，for 循环语句*/
}
/* ***************************************************** */
// 函数名称：main()
// 函数功能：实现 LED 灯交叉闪烁
// 入口参数：无
// 出口参数：无
/* ***************************************************** */
void main(void)                        /*主函数*/
{                                      /*主函数开始*/
    P2 = 0xFF;                         //为 P2 变量赋值 0xFF
while(1)                               //while 循环
    {                                  //while 循环开始
    P2 = 0x55;                         //P2 变量赋值 0x55
    DelayMS(500);                      //延时 500ms
```

```
    P2 = 0xAA;                              //P2 变量赋值 0xAA
    DelayMS(500);                           //延时 500ms
    }                                       //while 循环结束
}                                           /* 主函数结束 */
```

程序分析如下。

使用预处理命令，包含头文件 "STC15F2K60S2. h"。

使用 typedef 别名定义语句为 "unsigned int" 无符号整型变量取了一个别名 "uInt16"。

使用 typedef 别名定义语句为 "unsigned char" 无符号字符型变量取了一个别名 "uChar8"。

定义一个延时函数 DelayMS（）。

在主函数中，使用赋值语句为 P2 赋初始值 0xFF，即熄灭所有 LED 灯。

使用 while(1) 语句构建循环。

使用 P2 =0x55 语句，将 P2 变量赋值 0x55，即点亮 LED1、LED3、LED5、LED7。

使用 DelayMS(500) 语句，调用延时函数，延时 500ms。

使用 P2 =0xAA 语句，给 P2 变量赋值 0xAA，即点亮 LED2、LED4、LED6、LED8。

使用 DelayMS(500) 语句，调用延时函数，延时 500ms。

延时 500ms 后，继续 while 循环。

 技能训练

一、训练目标

（1）学会 LED 灯的两种驱动方法。

（2）学会 8 只 LED 灯的交叉闪烁控制。

二、训练步骤与内容

1. 建立一个工程

（1）在计算机 E 盘，新建一个文件夹 "LED3A"。

（2）启动 Keil μVision4 软件。

（3）选择执行 "Project" 工程菜单下的 "New μVision Project" 命令，新建一个 μVision 工程项目，弹出创建新项目对话框。

（4）在创建新项目对话框中，输入工程文件名 "LED3A"，单击 "保存" 按钮，弹出选择 CPU 数据库对话框。

（5）选择 STC CPU Data base 数据库，单击 "OK" 按钮，弹出 "Select Device for Target" 选择目标器件对话框。

（6）单击 "STC" 左边的 "＋" 号，展开选项，选择 "STC15W4K32S4" 选项，进一步选择 STC15W4K32S4 系列下的 IAP15W4K58S4 芯片。

（7）单击 "OK" 按钮，弹出是否添加标准 8051 启动代码对话框。

（8）单击 "是" 按钮，即可在开发环境自动为我们建立好包含启动代码项目的空文件，启动代码为 "STARTUP. A51"。

2. 编写程序文件

（1）单击执行 "File" 文件菜单下的 "New" 命令，新建一个文件 "TEXT1"。

（2）单击执行 "File" 文件菜单下的 "Save As" 命令，弹出另存文件对话框，在文件名栏输入 "main. c"，单击 "保存" 按钮，保存文件。

（3）在左边的工程浏览窗口，鼠标右键单击 "Source Group1" 选项，在弹出的右键菜单中，选择执行"Add Files to Group'Source Group1'"命令。

(4) 弹出选择文件对话框，选择"main. c"文件，单击"Add"添加按钮，将文件添加到工程项目中，单击添加文件对话框右上角的红色"×"，关闭添加文件对话框。

(5)"在 main"中输入下列程序，单击工具栏的保存按钮📇，并保存文件。

```
#include <STC15F2K60S2.h>                /* 预处理命令，用于包含头文件等 */
typedef unsigned int uInt16;             /* 定义无符号整型别名 uInt16 */
typedef unsigned char uChar8;            /* 定义无符号字符型别名 uChar8 */
void DelayMS(uInt16 ValMS)
{
uInt16 uiVal, ujVal;                     /* 局部变量定义，变量在所定义的函数内部引用 */
for(uiVal = 0; uiVal < ValMS; uiVal++)   /* 执行语句，for 循环语句 */
for(ujVal = 0; ujVal < 1080; ujVal++);   /* 执行语句，for 循环语句 */
}
void main(void)                          /* 主函数 */
{                                        /* 主函数开始 */
    P7 = 0xFF;                           //为 P7 变量赋值 0xFF
while(1)                                 //while 循环
    {                                    //While 循环开始
    P7 = 0x55;                           //P7 变量赋值 0x55
    DelayMS(500);                        //延时 500ms
    P7 = 0xAA;                           //P7 变量赋值 0xAA
    DelayMS(500);                        //延时 500ms
    }                                    //while 循环结束
}
```

3. 调试运行

(1) 编译程序。

1) 设置输出文件选项。在左边的工程浏览窗口，鼠标右键单击"Target"选项，在弹出的右键菜单中，选择执行"Options for Target'Target1'"菜单命令。

2) 在"Options for Target'Target1'"对话框，选择"Target"对象目标设置页，在晶体振荡器频率设置栏"Xtal(MHz)"，输入"11.0592"，设置晶振频率为 11.0592 MHz。

3) 在"Options for Target'Target1'"对话框，选择"Output"输出页，选择"Create HEX File"创建 HEX 文件。

4) 单击"OK"按钮，返回程序编辑界面。

5) 单击编译工具栏的编译所有文件按钮🔡，开始编译文件。

6) 在编译输出窗口，查看程序编译信息。

(2) 下载程序。

1) 启动 STC 单片机下载软件。

2) 单击单片机型号栏右边的下拉列表箭头，选择"IAP15W4K58S4"。

3) 选择 COM 口，计算机连接 FSST15-V1.0 单片机开发板后，软件会自动选择。

4) 单击"打开程序文件"按钮，弹出"打开程序代码文件"对话框，选择"LED3A"文件夹里的"LED3A.hex"文件，单击"打开"按钮，在程序代码窗口显示代码文件信息。

5) 单击"下载/编程"按钮，此时代码显示框下面的提示框中会显示"正在检测目标单片机"。

6) 打开开发板电源开关，程序代码开始下载，提示框显示一串下载信息，下载完成后显示

"操作完成",表示 HEX 代码文件已经下载到单片机中了。

7）程序下载完成后会自动运行,观察 P7 连接的发光二极管交叉显示。

任务 6　LED 数 码 管 显 示

 基础知识

一、LED 数码管硬件基础知识

1. LED 数码管工作原理

LED 数码管是一种半导体发光器件,也称半导体数码管,是将若干发光二极管按一定图形排列并封装在一起的最常用的数码显示器件之一。LED 数码管具有发光显示清晰、响应速度快、省电、体积小、寿命长、耐冲击、易于各种驱动电路连接等优点,因此在各种数显仪器仪表、数字控制设备中得到了广泛应用。

数码管按段数分为 7 段数码管和 8 段数码管,8 段数码管比 7 段数码管多了一个发光二极管单元(多一个小数点显示);按能显示多少个"8"可分为 1 位、2 位、3 位、4 位等;按方式分为共阳极数码管和共阴极数码管。共阳极数码管是指 LED 数码管应用时将公共极 COM 接到 +5V,当某一字段发光二极管的阴极为低电平时,相应的字段就点亮;当某一字段的阴极为高电平时,相应字段就不亮。共阴极数码管是指所有二极管的阴极接到一起,形成的数码管,共阴极数码管的公共极 COM 接到地线 GND 上,当某一字段发光二极管的阳极为高电平时,相应的字段就点亮;当某一字段的阳极为低电平时,相应字段就不亮。

2. LED 数码管的结构特点

目前,常用的小型 LED 数码管多为 8 字形数码管,内部由 8 个发光二极管组成,其中 7 个发光二极管(a~g)作为 7 段笔画组成 8 字结构(故也称 7 段 LED 数码管),剩下的一个发光二极管(h 或 dp)组成小数点,如图 3-6 所示。各发光二极管按照共阴极或共阳极的方法连接,即把所有发光二极管的负极或正极连接在一起,作为公共引脚。而每个发光二极管对应的正极或者负极分别作为独立引脚(称"笔段电极"),其引脚名称分别与图 3-6 中的发光二极管相对应。

一个质量有保证的 LED 数码管,其外观应该是做工精细、发光颜色均匀、无局部变色且无漏光等。对于不清楚性能好坏、产品型号及引脚排列的数码管,可以采用下面介绍的简便方法进行检测。

(1) 干电池检测法。如图 3-7 所示,将两个干电池串联起来,组成 3V 的检测电源,再串联一个 200Ω、1/8 W 的限流电阻,以防止过电流烧坏被测数码管。将 3V 干电池的负极引线接在被测共阴极数码管的公共阴极上,正极引线依次移动接触各笔段电极。当正极引线接触到某一笔段电极时,对应的笔段就发光显示。用这种方法就可以快速测出数码管是否有断笔或连笔,并且可以相对比较出不同的笔段发光强弱是否一致。若检测共阳极数码管,则只需将电池的正、负极引线

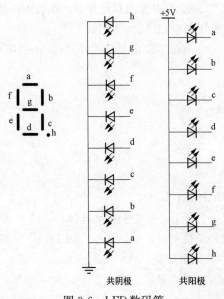

图 3-6　LED 数码管

对调一下即可。

（2）万用表检测法。使用指针式万用表的二极管挡或者使用 R×
10k 电阻挡，检测方法同干电池检测法，使用指针万用表时，指针万
用表的黑表笔连接内电源的正极，红表笔连接的是万用表内电池的负
极。检测共阴极数码管时，红表笔连接数码管的公共阴极，黑表笔依
次移动接触各笔段电极。当黑表笔接触到某一笔段电极时，对应的笔
段就发光显示。用这种方法就可以快速测出数码管是否有断笔或连笔，
并且可以相对比较出不同的笔段发光强弱是否一致。若检测共阳极数
码管，则只需将黑表笔、红表笔对调一下即可。

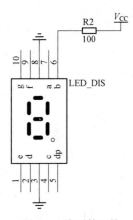

图 3-7 检测数码管

使用数字万用表的二极管检测挡，红表笔连接的是数字万用表的
内电池正极，黑表笔连接的是数字万用表的内电池负极。检测共阴极
数码管时，数字万用表的黑表笔连接数码管的公共阴极，红表笔依次
移动接触各笔段电极。当红表笔接触到某一笔段电极时，对应的笔段就发光显示。用这种方法就
可以快速测出数码管是否有断笔或连笔，并且可以相对比较出不同的笔段发光强弱是否一致。若
检测共阳极数码管，则只需将黑表笔、红表笔对调一下即可。

3. 拉电流与灌电流

拉电流和灌电流是衡量电路输出驱动能力的参数，这种说法一般用在数字电路中。特别值得
注意的是，拉、灌都是对输出端而言的，所以是驱动能力。这里首先要说明，芯片手册中的拉、
灌电流是一个参数值，是芯片在实际电路中允许输出端拉、灌电流的上限值（所允许的最大值）。
而下面要讲的这个概念是电路中的实际值。

由于数字电路的输出只有高、低（0、1）两种电平值，高电平输出时，一般是输出端对负载
提供电流，其提供电流的数值叫"拉电流"；低电平输出时，一般是输出端要吸收负载的电流，
其吸收电流的数值叫"灌（入）电流"。

对于输入电流的器件而言，灌入电流和吸收电流都是输入的，灌入电流是被动的，吸收电流
是主动的。如果外部电流通过芯片引脚向芯片内流入则称为灌电流（被灌入）。反之，如果内部
电流通过芯片引脚从芯片内流出则称为拉电流（被拉出）。

4. 上拉电阻与下拉电阻

上拉电阻就是把不确定的信号通过一个电阻箝位在高电平，此电阻还起到限流器件的作用。
同理，下拉电阻是把不确定的信号箝位在低电平上。

上拉就是将不确定的信号通过一个电阻箝位在高电平，以此来给芯片引脚一个确定的电平，
以免使芯片引脚悬空，发生逻辑错乱。上拉可以提升输出引脚的驱动能力。

下拉就是将不确定的信号通过一个电阻箝位在低电平，以此来给芯片引脚一个确定的电平，
以免使芯片引脚悬空，发生逻辑错乱。

上拉电阻与下拉电阻的应用介绍如下。

（1）当 TTL 电路驱动 CMOS 电路时，如果 TTL 电路输出的高电平低于 CMOS 电路的最低
电平，这时就需要在 TTL 的输出端接上拉电阻，以提高输出高电平的值。

（2）OC 门电路必须加上拉电阻，以提高输出的高电平值。

（3）为了加大输出引脚的驱动能力，有的单片机引脚上也常使用上拉电阻。

（4）在 CMOS 芯片上，为了防止静电造成损坏，不用的引脚不能悬空，一般接上拉电阻以
降低输入阻抗，提供泄荷通路。

（5）芯片的引脚加上拉电阻来提高输出电平，从而提高芯片输入信号的噪声容限，以提高增

强干扰能力。

（6）提高总线的抗电磁干扰能力，引脚悬空会比较容易接受外界的电磁干扰。

（7）长线传输中电阻不匹配容易引起反射波干扰，加下拉电阻是为了使电阻匹配，从而有效抑制反射波干扰。

5. 单片机的输入/输出

单片机的拉电流比较小（$100 \sim 200 \mu A$），灌电流比较大（最大是 25mA，推荐值不超过 10mA），直接用来驱动数码管肯定是不行的，所以扩流电路是必需的。如果使用三极管来驱动，原理上是正确无误的，可是 FSST15-V1.0 实验板上的单片机只有 60 个 I/O 口，而板子又外接了好多器件，所以 I/O 口显然不够用，于是需要想出一个两全其美的方法，即扩流又扩 I/O 口。综合考虑之下，选用 74HC595 移位寄存器来解决这两个问题。

6. 74HC595 简介

74HC595 是硅结构的 COMS 器件，兼容低电压 TTL 电路，遵守 JEDEC 标准。74HC595 具有 8 位移位寄存器和一个存储器，三态输出功能。移位寄存器和存储器的时钟是分开的。数据在 SHCP（移位寄存器时钟输入）的上升沿输入到移位寄存器中，在 STCP（存储器时钟输入）的上升沿输入到存储器中去。如果两个时钟连在一起，则移位寄存器总是比存储器早一个脉冲。移位寄存器有一个串行移位输入端（DS），和一个串行输出端（$Q7'$），还有一个异步低电平复位，存储寄存器有一个并行 8 位且具备三态的总线输出，当使能 OE 时（为低电平），存储寄存器的数据输出到总线。

（1）74HC595 管脚说明见表 3-3。

表 3-3　　　　　　　　　　　　　　　　74HC595 管脚说明表

引脚号	符号（名称）	端口描述	引脚号	符号（名称）	端口描述
15、1~7	Qa~Qh	8 位并行数据输出口	11	SHCP	移位寄存器时钟输入
8	GND	电源地	12	STCP	存储寄存器时钟输入
16	VCC	电源正极	13	OE	输出使能端（低电平有效）
9	Q′H	串行数据输出	14	SER	串行数据输入
10	MR	主复位（低电平有效）			

（2）74HC595 真值表见表 3-4。

表 3-4　　　　　　　　　　　　　　　　74HC595 真值表

STCP	SHCP	MR	OE	功能描述
—	—	—	H	Qa~Qh 输出为三态
—	—	L	L	清空移位寄存器
—	↑	H	L	移位寄存器锁定数据
↑	—	H	L	存储寄存器并行输出

（3）74HC595 内部结构图如图 3-8 所示。

（4）74HC595 操作时序图如图 3-9 所示。结合 74HC595 内部结构，首先数据的高位从 SER（14 脚）管脚进入，伴随的是 SHCP（11 脚）的一个上升沿，这样数据就移入到了移位寄存器，接着送数据第 2 位。请注意，此时数据的高位也受到上升沿的冲击，从第 1 个移位寄存器的 Q 端到达了第 2 个移位寄存器的 D 端，而数据第 2 位就被锁存在了第一个移位寄存器中，依次类推，8 位数据就锁存在了 8 个移位寄存器中。

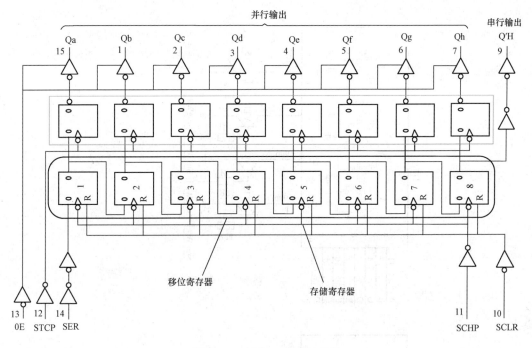

图 3-8 74HC595 内部结构图

由于 8 个移位寄存器的输出端分别和后面的 8 个存储寄存器相连，因此这时的 8 位数据也会在后面 8 个存储器上，接着在 STCP（12 脚）上出现一个上升沿，这样，存储寄存器的 8 位数据就一次性并行输出了。这样便达到了串行输入、并行输出的效果。

先分析 SHCP，它的作用是产生时钟，在时钟的上升沿将数据一位一位地移进移位寄存器。可以用这样的程序来产生：SHCP = 0；SHCP = 1，这样循环 8 次，就是 8 个上升沿、8 个下降沿；接着看 SER，它是串行数据，由上可知，时钟的上升沿有效，那么串行数据为 0b0100 1011，就是 a～h 虚线所对应的 SER 此处的值；之后就是 STCP 了，它是 8 位数据并行输出脉冲，也是上升沿有效，因而在它的上升沿之前，Qa～Qh 的值是多少，读者并不清楚，所以作者就画成了一个高低不确定的值。

STCP 的上升沿产生之后，从 SER 输入的 8 位数据会并行输出到 8 条总线上，但这里一定要注意对应关系，Qh 对应串行数据的最高位，数据为"0"，之后依次对应关系为 Qg（数值"1"）…Qa（数值"1"）。再来对比时序图中的 Qh…Qa，数值为 0b0100 1011，这个数值刚好是串行输入的数据，所以分析正确。

当然还可以利用此芯片来进行级联，就是一片接一片，这样 3 个 I/O 口就可以扩展 24 个 I/O 口，由数据手册可知此芯片的移位频率是 30MHz，因而还是可以满足一般的设计需求。

（5）数码管驱动电路图。FSST15-V1.0 开发板上的数码管驱动电路图如图 3-10 所示。

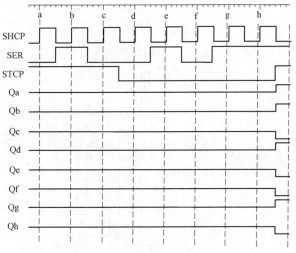

图 3-9 74HC595 操作时序图

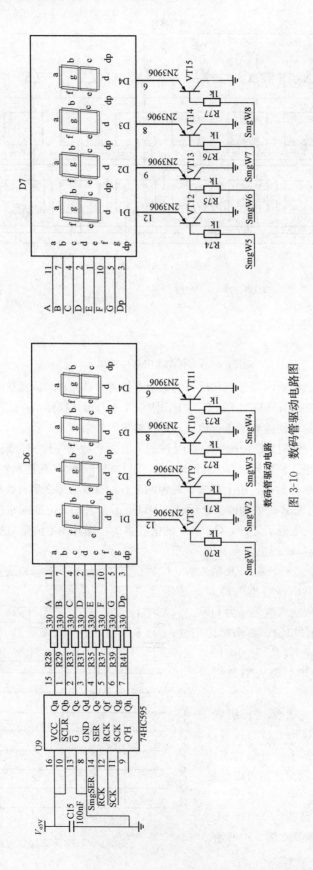

图3-10 数码管驱动电路图

74HC595 的输出端 Qa～Qh 分别连接数码管的七段显示 a～h，用于各位字符的显示驱动。

SCLR 清零端接高电平，清零功能无效。

输出使能端接地，低电平有效。

串行数据输入端 SER 连接单片机的 smgSER（P5.0），移位时钟端 SCH 连接单片机的数据移位端 SCH（P5.3），存储寄存器时钟输入端 RCH 连接单片机的存储寄存器时钟 RCH（P5.2），通过单片机控制各个数码管的数据显示。

数码管的位选信号通过来自单片机的 smgW1～smgW8（P6.0～P6.7）数码管位选信号控制。

（6）74HC595 驱动程序。74HC595 驱动程序如下：

```
/* ***********************************************************
* SCH——595(11 脚)SCH 移位时钟 8 个时钟移入一个字节
* RCH——595(12 脚)RCH 锁存时钟 一个上升沿锁存一次数据
* smgSER——595(14 脚)smgSER  数据输入引脚
*********************************************************** */
sbit SCH = P5^3;
sbit RCH = P5^2;
sbit smgSER = P5^0;
/* *********************************************** */
//函数名称：Wr595OneByte()
//函数功能：串行输入一个字节，并行输出一个字节
//入口参数：串行输入的数据(uSerDat)
//出口参数：无
/* *********************************************** */
void Wr595OneByte (uChar8 uSerDat)
{
    uChar8 cBit;
    /* 通过 8 循环将 8 位数据一次移入 74HC595 */
    SCH = 1;
    for(cBit = 0; cBit < 8; cBit++)
    {
        if(uSerDat & 0x80)
            smgSER = 1;
        else
            smgSER = 0;
        uSerDat = uSerDat<<1;
        SCH = 0;
        _nop_(); _nop_();
        SCH = 1;
    }
    /* 数据并行输出(借助上升沿) */
    RCH = 0;
    _nop_();  _nop_();
```

```
RCH = 1;
}
```

二、LED 数码管软件驱动

1. 数组

数组是一组有序数据的集合，数组中的每一个数据都属于同一种数据类型。在 C 语言中，数组必须先定义，然后才能使用。

一维数组的定义形式为

数据类型 数组名[常量表达式]；

其中："数据类型"说明了数组中各个元素的类型；"数组名"是整个数组的标识符，它的定名方法与变量的定名方法一样；"常量表达式"说明了该数组的长度，即数组中的元素个数。常量表达式必须用方括号"[]"括起来。

下面是几个定义一维数组的例子：

char y[4];   /＊定义字符型数组 y，它具有 4 个元素＊/

int x[6];   /＊定义整型数组 x，它具有 6 个元素＊/

二维数组的定义形式为

数据类型 数组名[常量表达式 1][常量表达式 2]；

例如：char z[3][3]；表示定义了一个 3×3 的字符型数组。

需要说明的是，C 语言中数组的下标是从 0 开始的，比如对于数组 char y[4]来说，其中 4 个元素是 y[0]～y[3]，不存在元素 y[4]，这一点在引用数组元素时应当加以注意。

用来存放字符数据的数组称为字符数组，字符数组中的每个元素都是一个字符。因此，可以用字符数组来存放不同长度的字符串。字符数组的定义方法与一般数组相同。例如：

char str[7]；/＊定义最大长度为 6 个字符的字符数组＊/

在定义字符数组时，应使数组长度大于它的允许长度，如 str[7]可存储一个长度不大于 6 的字符串。

为了测定字符串的实际长度，C 语言规定以"\0"作为字符串的结束标志，遇到"\0"就表示字符串结束，符号"\0"是一个表示 ASCII 码值为 0 的字符，它不是一个可显示字符，在这里仅起一个结束标志的作用。

C 语言规定在引用数值数组时，只能逐个引用数组中的各个元素，而不能一次引用整个数组。但对于字符数组，既可以通过数组的元素逐个进行引用，也可以对整个数组进行引用。

2. 数码管驱动

如果想让 8 个数码管都亮"1"，那么该如何操作呢？要让 8 个数码管都亮，那意味着位选全部选中。FSST15-V1.0 开发板的是共阴极数码管，要选中哪一位，只需给每个数码管对应的位选线上送低电平；若是共阳极，则送高电平。那又如何亮"1"呢？由于是共阴极数码管，所以段选高电平有效（即发光二极管阳极为"1"，相应段点亮）；位 b、c 段亮，别的全灭，这时数码管显示 1。这样只需段码的输出端电平为 0b0000 0110（注意段选数在后）。同理，亮"3"的编码是 0x4f，亮"7"的编码是 0x7f。注意，给数码管的段选、位选数据都是由 P6 口给的，只是在不同的时间给出的对象不同，并且给对象的数据也不同。举例说明，一个人的手既可以写字，又可以吃饭，还可以打篮球，只是在上课时手上拿的是笔，而吃饭时手上拿的又是筷子，打球时手上拍的是篮球。这就是所谓的时分复用。

数码管驱动程序如下：

```
# include <STC15F2K60S2.h>
# include <intrins.h>          //使用 intrins 库函数
typedef unsigned char uChar8;    /* 定义 unsigned char 为新的数据类型名 uChar8 */
/* ***************************************************************
 * SCH——595(11 脚)SCH 移位时钟 8 个时钟移入一个字节
 * RCH——595(12 脚)RCH 锁存时钟一个上升沿锁存一次数据
 * smgSER ---- 595(14 脚)smgSER   数据输入引脚
 *************************************************************** */
sbit SCH = P5^3;      //定义 P5^3 为 SCH
sbit RCH = P5^2;      //定义 P5^3 为 RCH
sbit smgSER = P5^0;   //定义 P5^0 为 smgSER
/* *********************************************** */
// 函数名称：Wr595OneByte()
// 函数功能：串行输入一个字节，并行输出一个字节
// 入口参数：串行输入的数据(uSerDat)
// 出口参数：无
/* *********************************************** */
void Wr595OneByte (uChar8 uSerDat)
{
    uChar8 cBit;
    /* 通过 8 次循环将 8 位数据依次移入 74HC595 */
    SCH = 1;
    for(cBit = 0; cBit < 8; cBit + +)
    {
        if(uSerDat & 0x80)
            smgSER = 1;
        else
            smgSER = 0;
        uSerDat = uSerDat << 1;
        SCH = 0;
        _nop_();  _nop_();
        SCH = 1;
    }
    /* 数据并行输出(借助上升沿) */
    RCH = 0;
    _nop_();    _nop_();
    RCH = 1;
}
/* 使第一个数码管显示数字 1 */
void main(void)
{
P6 = 0xfe;
Wr595OneByte (0x06)
while(1);           //循环等待
}
```

3. 数码管静态显示

数码管静态显示是相对于动态显示来说的，即所有数码管在同一时刻都显示数据。

（1）让8个数码管同时循环显示0～9，间隔为1s的程序如下：

```c
# include <STC15F2K60S2. h>
# include <intrins. h>            //使用 intrins 库函数
# define uChar8 unsigned char     // uChar8 宏定义
# define uInt16 unsigned int      // uInt16 宏定义
// 数码管位选数组定义
uChar8 code Disp _ Tab [] =
{0x3f, 0x06, 0x5b, 0x4f, 0x66, 0x6d, 0x7d, 0x07, 0x7f, 0x6f};
/* ************************************************************/
// 74HC595 位定义
* SCH——595 (11 脚) SCH 移位时钟 8 个时钟移入一个字节
* RCH——595 (12 脚) RCH 锁存时钟 1 个上升沿锁存一次数据
* smgSER——595 (14 脚) smgSER  数据输入引脚
/* ************************************************************ */
sbit SCH = P5^3;        //定义 P5^3 为 SCH
sbit RCH = P5^2;        //定义 P5^3 为 RCH
sbit smgSER = P5^0;     //定义 P5^0 为 smgSER
/* ************************************************************ */
// 函数 DelayMS () 定义
/* ************************************************************ */
void DelayMS (uInt16 N)
{
    uInt16 i;
    do {
        i = 1700;     //MAIN _ Fosc/13000 = 22118400/13000
      while (-- i);
    } while (-- N);
}
/* ******************************************************* */
// 函数名称：Wr595OneByte ()
// 函数功能：串行输入一个字节，并行输出一个字节
// 入口参数：串行输入的数据 (uSerDat)
// 出口参数：无
/* ******************************************************* */
void Wr595OneByte (uChar8 uSerDat)
{
    uChar8 cBit;
    /* 通过8次循环将8位数据依次移入 74HC595 */
    SCH = 1;
    for (cBit = 0; cBit < 8; cBit + +)
     {
```

```
        if (uSerDat & 0x80)
          smgSER = 1;
        else
          smgSER = 0;
        uSerDat = uSerDat << 1;
        SCH = 0;
        _ nop _ (); _ nop _ ();
        SCH = 1;
    }
/ * 数据并行输出（借助上升沿）* /
    RCH = 0;
    _ nop _ ();   _ nop _ ();
    RCH = 1;
}
/ * ************************************************************** * /
// 主函数 main ()
/ * ************************************************************** * /
void main (void)
{
    uChar8 i;                       //定义内部变量 i
    P6 = 0x00;                      //送入位选数据
    while (1)                       // while 循环
      {                             // while 循环开始
        for (i = 0; i <10; i+ +)    //for 循环
          {                         //for 循环开始
            Wr595OneByte (Disp _ Tab [i]);   //送入段选数据
            DelayMS (500);          //延时 500ms
          }                         //for 循环结束
      }                             //while 循环结束
}
```

（2）程序分析。单片机的 P0～P7 口默认电平为高电平，在上拉电阻的作用下，默认电平为高电平。

程序第 6 行定义了一个数组，总共 10 个元素，分别是 0～9 这 10 个数字的编码。例如，要亮"0"，则意味着 g、dp 灭（低电平），a、b、c、d、e、f 亮（高电平），对应的二进制数为 0b0011 1111，这就是数组的第一个元素 0x3f 了，其他同理。

第 14 行～第 16 行给出了 74HC595 的位定义。第 14 行定义 SCH 信号为 P5.3，第 15 行，定义 RCH 信号为 P5.2，第 16 行，定义 smgSER 信号为 P5.0。

第 17 行～第 27 行定义延时函数 DelayMS (uInt16 N)。

第 28 行～第 54 行定义 74HC595 写入一个字节数据函数，串行输入一个字节，并行输出一个字节。

在主函数中，首先定义内部变量 i，接着初始化位选信号，使用 while 循环控制整个程序运行，然后用 for 循环，应用 74HC595 的 Wr595OneByte () 写入数码管数字信息，通过并行输出控制数码管显示数字，通过延时函数使每个数字显示时间延时 0.5s，完成 0～9 数码的

任务
6

89

显示。

4. 数码管动态显示

所谓动态显示，实际上是轮流点亮数码管，某一个时刻内有且只有一个数码管是亮的，由于人眼的视觉暂留现象（也即余辉效应），当这 8 个数码管扫描的速度足够快时，给人感觉是这 8 个数码管是同时亮了。例如，要动态显示 01234567，显示过程就是先让第一个数码管显示 0，过一会（小于某个时间），接着让第二个数码管显示 1，依次类推，让 8 个数码管分别显示 0～7，由于刷新的速度太快，给大家的感觉是都在亮，实质上，看上去的这个时刻点上只有一个数码管在显示，其他 7 个都是灭的。接下来以一个实例来演示动态扫描的过程，以下是常见的动态扫描程序代码。

```c
#include <STC15F2K60S2.h>
#include <intrins.h>          //使用 intrins 库函数
#define uChar8 unsigned char  // uChar8 宏定义
#define uInt16 unsigned int   // uInt16 宏定义
// 数码管段选数组定义
uChar8 code Disp_Tab[] =
{0x3f, 0x06, 0x5b, 0x4f, 0x66, 0x6d, 0x7d, 0x07, 0x7f, 0x6f};
//数码管位选数组定义
uChar8 code Bit_Tab[] =
{0xfe, 0xfd, 0xfb, 0xf7, 0xef, 0xdf, 0xbf, 0x7f};
/* *********************************************************************
// 74HC595 位定义
* SCH——595(11 脚)SCH 移位时钟 8 个时钟移入一个字节
* RCH——595(12 脚)RCH 锁存时钟 1 个上升沿锁存一次数据
* smgSER——595(14 脚)smgSER  数据输入引脚
********************************************************************** */
sbit SCH = P5^3;         //定义 P5^3 为 SCH
sbit RCH = P5^2;         //定义 P5^3 为 RCH
sbit smgSER = P5^0;      //定义 P5^0 为 smgSER
/* *********************************************************************
// 函数 DelayMS()定义
********************************************************************** */
void DelayMS(uInt16 N)
{
    uInt16 i;
    do{
        i = 1700;       //MAIN_Fosc/13000 = 22118400/13000
        while(--i);
    }while(--N);
}
/* ******************************************************* */
// 74HC595 写入函数 Wr595OneByte()
/* ******************************************************* */
void Wr595OneByte (uChar8 uSerDat)
```

```
{
    uChar8 cBit;
    /* 通过 8 次循环将 8 位数据依次移入 74HC595 */
    SCH = 1;
    for(cBit = 0; cBit < 8; cBit + +)
    {
        if(uSerDat & 0x80)
            smgSER = 1;
        else
            smgSER = 0;
        uSerDat = uSerDat << 1;
        SCH = 0;
            _ nop _(); _ nop _();
        SCH = 1;
    }
    /* 数据并行输出(借助上升沿) */
    RCH = 0;
    _ nop _();    _ nop _();
    RCH = 1;
}
/* ***********************************************************************
// 主函数 main()
************************************************************************ */
void main(void)
{
    uChar8 i;                       //定义内部变量 i
    P6 = 0xFF;                      //送入位选初始化数据，关断数码管
    while(1)                        // while 循环
    {                               // while 循环开始
        for(i = 0; i <8; i + +)     //for 循环
        {                           //for 循环开始
            P6 = Bit _ Tab[i];      //送位选数据
        Wr595OneByte(Disp _ Tab[i]); //送入段选数据
            DelayMS(3);             //延时 3ms
        }                           //for 循环结束
    }                               //while 循环结束
}
```

任务
6

程序第 5 行~第 10 行定义了动态显示的两个数组，一个是段选数组 Disp _ Tab []，另一个是位选数组 Bit _ Tab []，并将代码存储于程序存储区。

然后定义延时函数 DelayMS ()，定义 74HC595 写入函数 Wr595OneByte ()。

主程序的延时函数中的延时参数是"3"，读者可以手动修改延时参数来查看效果，具体操作为：打开 Keil μVision4，编写该实例代码，将延时函数的延时参数 3 修改后重新编译、下载后，观察数码管显示现象。将延时参数改成 100，编译、下载、观察现象，可以看到流水般的数字显

示；再将延时参数改成 10 查看效果，可以看到闪烁的数字显示；此后将延时参数改成 2，看看这时的现象，可以看到静止的数字显示。

 技能训练

一、训练目标

（1）学会数码管的静态驱动。

（2）学会数码管的动态驱动。

二、训练步骤与内容

1. 建立一个工程

（1）在计算机 E 盘新建一个文件夹 "LED3A"。

（2）启动 Keil μVision4 软件。

（3）选择执行 "Project" 工程菜单下的 "New μVision Project" 命令，新建一个 μVision 工程项目，弹出创建新项目对话框。

（4）在创建新项目对话框，输入工程文件名 "LED3A"，单击 "保存" 按钮，弹出选择 CPU 数据库对话框。

（5）选择 STC CPU Data base 数据库，单击 "OK" 按钮，弹出 "Select Device for Target" 选择目标器件对话框，单击 "STC" 左边的 "＋" 号，展开选项，选择 "STC15W4K32S4" 选项。

（6）单击 "OK" 按钮，弹出是否添加标准 8051 启动代码对话框。

（7）单击 "是" 按钮，即可在开发环境自动为我们建立好包含启动代码项目的空文件，启动代码为 "STARTUP. A51"。

2. 编写程序文件

（1）单击执行 "File" 文件菜单下的 "New" 命令，新建一个文件 "TEXT1"。

（2）单击执行 "File" 文件菜单下的 "Save As" 命令，弹出另存文件对话框，在文件名栏输入 "main. c"，单击 "保存" 按钮，保存文件。

（3）在左边的工程浏览窗口，鼠标右键单击 "Source Group1" 选项，在弹出的右键菜单中，选择执行 "Add Files to Group'Source Group1'" 命令。

（4）弹出选择文件对话框，选择 "main. c" 文件，单击 "Add" 添加按钮，将文件添加到工程项目中，单击添加文件对话框右上角的红色 "×"，关闭添加文件对话框。

（5）在 "main" 中输入数码管的静态驱动程序，单击工具栏的保存按钮 🖬，并保存文件。

3. 调试运行

（1）编译程序。

1）设置输出文件选项。在左边的工程浏览窗口，鼠标右键单击 "Target" 选项，在弹出的右键菜单中，选择执行 "Options for Target'Target1'" 菜单命令。

2）在 "Options for Target'Target1'" 对话框，选择 "Target" 对象目标设置页，在晶体振荡器频率设置栏 "Xtal（MHz）"，输入 "22.1184"，设置晶振频率为 22.1184MHz。

3）在 "Options for Target'Target1'" 对话框，选择 "Output" 输出页，选择 "Create HEX File" 创建 HEX 文件。

4）单击 "OK" 按钮，返回程序编辑界面。

5）单击编译工具栏的编译所有文件按钮 🖳，开始编译文件。

6）在编译输出窗口，查看程序编译信息。

（2）下载程序。

1）启动 STC 单片机下载软件。

2）单击单片机型号栏右边的下拉列表箭头，选择"IAP15W4K58S4"。

3）选择 COM 口，计算机连接 FSST15-V1.0 单片机开发板后，软件会自动选择。

4）单击"打开程序文件"按钮，弹出"打开程序代码文件"对话框，选择"LED3A"文件夹里的"LED3A. hex"文件，单击"打开"按钮，在程序代码窗口显示代码文件信息。

5）单击"下载/编程"按钮，此时代码显示框下面的提示框中会显示"正在检测目标单片机"。

6）程序代码开始下载，提示框显示一串下载信息，下载完成后显示"操作完成"，表示HEX 代码文件已经下载到单片机中了。

7）程序在开发板上自动运行，观察数码管的显示。

4. 数码管动态显示

（1）新建工程"LED3B"。

（2）选择目标器件为"STC1⁻F2K60S2"，并添加启动代码。

（3）新建文件"text2"，另存为"main. c"。

（4）在左边的工程浏览窗口，鼠标右键单击"Source Group1"选项，在弹出的右键菜单中，选择执行"Add Files to Group′Source Group1′"命令。

（5）弹出选择文件对话框，选择"main. c"文件，单击"Add"添加按钮，将文件添加到工程项目中，单击添加文件对话框右上角的红色"×"，关闭添加文件对话框。

（6）在文件中输入数码管的动态驱动程序，单击工具栏的保存按钮 💾，并保存文件。

（7）编译程序。

1）设置输出文件选项。在左边的工程浏览窗口，鼠标右键单击"Target"选项，在弹出的右键菜单中，选择执行"Options for Target′Target1′"菜单命令。

2）在"Options for Target′Target1′"对话框，选择"Target"对象目标设置页，在晶体振荡器频率设置栏"Xtal（MHz）"，输入"22.1184"，设置晶振频率为 22.1184MHz。

3）在"Options for Target′Target1′"对话框，选择"Output"输出页，选择"Create HEX File"创建二进制 HEX 文件。

4）单击"OK"按钮，返回程序编辑界面。

5）单击编译工具栏的编译所有文件按钮 🖮，开始编译文件。

6）在编译输出窗口，查看程序编译信息。

（8）下载程序。

1）启动 STC 单片机下载软件。

2）单击单片机型号栏右边的下拉列表箭头，选择"IAP15W4K58S4"。

3）选择 COM 口，计算机连接 FSST15-V1.0 单片机开发板后，软件会自动选择。

4）单击"打开程序文件"按钮，弹出"打开程序代码文件"对话框，选择"LED3B"文件夹里的"LED3B. hex"文件，单击"打开"按钮，在程序代码窗口显示代码文件信息。

5）单击"下载/编程"按钮，此时代码显示框下面的提示框中会显示"正在检测目标单片机"。

6）程序代码开始下载，提示框显示一串下载信息，下载完成后显示"操作完成"，表示

HEX 代码文件已经下载到单片机中了。

7）程序在开发板上自动运行，观察数码管的动态显示。

8）修改延时参数为 100，重新编译，下载到 FSST15-V1.0 实验板，观察数码管的动态显示。

9）修改延时参数为 10，重新编译，下载到 FSST15-V1.0 实验板，观察数码管的动态显示。

10）修改延时参数为 2，重新编译，下载到 FSST15-V1.0 实验板，观察数码管的动态显示。

任务 7　按　键　控　制

基础知识

一、独立按键控制

1. 键盘分类

键盘按是否编码分为编码键盘和非编码键盘。键盘上闭合键的识别由专用的硬件编码实现，并产生键编码号或键值的称为编码键盘，如计算机键盘。靠软件编程来识别的键盘称为非编码键盘。单片机组成的各种系统中，用得最多的是非编码键盘，也有用到编码键盘的。非编码键盘又分为独立键盘和行列式（又称为矩阵式）键盘。

（1）独立键盘。独立键盘的每个按键单独占用一个 I/O 口，I/O 口的高低电平反映了对应按键的状态。独立按键的状态：键未按下，对应端口为高电平；按下键后，对应端口为低电平。

独立按键识别流程如下。

1）查询是否有按键按下。

2）查询是哪个按键按下。

3）执行按下键的相应键处理。

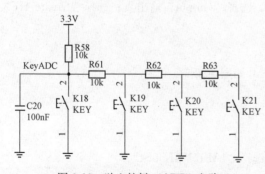

图 3-11　独立按键（ADC）电路

（2）独立按键（ADC）电路。FSST15-V1.0 开发板上的独立按键（ADC）电路如图 3-11 所示。

在 3.3V 直流电源下先串联一个 $10k\Omega$ 的电阻，在对地并联一个按键。其中"KEYADC"端子接 I/O 口（具有 A/D 功能的 P1.2），这样，没有按键按下时，P1.2 口电压为 V_{DD}（+3.3V），第一个按键按下时 P1.2 口的电压为 0V，第二个按键按下时电压为 $1/2V_{DD}$，这样依次就为 $2/3V_{DD}$、$3/4V_{DD}$，这样单片机通过采样 P1.2 的电压值，就可以判断是哪个按键被按下，只是这种接法具有优先级（左高右低）。该电路的优点是只需占用一个 I/O 口，缺点是所接的控制器必须要有 ADC 功能。

（3）矩阵按键。在键盘中按键数量较多时，为了减少 I/O 口资源的占用，通常将按键排列成矩阵形式，即每条水平线和垂直线在交叉处不直接连通，而是通过一个按键加以连接，这样的设计方法在硬件上节省了 I/O 端口，但是在软件上会变得比较复杂。

矩阵按键电路如图 3-12 所示。

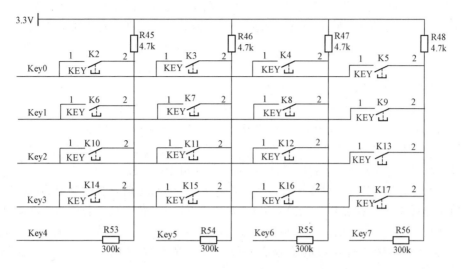

图 3-12 矩阵按键电路

FSST15-V1.0 开发板上用的是两脚的轻触式按键，原理就是按下导通，松开则断开。矩阵按键与单片机的 P4 口连接，如图 3-13 所示。

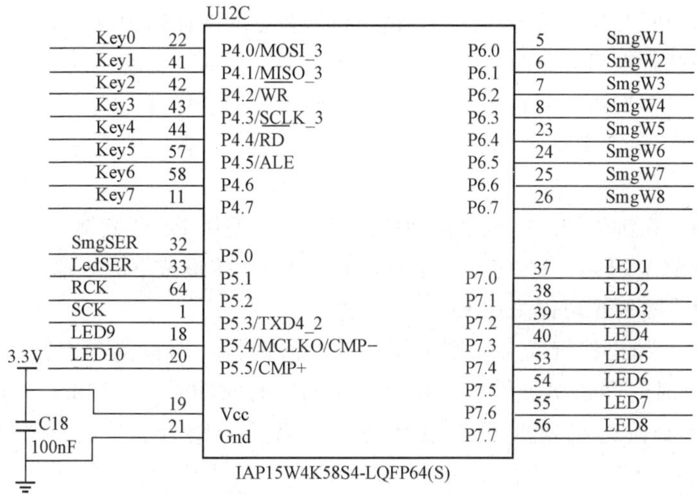

Key0	22	P4.0/MOSI_3		P6.0	5	SmgW1
Key1	41	P4.1/MISO_3		P6.1	6	SmgW2
Key2	42	P4.2/WR		P6.2	7	SmgW3
Key3	43	P4.3/SCLK_3		P6.3	8	SmgW4
Key4	44	P4.4/RD		P6.4	23	SmgW5
Key5	57	P4.5/ALE		P6.5	24	SmgW6
Key6	58	P4.6		P6.6	25	SmgW7
Key7	11	P4.7		P6.7	26	SmgW8

（这里实际为图 3-13 的电路图，U12C，IAP15W4K58S4-LQFP64(S)）

图 3-13 矩阵按键连接单片机 P4

（4）矩阵按键的软件处理。矩阵按键一般有两种检测法，行扫描法和高低电平翻转法。介绍这两种检测法之前，先介绍一种关系，假如设计这样一个电路，将 P4.0、P4.1、P4.2、P4.3 分别与 P4.4、P4.5、P4.6、P4.7 用导线相连，此时如果给 P4 口赋值 0xfe，那么读到的值就为 0xee。这是一种线与的关系，即 P4.0 的"0"与 P4.4 的"1"进行"与"运算，结果为"0"，因此 P4.4 也会变成"0"。

1）行扫描法。行扫描法行扫描法就是先给 4 行中的某一行低电平，别的全给高电平，之后检测列所对应的端口，若都为高，则表明没有按键按下；相反则表示有按键按下。也可以给 4 列中某一列为低电平，别的全给高电平，之后检测行所对应的端口，若都为高，则表明没有按键按下，相反则表示有按键按下。

例如，首先给 P4 口赋值 0xfe（0b1111 1110），这样只有第一行（P4.0）为低，别的全为则高，之后读取 P4 的状态，若 P4 口电平还是 0xfe，则表示没有按键按下，若值不是 0xfe，则说明有按键按下。具体是哪个，则由此时读到值决定，若值为 0xee，则表明是 K2，若是 0xde 则表明是 K3（同理 0xbe 为 K4，0x7e 为 K5）；之后给 P4 赋值 0xfd，这样第二行（P4.1）为低，同理读取 P4 口，若为 0xed，则表明 K6 按下（同理 0xdd 为 K7，0xbd 为 K8，0x7d 为 K9）。这样依次赋值 0xfb，检测第三行。赋值 0xf7，检测第四行。

2）高低平翻转法。先让 P4 口高 4 位为 1，低 4 位为 0。若有按键按下，则高 4 位有一个转为 0，低 4 位不会变，此时即可确定被按下的键的列位置。然后让 P4 口高 4 位为 0，低 4 位为 1。若有按键按下，则低 4 位中会有一个 1 翻转为 0，高 4 位不会变，此时即可确定被按下的键的行位置。最后将两次读到的数值进行或运算，从而可确定哪个键被按下了。

举例说明。首先给 P4 口赋值 0xf0，接着读取 P4 口的状态值，若读到值为 0xe0，则表明第一列有按键按下；接着给 P4 口赋值 0x0f，并读取 P4 口的状态值，若值为 0x0e，则表明第一行有按键按下，最后把 0xe0 和 0x0e 按位或运应的值也是 0xee。这样，可以确定被按下的键是 K2，与第一种检测方法对应的检测值 0xee 对应。虽然检测方法不同，但检测结果是一致的。

最后总结一下矩阵按键的检测过程：赋值（有规律）→读值（高低电平检测法还需要运算）→判值（由值确定按键）。

2. 键盘消抖的基本原理

通常的按键所用开关为机械弹性开关，由于机械触点的弹性作用，一个按键闭合时，不会马上稳定地接通，断开时也不会立即断开。按键按下时会有抖动，也就是说，只按一次按键，实际产生的按下次数却是多次的，因而在闭合和断开的瞬间，均会伴有一连串的抖动。

为了避免按键抖动现象所采取的措施就是按键消抖。消抖的方法包括硬件消抖和软件消抖。

（1）硬件消抖。在键数较少时可采用硬件消抖方法，使用 RS 触发器来进行消抖。通过两个与非门构成一个 RS 触发器，当按键未按下时，输出 1；当按键按下时，输出为 0。除了采用 RS 触发器消抖电路外，有时也可以采用 RC 消抖电路。

（2）软件消抖。如果按键较多，则常用软件方法消抖，即检测到有按键按下时执行一段延时程序，具体延时时间依机械性能而定，常用的延时时间是 5~20ms，即按键抖动这段时间不进行检测，等到按键稳定时再读取状态；若仍然为闭合状态电平，则认为真有按键按下。

二、C 语言编程规范

1. 程序排版

（1）程序块要采用缩进风格编写，缩进的空格数为 4 个。说明：对于由开发工具自动生成的代码可以有不一致。本书采用程序块缩进 4 个空格的方式来编写。

（2）相对独立的程序块之间、变量说明之后必须加空行。由于篇幅所限，本书已将所有的空格略去。

（3）不允许把多个短语句写在一行中，即一行只写一条语句。同样为了压缩篇幅，本书将一些短小精悍的语句放到了同一行，但不建议读者这样做。

（4）if、for、do、while、case、default 等语句各自占一行，且执行语句部分无论多少都要加括号 {}。

2. 程序注释

注释是程序可读性和可维护性的基石，如果不能在代码上做到顾名思义，那么就需要在注释上下大功夫。

对于注释的基本要求，现总结以下几点。

（1）一般情况下，源程序有效注释量必须在 20％以上。注释的原则是有助于对程序的阅读理解，在该加的地方都必须加，注释不宜太多但也不能太少，注释语言必须准确、易懂、简洁。

（2）注释的内容要清楚、明了，含义准确，防止注释的二义性。错误的注释不但无益，反而有害。

（3）边写代码边注释，修改代码的同时修改注释，以保证注释与代码的一致性。不再有用的注释要及时删除。

（4）对于所有具有物理含义的变量、常量，如果其命名起不到注释的作用，那么在声明时必须加以注释来说明物理含义。变量、常量、宏的注释应放在其上方相邻位置或右方。

（5）一目了然的语句不加注释。

（6）全局数据（变量、常量定义等）必须要加注释，并且要详细，包括对其功能、取值范围、哪些函数或过程存取它以及存取时该注意的事项等。

（7）在代码的功能、意图层次上进行注释，提供有用、额外的信息。注释的目的是解释代码的目的、功能和采用的方法，提供代码以外的信息，帮助读者理解代码，防止没必要的重复注释。

（8）对一系列的数字编号给出注释，尤其在编写底层驱动程序的时候（如引脚编号）。

（9）注释格式尽量统一，建议使用"/＊……＊/"。

（10）注释应考虑程序易读及外观排版的因素，使用的语言若是中英文兼有，则建议多使用中文，因为注释语言不统一会影响程序的易读性和外观排版。

3. 变量命名规则

变量的命名好坏与程序的好坏没有直接关系。变量命名规范，可以写出简洁、易懂、结构严谨、功能强大的好程序。

（1）命名的分类。变量的命名主要有两大类，即驼峰命名法、匈牙利命名法。

任何一个命名应该主要包括两层含义，望文生义、简单明了且信息丰富。

1）驼峰命名法。该方法是计算机程序编写时的一套命名规则（惯例）。程序员们为了自己的代码能更容易在同行之间交流，所以才采取统一的、可读性强的命名方式。例如：有些程序员喜欢全部小写，有些程序员喜欢用下划线，所以写一个 my name 的变量，一般写法有 myname、my _ name、MyName 或 myName。这样的命名规则不适合所有的程序员阅读。而利用驼峰命名法来表示则可以增加程序的可读性。

驼峰命名法就是当变量名或函数名由一个或多个单字连接在一起而构成识别字时，第一个单字以小写开始，第二个单字开始首字母大写，这种方法统称为"小驼峰式命名法"，如 myFirst-Name；或每一个单字的首字母大写，这种命名称为"大驼峰式命名法"，如 MyFirstName。

这样命名，识别字看上去就像驼峰一样此起彼伏，由此得名。驼峰命名法可以视为一种惯例，并无强制要求，只是为了增加可读性和可识别性。

2）匈牙利命名法。匈牙利命名法的基本规则是：变量名＝属性＋对象描述。其中每一个对象的名称都要求有明确含义，可以取对象的全名或名字的一部分。命名要基于容易识别、记忆的原则，保证名字的连贯性是非常重要的。

全局变量用 g _ 开头，如一个全局长整型变量定义为 g _ 1FirstName。

静态变量用 s _ 开头，如一个静态字符型变量定义为 s _ cSecondName。

成员变量用 m _ 开头，如一个长整型成员变量定义为 m _ 1SixName。

对象描述采用英文单词或其组合，不允许使用拼音。程序中的英文单词不要太复杂，用词应准确。英文单词尽量不要缩写，需用缩写时，在同一系统中，同一单词必须使用相同的表示法，并注明其含义。

（2）命名的补充规则。

1）变量命名使用名词性词组，函数使用动词性词组。

2）所有的宏定义、枚举常数、只读变量全部使用大写字母命名。

4. 宏定义

宏定义在单片机编程中经常用到，而且几乎是必然要用到的，在 C 语言中，宏定义很重要，使用宏定义可以防止出错，提高程序的可移植性、可读性、方便性等。

C 语言中常用宏定义来简化程序的书写，宏定义使用关键字 define，一般格式为

♯define 宏定义名称　　数据类型

其中："宏定义名称"为代替后续的数据类型而设置的标识符；"数据类型"为宏定义将取代的数据标识。例如：

♯define　uChar8 unsigned char

在编写程序时，写 unsigned char 明显比写 uChar8 麻烦，所以用宏定义给 unsigned char 定义了一个简写的方法 uChar8，当程序运行中遇到 uChar8 时，则用 unsigned char 代替，这样就简化了程序的编写过程。

5. 数据类型的重定义

数据类型的重定义使用关键字 typedef，定义方法为：

typedef 已有的数据类型　　新的数据类型名；

其中："已有的数据类型"是指 C 语言中所有的数据类型，包括结构、指针和数组等；"新的数据类型名"可按用户自己的习惯或根据任务需要决定。关键字 typedef 的作用只是将 C 语言中已有的数据类型做了置换，因此可用置换后的新数据类型的定义。例如：

typedef int word；　　/＊定义 word 为新的整型数据类型名＊/

word i, j；　　/＊将 i, j 定义为 int 型变量＊/

例子中，先用关键字 typedef 将 word 定义为新的整型数据类型，定义的过程实际上是用 word 置换了 int，因此下面就可以直接用 word 对变量 i、j 进行定义，而此时 word 等效于 int，所以 i、j 被定义成整型变量。

一般而言，用 typedef 定义的新数据类型与大写字母中原有的数据类相区别。另外还要注意，用 typedef 可以定义各种新的数据类型，但不能直接用来定义变量，只是对已有的数据类型做了一个名字上的置换，并没有创造出一个新的数据类型。

采用 typedef 来重新定义数据类型有利于程序的移植，同时还可以简化较长的数据类型定义，如结构数据类型。在采用多模块程序设计时，如果不同的模块程序源文件中用到同一类型时（尤其是数组、指针、结构、联合等复杂数据类型），经常用 typedef 将这些数据类型重新定义，并放到一个单独的文件中，需要时再用预处理命令♯include 将它们包含进来。

6. 枚举变量

枚举就是通过举例的方式将变量的可能值——列举出来定义变量的方式，定义枚举型变量的格式为

enum 枚举名{枚举值列表}变量表列；

也可以将枚举定义和说明分两行写，即

enum 枚举名{枚举值列表}；

enum 枚举名 变量表列；

例如：

enum day{Sun, Mon, Tue, Wed, Thu, Fri, Sat}；d1，d2，d3；

在枚举列表中，每一项代表一个整数值。默认情况下，第一项取值 0，第二项取值 1，依次类推。也可以初始化指定某些项的符号值，某项符号值初始化以后，该项后续各项符号值依次递增加一。

三、按键处理程序

1. 独立按键程序处理

（1）控制要求。按下 FSST15-V1.0 单片机开发板上的 K2 键，则 LED1 亮，按下 K3 键，则 LED1 灭。

（2）控制程序。控制程序如下：

```
# include <STC15F2K60S2.h>
/* ************************************************************* */
// 为已知类型起别名
/* ************************************************************* */
typedef unsigned int uInt16;
/* ************************************************************* */
// 位定义
/* ************************************************************* */
sbit LED1 = P7^0;
sbit KEY0 = P4^0;
sbit K2 = P4^4;
sbit K3 = P4^5;
/* ************************************************************* */
// 延时函数：DelyaMS()
/* ************************************************************* */
void DelayMS(uInt16 ValMS)
{
    uInt16i, j;
    for(i = 0; i < ValMS; i++)
      for(j = 0; j < 113; j++);
}
/* ************************************************************* */
//主函数
/* ************************************************************* */
void main(void)
{
    while(1)
    {
    KEY0 = 0;
```

```
    if(0 = = K2)                    // 检测按键 KEY1 是否按下
    {
      DelayMS(5);                   // 延时去抖
      if(0 = = K2)                  // 再次检测 KEY1
      {
        LED1 = 0;                   // 点亮 LED 灯
        while(! K2);                // 等待按键 K2 弹起
      }
    }
    if(0 = = K3)                    // 检测按键 K3 是否按下
    {
      DelayMS(5);                   // 延时去抖
      if(0 = = K3)                  // 再次检测 K3
      {
        LED1 = 1;                   // 熄灭 LED 灯
        while(! K3);                // 等待按键 K3 弹起
      }
    }
  }
}
```

(3) 程序分析。程序使用 typedef unsigned int uInt16;语句重新定义一个无符号长整型数据类型，然后在延时函数中用新数据类型 uInt16 定义新变量 i、j。

程序使用 if 语句对按键 K2 是否按下进行判别，当按键 K2 按下时，if（0 = = K2）语句满足条件，执行其下面的程序语句，延时 5ms 后，重新检测按键 K2 是否按下，按下则点亮 LED1。

程序使用 if 语句对按键 K3 是否按下进行判别，当 K3 按下时，if（! K3）语句满足条件，执行其下面的程序语句，延时 5ms 后，重新检测按键 K3 是否按下，按下则熄灭 LED1。

2. 矩阵按键程序处理

(1) 矩阵按键控制要求。依次按下 K2～K17 时，8 位数码管依次显示 0～9、A～F。

(2) 矩形按键控制程序及其分析。矩阵按键控制程序如下：

```
# include <STC15F2K60S2. h>
# include <intrins. h>            //使用 intrins 库函数
# define uChar8 unsigned char     // uChar8 宏定义
# define uInt16 unsigned int      // uInt16 宏定义
// 数码管段选数组定义
uChar8 code Disp_Tab[] =
{0x3f, 0x06, 0x5b, 0x4f, 0x66, 0x6d, 0x7d, 0x07,
0x7f, 0x6f, 0x77, 0x7c, 0x39, 0x5e, 0x79, 0x71, 0x00};
uChar8 k;
# define KEYPORT     P4           //键盘接入端口
sbit SCH = P5^3;     //定义 P5^3 为 SCH
sbit RCH = P5^2;     //定义 P5^3 为 RCH
sbit smgSER = P5^0;  //定义 P5^0 为 smgSER
/* ****************************************************** */
```

```
// 74HC595 写入函数 Wr595OneByte()
/* ************************************************************ */
void Wr595OneByte (uChar8 uSerDat)
{
    uChar8 cBit;
    /* 通过 8 次循环将 8 位数据依次移入 74HC595 */
    SCH = 1;
    for(cBit = 0; cBit < 8; cBit++)
    {
      if(uSerDat & 0x80)
        smgSER = 1;
      else
        smgSER = 0;
      uSerDat = uSerDat << 1;
      SCH = 0;
      _nop_(); _nop_();
      SCH = 1;
    }
    /* 数据并行输出(借助上升沿) */
    RCH = 0;
    _nop_();    _nop_();
    RCH = 1;
}
/* ************************************************************ */
//矩阵按键扫描函数：ScanKey()
/* ************************************************************ */
uChar8   key ()
{
uChar8    i, kscan;
uChar8    temp = 0x00, kval = 0x00, kmask = 0xfe ;
for (i = 0; i<4; i++)
{
P4 = kmask;
kscan = P4;
kscan = kscan >> 4;
switch (kscan&0x0f)
{
case (0x0e): kval = 0x00 + temp;     break;
case (0x0d): kval = 0x01 + temp;     break;
case (0x0b): kval = 0x02 + temp;     break;
case (0x07): kval = 0x03 + temp;     break;
default:
kmask = _crol_ (kmask, 1);
temp += 0x04;
```

任务7

101

```
break;
}
}

return kval;
}


/* ******************************************************* */
// 主函数：main()
/* ******************************************************* */
void main(void)
{
    P4M1 = 0x00;
    P4M0 = 0x00;
    while(1)
    {
      k = key();            //按键扫描，获取键值
      P6 = 0xfe;
      Wr595OneByte (Disp _ Tab[k]);
    }
}
```

程序使用宏定义语句"♯define KEYPORT P4"定义键盘接入端口，便于程序阅读和移植。

通过"uChar8 k;"语句定义全局变量。

在键盘扫描函数中，通过 uChar8 i，kscan；等语句定义内部变量，用以读取键盘值，并与设定值作比较，用于识别按键 Kn。

使用 for 循环语句简化程序。

检测第一行按键时，给 P4 赋值 kmask（0xfe），再读取按键输入值，并右移 4 位，通过条件判断开关语句确定键值，判断时，通过"kscan&0x0f"屏蔽高 4 位数据，仅仅对低 4 位进行判断，简化程序。

K2 键按下时，kscan&0x0f＝0x0e，kval 赋值 0；K3 键按下时，kscan&0x0f＝0x0d，kval 赋值 1；K4 键按下时，kscan&0x0f＝0x0b，kval 赋值 2；K5 键按下时，kscan&0x0f＝0x07，kval 赋值 3；

若第一行按键没有按下，程序执行"default"缺省条件后的语句，kmask 循环左移 1 位，temp 增加 4。接着，通过 for 循环检测第二行按键、第三行按键、第四行按键。最后通过 retunr kval；语句返回键值。

在主函数中，通过 while 循环不断更新显示内容。在 while 循环中，首先扫描是否有按键按下，若有按键按下，则扫描函数传递按键对应的值给全局变量 k，通过给 P6 赋值，控制位选数码管，通过 74HC595 写入函数 Wr595OneByte（），在数码管上显示全局变量 k 值对应的字符。

3. 状态机按键处理法

（1）状态机。有限状态机思想广泛应用于硬件控制电路设计中，也是软件上常用的一种处理方法，软件上称为有限消息机。它把复杂的控制逻辑分解成有限个稳定状态，在每个状态上判断事件，将其变为离散数字处理，这样符合计算机的工作特点。同时，因为有限状态机具有有限个状态，所以可以在实际的工程中实现。但这并不意味着其只能进行有限次的处理，相反地，有限

状态机是闭环状态系统，可以用有限状态机处理无限事务。

状态机有 4 个要素：现态、条件、动作、次态。这样主要是为了理解状态机内在的因果关系，其中"现态"、"条件"是因，"动作"、"次态"是果。

1）现态：指当前所处的状态。

2）条件：又称"事件"，触发状态转变的原因。

3）动作：条件满足后执行的动作。

4）次态：条件满足后要迁往的新状态。

（2）状态机按键检测。

1）现态、次态是相对的。例如，初始态相对于确认态是现态，对于加一态（连续加一态）就是次态。

2）图中的 4 个圈表示四种状态，即按键就这四种有限状态。

3）带箭头的方向线指示状态转换的方向，当方向线的起点和终点在一个圆圈上时，则表示状态不转移。

4）标在方向线两侧的二进制数分别表示状态转换前信号的逻辑值和相应的输出逻辑值。图中斜线值前的 0 表示按键按下，1 表示按键未按下。斜线后的 0 表示按下后的状态电平状态为低电平，相反，1 表示高电平，即按键未按下。

程序开始运行时首先处于初始态（无按键按下），这时如果按键未按下，则一直处于初始态。若此时按键状态值变为 0，则表示按键按下，但抖动是否消除还需待定。但无论是否消除抖动，肯定会进入确认态。进入确认态后，抖动若未消除，则返回初始态；抖动若已消除，则进入单次加一态，于是接着会判断按下的时间值，若时间小于 1s，则键值加 1，并返回到初始态；若判断此时按下的时间值大于 1s，则进入到连续加一态（连发态）。进入连发态后，键值每过 0.1s 就会自动加 1，若此时按键释放，则会进入初始态。

（3）状态机法实例。

1）控制要求。当按下 FSST15 - V1.0 开发板上的 K1 按键时，若按下到释放的时间小于 1s，每按一次，点亮一只 LED，依次循环点亮 D1～D8；若按下时间超过 1s，则按下之后，每过 100 ms，所亮灯有序变化一次。

2）控制程序及分析。控制程序如下：

```
#include <STC15F2K60S2.h>
typedef unsigned char uChar8;
sbit KEY18 = P1^2;
uChar8 num ;
bit KeyPressTemp;
/* ****************************************************** */
// 枚举类型
/* ****************************************************** */
enum KeyState{StateInit, StateAffirm, StateSingle, StateRepeat};
/* ****************************************************** */
//扫描按键函数：KeyScan(void)
/* ****************************************************** */
uChar8 KeyScan(void)
{
```

```
static uChar8 KeyStateTemp = 0;
static uChar8 KeyTime = 0;
KeyPressTemp = KEY18;                        //读取 I/O 口的键值
switch(KeyStateTemp)
{
    case StateInit:                          //按键初始状态
        if(! KeyPressTemp)                   //当按键按下，状态切换到确认态
            KeyStateTemp = StateAffirm;
        break;
    case StateAffirm:                        //按键确认态
        if(! KeyPressTemp)                   //抖动已经消除
        {
            KeyTime = 0;
            KeyStateTemp = StateSingle;      //切换到单次触发态
        }
        else KeyStateTemp = StateInit;       //处于抖动，切换到初始态
        break;
    case StateSingle:                        //按键单发态
        if(KeyPressTemp)                     //按下时间小于 1s 且按键已经释放
        {
            KeyStateTemp = StateInit;        //按键释放，则回到初始态
            num + + ;                        //键值加 1
            if(8 = = num) num = 0;
        }
        else if( + + KeyTime > 100)          //按下时间大于 1s(100×10ms)
        {
            KeyStateTemp = StateRepeat;      //状态切换到连发态
            KeyTime = 0;
        }
        break;
    case StateRepeat:                        //按键连发态
        if(KeyPressTemp)
            KeyStateTemp = StateInit;        //按键释放，则进初始态
        else                                 //按键未释放
        {
            if( + + KeyTime > 10)            //按键计时值大于 100ms(10×10ms)
            {
                KeyTime = 0;
                num + + ;                    //键值每过 100ms 加一次
                if(8 = = num) num = 0;
            }
            break;
        }
}
    break;
```

```
        default: KeyStateTemp = KeyStateTemp = StateInit; break;
    }
    return num;
}
/* ****************************************************** */
//定时器 0 初始化函数: TimerOInit()
/* ****************************************************** */
void TimerOInit(void)               //10ms@11.0592MHz
{
    AUXR &= 0x7F;                   //定时器时钟 12T 模式
    TMOD &= 0xF0;                   //设置定时器模式
    TL0 = 0x00;                     //设置定时初值
    TH0 = 0xDC;                     //设置定时初值
    TF0 = 0;                        //清除 TF0 标志
    TR0 = 1;
    TF0 = 0;                        //清除 TF0 标志
    TR0 = 1;                        //定时器 0 开始计时
}
/* ****************************************************** */
//按键值来执行相应的动作函数: ExecuteKeyNum()
/* ****************************************************** */
void ExecuteKeyNum(void)
{
    static uChar8 KeyNum = 0;       //请思考 static 能不能省略? 为何?
    if(TF0)                         //定时器是否有溢出?
    {
        TF0 = 0;
    TL0 = 0x00;                     //设置定时初值
    TH0 = 0xDC;
        KeyNum = KeyScan();         //将 KeyScan()函数的返回值赋值给 KeyNum
    }
    switch(KeyNum)
    {
        case 0: P7 = 0xfe; break;
        case 1: P7 = 0xfd; break;
        case 2: P7 = 0xfb; break;
        case 3: P7 = 0xf7; break;
        case 4: P7 = 0xef; break;
        case 5: P7 = 0xdf; break;
        case 6: P7 = 0xbf; break;
        case 7: P7 = 0x7f; break;
        default: P7 = 0xff; break;
    }
}
```

任务 7

```
/* ************************************************************** */
// 主函数：main()
/* ************************************************************** */
void main(void)
{
    Timer0Init();
    while(1)
    {
        ExecuteKeyNum();
    }
}
```

程序通过"typedef unsigned char uChar8"语句给 unsigned char 无符号字符型数据取了一个别名 uChar8，其后就可以用 uChar8 定义无符号字符型数据变量 num 等。

程序通过 enum 关键字定义了枚举变量，定义 4 个状态初始态、确认态、单击态（单次触发态）、连发态（StateInit、StateAffirm、StateSingle、StateRepeat）。

在按键扫描函数中，首先通过关键字 static 关键字定义两个静态内部变量按键状态和按键时间（KeyStateTemp、KeyTime），给它们赋初值 0，再定义无符号字符型数据变量 num，定义位变量 KeyPressTemp。读取 I/O 口 KEY1 键值，通过 switch（KeyStateTemp）开关分支语句，根据按键状态确定执行相关的程序。

在初始态时，如果有按键按下，则状态切换到确认态，按键状态变量为 StateAffirm，退出开关语句。进入确认态后，如果抖动已经消除，则按键时间赋值为 0，切换到单次触发态，若抖动未消除，则切换回初始态。在单次触发态，根据按键时间是否小于 1s，确定后续行为。按键按下时间小于 1s 且释放时，切换到初始态，键值加 1，如果键值等于 8，则键值赋值为 0。按键按下时间大于 1s 时，切换到连发态。进入连发态后，如果按键释放，则返回初始态，否则根据按键按下时间长短确定连发参数。如果按键时间次数大于 10，即按键计时值大于 100ms，键值每过 100ms，键值加 1。

在按键扫描函数中的各个条件判断（if、case、switch 等），都可以理解为状态机中的条件，即触发条件。正在运行的状态是现态，满足条件切换后的状态是次态。每个状态执行的语句是动作。这样，将状态机、定时器、按键结合到一起，从而解决了按键的状态机的检测问题。

在定时器 0 初始化函数中，设定时器 0 工作在模式 1，定时时间参数设置为 10ms，启动定时器 0。

在键值操作函数中，通过 static 关键字定义静态变量 KeyNum，定时器 0 定时到一次，调用按键扫描函数一次，将按键扫描函数的返回值赋值给静态变量 KeyNum 一次。通过 switch（KeyNum）语句控制 P7 口的 LED。

在主函数中，首先执行定时器 0 初始化函数，然后执行 while 循环，不断执行按键值执行函数。

 技能训练

一、训练目标

（1）学会独立按键的处理控制。

（2）学会状态机按键处理控制。

二、训练步骤与内容

1. 建立一个工程

（1）计算机在 E 盘新建一个文件夹"KEY1"。

（2）启动 Keil μVision 4 软件，选择执行"Project"工程菜单下的"New μVision Project"命令，新建一个 μVision 工程项目，弹出创建新项目对话框。

（3）在创建新项目对话框，输入工程文件名"KEY1"，单击"保存"按钮，弹出选择 CPU 数据库对话框。

（4）选择 STC CPU Data base 数据库，单击"OK"按钮，弹出"Select Device for Target"选择目标器件对话框，单击"STC"左边的"＋"号，展开选项，选择"STC15W4K32S4"选项。

（5）单击"OK"按钮，弹出是否添加标准 8051 启动代码对话框。

（6）单击"是"按钮，即可在开发环境自动为我们建立好包含启动代码项目的空文件，启动代码为"STARTUP. A51"。

2. 编写程序文件

（1）单击执行"File"文件菜单下的"New"命令，新建一个文件"TEXT1"。

（2）单击执行"File"文件菜单下的"Save As"命令，弹出另存文件对话框，在文件名栏输入"main. c"，单击"保存"按钮，保存文件。

（3）在左边的工程浏览窗口，鼠标右键单击"Source Group1"，在弹出的右键菜单中，选择执行"Add Files to Group′Source Group1′"命令。

（4）弹出选择文件对话框，选择"main. c"文件，单击"Add"添加按钮，将文件添加到工程项目中，单击添加文件对话框右上角的红色"×"，关闭添加文件对话框。

（5）在"main"中输入下列程序，单击工具栏的保存按钮 💾，并保存文件。输入程序如下：

```c
#include <STC15F2K60S2. h>
typedef unsigned int uInt16;
sbit LED1 = P7^0;
sbit KEY0 = P4^0;
sbit K2 = P4^4;
sbit K3 = P4^5;
void DelayMS(uInt16 ValMS)
{
    uInt16 i, j;
    for(i = 0; i < ValMS; i++)
      for(j = 0; j < 113; j++);
}
void main(void)
{
    while(1)
    {
      if(0 == KEY1)              // 检测按键 KEY1 是否按下
      {
        DelayMS(5);              // 延时去抖
        if(0 == KEY1)            // 再次检测 KEY1
        {
```

```
        LED1 = 0;                // 点亮 LED 灯
        while(! KEY1);           // 等待按键 KEY1 弹起
      }
    }
    if(! KEY2)                   // 检测按键 KEY2 是否按下
    {
      DelayMS(5);                // 延时去抖
      if(! KEY2)                 // 再次检测 KEY2
      {
        LED1 = 1;                // 熄灭 LED 灯
        while(! KEY2);           // 等待按键 KEY2 弹起
      }
    }
  }
}
```

3. 调试运行

(1) 编译程序。

1) 设置输出文件选项。在左边的工程浏览窗口，鼠标右键单击"Target"选项，在弹出的右键菜单中，选择执行"Options for Target′Target1′"菜单命令。

2) 在"Options for Target′Target1′"对话框，选择"Target"对象目标设置页，在晶体振荡器频率设置栏"Xtal（MHz）"，输入"11.0592"，设置晶振频率为 11.0592 MHz。

3) 在"Options for Target′ Target1′"对话框，选择"Output"输出页，选择"Create HEX File"创建二进制 HEX 文件。

4) 单击"OK"按钮，返回程序编辑界面。

5) 单击编译工具栏的编译所有文件按钮，开始编译文件。

6) 在编译输出窗口，查看程序编译信息。

(2) 下载程序。

1) 启动 STC 单片机下载软件。

2) 单击单片机型号栏右边的下拉列表箭头，选择"IAP15W4K58S2"。单击运行时的 IRC 频率栏右边的选择下拉箭头，选择"11.0592"（MHz）。

3) 选择 COM 口，计算机连接 FSST15-V1.0 单片机开发板后，软件会自动选择。

4) 单击"打开程序文件"按钮，弹出"打开程序代码文件"对话框，选择"KEY1"文件夹里的"KEY1. hex"文件，单击"打开"按钮，在程序代码窗口显示代码文件信息。

5) 单击"下载/编程"按钮，此时代码显示框下面的提示框中会显示"正在检测目标单片机"。

6) 程序代码开始下载，提示框显示一串下载信息，下载完成后显示"操作完成"，表示 HEX 代码文件已经下载到单片机中了。

7) 按 K2 键，观察 LED1 的状态；按 K3 键，观察 LED1 的状态。

4. 按键矩阵扫描实训步骤

(1) 创建一个工程项目，另存为"KEY2"，器件选择"STC15W4K32S2"，并添加启动文件。

（2）创建新文件，另存为"main. c"，并将文件添加的源文件组 1。

（3）在"main. c"中，输入矩阵按键扫描处理程序，并保存文件。

（4）设置晶振频率为 11.0592 MHz，设置生成 HEX 文件，然后编译程序。

（5）将 KEY2. hex 文件下载到 FSST15-V1.0 单片机开发板。

（6）按下 K2 键，观察数码管的输出。

（7）依次按下 K3～K17 键，观察数码管的输出。

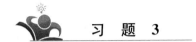

习 题 3

1. 双 LED 灯控制，根据控制要求设计程序，并下载到 FSST15-V1.0 单片机开发板中进行调试。

控制要求如下。

（1）按下 KEY1 键，LED1 亮。

（2）按下 KEY2 键，LED2 亮。

（3）按下 KEY3 键，LED1、LED2 熄灭。

2. 设计按键矩阵扫描处理程序。要求：在按键矩阵扫描处理中，应用给列赋值的方法，识别 K2～K17，并赋值给 KeyNum，然后根据 KeyNum 值显示对应的数值"0～9"和"A～F"。

任务 7

项目四 定时/计数器及应用

学习目标

(1) 学会使用单片机的定时器。

(2) 学会使用单片机的计数器。

任务8 单片机的定时控制

基础知识

一、单片机的定时/计数器

1. STC15F2K60S2 定时/计数器简介

定时/计数器是单片机中最基本的内部资源之一，它的用途非常广泛，曾用于计数、延时、测量周期、频率、脉宽、提供定时脉冲信号等。在实际应用中，对于转速、位移、速度、流量等物理量的测量，通常是由传感器转换成脉冲电信号，通过使用"T/C"来测量其周期或频率，再经过计算处理获得。

STC15F2K60S2 单片机至少有 3 个 16 位内部定时/计数器，其中两个/计数器分别是定时/计数器 0 （T/C0）和定时/计数器 1 （T/C1），另一个是定时/计数器 2 （T/C2）。它们既可以编程为定时器使用，也可以编程为计数器使用。若计数脉冲来自内部晶振驱动的时钟，则它是定时器；若是对外部计数输入引脚脉冲信号计数，则它是计数器。

定时/计数器 T/C 是加 1 计数的，不支持减 1 计数。定时器实际上也是工作在计数方式下，只不过对固定频率的时钟脉冲计数；由于脉冲周期固定，因此由计数值可以算出定时时间，计数器有定时功能。

当 T/C 工作在定时器时，对振荡源 12 分频的脉冲计数，即每个机器周期计数值加 1，计数频率＝当前单片机工作频率/12。当单片机工作在 12MHz 时，计数频率为 1MHz。

当 T/C 工作在计数器时，计数脉冲来自外部脉冲输入引脚 T0 （P3.4）或 T1 （P3.5）。当 T0 或 T1 引脚上产生负跳变时，计数加 1，识别引脚上的负跳变需要两个机器周期，即 24 个振荡周期。所以 T0 或者 T1 输入的可计数外部脉冲的最高频率为当前单片机工作频率的 1/24。工作在 12 MHz 时，最高计数频率为 500 kHz，高于计数频率时，计数器会出错。

使用定时/计数器定时与软件循环的定时完全不同。尽管两者最终都要依赖系统的时钟，但是在定时器/计数器计数时，其他事件可以继续进行，而软件定时时不允许任何事件发生。对许多连续计数和持续时间操作，最好以 16 位计数器作为定时/计数器。

2. 与定时/计数器相关的特殊寄存器

与定时/计数器相关的特殊寄存器见表 4-1。

表 4-1　　　　　　　　　　　　　　与定时/计数器相关的特殊寄存器

寄存器	功能	地址	位地址								复位值
TCON	定时/计数器控制	88H	TF1	TR1	TF0	TR0	IE1	IT1	IE0	IT0	00000000
TMOD	定时/计数器方式控制	89H	GATA	C/$\overline{T}$	M1	M0	GATA	C/$\overline{T}$	M1	M0	00000000
TL0	定时/计数器 0 低字节	8AH									00000000
TL1	定时/计数器 1 低字节	8BH									00000000
TH0	定时/计数器 0 高字节	8CH									00000000
TH1	定时/计数器 1 高字节	8DH									00000000
AUXR	辅助	8EH	T0x12	T1x2	UART_M0x6	T2R	T2C/T	T2x12	EXT-RAM	S1ST2	00000001
INT_CLK0	时钟分频	8FH	—	EX4	EX3	EX2	—	T2C-LKO	T1C-LKO	T0C-LKO	x000x000
IE	中断控制	A8H	EA	ELVD	EADC	ES	ET1	EX1	ET0	EX0	00000000
IE2	中断控制寄存器 2	AFH	—	—	—	—	—	ET2	ESPI	ES2	xxxxx000
IP2	中断优先级控制 2	B5H	—	—	—	—	—	—	PSPI	PS2	xxxxxx00
IP	中断优先级控制	B8H	PPCA	PLVF	PADC	PS	PT1	PX1	PT0	PX0	00000000
T2H	定时器 T2 高 8 位	D6H									00000000
T2L	定时器 T2 低 8 位	D7H									00000000

（1）寄存器 TH0、TL0、TH1、TL1、TH2、TL2 分别装入 T0、T1、T2 的初值。

（2）寄存器 TCON、TMOD 与 8051 单片机用法相同，分别为定时/计数器控制寄存器、定时/计数器方式寄存器。

（3）寄存器 IE、IE2 为中断控制寄存器，其中的 ET1、ET0、ET2 分别用于 T0、T1、T2 的中断允许和禁止，置 1 允许中断，清零禁止中断。

（4）寄存器 AUXR 为辅助控制寄存器，其中的 T0x12、T1x12、T2x12 位分别用于控制 T0、T1、T2 的 1T 或 12T 定时方式，置 1 为 1T 定时方式，清零为 12T 定时方式。T2R 位用于控制 T2 的启动与停止。T2_C/$\overline{T}$ 位用于控制 T2 的定时或计数方式，置 1 为计数方式，清零为定时方式。

（5）寄存器 INT_CLKO 其中的 T0_CLKO、T1_CLKO、T2_CLKO 位分别用于控制 T0、T1、T2 的可编程时钟输出，置 1 允许从 P3.3、P3.4、P3.5 引脚输出时钟脉冲，清零禁止时钟脉冲输出。

3. 定时/计数器工作方式寄存器 TMOD

定时/计数器工作方式寄存器 TMOD 属于特殊功能寄存器，字节地址为 89H，不能位寻址，复位值为 0x00。定时和计数功能由控制位 $C/\overline{T}$ 选择，TMOD 寄存器的各位意义见表 4-2。由表 4-2 可以看出，两个定时/计数器有四种操作模式，通过 TMOD 的 M1 和 M0 来选择。两个定时/计数器的模式 0、1 和 2 都相同，模式 3 不同，各个模式下的功能见表 4-1。由表 4-1 可以知道，TMOD 寄存器的高 4 位用来设置定时器 1，定时器的后 4 位用来设置定时器 0。

表 4-2   TMOD 定时/计数器工作方式

位	D7	D6	D5	D4	D3	D2	D1	D0
名称	GATE	$C/\overline{T}$	M1	M0	GATE	$C/\overline{T}$	M1	M0

GATE 为门控位。GATE＝0 时，定时/计数器的启动和禁止仅由 TRx（x＝0/1）决定；GATE＝1 时，定时/计数器的启动和禁止由 TRx（x＝0/1）和外部中断引脚（INT0）上的电平（必须是高电平）共同决定。

$C/\overline{T}$ 为计数器模式还是定时器模式选择位。$C/\overline{T}$＝1，设置为计数器模式；$C/\overline{T}$＝0，设置为定时器模式。

M1、M0 为工作方式选择位。每个定时/计数器都有四种工作方式，就是通过设置 M1、M0 来设定的，对应关系见表 4-3。

表 4-3   定时/计数器工作方式

M1	M0	定时/计数器工作方式
0	0	设置为方式 0，为 16 位自动重装定时/计数器
0	1	设置为方式 1，为 16 位定时/计数器 1
1	0	设置为方式 2，8 位初值自动重装的 8 位定时/计数器
1	1	设置为方式 3，仅 T0 工作，分成两个 8 位计数器，T1 停止

4. 定时/计数器控制寄存器 TCON

TCON 寄存器也是特殊功能寄存器，字节地址为 88H，位地址由低到高分别为 88H～8FH，可进行位寻址。TCON 的主要功能就是控制定时器是否工作，标志哪个定时器产生中断或者溢出等。复位值为 0x00，其各位的定义见表 4-4。

表 4-4   定时/计数器控制寄存器 TCON 位定义

位	D7	D6	D5	D4	D3	D2	D1	D0
名称	TF1	TR1	TF0	TR0	IE1	IT1	IE0	IT0
地址	8FH	8EH	8DH	8CH	8BH	8AH	89H	88H

TF1 为定时/计数器 T1 溢出标志位。T1 被允许计数后，从初值加 1 计数。当最高位产生溢出时由硬件置 1，此时向 CPU 发出中断请求，一直有 CPU 相应中断时才由硬件清零，如果用中断服务程序来写中断，则该位不用理睬；相反，若用软件查询方式来判断，则一定要软件清零。

TR1 为定时器 1 运行控制位。该位完全由软件控制（置"1"或清"0"），有两个条件。

当 GATE（TMOD.7）＝0 时，TR1＝1，允许 T1 开始计数。TR1＝0，禁止 T1 计数。

当 GATE（TMOD.7）＝1 时，TR1＝1 且外部中断引脚（INT1/P3.3）为高电平时，才允许 T1 计数。

TF0/TR0 同上，只是用来设置 T0。

5. 定时/计数器控制方式

定时/计数器控制有四种方式，分别是方式 0、方式 1、方式 2 和方式 3。

（1）方式 0。当定时/计数器方式控制寄存器 TMOD 中的 M0、M1 都为 0 时，定时/计数器工作在方式 0。

方式 0 为 16 位的自动重装定时/计数器 T/C，由 TH 提供高 8 位，TL 提供低 8 位，启动该定时/计数器需要设置好定时/计数器初值。

当 C/$\overline{T}$ 为 0 时，定时/计数器 T/C 为定时器，振荡源 12 分频的信号作为计数脉冲；当 C/$\overline{T}$ 为 1 时，定时/计数器 T/C 为计数器，对外部脉冲输入端 T0 或 T1 引脚进行计数。

计数脉冲能否加到计数器上受启动信号的控制。当 GATE＝0 时，只要 TR＝1，则定时/计数器 T/C 启动；当 GATE＝1 时，启动信号受到 TR 与 INT 的双重控制。

定时/计数器 T/C 启动后立即加 1 计数，当 16 位计数满时，TH 向高位进位。此进位将中断溢出标志 TF 置位，即 TF＝1，产生中断请求，表示定时时间或计数次数到达。若定时/计数器 T/C 开中断（ET＝1）且 CPU 开中断（EA＝1），则 CPU 自动转向中断服务函数时，TF 自动清零，不需要人工清零。

（2）方式 1。当定时/计数器方式控制寄存器 TMOD 中 M1、M0 为 0、1 时，定时/计数器 T/C 工作在方式 1。

方式 1 是 16 位计数方式。TH 和 TL 都同时提供 8 位计数，计数溢出值为 2^{16}（65536）。

（3）方式 2。当定时/计数器方式控制寄存器 TMOD 中 M1、M0 为 1、0 时，定时/计数器 T/C 工作在方式 2。

方式 2 是 8 位的可自动重装载的定时/计数器 T/C，满计数值为 2^8（256）。在方式 0、方式 1 中，当计数满后，若要进行下一次定时/计数，必须通过软件向 TH 和 TL 重新装载预置初值。定时/计数器 T/C 工作在方式 2 时，TH 和 TL 会被当作两个 8 位计数器，这时 TH 寄存 8 位初值保持不变，并由 TL 进行 8 位计数。计数溢出时，除产生溢出中断请求外，还自动将 TH 中的初值重装到 TL，即自动重装计数初值。其他控制与方式 0 相同。

（4）方式 3。方式 3 只适合于定时/计数器 0。当定时/计数器 0 工作在方式 3 时，TH0 和 TL0 成为两个独立的计数器，这时，TL0 可以作为定时/计数器 0，占用定时/计数器 0 在 TCON 和 TMOD 寄存器中的控制位和标志位；而 TH0 只能作定时器使用，占用定时/计数器 1 的资源 TR1 和 TF1。在这种情况下，定时/计数器 1 仍然可以用于方式 0～2，但不能够使用中断方式。

只有将定时/计数器 1 用作串行口的波特率发生器时，定时/计数器 0 才工作在方式 3，以便增加一个定时器。

6. 定时/计数器的初始化

在使用单片机的定时/计数器前，首先要对 TMOD 和 TCON 寄存器进行初始化，同时还必须计算定时的时间。

（1）确定 T/C 的工作方式，配置 TMOD 寄存器。

（2）计算 T/C 的计数初值，并赋值给 TL、TH。

（3）若 T/C 中断方式工作时，必须配置 IE 寄存器内 ET0、ET1。

（4）启动 T/C。

下面介绍定时器的计数初值计算方式。

设计数器的最大计数值为 N（根据不同的计数方式，N 可以为 2^{16} 或 2^8），初始值 X 的计算公式为

$$X = N - \text{要求的计数值}$$

1T 定时方式下初始值 X 的计算公式为

$$X = N - \frac{\text{要求的定时值}}{1/\ \text{系统时钟频率}}$$

12T 定时方式下初始值 X 的计算公式为

$$X = N - \frac{\text{要求的定时值}}{12/\ \text{系统时钟频率}}$$

在定时方式下，当 $X=0$ 时，可以计算出最大的定时值。

单片机的系统时钟频率为 12MHz，定时器工作于方式 0，采用 1T 定时方式，最大的定时时间是 5.461ms，采用 12T 定时方式，最大的定时时间是 65.536ms。

若单片机的工作频率为 12MHz，则需要 T/C 产生 10ms 的定时时间，确定工作模式和计数初值。

假设当前单片机的周期为 T_C，T/C 的初值为 X，则计算公式为

$$X = 2^n - T/T_C$$
$$TH_X = X/256$$
$$TL_X = X\%256$$

单片机的一个机器周期 = 12/工作频率，单片机的工作频率为 12MHz，其机器周期为 $1\mu s$。

工作方式 0、工作方式 1 的最大定时时间 $= 2^{16} \times 1\mu s = 65536\mu s = 65.536ms$

工作方式 2 的最大定时时间 $= 2^8 \times 1\mu s = 256\mu s$。

由于需要定时时间 10ms，所以选工作方式 0 进行定时，根据上述的计数公式可得

$$10000 = 2^{16} - X/1$$
$$TH_X = X/256 = (2^{16} - 10000)/256 = 55536/256 = 216$$
$$TL_X = X\%256 = (2^{16} - 10000)\%256 = 55536\%256 = 240$$

用十六进制数表示就是

$$TH_X = D8H$$
$$TL_X = F0H$$

7. 定时/计数器控制说明

以定时/计数器控制方式 1 为例，定时/计数器的结构如图 4-1 所示。

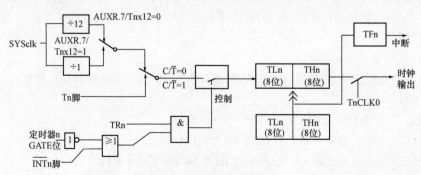

图 4-1　定时/计数器的结构

任务8

其中：SYSclk 表示系统时钟，辅助寄存器的 Tnx12 为 0 时，采用 12T 模式，辅助寄存器的 Tnx12 为 1 时，采用 1T 模式，送出的时钟脉冲不同；下面 GATE 右边的门是非门，再右侧是一个或门，再往右是一个与门电路。

对照表 4-1 分析可得以下几点结论。

（1）TR0 和下面或门电路的结果要进行与运算，如果 TR0 是 0，则与运算结果肯定是 0，要让定时器工作，TR0 必须为 1。

（2）与门结果要想是 1，那或门出来的信号必须也是 1。在 GATE 位为 1 的情况下，经过一个非门变成 0，或门电路结果要想是 1，则 INT0（即 P3.2 引脚）必须是 1 的情况下才工作，而 INT0 引脚是 0 的情况下定时器不工作，这就是 GATE 的作用。

（3）当 GATE 位为 0 的时候，经过一个非门变成 1，不管 INT0 引脚是什么电平，经过或门电路后肯定是 1，定时器就开始工作了。

（4）要想让定时器工作，就是要让计数器加 1，从图 4-1 上看有两种方式，第一种方式是那个开关打到上边的箭头，就是 C/$\overline{T}$=0 的时候，一个机器周期 TL 就会加一次 1；当开关打到下边的箭头，即 C/$\overline{T}$=1 时，T0 引脚（P3.4 引脚）来一个脉冲，TL 就会加一次 1，这也就是计数器的功能。

（5）无论是在 OSC（定时器）的作用下，还是在 Tn 脚（计数器）的作用下，当 TL0、TH0 都计满以后就会有溢出。

二、单片机的定时器应用

1. 用定时器实现流水灯控制

流水灯控制过程中只有一盏 LED 灯是灭的，其他都是亮的；依次熄灭各个 LED 灯，8 盏灯循环熄灭。

灯闪烁可以通过变量移位的方式赋值实现，即 P7<<i，通过定时器控制闪烁时间间隔。

2. 定时器流水灯控制程序

定时急流水灯控制程序如下：

```
#include <STC15F2K60S2.h>
/* ********************************************************* */
//宏定义
/* ********************************************************* */
#define uInt16 unsigned int
/* ********************************************************* */
// 定时器初始化函数：Timer0Init()
/* ********************************************************* */
void Timer0Init(void)
{
    AUXR &= 0x7F;            //定时器时钟 12T 模式
    TMOD &= 0xF0;            //设置定时器模式
    TMOD = 0x01;            // 设置定时器 0 工作在模式 1 下
    TH0 = 0xDC;            //定时 10ms，TH0 赋初始值 0xDC
    TL0 = 0x00;            //TL0 赋初始值 0x00
    ET0 = 1;
    TR0 = 1;                // 开定时器 0
}
```

```
/* ********************************************************* */
// 主函数：main()
/* ********************************************************* */
void main(void)
{
    uInt16 uiCounter;
    Timer0Init();                    //定时器 0 初始化
    for(; ;)
    {
      if(TF0 = = 1)                  //检查定时器是否溢出
      {
        TF0 = 0;                     //有溢出时要记得清除标志位
        TH0 = 0xDC;
        TL0 = 0x00;                  //这时要重新赋初值
        uiCounter + + ;              //记录溢出次数
        if(10 = = uiCounter)
        {
          uiCounter = 0;
          P7 = 1<<i;                 //1 左移 i 位赋值给 P2
          i+ + ;
          if(i>7) i= 0;
        }
      }
    }
}
```

  STC15 系列单片机定时器应用时，首先要设置辅助寄存器 AUXR，将辅助寄存器有关 T0 或 T1 的定时时钟模式设置为 12T 或 1T 模式，再设置定时器的工作模式。

  本程序将 T0 定时时钟模式设置为 12T，再设置定时工作方式为 1，即 16 位定时方式。

  在检查定时器是否有溢出语句后，首先清零定时器溢出标志位 TF0，然后给定时器重新赋初值，通过 uiCounter 记录溢出的次数，当 uiCounter＝10，即定时 100ms 后，清零 uiCounter，将 1 左移 i 位赋值给 P7，控制 LED 熄灭灯的移位。

 技能训练

一、训练目标

（1）学会 LED 灯的定时驱动。

（2）学会 8 只 LED 灯的流水控制。

二、训练步骤与内容

1. 建立一个工程

（1）在计算机 E 盘新建一个文件夹"TIME0"。

（2）启动 Keil μVision4 软件。

（3）选择执行"Project"工程菜单下的"New μVision Project"命令，新建一个 μVision 工程项目，弹出创建新项目对话框。

（4）在创建新项目对话框，输入工程文件名"TIME0"，单击"保存"按钮，弹出选择CPU数据库对话框。

（5）选择STC CPU Data base数据库，单击"OK"按钮，弹出"Select Device for Target"选择目标器件对话框，单击"STC"左边的"＋"号，展开选项，选择"STC15W4K32S4"选项。

（6）单击"OK"按钮，弹出是否添加标准8051启动代码对话框。

（7）单击"是"按钮，即可在开发环境自动为我们建立好包含启动代码项目的空文件，启动代码为"STARTUP. A51"。

2. 编写程序文件

（1）单击执行"File"文件菜单下的"New"命令，新建一个文件"TEXT1"。

（2）单击执行"File"文件菜单下的"Save As"命令，弹出另存文件对话框，在文件名栏输入"main. c"，单击"保存"按钮，保存文件。

（3）在左边的工程浏览窗口，鼠标右键单击"Source Group1"，在弹出的右键菜单中，选择执行"Add Files to Group'Source Group1'"命令。

（4）弹出选择文件对话框，选择"main. c"文件，单击"Add"添加按钮，将文件添加到工程项目中，单击添加文件对话框右上角的红色"×"，关闭添加文件对话框。

（5）在"main"中输入定时器流水灯控制程序，单击工具栏的保存按钮🖫，并保存文件。

3. 调试运行

（1）编译程序。

1）设置输出文件选项。在左边的工程浏览窗口，鼠标右键单击"Target"选项，在弹出的右键菜单中，选择执行"Options for Target'Target1'"菜单命令。

2）在"Options for Target'Target1'"对话框，选择"Target"对象目标设置页，在晶体振荡器频率设置栏"Xtal（MHz）"，输入"11.0592"，设置晶振频率为11.0592 MHz。

3）在"Options for Target' Target1'"对话框，选择"Output"输出页，选择"Create HEX File"创建二进制HEX文件。

4）单击"OK"按钮，返回程序编辑界面。

5）单击编译工具栏的编译所有文件按钮🖳，开始编译文件。

6）在编译输出窗口，查看程序编译信息。

（2）下载程序。

1）启动STC单片机下载软件。

2）单击单片机型号栏右边的下拉列表箭头，选择"IAP15W4K58S2"。

3）选择COM口，计算机连接FSST15-V1.0单片机开发板后，软件会自动选择。

4）单击运行时的IRC频率栏右边的选择下拉箭头，选择"11.0592"（MHz）。

5）单击"打开程序文件"按钮，弹出"打开程序代码文件"对话框，选择"TIME0"文件夹里的"TIME0. hex"文件，单击"打开"按钮，在程序代码窗口显示代码文件信息。

6）单击"下载/编程"按钮，此时代码显示框下面的提示框中会显示"正在检测目标单片机"。

7）程序代码开始下载，提示框显示一串下载信息，下载完成后显示"操作完成"，表示HEX代码文件已经下载到单片机中了。程序自动运行，观察开发板上与P7连接的发光二极管流水灯显示。

任务 9 单片机的计数控制

 基础知识

一、C语言的数据

程序离不开数据，无论是简单的 LED 驱动，还是蜂鸣器，之后到数码管，再到定时器、计数器，都在与数据打交道。

1. 变量与常量数据

变量是相对常量来说的。前面写过的程序中用过的常量有很多，如 1、10 、0x3B 等，这些数据从程序执行开始到程序结束，数据一直没有发生变化，这种数据就叫常量。相反，随程序执行而变化的数据就是变量了，如 for 循环中 i、j 等，第一次是 0，之后变为 1，再之后变为其他自然数等。

随程序执行而变化的数据就是变量了，既然是变量，那么就要有一个范围，否则会发生越界了。接下来看看 C51 中变量的范围，它与 C 语言在别的编译器中有些区别。C51 数据类型见表4-5。

表 4-5   C51 数据类型

数据类型	定义	范围
字符型	unsigned char	$0 \sim 255$
	signed char	$-128 \sim 127$
整型	unsigned int	$0 \sim 65535$
	signed int	$-32768 \sim 32767$
长整型	unsigned long int	$0 \sim 4294967295$
	signed long int	$-2147483648 \sim 2147483647$
浮点型	float	$-3.4 \times 10^{38} \sim 3.4 \times 10^{38}$
	double float	$-3.4 \times 10^{38} \sim 3.4 \times 10^{38}$ (C51)

总结：读者以后编写程序时，对于变量只用小，不用大。能用 char 解决的变量问题，就不用 int 型，也不必用 long int 型，否则既浪费资源，又会使程序执行得比较慢，但一定不要越界。例如，"unsigned char i; for (i＝0; i＜1000; i＋＋)"，这样程序会一直在 for 循环里执行，因为 i 怎么加也超不过 1000。

2. 变量的作用域

C语言中的每一个变量都有自己的生存周期和作用域，作用域是指可以引用该变量的代码区域，生命周期表示该变量在存储空间存在的时间。根据作用域来划分，C 语言变量可分为两类，即全量变量和局部变量；根据生存周期又可以分为动态存储变量和静态存储变量。

（1）全局变量。全局变量也称为外部变量，是在函数外部定义的变量，作用域为当前源程序文件，即从定义该变量的当前行开始，直到该变量源程序文件的结束。在这个区间的所有的函数都可以引用该变量。

读者在使用全局变量时需要注意以下几点。

1）对于局部变量的定义和说明，可以不加区分。而对于外部变量则不然，外部变量的定义和外部变量的说明并不是一回事。外部变量定义必须在所有的函数之外，且只能定义一次。而外部变量的说明出现在使用该外部变量的各个函数内，在整个程序中可能出现多次。外部变量在定义时就已分配了内存单元，外部变量定义可作初始赋值；外部变量说明不能再赋初值，只能表明在函数内部要使用某外部变量。

2）外部变量可以加强函数模块之间的数据联系，但是又使函数要依赖这些变量实现功能，因而使得函数的独立性降低。从模块化程序设计的观点来看，这是不利的。能不用全局变量的地方，就一定不要用。

3）在同一源文件中，允许全局变量与局部变量同名。但在局部变量作用的区域，全局变量不起作用。

（2）局部变量。局部变量也称为内部变量，是定义在函数内部的变量，其作用域仅仅限于函数或复合语句内，离开该函数或复合语句后将无法再引用该变量。注意，这里说的复合语句是指包含在"｛ ｝"内的语句，如"if（条件 a）｛int a＝0;｝"，在该复合语句中变量作用域为从定义 a 的那一行开始到大括号结束。

读者在使用局部变量时需要注意以下几点。

1）主函数中定义的变量只能在主函数中使用，不能在其他函数中使用。同时，主函数中也不能使用其他函数定义的变量，因为主函数也是一个函数。与其他函数是平行关系。

2）形参变量是属于被调函数的局部变量，实参变量是属于主调函数局部变量。

3）允许在不同的函数中使用相同的变量名。虽然允许，但为了使程序简单明了，不建议在不同函数中使用相同的变量名。

3. 变量的存储类别

变量根据生存周期又分为动态存储变量和静态存储变量。

（1）auto 自动变量。自动变量 auto 是默认的存储类别。根据变量的定义位置决定变量的生命周期和作用域，如果定义在函数外，则为全局变量；如果定义在函数或复合语句内，则为局部变量。C 语言中如果忽略变量的存储类别，则编译器自动将其存储类型定义为自动变量。自动变量用关键字 auto 作存储类别的声明。关键字 auto 可以省略，不写 auto 则隐含定义为自动变量，属于动态存储方式。

（2）static 静态变量。静态变量用于限定作用域，无论该变量是全局还是局部变量，该变量都存储在数据段上。静态全局变量的作用域仅仅限于该文件，静态局部变量的作用域限于定义该变量的复合语句内。静态局部变量可以延长变量的生命周期，其作用域没有改变，而静态全局变量的生命周期没有改变，但其作用域却减小到该文件内。有时希望函数中的局部变量的值在函数调用结束后不消失而保留原值，这时就应该指定局部变量为静态局部变量，用关键字 static 进行声明。

最后对静态局部变量做几点小结，读者以后应多加注意。

1）静态局部变量属于静态存储类别，在静态存储区内分配存储单元，在程序整个运行期间都不释放。而自动变量（即动态局部变量）属于动态存储类别，占用动态存储空间，函数调用结束后立即释放。

2）静态局部变量在编译时赋初值，即只赋初值一次。而对自动变量赋初值是在函数调用时进行，每调用一次函数重新赋一次初值，相当于执行一次赋值语句。

3）如果在定义局部变量时不赋初值，则对静态变量来说，编译时自动赋初值 0（对数值型）

或空字符（对字符型）。而对自动变量来说，如果不赋初值，则它的值是一个不确定的值。

4）在 C51（即 Keil μVision4 编译器）中，无论是全局变量还是局部变量，在定义时即使未初始化，编译器也会自动将其初始化为 0，因此在使用这两种变量时，不用再考虑初始化问题。但为了防止在别的编译器中出现不确定的值或为了规范编程，建议读者，无论是全局还是局部变量，定义之后赋初值 0，这样可以确保在以后的编程路上少遇到一些麻烦。

（3）register 变量。为了提高效率，C 语言允许将局部变量的值放在 CPU 的寄存器中，这种变量称为寄存器变量，用关键字 register 声明。

1）只有局部变量和形参变量可以作为寄存器变量。

2）一个计算机系统中的寄存器数目有限、不能定义任意多个寄存器变量。

3）局部静态变量不能定义寄存器变量。

（4）extern 外部变量（全局变量）。外部变量 extern 关键字扩展了全局变量的作用域，让其他文件中的程序也可以引用该变量，并不会改变该变量的生命周期。它的作用域为从定义处开始，到本程序文件的末尾结束。如果在定义点之前的函数想引用外部变量，则应在引用之前用关键字 extern 对该变量作外部变量声明，表示该变量是一个已经定义的外部变量。有了此声明，就可以从声明处开始，合法地使用该外部变量。

如果一个程序能由多个源程序文件组成。如果一个程序中需要引用另外一个文件中已经定义的外部变量，就需要使用 extern 来声明。正确的做法是在一个文件中定义外部变量，而在另外一个文件中使用 extern 对该变量作外部变量声明。

二、单片机的计数控制

采用计数方式时，计数脉冲从 T0（P3.4）或 T1（P3.5）引脚输入，计数需要两个机器周期，计数脉冲频率为单片机工作频率的 1/24，同时还要求计数脉冲的高低电平保持时间均大于一个机器周期，外部脉冲的下降沿触发计数，当加法计数器累加到确定方式的最大值时，若再来一个外部脉冲，则将导致计数器溢出。

本控制程序将 T0 设置为外部脉冲输入端，通过连接在 P3.4 的 K1 按键输入单脉冲信号，每按一次 K1 按键，产生一个计数脉冲，T0 计数一个脉冲，同时将计数值送 P7 口，通过连接在 P7口的 LED 指示灯显示计数值。控制程序如下：

```
#include <STC15F2K60S2.h>
/* * * * * * * * * * * * * * * * * * * * * * * * * * * * * * * * * * * * * * *
* * * * * * * * * */
// 计数器初始化函数：Count0Init()
/* * * * * * * * * * * * * * * * * * * * * * * * * * * * * * * * * * * * * * *
* * * * * * * * * */
void Count0Init(void)
{
    TMOD = 0x05;            // 设置计数器 0 工作在模式 1
    TH0 = 0x00;             //TH0 赋初始值 0x00
    TL0 = 0x00;             //TL0 赋初始值 0x00
    TR0 = 1;                // 开计数器 0
}
/* * * * * * * * * * * * * * * * * * * * * * * * * * * * * * * * * * * * * * * */
// 主函数：main()
/* * * * * * * * * * * * * * * * * * * * * * * * * * * * * * * * * * * * * * * */
```

```
void main(void)
{
    Count0Init();                   //计数器 0 初始化
    while(1)                        // while 循环
    {
    P7 = TL0;                       //将计数值送 P7
    }
}
```

 技能训练

一、训练目标

（1）学会使用单片机计数器。

（2）通过 LED 灯显示计数值。

二、训练步骤与内容

1. 建立一个工程

（1）在计算机 E 盘新建一个文件夹 "CNT"。

（2）启动 Keil μ Vision4 软件。

（3）选择执行 "Project" 工程菜单下的 "New μ Vision Project" 命令，新建一个 μVision 工程项目，弹出创建新项目对话框。

（4）在创建新项目对话框，输入工程文件名 "CNT"，单击 "保存" 按钮，弹出选择 CPU 数据库对话框。

（5）选择 STC CPU Data base 数据库，单击 "OK" 按钮，弹出 "Select Device for Target" 选择目标器件对话框，单击 "STC" 左边的 "+" 号，展开选项，选择 "STC15W4K32S4" 选项。

（6）单击 "OK" 按钮，弹出是否添加标准 8051 启动代码对话框。

（7）单击 "是" 按钮，即可在开发环境自动为我们建立好包含启动代码项目的空文件，启动代码为 "STARTUP. A51"。

2. 编写程序文件

（1）单击执行 "File" 文件菜单下的 "New" 命令，新建一个文本文件 "TEXT2"。

（2）单击执行 "File" 文件菜单下的 "Save As" 命令，弹出另存文件对话框，在文件名栏输入 "main. c"，单击 "保存" 按钮，保存文件。

（3）在左边的工程浏览窗口，鼠标右键单击 "Source Group1"，在弹出的右键菜单中，选择执行 "Add Files to Group′Source Group1′" 命令。

（4）弹出选择文件对话框，选择 "main. c" 文件，单击 "Add" 添加按钮，将文件添加到工程项目中，单击添加文件对话框右上角的红色 "×"，关闭添加文件对话框。

（5）在 "main" 中输入下列程序，单击工具栏的保存按钮，并保存文件。输入程序如下：

```
#include <STC15F2K60S2. h>
/* ***************************************************** */
// 计数器初始化函数：Count0Init()
/* ***************************************************** */
void Count0Init(void)
{
```

```
    TMOD = 0x05;                // 设置计数器 0 工作在模式 1 下
    TH0 = 0x00;                 //TH0 赋初始值 0x00
    TL0 = 0x00;                 //TL0 赋初始值 0x00
    TR0 = 1;                    // 开计数器 0
}
/* ************************************************** */
// 主函数：main()
/* ************************************************** */
 void main(void)
{
    Count0Init();               //计数器 0 初始化
    while(1)                    // while 循环
    {
    P7 = TL0;                   //将计数值送 P7
    }
}
```

3. 调试运行

（1）编译程序。

1）设置输出文件选项。在左边的工程浏览窗口，鼠标右键单击 "Target" 选项，在弹出的右键菜单中，选择执行 "Options for Target′ Target1′" 菜单命令。

2）在 "Options for Target′ Target1′" 对话框，选择 "Target" 对象目标设置页，在晶体振荡器频率设置栏 "Xtal（MHz）"，输入 "11.0592"，设置晶振频率为 11.0592 MHz。

3）在 "Options for Target′ Target1′" 对话框，选择 "Output" 输出页，选择 "Create HEX File" 创建二进制 HEX 文件。

4）单击 "OK" 按钮，返回程序编辑界面。

5）单击编译工具栏的编译所有文件按钮，开始编译文件。

6）在编译输出窗口，查看程序编译信息。

（2）下载程序。

1）启动 STC 单片机下载软件。

2）计算机连接 FSST15-V1.0 单片机开发板后，软件会自动选择 COM 通信口。

3）单击单片机型号栏右边的下拉列表箭头，选择 "IAP15W4K58S2"。单击运行时的 IRC 频率栏右边的选择下拉箭头，选择 "11.0592"（MHz）。

4）单击 "打开程序文件" 按钮，弹出 "打开程序代码文件" 对话框，选择 CNT 文件夹里的 "CNT.hex" 文件，单击 "打开" 按钮，在程序代码窗口显示代码文件信息。

5）单击 "下载/编程" 按钮，此时代码显示框下面的提示框中会显示 "正在检测目标单片机"。

6）程序代码开始下载，提示框显示一串下载信息，下载完成后显示 "操作完成"，表示 HEX 代码文件已经下载到单片机中了。

7）外部连接一个按钮开关到 FSST15-V1.0 单片机开发板的 WiFi 接口的 GPIO2 和接地端，按下按钮开关，观察 P2 连接的发光二极管显示结果。

任务9

习 题 4

1. 设计通过右移逻辑运算实现的 LED 流水灯控制程序。

2. 单片机 P3.4 外接 K1 按钮，P3.5 外接 K2 按钮，设计计数程序，通过 P7 显示按键 K1、K2 的动作次数。当 TL0、TL1 合计达到 255 时，将 TL0、TL1 复位到 0。

项目五　　突发事件的处理——中断

学习目标

(1) 学习中断基础知识。

(2) 学会设计外部中断控制程序。

(3) 学会设计定时器中断程序。

(4) 学会控制交通灯。

任务10　外部中断的应用

基础知识

一、中断知识

1. 中断

对于单片机来讲，在程序的执行过程中，由于某种外界的原因，必须终止正在执行的程序，转而去执行相行相应的处理程序，待处理结束后再回来继续执行被终止的程序，这个过程叫作中断。对于单片机来说，突发的事件有很多。例如，用户通过按键给单片机输入数据时，这对单片机本身来说是无法估计的事情，这些外部来的突发信号一般就由单片机的外部中断来处理。外部中断其实就是一个由引脚的状态改变所引的中断。流程如图 5 -1 所示。

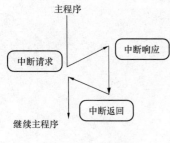

图 5-1　中断流程

STC15F2K60S2 单片机有 14 个中断源，具有两个中断优先级，可实现二级中断服务程序嵌套。每个中断源均可以由软件编程为高优先级或低优先级中断，允许或禁止向 CPU 请求中断。若单片机同时有两个中断产生，单片机是如何执行的呢？这时就取决于单片机内部的一个特殊功能寄存器（中断优先级寄存器）的设置，通过设置它，就相当于告诉单片机哪个优先级高，哪个优先级低；若不进行设置，则按单片机默认的设置来执行（单片机自己有一套默认的优先级）。

STC15F2K60S2 单片机中断系统如图 5-2 所示。

利用特殊功能寄存器可以对每一个中断源进行开、关中断设置，通过相应的控制位决定 CPU 是否响应中断请求。STC15F2K60S2 单片机可以实现二级中断服务嵌套，同一优先级内两个中断同时发生时，由内部固定查询逻辑确定其响应顺序。

(1) 外部中断 INT0、INT1。这两个中断的触发方式可以是上升沿触发，也可以是下降沿触发。中断请求标志是特殊功能寄存器 TCON 的 IE0 位和 IE1 位，CPU 响应中断后，自动清零标志位。TCON 的 IT0 位和 IT1 位用于控制触发方式。IT0 位和 IT1 位为 0 时，允许上升沿和下降

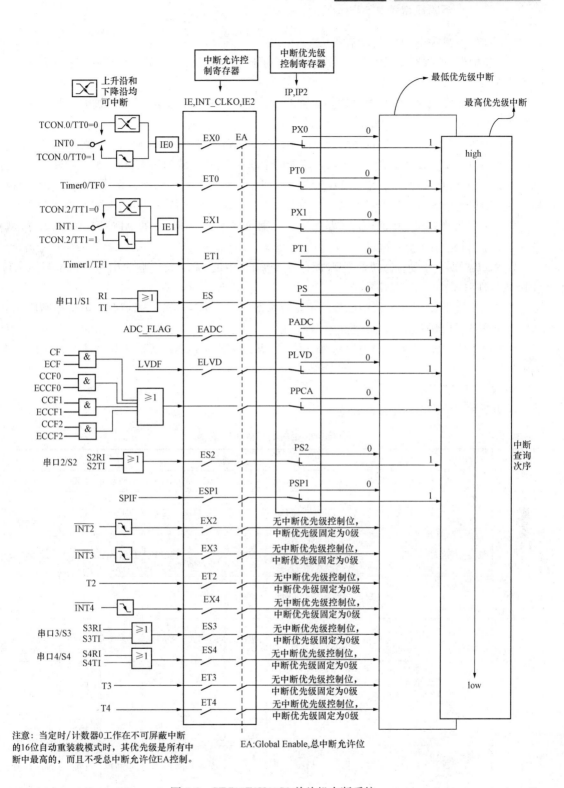

图 5-2 STC15F2K60S2 单片机中断系统

沿触发，IT0 位和 IT1 位为 1 时，只允许下降沿触发。

（2）外部中断$\overline{INT2}$、$\overline{INT3}$、$\overline{INT4}$。这 3 个中断只可以下降沿触发，它们的中断标志被隐藏，用户看不到。当响应的中断被响应后，或者当特殊功能寄存器 INT_CLKO 的 EXn＝0（n＝

2、3、4）时，这些中断标志自动清零。

（3）定时器/计数器 T0 和 T1 中断。由特殊功能寄存器 TMOD、TCON 控制，触发方式，计数器计满归零。

（4）定时器/计数器 T2 中断请求标志被隐藏，用户看不到。当 T2 的中断被响应或特殊功能寄存器 IE2 的 ET2＝0 时，中断标志会自动清零。

（5）串口中断。有两个串行口中断，即串口 1 中断和串口 2 中断，串口 1 中断的使用与 8051 相同，当串口 1 发送或接收信息完成后，相应的中断标志位 TI 或 RI 被置位，响应中断后，中断标志位 RI 或 TI 由软件清零。串口 2 中断与串口 1 中断类似，当串口 2 发送或接收信息完成后，相应的中断标志位 S2TI 或 S2RI 被置位，响应中断后，中断标志位 S2TI 或 S2RI 由软件清零。

（6）A/D 转换中断。中断标志位是特殊寄存器 ADC_CONTR 中的 ADC-FLAG 标志位，响应中断后，由软件清零。

（7）SPI 中断。中断标志位是特殊寄存器 SPCTL 中的 SPIF 位，响应中断后，中断标志位 SPIF 由软件清零。

（8）低压检测 LVD 中断。中断标志位是特殊寄存器 PCON 中的 LVDF 位，响应中断后，中断标志位 SVDF 由软件清零。

（9）CCP/PWM/PCA 中断。中断标志位是 CF、CCF0、CCF1、CCF2 相"或"得到的，响应中断后，由软件清零。

2. 与中断相关的特殊寄存器

与中断相关的特殊寄存器见表 5-1。

表 5-1　　　　　　　　　　　　　与中断相关的特殊寄存器

寄存器	功能	地址	位地址								复位值
PCON	电源控制	87H	SMOD	SMOD0	LVDF	POF	GF1	GF0	PD	IDL	00110000
TCON	定时/计数器控制	88H	TF1	TR1	TF0	TR0	IE1	IT1	IE0	IT0	00000000
INT_CLK0	时钟分频	8FH	—	EX4	EX3	EX2	—	T2CLKO	T1CLKO	T0CLKO	x000x000
SCON	串口控制寄存器	98H	SM0	SM1	SM2	REN	TB8	RB8	TI	RI	00000000
S2CON	串口 2 控制寄存器	9AH	S2M0	—	S2M2	S2REN	S2TB8	S2RB8	S2TI	S2RI	00000000
IE	中断控制寄存器	A8H	EA	ELVD	EADC	ES	ET1	EX1	ET0	EX0	00000000
IE2	中断控制寄存器 2	AFH	—	—	—	—	—	ET2	ESPI	ES2	xxxxx000
IP2	中断优先级控制 2	B5H	—	—	—	—	—	—	PSPI	PS2	xxxxxx00
IP	中断优先级控制	B8H	PPCA	PLVF	PADC	PS	PT1	PX1	PT0	PX0	00000000
ADC_CONTR	A/D 转换控制	BCH	ADC-POWER	SPEED1	SPEED0	ADC-FLAG	ADC_START	CHS2	CHS1	CHS0	00000000

（1）中断允许寄存器。中断允许寄存器 IE、IE2、INC_CLK0 用于中断允许或禁止，置 1 允许中断，置 0 禁止中断。

IE 特殊功能寄存器的中断地址为 A8H，位地址分配是 AFH～A8H。由高到低，由于该字节地址（A8）能被 8 整除（单片机中能被 8 整除的地址都可以进行位寻址），因而该地址可以位寻址，即可对该寄存器的每一位进行单独操作。IE2 特殊功能寄存器的中断地址为 AFH，INT_CLK0 特殊功能寄存器的中断地址为 8FH。

其中：EA 为总中断允许位；ELVD 为片内低电压检测中断允许位；EADC 为片内 ADC 转换中断允许位；ES 为串口 1 中断允许位；ET1 为定时/计数器 1 中断允许位；EX1 为外部中断 1 允许位；ET0 为定时/计数器 2 中断允许位；EX0 为外部中断 2 允许位；ESPI 为 SPI 中断允许位；ES2 为串口 2 中断允许位；EX2、EX3、EX4 分别为外部中断 2、外部中断 3、外部中断 4 允许位。

CCP/PWM/PCA 中断允许与否，由 PCA 方式寄存器中的 ECF、ECCPF0～ECCPF2 相应位进行控制。

STC15F2K60S2 单片机复位后，中断允许寄存器 IE、IE2、INC_CLKO 各个中断允许位为 0，即禁止所有中断。一个中断源允许时，必须要求总中断允许位为 1，同时该中断源的相关中断允许位为 1。

（2）中断优先级寄存器。中断优先级寄存器 IP、IP2 用于控制中断源的优先级，除了定时/计数器 2、$\overline{INT2}$、$\overline{INT3}$、$\overline{INT4}$ 是固定最低优先级外，其他中断源均具有两个优先级。置 1 为高优先级，置 0 为低优先级。STC15F2K60S2 单片机复位后，IP、IP2 中的各位为 0，所有中断源均为低优先级，如果有多个相同优先级的中断源同时申请中断，则 CPU 响应中断具有固定顺序。

STC15F2K60S2 单片机的中断源及优先级顺序见表 5-2。

表 5-2   STC15F2K60S2 单片机的中断源及优先级顺序

中断源	中断源地址	优先级	序号（C 用）	中断标志位	中断允许控制位
INT0	0003H	1（最高）	0	IE0	EX0/EA
定时器 0	000BH	2	1	IF0	ET0/EA
INT1	0013H	3	2	IE1	EX1/EA
定时器 1	001BH	4	3	IF1	ET1/EA
串口	0023H	5	4	RI/TI	—
ADC 转换	002BH	6	5	ADC-FLAG	ET2/EA
LVD 中断	0033H	7	6	LVDF	EX0/EA
PCA 中断	003BH	8	7	ECF	ET0/EA
串口 2	0043H	9	8	S2RI/S2TI	EX1/EA
SPI 中断	004BH	10	9	SPIF	ESPI/EA
外部 $\overline{INT2}$	0053H	11	10		EX2/EA
外部 $\overline{INT3}$	005BH	12	11		EX3/EA
定时器 2	0063H	13	12		ET2/EA
预留	006BH 0073H 007BH	14、15、16	13、14、15		
外部 $\overline{INT4}$	0083H	17（最低）	16		EX4/EA

PS 为串行口中断优先级控制位，PS＝1 时，串行口中断为高优先级中断；PS＝0 时，串行口中断为低优先级中断。PT1 为定时/计数器 T1 溢出中断优先级控制位，PT1＝1 时，定时/计数器 T1 溢出中断定义为高优先级中断；PT1＝0 时，定时/计数器 T1 中断定义为低优先级中断。PX1 为外部中断 1 中断优先级控制位，PX1＝1 时，外部中断 1 定义为高优先级中断；PX1＝0 时，外部中断 1 定义为低优先级中断。PT0 为定时/计数器 T0 的溢出中断控制位，PT0＝1 时，T0 中断定义为高优先级中断；PT0＝0 时，T0 中断定义为低优先级中断。

（3）定时/计数器 T0、T1 控制寄存器 TCON 的用法与一般的 8051 单片机相同。

（4）串口控制寄存器 SCON、S2CON 的用法与一般的 8051 单片机相同。

（5）电源控制寄存 PCON。其中 LVDF 是低电压检测中断控制位，在正常工作或空闲工作状态，如果内部工作电压小于低电压检测门限电压，则无论是否允许低电压检测中断，都会自动将 LVDF 置 1。LVDF 可以由软件清零。

（6）A/D 转换控制寄存器 ADC_CONTR。其中的 ADC-FLAG 为 ADC 转换结束标志位，又是 ADC 转换结束中断请求标志位。

3. 中断嵌套

当单片机正在执行一个中断服务，有另一个优先级更高的中断提出中断请求时，这时就会暂停正在执行的中断服务程序，去处理级别更高的中断源，待高优先级的中断事件处理完毕后，再返回到被中断了的程序继续执行，这个过程就是中断嵌套。

中断嵌套允许正在进行一个中断服务时，再次响应一个新的中断，而不是等待中断处理服务程序全部完成之后才允许新的中断产生，一旦嵌套的中断服务完成之后，则又回到前一个中断服务函数，继续执行前一个中断服务。高优先级中断就是利用中断优先级打断正在执行的低优先级的中断，如图 5-3 所示。

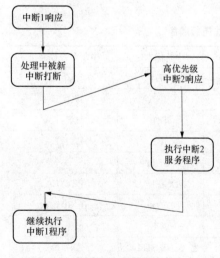

图 5-3　中断嵌套

STC15F2K60S2 单片机只允许发生二级中断嵌套，主要是由中断优先级允许寄存器控制。中断优先级允许寄存器的每一位可以由软件置 1 或清零，置 1 转为高优先级，清零转为低优先级。

同一优先级的中断源优先级排队由中断源系统硬件决定，用户无法安排，优先级排队见表 5-2。必须强调的是，中断优先级分为查询优先级和执行优先级。只有当中断优先级允许寄存器 IP 为 0 时，优先级才按表 5-2 进行排队。当多个中断源同时发生中断请求时，单片机会根据当前中断源的查询优先级依次处理，并不代表高查询优先级能打断正在执行的低查询优先级的中断服务。例如，当外部中断 0 与外部中断 1 同时被触发而发出中断请求时，由于外部中断 0 的查询优先级高于外部中断 1 的查询优先级，所以 CPU 会优先处理外部中断 0 的请求，然后再处理外部中断 1 的请求。但当外部中断 1 的中断请求在时间上先于外部中断 0 时，那么，CPU 会先响应外部中断 1 的请求，直到响应完外部中断 1 的请求后，才会去响应其他同级的中断请求。

STC15F2K60S2 单片机中断优先级响应的三条原则如下。

（1）正在进行的中断过程不能被新的同级或低优先级的中断请求中断，一直到该中断服务函数执行完，返回了主程序且执行了主程序中的一条指令后，CPU 才响应新的中断请求。

（2）正在进行的低优先级中断服务函数能够被高优先级的中断请求所中断，实现二级中断嵌套。

（3）为了实现上述两条规则，中断系统中有两个用户不能使用的优先级状态触发器。其中一个置"1"表示正在执行高优先级的中断服务函数，它将屏蔽后来的所有中断请求；另一个置"1"表示正在执行低优先级的中断服务函数，它将屏蔽同一优先级的后来的中断请求。

中断过程中要占用堆栈空间来存放断点地址和现场信息。堆栈还用来存放子程序的返回地址。只要堆栈空间足够，那么中断嵌套的层数一般没有限制。中断嵌套唯一的优点就是高优先级的中断能够得到及时响应，但是低优先级的中断的响应处理却延迟了。如果中断嵌套层数越多，则最低优先级的中断请求处理时间就会越长。那些时间浪费在每个高优先级中断打断低优先级时保存现场的时间、完成一次响应所需的时间和恢复现场的时间。在使用 Keil 软件、用 C 语言编写代码，并且中断服务函数都使用了"using"关键字时要注意："using"关键字表示该中断服务函数使用的是哪组寄存器，两个不同的中断服务函数不能够使用同一组寄存器组。

当程序允许中断嵌套时，程序员必须要精心设计自己的程序，在堆栈空间不充裕的时候，中断嵌套层数过多，会导致堆栈溢出，而且这个错误非常隐蔽，不容易被发现，因为单片机工作时不能够观察堆栈的变化，而且多个中断同时嵌套的概率也不是非常高，所以，不推荐使用多个中断嵌套。

为了将中断嵌套的影响降到最低，甚至不发生中断嵌套，可以遵守以下两条规则。

（1）中断服务函数内的代码尽可能短，也不要存在延时操作的代码。

（2）通过提高单片机的工作频率来尽快地处理中断请求。

4. 中断服务函数

当有中断请求时，程序转移到标记有关键字"interrupt"的函数内进行处理。

Keil C51 程序设计中，中断处理以函数方式实现。中断服务函数的一般格式为

函数类型 函数名（形式参数）interrupt n [using n]

例如：

```
void exint0(void)interrupt 0 using 0
{
    i++;
    P2 = 1<<i;
    if(i>7)
    {i = 0;
    }
}
```

interrupt 关键字是不可缺少的，由它告诉编译器该函数是中断服务函数，并由后面的 n 指明所使用的中断号。n 的取值范围为 0～31，但具体的中断号要取决于芯片的型号，像 STC15F2K60S2 单片机实际上就使用 0～16 号中断。每个中断号都对应一个中断向量，具体地址为 8n+3，中断源响应后处理器会跳转到中断向量所处的地址处执行程序，编译器会在这地址上产生一个无条件跳转语句，转到中断服务函数所在的地址执行程序。STC15F2K60S2 单片机的中断向量和中断号见表 5-2。

使用中断服务函数时应注意以下几点。

（1）中断函数不能直接调用中断函数。

（2）不能通过形参传递参数。

（3）在中断函数中调用其他函数时，两者所使用的寄存器组应相同。

二、外部中断应用

1. 控制要求

利用连接在 INT0 的按键 K1 下降沿产生中断，将连接在 P2 口的 LED 循环点亮。

2. 控制程序

控制程序如下：

```c
#include <STC15F2K60S2.h>
unsigned char i = 0xfe;
/* *************************************************** */
// 外部 INT0 中断函数：exisq0（ ）
/* *************************************************** */

void exisq0(void) interrupt 0
{
    P2 = i;
    i<< = 1;
    if(i = = 0)
    {
    i = 0xfe;
    }
}
/* *************************************************** */
// 主函数：main()
/* *************************************************** */
  void main(void)
{
    IT0 = 1;            //设置 INT0 的中断类型，下降沿有效
    EX0 = 1;            //允许外部 INT0 中断
    EA = 1;             //开中断
    while(1);           // while 循环

}
```

在中断服务函数中，首先将 i 的值赋给 P2，首次点亮与 P2.0 连接的 LED，之后，每中断一次，依次点亮其他的 LED。全部循环点亮后，再次中断，点亮与 P2.0 连接的 LED，此后继续循环。

主程序中，首先设置 INT0 的中断类型，IT0 = 1 时，设置为下降沿有效，然后通过 EX0 = 1 允许外部 INT0 中断，再通过 EA = 1 开所有中断。通过 while（1）语句等待中断发生。

 技能训练

一、训练目标

（1）学会使用单片机的外部中断。

（2）学会通过单片机的外部中断 INT0 控制 LED 灯显示。

二、训练步骤与内容

1. 建立一个工程

（1）在计算机 E 盘新建一个文件夹"LED5A"。

（2）启动 Keil μ Vision4 软件。

（3）选择执行"Project"工程菜单下的"New μ Vision Project"命令，新建一个 μVision 工程项目，弹出创建新项目对话框。

（4）在创建新项目对话框，输入工程文件名"LED5A"，单击"保存"按钮，弹出选择 CPU 数据库对话框。

（5）选择 STC CPU Data base 数据库，单击"OK"按钮，弹出"Select Device for Target"选择目标器件对话框，单击"STC"左边的"+"号，展开选项，选择"STC15W4K32S4"选项。

（6）单击"OK"按钮，弹出是否添加标准 8051 启动代码对话框。

（7）单击"是"按钮，即可在开发环境自动为我们建立好包含启动代码项目的空文件，启动代码为"STARTUP. A51"。

2. 编写程序文件

（1）单击执行"File"文件菜单下的"New"命令，新建一个文本文件"TEXT1"。

（2）单击执行"File"文件菜单下的"Save As"命令，弹出另存文件对话框，在文件名栏输入"main. c"，单击"保存"按钮，保存文件。

（3）在左边的工程浏览窗口，鼠标右键单击"Source Group 1"，在弹出的右键菜单中，选择执行"Add Files to Group′Source Group1′"命令。

（4）弹出选择文件对话框，选择"main. c"文件，单击"Add"添加按钮，将文件添加到工程项目中，单击添加文件对话框右上角的红色"×"，关闭添加文件对话框。

（5）在"main"中输入下列程序，单击工具栏的保存按钮，并保存文件。

```c
#include <STC15F2K60S2.h>
unsigned char i = 0xfe;
/* ******************************************************** */
// 外部中断1服务函数：ex1_isq()
/* ******************************************************** */
void ex1_isq(void) interrupt 2
{
    P7 = i;
    i<< = 1;
if(i = = 0)
{
i = 0xfe;
}
}
/* ******************************************************** */
// 主函数：main()
/* ******************************************************** */
  void main(void)
{
    IT1 = 1;               //设置 INT0 的中断类型，下降沿有效
```

```
EX1 = 1;                //允许外部 INT0 中断
EA = 1;                 //开中断
while(1);               // while循环
}
```

3. 调试运行

（1）编译程序。

1）设置输出文件选项。在左边的工程浏览窗口，鼠标右键单击"Target"选项，在弹出的右键菜单中，选择执行"Option for Target′ Target1′"菜单命令。

2）在"Options for Target′ Target1′"对话框，选择"Target"对象目标设置页，在晶体振荡器频率设置栏"Xtal（MHz）"，输入"11.0592"，设置晶振频率为 11.0592 MHz。

3）在"Options for Target′ Target1′"对话框，选择"Output"输出页，选择"Create HEX File"创建 HEX 文件。

4）单击"OK"按钮，返回程序编辑界面。

5）单击编译工具栏的编译所有文件按钮，开始编译文件。

6）在编译输出窗口，查看程序编译信息。

（2）下载程序。

1）启动 STC 单片机下载软件。

2）单击单片机型号栏右边的下拉列表箭头，选择"IAP15W4K58S2"。单击运行时的 IRC 频率栏右边的选择下拉箭头，选择"11.0592"（MHz）。

3）选择 COM 口，计算机连接 FSST15-V1.0 单片机开发板后，软件会自动选择。

4）单击"打开程序文件"按钮，弹出"打开程序代码文件"对话框，选择 LED5A 文件夹里的"LED5A.hex"文件，单击"打开"按钮，在程序代码窗口显示代码文件信息。

5）单击"下载/编程"按钮，此时代码显示框下面的提示框中会显示"正在检测目标单片机"。

6）程序代码开始下载，提示框显示一串下载信息，下载完成后显示"操作完成"，表示 HEX 代码文件已经下载到单片机中了。

7）在开发板 LCD 插座上，使用杜邦线在 LcdRS（4）和 GND（1）间，连接按钮开关，按压按钮开关，观察与 P7 口连接的发光二极管显示结果。

任务11 定时器中断的应用

 基础知识

一、定时中断

1. 中断与定时器的区别

定时器一开启，它就会一直在初始值的基础上以机器周期为间隔加 1，计满后就会溢出（TFx溢出标志位置 1），但是否产生中断请求，就看是否打开了中断，若开了中断，就会产生定时器中断，否则就不会产生定时器中断。

2. 定时中断编程步骤

（1）确定采用 1T 方式还是采用 12T 方式。

（2）配置定时器工作模式（对 TMOD 赋相应值）。

（3）装载定时器初始值，即赋值 THx、TLx。

（4）设置中断允许寄存器 IE。

（5）置位 TR0 或 TR1，启动定时/计数器。

（6）编制定时中断函数。

（7）编制定时中断应用程序。

二、定时中断应用

1. 用定时器实现流水灯控制

流水灯控制过程中只有一盏 LED 灯是灭的，其他都是亮的；依次熄灭各盏 LED 灯，8 盏灯循环熄灭。

流水灯可以通过变量移位的方式赋值实现，即 P2=1<<i，通过定时器中断控制流水灯变化的时间间隔。程序如下：

```c
#include <STC15F2K60S2.h>
/* ************************************************************ */
// 宏定义
/* ************************************************************ */
#define uchar unsigned char
#define uint16 unsigned int
uchar i;
/* ************************************************************ */
// 定时器初始化函数：Timer0Init()
/* ************************************************************ */
void Timer0Init(void)              //10ms@11.0592MHz
{
  AUXR &= 0x7F;                    //定时器时钟 12T 模式
  TMOD &= 0xF0;                    //设置定时器模式
  TMOD |= 0x01;                    //设置定时器工作方式 1
  TL0 = 0x00;                      //设置定时初值
  TH0 = 0xDC;                      //设置定时初值
  ET0 = 1;                         //开定时器 T0 中断
  TF0 = 0;                         //清除 TF0 标志
  TR0 = 1;                         //定时器 0 开始计时
}
/* ************************************************************ */
// 定时器中断函数：Time0 _ ITQ()
/* ************************************************************ */
void Time0 _ ITQ(void) interrupt 1
{
static uint16 icount;
TH0 = (65536-9216)/256;           //定时 10ms，给 TH0 赋初值
TL0 = (65536-9216)%256;           //定时 10ms，给 TL0 赋初值
P7 = 1<<i;                        //依次熄灭一盏 LED
icount + +;                       //计数 10ms 中断的次数
```

```
if(100 = = icount)                      //100×10ms = 1s，1s 时间到
    {
    icount = 0;                          //1s 定时到，复位 icount
    if(i + +>7) i = 0;                   //移位到下一盏 LED
    }

}
/* ********************************************************** */
// 主函数：main()
/* ********************************************************** */
void main(void)
{
    Timer0Init();                        //定时器 0 初始化
    EA = 1;                              // 开中断
    while(1);
}
```

2. 程序分析

使用宏定义定义了两个新数据类型，用新数据类型 uchar 定义了全局变量 i，用新数据类型 uint16 定义了静态变量 icount。

在定时器初始化函数中，首先设置采用 12T 方式，设置定时/计数器 0 的工作模式为方式 1，给定时器 TH0、TL0 赋初值，然后开定时中断，启动定时器。

在定时器中断函数中，设置静态变量 icount，给定时器 TH0、TL0 赋初值，依次移位熄灭每盏 LED 灯，然后对定时中断次数计数，当定时中断计数达到 100 次，即定时达到 1s 时，复位静态变量 icount，全局变量 i 加 1，如果 i 加 1 后大于 7，则复位全局变量 i。

在主函数中，首先运行初始化定时函数，开中断，接着使用 while 循环等待中断的发生，执行定时中断函数程序。

 技能训练

一、训练目标

(1) 学会使用单片机的定时中断。

(2) 学会通过单片机的定时器 T0 中断控制 LED 灯显示。

二、训练步骤与内容

1. 建立一个工程

(1) 在计算机 E 盘新建一个文件夹 "TINT"。

(2) 启动 Keil μ Vision4 软件。

(3) 选择执行 "Project" 工程菜单下的 "New μ Vision Project" 命令，新建一个 μVision 工程项目，弹出创建新项目对话框。

(4) 在创建新项目对话框，输入工程文件名 "TINT"，单击 "保存" 按钮，弹出选择 CPU 数据库对话框。

(5) 选择 STC CPU Data base 数据库，单击 "OK" 按钮，弹出 "Select Device for Target" 选择目标器件对话框，单击 "STC" 左边的 "＋" 号，展开选项，选择 "STC15W4K32S4" 选项。

（6）单击"OK"按钮，弹出是否添加标准 8051 启动代码对话框。

（7）单击"是"按钮，即可在开发环境自动为我们建立好包含启动代码项目的空文件，启动代码为"STARTUP. A51"。

2. 编写程序文件

（1）单击执行"File"文件菜单下的"New"命令，新建一个文本文件"TEXT1"。

（2）单击执行"File"文件菜单下的"Save As"命令，弹出另存文件对话框，在文件名栏输入"main. c"，单击"保存"按钮，保存文件。

（3）在左边的工程浏览窗口，鼠标右键单击"Source Group1"，在弹出的右键菜单中，选择执行"Add Files to Group'Source Group1'"命令。

（4）弹出选择文件对话框，选择"main. c"文件，单击"Add"添加按钮，文件添加到工程项目中，单击添加文件对话框右上角的红色"×"，关闭添加文件对话框。

（5）在"main"中输入下列程序，单击工具栏的保存按钮的 ，并保存文件。

```c
#include <STC15F2K60S2. h>
/* ************************************************************ */
// 宏定义
/* ************************************************************ */
#define uchar unsigned char
#define uint16 unsigned int
uchar i;
/* ************************************************************ */
// 定时器初始化函数：Timer0Init()
/* ************************************************************ */
void Timer0Init(void)
{
    AUXR &= 0x7F;              //定时器时钟 12T 模式
    TMOD &= 0xF0;              //设置定时器模式
    TMOD | = 0x01;             //设置定时器方式 1
    TL0 = 0x00;                //设置定时初值
    TH0 = 0xDC;                //设置定时初值
    ET0 = 1;
    TF0 = 0;                   //清除 TF0 标志
    TR0 = 1;                   //定时器 0 开始计时
}
/* ************************************************************ */
// 定时器中断函数：Time0 _ ITQ()
/* ************************************************************ */
void Time0 _ ITQ(void) interrupt 1
{
static uint16 icount;
TH0 = (65536-9216)/256;        //定时 10ms，给 TH0 赋初值
TL0 = (65536-9216)%256;        //定时 10ms，给 TL0 赋初值
P7 = 1<<i;                     //依次熄灭每一盏 LED
```

```
icount + +;                              //计数 10ms 中断的次数
if(100 = = icount)                       //100×10ms = 1s，1s 时间到
    {
    icount = 0;                          //1s 定时到，复位 icount
    if(i + +＞7) i = 0;                   //移位到下一盏 LED
    }


}
/* ****************************************************** */
// 主函数：main()
/* ****************************************************** */
void main(void)
{
    Timer0Init();                        //定时器 0 初始化
    EA = 1;                              // 开中断
    while(1);
}
```

3. 调试运行

（1）编译程序。

1）设置输出文件选项。在左边的工程浏览窗口，鼠标右键单击"Target"选项，在弹出的右键菜单中，选择执行"Options for Target′ Target1′"菜单命令。

2）在"Options for Target′ Target1′"对话框，选择"Target"对象目标设置页，在晶体振荡器频率设置栏"Xtal（MHz）"，输入"11.0592"，设置晶振频率为 11.0592 MHz。

3）在"Options for Target′ Target1′"对话框，选择"Output"输出页，选择"Create HEX File"创建二进制 HEX 文件。

4）单击"OK"按钮，返回程序编辑界面。

5）单击编译工具栏的编译所有文件按钮，开始编译文件。

6）在编译输出窗口，查看程序编译信息。

（2）下载程序。

1）启动 STC 单片机下载软件。

2）单击单片机型号栏右边的下拉列表箭头，选择"IAP15W4K58S2"。单击运行时的 IRC 频率栏右边的选择下拉箭头，选择"11.0592"（MHz）。

3）选择 COM 口，计算机连接 FSST15-V1.0 单片机开发板后，软件会自动选择。

4）单击"打开程序文件"按钮，弹出"打开程序代码文件"对话框，选择"TINT"文件夹里的"LED5B. hex"文件，单击"打开"按钮，在程序代码窗口显示代码文件信息。

5）单击"下载/编程"按钮，此时代码显示框下面的提示框中会显示"正在检测目标单片机"。

6）打开开发板电源开关，程序代码开始下载，提示框显示一串下载信息，下载完成后显示"操作完成"，表示 HEX 代码文件已经下载到单片机中了。

7）观察与 P7 口连接的发光二极管依次熄灭的显示结果。

任务 12　简易可调时钟控制

基础知识

一、结构体与联合体

C 语言程序设计中有时需要将一批基本类型的数据放在一起使用，从而引入了所谓的构造类型数据。数组就是一种构造类型数据，一个数组实际上是一批顺序存放的相同类型数据。下面介绍 C 语言中的另外两种常用构造类型数据：结构体、联合体。

1. 结构体

结构体（struct）是一系列由相同类型或不同类型的数据构成的数据集合，也叫结构。

（1）结构体的声明。结构体的声明是描述结构如何组合的主要方法。一般情况下，结构体的声明方式有两种，具体情况见表 5-3。

表 5-3　　　　　　　　　　　　　　　　结构体声明方法

第一种	第二种
struct 结构体名 ｛结构体元素表｝； struct 结构体名 结构变量名表；	Struct 结构体名 ｛结构体元素表 ｝结构变量表；

在表 5-3 中，"结构体元素表"为该结构体中的各个成员（又称为结构体的域），由于结构体可以由不同类型的数据组成，因此需要对结构体中的各个成员进行类型说明。定义好结构类型后，就可以用结构体类型来定义结构变量了。

第一种方法是先定义结构体类型，再定义结构变量。第二种方法是在定义结构体类型的同时，定义结构变量。例如：

```
struct data
｛int year；
char month，day；
｝
struct data data1，data2；
```

首先使用关键字 struct 表示接下来是一个结构。后面是一个可选的结构类型名标记（data），是用来引用该结构的快速标记。例如，后面定义的 struct data data1，意思是把 data1 声明为一个使用 data 结构设计的结构变量。在结构声明中，接下来是用一对花括号括起来的结构成员列表。每个成员都用它自己的声明来描述，用一个分号来结束描述。每个成员可以是任何一种 C 语言的数据类型，甚至可以是其他结构。

结构类型名标记是可选的，但是在用如第一种方式建立结构（在一个地方定义结构设计，而在其他地方定义实际的结构变量）时，必须使用标记。若没有结构类型标记名，则称为无名结构体。

结合上面两种方式，我们可以得知，这里的"结构"有两层意思：一层意思是"结构设计"，如对变量 year、month、day 的设计就是一种结构设计；另一层意思应该是创建一个"结构变量"，如定义的 data1 就是创建一个结构变量很好的举证。其实这里的 struct data 所起的作用就像 int 或 float 在简单声明中的所起的作用一样。

（2）结构体变量的初始化。结构体变量是一种新的数据类型，因此它也可以像其他变量一样赋值、运算。不同的是结构变量以成员作为基本变量。

结构成员的表示方法为：结构变量.结构成员名。这里的"."是成员（分量）运算符，它在所有的运算符中优先级最高，因此"结构变量.结构成员名"可以看作一个整体，这个整体的数据类型与结构体中该成员的数据类型相同，这样就可以像其他变量那样使用。

例如：

```
data1.year = 2014
```

（3）结构体数组。结构体数组就是相同结构类型数据的变量集合。结构体变量可以存放一组数据，如学生的学号、姓名、年龄等。如果有20个学生数据参与运算，显然应该使用数组，这就是结构体数组的由来。结构体数组与数值型数组的不同之处在于每个数组元素都是一个结构体类型数据。它们包括各个成员项。例如：

```
struct student
{unsigned char num;
unsigned char name[10];
    unsigned char old;
    };
    struct student stud[20];
```

先用struct定义一个具有三个成员的结构体数据类型student，再用"struct student stud[20]"定义一个结构体数组，其中的每个元素都具有student结构体数据类型。

2. 联合体

联合体也是C语言的一种构造型数据结构，一个联合体中可以包括多个不同的数据类型的数据元素，如一个int型数据变量、一个char型数据变量放在同一个地址开始的内存单元中。这两个数据变量在内存中的字节数不同，却从同一个地址处开始存放，这种技术可以使不同的变量分时使用同一个内存空间，提高内存的使用效率。联合体定义的一般格式为

unin 联合体类型名

{成员列表}变量表列；

也可以像结构体定义那样，将类型定义和变量定义分开，先定义联合体类型，再定义联合体变量。

联合体类型定义与结构体类型定义的方法类似，只是将struct换成了unin，但在内存空间分配上不同，结构体变量在内存中占用内存的长度是其中各个成员所占内存长度之和，而联合体变量占用内存长度是字节数最长的成员的长度。

联合体变量的引用是通过联合体成员引用来实现的，引用方法是"联合体类型名.联合体成员名"或"联合体类型名->联合体成员名"。

在引用联合体成员时，要注意联合体变量使用的一致性。联合体在定义时，各个不同的成员可以分时赋值，读取时所所取的变量是最近放入联合体的某一成员的数据，因此在赋值时，必须注意其类型与表达式所要求的类型保持一致，且必须是联合体的成员，不能将联合体变量直接赋值给其他变量。

联合体类型数据可以采用同一内存段保存的不同类型的数据，但在每一瞬间，只能保存其中一种类型的数据，而不能同时存放几种。每一瞬间只有一个成员数据起作用，起作用的是最后一次存放的成员数据，如果存放了新类型成员数据，则原先的成员数据就会被丢弃。

联合体可以出现在结构体和数组中，结构体和数组也可以出现在联合体中。当需要存取结构体中的联合体或联合体中的结构体时，其存取方法与存取嵌套的结构体相同。

二、简易可调时钟控制

1. 控制要求

（1）时钟显示格式为"小时-分钟-秒钟"，如"13-46-52"表示 13 时 46 分 52 秒。

（2）按下 K1 按键，调整小时显示值，每按一次，小时数值加 1。

（3）按下 K2 按键，调整分钟显示值，每按一次，分钟数值加 1。

2. 控制程序设计

（1）变量定义。变量定义如下：

```
/* ********************************************************* */
#include <STC15F2K60S2.h>
#include <intrins.h>    //使用 intrins 库函数
/* ********************************************************* */
//宏定义
/* ********************************************************* */
#define uInt16 unsigned int
#define uChar8 unsigned char
/* ********************************************************* */
//数码管显示数字 0~9 定义
/* ********************************************************* */
uChar8 code Disp_Tab[] = {0x3f, 0x06, 0x5b, 0x4f, 0x66, 0x6d, 0x7d, 0x07, 0x7f, 0x6f};
        //数字显示表格
/* ********************************************************* */
//位定义
/* ********************************************************* */
sbit Key0 = P4^0;              //按键行扫描控制
sbit K1 = P4^4;                //按键 K1
sbit K2 = P4^5;                //按键 K2

bit runflag;
    bit OriVal1 = 0;           // 定义一个位变量，保存前一次的按键 K1 状态值
    bit OriVal2 = 0;           // 定义一个位变量，保存前一次的按键 K2 状态值
/* ********************************************************* */
//全局变量定义
/* ********************************************************* */
uChar8 ucRefresh = 0;              // 刷新数码管用变量
//uChar8 Key_m, Key_h;             //定义按键检测变量
struct time
{ uChar8 Hour;      //定义时
  uChar8 Min;       //定义分
  uChar8 Sec;       //定义秒
};
struct time dtime ;   //定义当前时间结构变量
/* ************************************************************* */
sbit SCH = P5^3;       //定义 P5^3 为 SCH
```

```
sbit RCH = P5^2;        //定义 P5^3 为 RCH
sbit smgSER = P5^0;     //定义 P5^0 为 smgSER
```

通过宏定义，定义了无符号 16 位整形变量类型 uInt16，无符号字符类型变量 uChar8，以便简化程序的书写。通过 uChar8 定义了无符号字符变量 Key_m、Key_h，定义了数码管刷新变量 ucRefresh。

在程序存储区定义了显示数组变量，用于共阴极数码管的数字字符显示控制。

通过 sbit 定义了 3 个按键位控变量，P4^0 作按键行扫描控制，P4^4 作按键 K1 控制信号，P4^5 作按键 K2 控制信号。

通过 sbit 定义了 3 个 74HC595 驱动位控变量，P5^3 作 SCH 移位寄存器时钟输入位控制信号，P5^2 作 RCH 存储寄存器时钟输入位选控制信号，P5^0 作 smgSER 串行数据输入位控制信号。

通过 struct 定义了一个时间结构变量类型，包括小时、分钟、秒等成员变量，由结构变量类型定义了当前时间结构变量 dtime。

（2）74HC595 写一个字节数据函数。74HC595 写一个字节数据函数如下：

```
/* ****************************************************** */
//函数名称：Wr595OneByte()
//函数功能：串行输入一个字节，并行输出一个字节
/* ****************************************************** */
void Wr595OneByte (uChar8 uSerDat)
{
    uChar8 cBit;
    /* 通过 8 次循环将 8 位数据依次移入 74HC595 */
    SCH = 1;
    for(cBit = 0; cBit < 8; cBit + +)
    {
        if(uSerDat & 0x80)
            smgSER = 1;
        else
            smgSER = 0;
        uSerDat = uSerDat << 1;
        SCH = 0;
        _nop_(); _nop_();
        SCH = 1;
    }
    /* 数据并行输出(借助上升沿) */
    RCH = 0;
    _nop_();    _nop_();
    RCH = 1;
}
```

（3）按键处理程序。按键处理程序如下：

```
/* ****************************************************** */
//按键处理函数：Proc_Key()
/* ****************************************************** */
```

```
void Proc _ Key(void)
{
EA = 0;                              //关中断
    Key0 = 0;                        // 拉低 Key0，目的是产生独立按键
    if ( K1! = OriVal1)              // 当前按键 K1 值和原先值不一样，说明按键有动作
    {
      if (! OriVal1)
      {
      dtime. Hour + + ;              //调整小时数据
    if(dtime. Hour>23) dtime. Hour = 0;
      }
    }
    OriVal1 = K1;                    // 更新备份按键 K1 的状态值，以备进行下次比较
    if ( K2 ! = OriVal2)             // 当前按键 K2 值和原先值不一样，说明按键有动作
    {
      if (! OriVal2)
      {
      dtime. Min + + ;              //调整分钟数据
    if(dtime. Min>59) dtime. Min = 0;
      }
    }
    OriVal2 = K2;                    // 更新备份按键 K2 的状态值，以备进行下次比较

EA = 1;                              //开中断
}
```

在按键处理程序中，首先关闭中断，然后通过 if 语句判断按键的动作，K1 按键每动作一次，将小时数据加 1，K2 按键每动作一次，将分钟数据加 1，由此来调节小时数、分钟数，用于调校当前时间。按键处理完成后，开中断，恢复中断定时。

（4）定时中断初始化程序。定时中断初始化程序如下：

```
/* ************************************************** */
//定时器 0 初始化函数 Timer0Init()
/* ************************************************** */
/* ************************************************** */
//函数名称：Timer0Init()
//函数功能：定时器 0 初始化设置
//入口参数：无
//出口参数：无
/* ************************************************** */
void Timer0Init(void)          //1ms@11.0592MHz
{
    AUXR &= 0x7F;              //定时器时钟 12T 模式
    TMOD &= 0xF0;             //设置定时器模式
    TMOD | = 0x01;           //设置定时器模式
```

```
TL0 = 0x66;                //设置定时初值
TH0 = 0xFC;                //设置定时初值
ET0 = 1;
TF0 = 0;                   //清除 TF0 标志
TR0 = 1;                   //定时器 0 开始计时
}
```

在定时中断初始化程序中，首先设定辅助寄存器定时器时钟工作在 12T 模式，再设定定时器 0 的工作模式为 1，即 16 位计时模式，然后为定时器 0 设置初值，再开启定时中断，清除定时器 T0 的 TF0 标志，最后启动定时器 0。

(5) 中断计时程序。中断计时程序如下：

```
/* ****************************************************************** */
//定时器 0 的中断服务函数 Timer0 _ ISR()
/* ****************************************************************** */
void Timer0 _ ISR(void) interrupt 1
{
    static uInt16 uiCounter;
    TH0 = 0xFC;               //重装 1ms 定时数据
    TL0 = 0x66;
    uiCounter + + ;           //1ms 计数
    ucRefresh + + ;           //更新数码管刷新变量
    if(8 = = ucRefresh)       //8 位数码管更新完
     ucRefresh = 0;
    if( 1000< = uiCounter )    // 计 1000 次数，说明 1s 时间已到
      {
      uiCounter = 0;
      dtime. Sec + + ;         //秒计数加 1
      if(60 = = dtime. Sec)    //秒计数到 60
        {dtime. Sec = 0;
        dtime. Min + + ;       //分计数加 1
        if(60 = = dtime. Min)  //分计数到 60
          {dtime. Min = 0;
          dtime. Hour + + ;     //小时计数加 1
          if(24 = = dtime. Hour) dtime. Hour = 0; //小时计数到 24，更新为 0
          }
        }
      }
}
```

在定时器 0 的中断服务中，通过 static 设置静态变量 uiCounter，接着重装 1ms 定时初值，更新数码管刷新变量，当毫秒（ms）定时中断发生 1000 次时，说明 1s 时间已到，静态变量 uiCounter 复位，秒信号变量 uiCounter 复位，然后秒计数加 1；当秒计数加到 60 时，分钟计数值加 1；当分钟计数值加到 60 时，小时计数器加 1；当小时计表加到 24 时，小时计数器复位。

(6) 主程序。主程序如下：
```
/* ****************************************************************** */
```

```
//函数名称：main()
//函数功能：可调时钟控制
/* ********************************************************** */
/* ********************************************************** */
//函数名称：main()
//函数功能：四位数码管显示
//入口参数：无
//出口参数：无
/* ********************************************************** */
void main(void)
{
    uChar8 GeHour, ShiHour, GeMin, ShiMin, GeNum, ShiNum;
    Timer0Init();
    EA = 1;
    while(1)
    {
      Proc _ Key();
      /* 利用"/"和"%"来分离位 */
      GeNum   = dtime. Sec % 10;          //秒数据个位
      ShiNum  = dtime. Sec / 10 % 10;     //秒数据十位
      GeMin   = dtime. Min % 10;          //分钟数据个位
      ShiMin  = dtime. Min/10 % 10;       //分钟数据十位
      GeHour  = dtime. Hour % 10;         //小时数据个位
      ShiHour = dtime. Hour/10 % 10;      //小时数据十位
      switch(ucRefresh)
      {
      case 0:
        /* 位选选中第 1 位数码管 */
        P6 = 0xfe;                        //送位选通数据
      /* 为该位数码管送小时十位显示数值 */
        Wr595OneByte (Disp _ Tab[ShiHour]);  //送段数据
        break;
      case 1:
        /* 位选选中第 2 位数码管 */
        P6 = 0xfd;
        Wr595OneByte (Disp _ Tab[GeHour]);  //送段数据
        break;

      case 2:
        /* 位选选中第 3 位数码管 */
        P6 = 0xfb;
        Wr595OneByte (0x40);              //送段数据
        break;
```

```
case 3:
    /* 位选选中第 4 位数码管 */
    P6 = 0xf7;
    Wr595OneByte(Disp _ Tab[ShiMin]);      //送段数据
    break;

case 4:
    /* 位选选中第 5 位数码管 */
    P6 = 0xef;
    Wr595OneByte(Disp _ Tab[GeMin]);       //送段数据
    break;

case 5:
    /* 位选选中第 6 位数码管 */
    P6 = 0xdf;
    Wr595OneByte(0x40);                    //送段数据
    break;

case 6:
    /* 位选选中第 7 位数码管 */
    P6 = 0xbf;
    Wr595OneByte(Disp _ Tab[ShiNum]);      //送段数据
    break;

case 7:
    /* 位选选中第 8 位数码管 */
    P6 = 0x7f;
    Wr595OneByte(Disp _ Tab[GeNum]);       //送段数据
    break;

default:
    break;
    }
  }
}
```

在主程序中，首先运行定时器 0 初始化程序，运行完毕后，进入 wihle 循环。在 wihle 循环中，首先运行按键检测处理程序，然后等待定时中断发生，进行时、分、秒时间数据更新，再通过 switch 开关语句依次处理各个数码显示管的显示。这个数码管显示程序位选信号通过 P6 口的不同赋值实现，段数据是通过 74HC595 的写一个字节数据函数 Wr595OneByte 完成的。

 技能训练

一、训练目标

(1) 学会使用单片机的定时中断。

（2）通过单片机的定时器 T0 中断控制数码管的显示时间。

二、训练步骤与内容

1. 建立一个工程

（1）在计算机 E 盘新建一个文件夹"TIMER0"。

（2）启动 Keil μ Vision4 软件。

（3）选择执行"Project"工程菜单下的"New μ Vision Project"命令，新建一个 μVision 工程项目，弹出创建新项目对话框。

（4）在创建新项目对话框，输入工程文件名"TIMER0"，单击"保存"按钮，弹出选择 CPU 数据库对话框。

（5）选择 STC CPU Data base 数据库，单击"OK"按钮，弹出"Select Device for Target"选择目标器件对话框，单击"STC"左边的"+"号，展开选项，选择"STC15W4K32S4"选项。

（6）单击"OK"按钮，弹出是否添加标准 8051 启动代码对话框。

（7）单击"是"按钮，即可在开发环境自动为我们建立好包含启动代码项目的空文件，启动代码为"STARTUP. A51"。

2. 设计程序文件

（1）定义变量。

1）定义全局变量。

2）定义字符显示数组变量。

3）定义时间结构变量。

（2）设计 74HC595 的写一个字节数据函数。

（3）设计按键检测处理程序。

（4）设计定时器 0 初始化程序。

（5）设计定时器 0 中断服务程序。

（6）设计主程序。

3. 输入控制程序

（1）单击执行"File"文件菜单下的"New"命令，新建一个文本文件"TEXT1"。

（2）单击执行"File"文件菜单下的"Save As"命令，弹出另存文件对话框，在文件名栏输入"main. c"，单击"保存"按钮，保存文件。

（3）在左边的工程浏览窗口，鼠标右键单击"Source Group 1"，在弹出的右键菜单中，选择执行"Add Files to Group′Source Group 1′"命令。

（4）弹出选择文件对话框，选择"main. c"文件，单击"Add"添加按钮，将文件添加到工程项目中，单击添加文件对话框右上角的红色"×"，关闭添加文件对话框。

（5）在"main"中输入时钟显示程序，单击工具栏的保存按钮 ，并保存文件。

4. 调试运行

（1）编译程序。

1）设置输出文件选项。在左边的工程浏览窗口，鼠标右键单击"Target"选项，在弹出的右键菜单中，选择执行"Options for Target′ Target 1′"菜单命令。

2）在"Options for Target′ Target 1′"对话框，选择"Target"对象目标设置页，在晶体振荡器频率设置栏"Xtal（MHz）"，输入"11. 0592"，设置晶振频率为 11.0592 MHz。

3）在"Options for Target′ Target 1′"对话框，选择"Output"输出页，选择"Create HEX File"创建 HEX 文件。

4）单击"OK"按钮，返回程序编辑界面。

5）单击编译工具栏的编译所有文件按钮，开始编译文件。

6）在编译输出窗口，查看程序编译信息。

（2）下载程序。

1）启动 STC 单片机下载软件。

2）单击单片机型号栏右边的下拉列表箭头，选择"IAP15W4K58S2"。单击运行时的 IRC 频率栏右边的选择下拉箭头，选择"11.0592"（MHz）。

3）选择 COM 口，计算机连接 FSST15-V1.0 单片机开发板后，软件会自动选择。

4）单击"打开程序文件"按钮，弹出"打开程序代码文件"对话框，选择"TIMER0"文件夹里的"TIMER0.hex"文件，单击"打开"按钮，在程序代码窗口显示代码文件信息。

5）单击"下载/编程"按钮，此时代码显示框下面的提示框中会显示"正在检测目标单片机"。

6）程序代码开始下载，提示框显示一串下载信息，下载完成后显示"操作完成"，表示 HEX 代码文件已经下载到单片机中了。

（3）调试程序。

1）程序自动运行时，观察数码管显示的时间信息。

2）按下 K1 键，调校小时数与当前的时间一致。

3）按下 K2 键，调校分钟数与当前的时间一致。

4）观察 60s，看分钟数如何变化。

5）过 1h 后，观察小时数是否变化。

任务 13 简易交通灯控制

 基础知识

一、交通灯控制

1. 交通灯控制要求

交通灯是用于指挥车辆运行的指示灯。控制交通灯的示意图如图 5-4 所示。交通灯实验控制时序如图 5-5 所示。

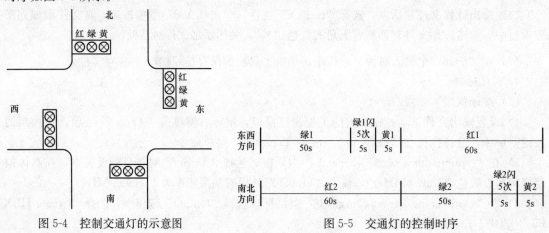

图 5-4 控制交通灯的示意图   图 5-5 交通灯的控制时序

2. 交通灯控制输出分配

交通灯控制输出分配见表 5-4。

表 5-4　　　　　　　　　　　交通灯控制输出分配

南北向控制	输出端	东西向控制	输出端
红灯 1	P7_0	红灯 2	P7_3
绿灯 1	P7_1	绿灯 2	P7_4
黄灯 1	P7_2	黄灯 3	P7_5

3. 交通灯控制系统

交通信号灯控制系统是一个时间顺序控制系统，可以采用定时器进行编程控制。

（1）交通灯控制流程图如图 5-6 所示。

（2）交通灯控制定时中断服务函数流程如图 5-7 所示。

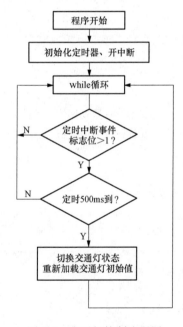
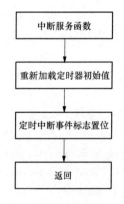

图 5-6　交通灯控制流程图　　　图 5-7　中断服务函数流程图

二、交通灯控制程序

1. 定义变量

定义变量的程序如下：

```
#include<STC15F2K60S2.h>
/*******************************************************************
//类型定义，便于移植
*******************************************************************/
typedef unsigned char    UINT8;
typedef unsigned int     UINT16;
typedef unsigned long    UINT32 ;
typedef char INT8;
typedef int INT16;
```

```
typedef long      INT32;
sbit P7 _ 0 = P7^0;    //定义南北向红灯
sbit P7 _ 1 = P7^1;    //定义南北向绿灯
sbit P7 _ 2 = P7^2;    //定义南北向黄灯
sbit P7 _ 3 = P7^3;    //定义东西向红灯
sbit P7 _ 4 = P7^4;    //定义东西向绿灯
sbit P7 _ 5 = P7^5;    //定义东西向黄灯
/************************************************************
//宏定义，便于代码移植和阅读
*************************************************************/
#define   ON   1
#define   OFF   0
/************************************************************
//定义变量
*************************************************************/
UINT8 TimerIRQEvent = 0;    //定时中断事件
UINT8 Timer500Event = 0;    //定时 5ms 事件
UINT8 TimeCount = 0;
UINT8 LightOrgCount[6] = {50, 10, 10, 50, 10, 10};    //交通灯计数初始值
UINT8 LightCurCount[6] = {50, 10, 10, 50, 10, 10};    //交通灯计数当前值
UINT8 TrafficStatus = 0;
```

2. 定义函数

(1) 设计交通灯操作宏函数。交通灯操作宏函数如下：

```
/************************************************************
//交通灯操作宏函数
*************************************************************/
# define   NORTH _ R _ LIGHT(x) { if((x)) P7 _ 0 = 0; else P7 _ 0 = 1; }
# define   NORTH _ G _ LIGHT(x) { if((x)) P7 _ 1 = 0; else P7 _ 1 = 1; }
# define   NORTH _ Y _ LIGHT(x) { if((x)) P7 _ 2 = 0; else P7 _ 2 = 1; }
# define   EAST _ R _ LIGHT(x) { if((x)) P7 _ 3 = 0; else P7 _ 3 = 1; }
# define   EAST _ G _ LIGHT(x) { if((x)) P7 _ 4 = 0; else P7 _ 4 = 1; }
# define   EAST _ Y _ LIGHT(x) { if((x)) P7 _ 5 = 0; else P7 _ 5 = 1; }
```

(2) 设计定时器初始化函数。定时器初始化函数如下：

```
/************************************************************
//定时器初始化函数名称：Timer0Init( )
*************************************************************/
void Timer0Init(void)        //10ms@11.0592MHz
{
AUXR &= 0x7F;                //定时器时钟 12T 模式
TMOD &= 0xF0;                //设置定时器模式
TMOD | = 0x01;               //设置定时器模式
TL0 = 0x00;                  //设置定时初值
TH0 = 0xDC;                  //设置定时初值
```

```
TF0 = 0;                    //清除 TF0 标志
TR0 = 1;                    //定时器 0 开始计时
}
```

（3）设计定时器启动函数。定时器启动函数如下：

```
/ *******************************************************************
//定时器启动函数名称：Timer0Start( )
 *******************************************************************/
void Timer0Start( )
{TR0 = 1;
ET0 = 1;
}
```

（4）设计定时中断服务函数。定时中断服务函数如下：

```
/ *******************************************************************
//定时中断服务函数名称：Timer0IRQ( )
 *******************************************************************/
void Timer0IRQ(void) interrupt 1
{
TH0 = (65536 -9216)/256;    // 定时 10ms
TL0 = (65536 - 9216)%256;
TimerIRQEvent = 1;
}
```

（5）设计主函数。主函数设计如下：

```
/ *******************************************************************
//函数名称：main ( )
 *******************************************************************/
void main(void)
{
UINT8 i = 0;             //定义局部变量 i
Timer0Init();           //定时器初始化
Timer0Start();          //定时器启动
EA = 1;                 //开中断
/ *******************************************************************
//初始状态设置
 *******************************************************************/
NORTH _ G _ LIGHT(OFF);
EAST _ R _ LIGHT(OFF);
NORTH _ Y _ LIGHT(ON);
EAST _ G _ LIGHT(OFF);
NORTH _ R _ LIGHT(OFF);
EAST _ Y _ LIGHT(ON);
while(1)                    //while 循环
 { if(TimerIRQEvent)        //判断中断是否发生
    { TimerIRQEvent  = 0;   //中断发生事件变量复位
```

```
TimeCount + + ;                    //定时计数器加 1
if (TimeCount >= 50)              //500ms 定时到
  { TimeCount = 0;                 //定时计数器复位
  if(LightCurCount[0])            //判断交通状态 0 倒计时是否为 1
    { TrafficStatus = 0;           //交通状态 0
    }
  else if(LightCurCount[1])       //判断交通状态 1 倒计时是否为 1
    { TrafficStatus = 1;           //交通状态 1
    }
  else if(LightCurCount[2])       //判断交通状态 2 倒计时是否为 1
    { TrafficStatus = 2;           //交通状态 2
    }
  else if(LightCurCount[3])       //判断交通状态 3 倒计时是否为 1
    { TrafficStatus = 3;           //交通状态 3
    }
  else if(LightCurCount[4])       //判断交通状态 4 倒计时是否为 1
    { TrafficStatus = 4;           //交通状态 4
    }
  else if(LightCurCount[5])       //判断交通状态 5 倒计时是否为 1
    { TrafficStatus = 5;           //交通状态 5
    }
  else  //所有计数值为 0，交通灯计数器当前值重装初始值
    {for(i = 0; i<6; i + + )
      {LightCurCount[i] = LightOrgCount[i];
      }
      TrafficStatus = 0;
    }
  switch(TrafficStatus) //根据不同状态，进行相应的交通灯操作
    {
    case 0:     //状态 0 交通灯控制，南北向绿灯，东西向红灯
      {
      NORTH _ G _ LIGHT(ON);
      EAST _ R _ LIGHT(ON);
      NORTH _ Y _ LIGHT(OFF);
      EAST _ G _ LIGHT(OFF);
      NORTH _ R _ LIGHT(OFF);
      EAST _ Y _ LIGHT(OFF);
      }
      break;
    case 1:     //状态 1 交通灯控制
      {
      if(LightCurCount[1]%2)  //状态切换，交通灯闪烁
        {
        NORTH _ G _ LIGHT(ON);
```

```
    EAST _ R _ LIGHT(ON);
    }
  else
    {
    NORTH _ G _ LIGHT(OFF);
    EAST _ R _ LIGHT(OFF);
    }
  }
  break;
case 2: //状态2交通灯控制，南北向、东西向亮黄灯
  {
  NORTH _ G _ LIGHT(OFF);
  EAST _ R _ LIGHT(OFF);
  NORTH _ Y _ LIGHT(ON);
  EAST _ G _ LIGHT(OFF);
  NORTH _ R _ LIGHT(OFF);
  EAST _ Y _ LIGHT(ON);
  }
  break;
case 3: //状态3交通灯控制，南北向红灯，东西向绿灯
  {
  NORTH _ G _ LIGHT(OFF);
  EAST _ R _ LIGHT(OFF);
  NORTH _ Y _ LIGHT(OFF);
  EAST _ G _ LIGHT(ON);
  NORTH _ R _ LIGHT(ON);
  EAST _ Y _ LIGHT(OFF);
  }
  break;
case 4:    //状态4交通灯控制，交通灯闪烁
  {
  if(LightCurCount[4] % 2)
    {
    NORTH _ R _ LIGHT(ON);
    EAST _ G _ LIGHT(ON);
    }
  else
    {
    NORTH _ R _ LIGHT(OFF);
    EAST _ G _ LIGHT(OFF);
    }
  }
  break;
case 5:    //状态5交通灯控制，南北向、东西向亮黄灯
```

任务 13

151

```
{
NORTH_G_LIGHT(OFF);
EAST_R_LIGHT(OFF);
NORTH_Y_LIGHT(ON);
EAST_G_LIGHT(OFF);
NORTH_R_LIGHT(OFF);
EAST_Y_LIGHT(ON);
}
break;
default: break;
}
LightCurCount[TrafficStatus]--; //按不同状态，进行计数值减1处理
}
}
}
}
```

 技能训练

一、训练目标

（1）学会使用单片机的定时中断。

（2）学会通过单片机的定时器 T0 中断控制交通灯。

二、训练步骤与内容

1. 建立一个工程

（1）在计算机 E 盘新建一个文件夹"JIAOTONG"。

（2）启动 Keil μ Vision4 软件。

（3）选择执行"Project"工程菜单下的"New μ Vision Project"命令，新建一个 μVision 工程项目，弹出创建新项目对话框。

（4）在创建新项目对话框，输入工程文件名"JIAOTONG"，单击"保存"按钮，弹出选择 CPU 数据库对话框。

（5）选择 STC CPU Data base 数据库，单击"OK"按钮，弹出"Select Device for Target"选择目标器件对话框，单击"STC"左边的"＋"号，展开选项，选择"STC15W4K32S4"选项。

（6）单击"OK"按钮，弹出是否添加标准 8051 启动代码对话框。

（7）单击"是"按钮，即可在开发环境自动为我们建立好包含启动代码项目的空文件，启动代码为"STARTUP. A51"。

2. 设计程序文件

（1）定义变量。

1）定义全局变量。

2）定义交通灯控制当前值数组变量。

3）定义交通灯控制原始值数组变量。

4）定义定时中断发生变量。

（2）设计程序。

1) 设计定时器初始化函数。

2) 设计定时器启动程序。

3) 设计 10ms 延时控制程序。

（3）设计主程序。

1) 设计初始化状态显示。

2) 定时器初始化。

3) 启动定时器。

4) 开中断。

5) 开启 while 循环。

6) 设计状态切换。

7) 设计对应状态的交通灯输出。

3. 输入控制程序

（1）单击执行"File"文件菜单下的"New"命令，新建一个文本文件"TEXT1"。

（2）单击执行"File"文件菜单下的"Save As"命令，弹出另存文件对话框，在文件名栏输入"main.c"，单击"保存"按钮，保存文件。

（3）在左边的工程浏览窗口，鼠标右键单击"Source Group 1"，在弹出的右键菜单中，选择执行"Add Files to Group′Source Group1′"命令。

（4）弹出选择文件对话框，选择"main.c 文件"，单击"Add"添加按钮，文件添加到工程项目中，单击添加文件对话框右上角的红色"×"，关闭添加文件对话框。

（5）在"main"中输入时钟显示程序，单击工具栏的保存按钮 ，并保存文件。

4. 调试运行

（1）编译程序。

1) 设置输出文件选项。在左边的工程浏览窗口，鼠标右键单击"Target"选项，在弹出的右键菜单中，选择执行"Options for Target′ Target1′"菜单命令。

2) 在"Options for Target′ Target1′"对话框，选择"Target"对象目标设置页，在晶体振荡器频率设置栏"Xtal（MHz）"，输入"11.0592"，设置晶振频率为 11.0592 MHz。

3) 在"Options for Target′ Target1′"对话框，选择"Output"输出页，选择"Create HEX File"创建 HEX 文件。

4) 单击"OK"按钮，返回程序编辑界面。

5) 单击编译工具栏的编译所有文件按钮 ，开始编译文件。

6) 在编译输出窗口，查看程序编译信息。

（2）下载程序。

1) 启动 STC 单片机下载软件。

2) 单击单片机型号栏右边的下拉列表箭头，选择"IAP15W4K58S2"。单击运行时的 IRC 频率栏右边的选择下拉箭头，选择"11.0592"（MHz）。

3) 选择 COM 口，计算机连接 FSST15-V1.0 单片机开发板后，软件会自动选择。

4) 单击"打开程序文件"按钮，弹出"打开程序代码文件"对话框，选择"JIAOTONG"文件夹里的"JIAOTONG.hex"文件，单击"打开"按钮，在程序代码窗口显示代码文件信息。

5) 单击"下载/编程"按钮，此时代码显示框下面的提示框中会显示"正在检测目标单片机"。

6）程序代码开始下载，提示框显示一串下载信息，下载完成后显示"操作完成"，表示 HEX 代码文件已经下载到单片机中了。

（3）调试程序。

1）观察单片机输出端状态变化，记录交通灯的控制时序。

2）观察单片机输出端 LED 的显示。根据状态变化，观察 LED 指示灯的变化。

3）更改交通灯控制当前值的数组元素的数值后重新编译。

4）将程序下载到 FSST15-V1.0 单片机开发板，重新观察数据的变化。

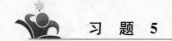

习 题 5

1. 外部中断源扩展电路如图 5-8 所示。要求采用硬件请求，软件查询方式，设计控制程序，实现下列控制功能。

（1）S1 为 1 时，点亮 VD1；S2 为 1 时，点亮 VD2，S3 为 1 时，点亮 VD3。

（2）S4 为 1 时，熄灭 VD1、VD2、VD3。

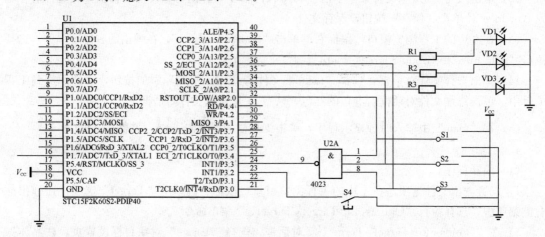

图 5-8　外部中断源扩展电路

2. 设计控制程序，用连接在 INT0 的按键 K1 控制连接在 P2.0 的 LED 灯的亮、灭，用连接在 INT1 的按键 K2 控制连接在 P2.1 的 LED 灯的亮、灭。

3. 在可调时钟控制中，设置 4 个按键，K1 控制时钟的启动与停止。K2 控制调试模式，在时钟停止状态时，第一次按下时调试小时数，第二次按下时调试分钟数，第三次按下时清零，第四次按下时回初始状态，无任何操作。K3 控制数值加。K4 控制数值减。

4. 更改交通灯的控制时序，重新设计单片机程序，使其满足控制需求。

项目六　单片机的串行通信

学习目标

(1) 学习串口中断基础知识。

(2) 学会设计串口中断控制程序。

(3) 实现单片机与 PC 间的串行通信。

(4) 学会设计单片机的双机通信控制程序。

任务 14　单片机与 PC 间的串行通信

基础知识

一、串行通信

串行接口（Serial Interface）简称串口，串行通信是指数据一位一位地按顺序传送，实现两个串口设备的通信。例如，单片机与别的设备就是通过该方式来传送数据的。其特点是通信线路简单，只要一对传输线就可以实现双向通信，从而降低了成本，特别适用于远距离通信，但数据传送速度较慢。

1. 通信的基本方式

(1) 并行通信。数据的每位同时在多根数据线上发送或者接收。其通信方式示意图如图 6-1 所示。

并行通信的特点是：各数据位同时传送，传送速度快，效率高，有多少数据位就需要多少根数据线，传送成本高。在集成电路芯片的内部，同一插件板上各部件之间，同一机箱内部插件之间等的数据传送是并行的，并行数据传送的距离通常小于 30m。

(2) 串行通信。数据的每一位在同一根数据线上按顺序逐位发送或者接收。其通信方式示意图如图 6-2 所示。

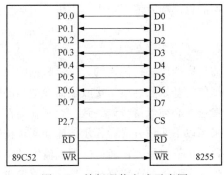

图 6-1　并行通信方式示意图

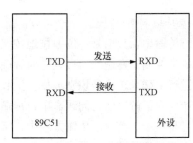

图 6-2　串行通信方式示意图

串行通信的特点：数据传输按位顺序进行，只需两根传输线即可完成传输，成本低，速度慢。计算机与远程终端，远程终端与远程终端之间的数据传输通常都是串行的。与并行通信相比，串行通信还有以下较为显著的特点。

1）传输距离较长，可以从几米到几千米。

2）串行通信的通信时钟频率较易提高。

3）串行通信的抗干扰能力十分强，其信号间的互相干扰完全可以忽略。但是串行通信传送速度比并行通信慢得多。

正是基于以上各个特点的综合考虑，串行通信在数据采集和控制系统中得到了广泛的应用，其产品种类也是多种多样的。

2. 串行通信的工作模式

通过单线传输信息是串行数据通信的基础。数据通常是在两个站（点对点）之间进行传输，按照数据流的方向，数据可分为三种传输模式（制式）。

（1）单工模式。单工模式的数据传输是单向的。通信双方中，一方为发送端，另一方则固定为接收端。信息只能沿一个方向传输，使用一根数据线，如图6-3所示。

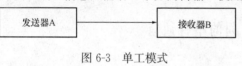

图6-3　单工模式

单工模式一般用在只向一个方向传输数据的场合。例如收音机，收音机只能接收发射塔给它的数据，它并不能给发射塔数据。

（2）半双工模式。半双工模式是指通信双方都具有发送器和接收器，双方既可以发射也可以接收，但接收和发射不能同时进行，即发射时就不能接收，接收时就不能发送，如图6-4所示。

半双工一般用在数据能在两个方向传输的场合。例如，对讲机就是很典型的半双工通信实例，读者有机会可以自己购买套件，之后进行焊接、调试，亲自体验一下半双工模式的数据传输方法。

（3）全双工模式。全双工数据通信分别由两根可以在两个不同的站点同时发送和接收的传输线进行传输，通信双方都能在同一时刻进行发送和接收操作，如图6-5所示。

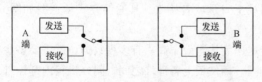

图6-4　半双工模式

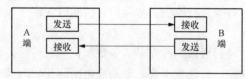

图6-5　全双工模式

在全双工模式下，每一端都有发送器和接收器，有两条传输线，可以在交互式应用和远程监控系统中使用，信息传输效率较高。例如手机，相信每位读者都不陌生，手机是很典型的全双工通信实例。

3. 异步传输和同步传输

在串行传输中，数据是一位一位地按照到达的顺序依次进行传输的，每位数据的发送和接收都需要时钟来控制。发送端通过发送时钟确定数据位的开始和结束，接收端需在适当的时间间隔对数据流进行采样来正确地识别数据。接收端和发送端必须保持步调一致，否则就会在数据传输中出现差错。为了解决以上问题，串行传输可以采用以下两种方式：异步传输和同步传输。

（1）异步传输。在异步传输方式中，字符是数据传输单位。在通信的数据流中，字符之间异步，字符内部各位间同步。异步通信方式的"异步"主要体现在字符与字符之间通信没有严格的定时要求。在异步传输中，字符可以是连续地、一个个地发送，也可以是不连续地、随机地单独发送。在一个字符格式的停止位之后，立即发送下一个字符的起始位，开始一个新字符的传输，这叫作连续地串行数据发送，即帧与帧之间是连续的。断续的串行数据传输是指在一帧结束之后维持数据线的"空闲"状态，新的起始位可以在任何时刻开始，一旦传输开始，组成这个字符的各个数据位将被连续发送，并且每个数据位的持续时间是相等的，接收端根据这个特点与数据发送端保持同步，从而正确地恢复数据，收发双方则以预先约定的传输速度，在时钟的作用下，传输这个字符中的每一位。

（2）同步传输。同步通信是一种连续传送数据的通信方式，一次通信可以传送多个字符数据，称为一帧信息。同步传输的数据传输速率较高，通常可达56000bit/s或更高。其缺点是要求发送时钟和接收时钟保持严格同步。例如，可以在发送器和接收器之间提供一条独立的时钟线路，由线路的一端（发送器或者接收器）定期地在每个比特时间中向线路发送一个短脉冲信号，另一端则将这些有规律的脉冲作为时钟。这种方法在短距离传输时表现良好，但在长距离传输中，定时脉冲可能会和信息信号一样受到破坏，从而出现定时误差。另一种方法是通过采用嵌有时钟信息的数据编码位向接收端提供同步信息。同步传输格式如图6-6所示。

4.串行通信的格式

在异步通信中，数据通常是以字符（char）或者字节（byte）为单位组成字符帧传送的。既然要双方要以字符传输，那么一定要遵循一些规则，否则双方肯定不能正确传输数据，或者什么时候开始采样数据，什么时候结束数据采样，这些都必须事先预定好，即规定数据的通信协议。

同步字符	数据字符1	数据字符2	...	数据字符n−1	数据字符n	校验字符	（校验字符）

图6-6 同步通信数据

（1）字符帧。由发送端一帧一帧地发送，通过传输线被接收设备一帧一帧地接收。发送端和接收端可以有各自的时钟来控制数据的发送和接收，这两个时钟源彼此独立。

（2）异步通信中，接收端靠字符帧格式判断发送端何时开始发送，何时结束发送。平时，发送先为逻辑1（高电平），每当接收端检测到传输线上发送过来的低电平逻辑0时，就知道发送端开始发送数据，每当接收端接收到字符帧中的停止位时，就知道一帧字符信息发送完毕。异步通信的具体格式如图6-7所示。

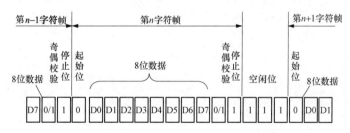

图6-7 异步通信格式帧

1）起始位。在没有数据传输时，通信线上处于逻辑"1"状态。当发送端要发送1个字符数据时，首先发送1个逻辑"0"信号，这个低电平便是帧格式的起始位，其作用是向接收端表达发送端开始发送一帧数据。接收端检测到这个低电平后，就准备接收数据。

2）数据位。在起始位之后，发送端发出（或接收端接收）的是数据位，数据的位数没有严格的限制，5~8位均可，由低位到高位逐位发送。

3）奇偶校验位。数据位发送完（接收完）之后，可以发送一位用来验证数据在传送过程中是否出错的奇偶校验位。奇偶校验是收发双方预先约定的有限差错校验方法之一，有时也可以不用奇偶校验。

4）停止位。字符帧格式的最后部分是停止位，逻辑高（"1"）电平有效，它可以占 1/2 位、1 位或 2 位。停止位表示传送一帧信息的结束，也为发送下一帧信息做好准备。

5. 串行通信的校验

串行通信的目的不只是传送数据信息，更重要的是应确保准确无误地传送。因此必须考虑在通信过程中对数据差错进行校验，差错校验是保证准确无误通信的关键。常用的差错校验方法有奇偶校验、累加和校验以及循环冗余码校验等。

（1）奇偶校验。奇偶校验的特点是按字符校验，即在发送每个字符数据之后都附加一位奇偶校验位（1 或 0），当设置为奇校验时，数据中 1 的个数与校验位 1 的个数之和应为奇数；反之则为偶校验。收发双方应具有一致的差错校验设置，当接收一帧字符时，对 1 的个数进行校验，若奇偶性（收、发双方）一致则说明传输正确。奇偶校验只能检测到影响奇偶位数的错误，较低级且速度慢，一般只用在异步通信中。

（2）累加和校验。累加和校验是指发送方将所发送的数据块求和，并将"校验和"附加到数据块末尾。接收方接收数据时也是先对数据块求和，将所得结果与发送方的"校验和"进行比较，若两者相同，表示传送正确，若不同则表示传送出现了差错。"校验和"的加法运算可以用逻辑加，也可以用算术加。累加和校验的缺点是无法检验出字节或位序的错误。

（3）循环冗余码校验（CRC）。循环冗余码校验的基本原理是将一个数据块看成一个位数很长的二进制数，然后用一个特定的数去除它，将余数作校验码附在数据块之后一起发送。接收端收到数据块和校验码后，进行同样的运算来校验传输是否出错。

二、单片机的串行接口

STC15F2K60S2 单片机内部有两个可编程的全双工串行通信接口。每个串行口由一个数据缓冲器、一个移位寄存器、一个串行控制器和一个波特率发生器组成。每个串行口的数据缓冲器在物理上分为两个独立的发送、接收缓冲器，可以同时发送和接收数据。发送缓冲器只可以写入数据，接收缓冲器只能读出数据，两个缓冲器共用一个地址。串口 1 的数据缓冲器为 SBUF，地址为 99H；串口 2 的数据缓冲器为 S2BUF，地址为 9BH。

1. 与串行口相关的特殊寄存器

与串行口相关的特殊寄存器见表 6-1。

表 6-1　　　　　　　　　　与串行口相关的特殊寄存器

寄存器	功能	地址	位地址								复位值
PCON	电源控制寄存器	87H	SMOD	SMOD0	LVDF	POF	GF1	GF0	PD	IDL	00110000
AUXR	辅助寄存器	8EH	T0x12	T1x2	UART_M0x6	T2R	T2C/T	T2x12	EXTRAM	S1ST2	00000001
CLK-DIV	时钟分频寄存器	97H	MCKO-S1	MCKO-S0	ADRJ	Tx-Rx	Tx2-Rx2	CLKS2	CLKS1	CLKSO	00000000
SCON	串口控制寄存器	98H	SM0	SM1	SM2	REN	TB8	RB8	TI	RI	00000000
SBUF	串口数据缓冲器	99H									00000000

续表

寄存器	功能	地址	位地址								复位值
S2CON	串口2控制寄存器	9AH	S2M0	—	S2M2	S2REN	S2TB8	S2RB8	S2TI	S2RI	00000000
S2BUF	串口2数据缓冲器	9BH									00000000
AUXR1	辅助寄存器	A2H	S1_S1	S1_S0	CCP_S1	CCP_S0	SPI_S1	SPI_S0	0	DPS	01000000
IE	中断控制寄存器	A8H	EA	ELVD	EADC	ES	ET1	EX1	ET0	EX0	00000000
IE2	中断控制寄存器2	AFH	—	—	—	—	—	ET2	ESPI	ES2	xxxxx000
IP2	中断优先级控制寄存器2	B5H	—	—	—	—	—	—	PSPI	PS2	xxxxxx00
IP	中断优先级控制寄存器	B8H	PPCA	PLVF	PADC	PS	PT1	PX1	PT0	PX0	00000000
P_SW2	外围功能切换寄存器	BBH	—	—	—	—	—	S4_S	S3_S	S2_S	xxxxx000

（1）寄存器 PCON 中的 SMOD 位为波特率倍增系数选择位，SMOD 为 1 时，波特率加倍。

（2）辅助寄存器 AUXR 中的 UART_M0x6 用于设置串口 1 在方式 0 时数据传输的波特率，置 1 时波特率为 $f_{sys}/2$，置 0 时波特率为 $f_{sys}/12$。辅助寄存器 AUXR 中的 S1ST2 位用于选择串口 1 在方式 1、3 时的波特率发生器，置 1 时选择 T2 为波特率发生器，置 0 时选择 T1 为波特率发生器。

（3）串口控制寄存器 SCON 的功能和用法与一般的 8051 单片机类似，不同的是其中的 SM0/FE 位可以用作帧错误检测。

（4）数据寄存器 SBUF 和 S2BUF 分别用于串口 1 和串口 2 的数据缓冲器。

（5）寄存器 S2CON 用于设置串口 2 的工作方式，其余用法与 SCON 相同。

（6）寄存器 IE、IE2 中的 ES、ES2 位分别用于控制串口 1 和串口 2 的中断允许与禁止。置 1 为允许，置 0 为禁止。

（7）寄存器 IP、IP2 中的 PS、PS2 分别用于控制串口 1 和串口 2 的中断优先级，置 1 为高优先级，置 0 为低优先级。

（8）时钟分频寄存器 CLK_DIV 中的 Tx_Rx 用于设置串口 1 的中继广播方式，置 1 为中继广播方式，置 0 为正常工作方式。

（9）辅助寄存器 AUXR1 的 S1_S1、S1_S0 位用于串口 1 的硬件引脚切换，具体情况见表 6-2。

表 6-2 串口 1 的硬件引脚切换

S1 _ S1	S1 _ S0	TXD	RXD
0	0	P3.1	P3.0
0	1	P3.7	P3.6
1	0	P1.7	P1.6
1	1	无效	

（10）寄存器 P2 _ SW2 的 S2 _ S 位用于串口 2 的硬件引脚切换，具体情况见表 6-3。

表 6-3 串口 2 的硬件引脚切换

S2 _ S	TXD2	RXD2
0	P1.1	P1.0
1	P4.7	P4.6

2. 串行数据缓冲器 SBUF

SBUF 是串行口 1 缓冲寄存器，它包括发送寄存器和接收寄存器，以便能以全双工方式进行通信。此外，在接收寄存器之前还有移位寄存器，从而构成了串行接收的双缓冲结构，这样可以避免在数据接收过程中出现重叠错误。发送数据时，由于 CPU 是主动的，不会发生帧重叠错误，因此发送电路不需要双重缓冲结构。

在逻辑上，SBUF 只有一个，它即表示发送寄存器，又表示接收寄存器，具有同一个单元地址 99H。但在物理结构上，有两个完全独立的 SBUF，一个是发送缓冲寄存器 SBUF，另一个是接收缓冲寄存器 SBUF。如果 CPU 写 SBUF，数据就会被送入发送寄存器准备发送；如果 CPU 读 SBUF，则读入的数据一定来自于接收缓冲器，即 CPU 对 SBUF 的读写，实际上是分别访问两个不同的寄存器。

3. 串行控制寄存器 SCON

串行控制寄存器 SCON 用于设置串行口的工作方式、监视串行口的工作状态、控制发送与接收的状态等。它是一个既可以以字节寻址又可以以位寻址的 8 位特殊功能寄存器。其格式如图 6-8 所示。

（1）SM0、SM1：串行口工作方式选择位。其状态组合所对应的工作方式见表 6-4。

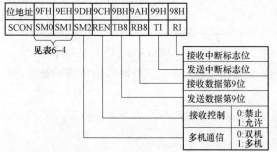

图 6-8 串行控制寄存器 SCON

表 6-4 串行口工作方式

SM0	SM1	工作方式	功能说明
0	0	0	同步移位寄存器输入/输出，波特率固定为 $f_{osc}/12$
0	1	1	10 位异步收发，波特率可变（T1 溢出率/n，$n=32$ 或 16）
1	0	2	11 位异步收发，波特率固定为 f_{osc}/n（$n=64$ 或 32）
1	1	3	11 位异步收发，波特率可变（T1 溢出率/n，$n=32$ 或 16）

1）方式 0。方式 0 为移位寄存器输入/输出方式。串行数据通过 RXD 输入，TXD 则用于输出时钟脉冲。

方式 0 时，收发的数据为 8 位，低位在前（LSB），高位在后（MSB）。波特率固定为当前单片机工作频率的 1/12。

发送是以写 SBUF 缓冲器的指令开始的，8 位输出完毕后 TI 被置位（TI=1）。

方式 0 接收是在 REN 被编程为 1 且 RI 接收完成标志位为 0 的条件满足时开始的。当接收的数据装载到 SBUF 缓冲器时，RI 会被置位（RI=1）。

方式 0 为移位寄存器输入/输出方式，如果接上移位寄存器 74L164 可以构成 8 位输出电路，不过这样做会浪费串口的资源，因为移位方式同样可以用 I/O 端口来模拟实现。

2）方式 1。方式 1 是 10 位异步通信方式，有一位起始位（0）、8 位数据位和一位停止位（1）。其中的起始位和停止位是自动插入的。

任何一条以 SBUF 为目的寄存器的指令都启动一次发送，发送的条件是 TI 要为 0，发送数据完毕后 TI 会被置位（TI=1）。

方式 1 接收的前提条件是 SCON 的 REN 被编程为 1，同时以下两个条件都必须被满足，即本次接收有效，将其装入 SBUF 和 RB8 位，否则放弃当前接收的数据。

3）方式 2、3。方式 2 和方式 3 这两种方式都是 11 位异步接收/发送方式。它们的操作过程都是完全一样的，不同的仅仅是波特率而已。

方式 3 的波特率同方式 1（定时器 1 作为波特率时钟发生器）。

方式 2 和方式 3 的发送起始于任何一条 SBUF 数据装载指令。当第 9 位数据（TB8）输出之后，TI 便会被置位（TI=1）。

方式 2 和方式 3 的接收数据前提条件也是 REN 被编程为 1。在第 9 位数据接收到后，如果下列条件同时满足，即 RI=0 且 SM2=0 或者接收到的第 9 位数据为 1，则将已经接收到数据装入 SBUF 和 RB8，并将 RI 置位（RI=1），否则接收无效。

（2）SM2：多机通信控制器位。在方式 0 中，SM2 必须设置成 0。在方式 1 中，当处于接收状态时，若 SM2=1，则只有接收到有效的停止位"1"时，RI 才能被激活成"1"（产生中断请求）。在方式 2 和方式 3 中，若 SM2=0，则串行口以单机发送或接收方式工作，TI 和 RI 以正常方式被激活并产生中断请求；当 SM2=1，RB8=1 时，RI 被激活并产生中断请求。

（3）REN：串行接收允许控制位。该位由软件设置或复位。REN=1 时，允许接收；REN=0 时，禁止接收。

（4）TB8：方式 2 和方式 3 中要发送的第 9 位数据。该位由软件置位或复位。在方式 2 和方式 3 时，TB8 是发送的第 9 位数据。在多机通信中，以 TB8 位的状态表示主机发送的是地址还是数据，TB8 还可以用作奇偶校验位。TB8=1 时，表示地址；TB8=0 时，表示数据。

（5）RB8：接收数据第 9 位。在方式 2 和方式 3 时，RB8 存放接收到的第 9 位数据。RB8 也可以作为奇偶校验位。在方式 1 中，若 SM2=0，则 RB2 是接收到的停止位。在方式 0 中，该位未用。

（6）TI：发送中断标志位。当 TI=1 时，表示已结束一帧数据发送。可由软件查询 TI 位标志，也可以向 CPU 申请中断。TI 在任何方式下都必须由软件清零。

（7）RI：接收中断标志位。当 RI=1 时，表示一帧数据接收结束。可由软件查询 RI 位标志，也可以向 CPU 申请中断。RI 在任何方式下都必须由软件清零。

4. 串行通信的波特率

波特率（Baud Rate）是串行通信中一个重要的概念，它是指传输数据的速率，亦称比特率。波特率的定义是每秒传输二进制数码的位数。例如，波特率为 4800bit/s 是指每秒钟能传输 4800 位二进制数码。

波特率的倒数即为每位数据的传输时间。例如，波特率为 9600bit/s，则每位的传输时间为

$$T_{\mathrm{d}}=1/9600=1.042\times e^{-4}\ \text{(s)}$$

波特率和字符的传输速率不同，若采用图 6-5 所示的数据帧格式，并且数据帧连续传送（无空闲位），则实际的字符传输速率为 9600/11=872.73 帧/秒。

波特率也不同于发送时钟和接收时钟频率。同步通信的波特率和时钟频率相等，而异步通信的波特率通常是可变的。

对于波特率，还有一个很重要的寄存器需要讲解，即电源控制寄存器（PCON），电源管理寄存器（PCON）也在特殊功能寄存器中，字节地址为 87H，不可位寻址，复位值为 0x00，具体内容见表 6-5。

表 6-5   **电源管理寄存器（PCON）**

位序号	D7	D6	D5	D4	D3	D2	D1	D0
位符号	SMOD	(SMOD0)	(LVDF)	(P0F)	GF1	GF0	PD	IDL

（1）SMOD：设置波特率是否倍增。SMOD = 0，串口工作于方式 1，2，3 时，波特率正常；SMOD = 1，串口工作于方式 1，2，3 时，波特率加倍。

（2）(SMOD0)、(LVDF)、(P0F)：这三个位与所用单片机有关，请查看相关数据手册。

（3）GF1、GF0：两个通用工作标志位，用户可以自由使用。

（4）PD：掉电模式设定位。PD=0 时，单片机处于正常工作状态；PD=1 时，单片机进入掉电（Power Down）模式，可由外部中断低电平触发或由下降沿触发或者硬件复位模式唤醒，进入掉电模式后，外部晶振停振，CPU、定时器、串行口全部停止工作，只有外部中断继续工作。

（5）IDL：空闲模式设定位。IDL=0 时，单片机处于正常工作状态；IDL=1 时，单片机进入空闲（IDLE）模式，除 CPU 不工作外，其余的部件继续工作，在空闲模式下可由任何一个中断或硬件复位唤醒。

四种方式的波特率介绍如下。

（1）方式 0 的波特率。辅助寄存器 AUXR 中的 UART _ M0x6 用于设置串口 1 在方式 0 的数据传输的波特率，置 1 时波特率为 $f_{\mathrm{sys}}/2$，置 0 时波特率为 $f_{\mathrm{sys}}/12=f_{\mathrm{osc}}/12$。

（2）方式 2 的波特率 为 $(2^{\mathrm{SMOD}}/\ 64)\times f_{\mathrm{sys}}$。

（3）方式 1 的波特率、方式 3 的波特率由 T1、T2 的溢出率决定。定时器 T1、T2 采用 16 位自动重装初值模式时，波特率计算公式为

$$\text{波特率}=\frac{1}{4}\times\left(\frac{f_{\mathrm{sys}}/X}{2^{16}-\text{定时器 T1 或 T2 初值}}\right)$$

其中：X 以及定时器 T1 或 T2 取决于辅助寄存器 AUXR 中的 T1x12、S1ST2 位，S1ST2=0 时，采用 T1。T1x12=0 时，X=12；T1x12=1 时，X=1。S1ST2=1 时，采用 T2。T2x12=0 时，X=12；T2x12=1 时，X=1。

（4）若采用 T1 定时器 8 位自动重装初值模式比，则波特率计算公式

$$\text{波特率}=\frac{2^{\mathrm{SMOD}}}{32}\times\left(\frac{f_{\mathrm{sys}}/X}{2^{8}-\text{定时器 T1 初值}}\right)$$

其中，X 取决于定时器 T1 辅助寄存器 AUXR 中的 T1x12 位。T1x12=0 时，X=12；T1x12=1 时，X=1。

若读者觉得此处计算有难度，可用 STC-ISP 软件自带的波特率计算器来计算，只需设置好相应的选项，从而就可以自动算出需求波特率所对应的定时器初值，具体操作如图 6-9 所示。

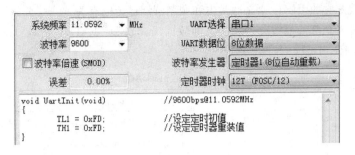

图 6-9　STC-ISP 软件的波特率计算

图 6-9 显示计算误差为 0.00%，若将系统频率（晶振频率）改为 12MHz，则此时的误差为 8.51%，如图 6-10 所示。

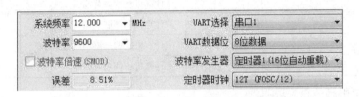

图 6-10　系统频率为 12MHz 时所对应的误差

三、硬件设计

1．RS-232C 串口通信标准与接口定义

（1）RS-232C 的简介。RS-232C 是美国电子工业协会（Electronic Industry Association，EIA）于 1962 年公布并于 1969 年修订的串行接口标准，它已经成为了国际上通用的标准。1987 年 1 月，RS-232C 经修改后，正式改名为 EIA-232D。由于标准修改并不多，因此现在很多厂商仍使用旧的名称。

（2）接口连接器。由于 RS-232C 并未定义连接器的物理特性，因此，出现了 DB-25 和 DB-9 各种类型的连接器，其引脚的定义也各不相同。现在计算机上一般只提供 DB-9 连接器，都为公头。相应的连接线上的串口连接器也有公头和母头之分，如图 6-11 所示（图左为公头、图右为母头）。

作为多功能 I/O 卡或主板上提供的 COM1 和 COM2 两个串行接口的 DB-9 连接器，它只提供了异步通信的 9 个信号引脚，如图 6-12 所示。各引脚的信号功能描述见表 6-6。

图 6-11　串口的公头与母头接口

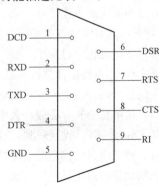

图 6-12　DB-9 各引脚定义

RS-232 的每一引脚都有它的作用，也有它信号流动的方向。原来的 RS-232 是设计用来连接调制解调器的，因此它的引脚位意义通常也和调制解调器传输有关。

从功能上来看，全部信号线分为三类，即数据线（TXD、RXD）、地线（GND）和联络控制线（DSR、DTR、RI、DCD、RTS、CTS）。

表6-6　　　　　　　　　　　　　　DB-9 串口的引脚功能

引脚号	符号	通信方向	功能
1	DCD	计算机→调制解调器	数据载波信号检测
2	RXD	计算机←调制解调器	接收数据
3	TXD	计算机→调制解调器	发送数据
4	DTR	计算机→调制解调器	数据终端准备好
5	GND	计算机⇌调制解调器	信号地线
6	DSR	计算机←调制解调器	数据设备准备好
7	RTS	计算机→调制解调器	请求发送
8	CTS	计算机←调制解调器	清除发送
9	RI	计算机←调制解调器	振铃信号

以下是这9个引脚的相关说明。

1）DCD：此引脚是由调制解调器（或其他DCE，下同）控制的，当电话接通之后，传输的信号被加载到载波信号上面，调制解调器利用此引脚通知计算机检测到载波信号，而当载波信号检测到时才可保证此时是处于连接的状态。

2）RXD：此脚负责将传输过来的远程信息进行接收。在接收的过程中，由于信息是以数字形式传输的，因此用户可以在调制解调器的RXD指示灯上看到明灭交错，这是由于0、1交替导致的结果，也就是高低电平所产生的现象。

3）TXD：此脚负责将计算机即将传输的信息传输出去。在传输过程中，由于信息是以数字形式传输的，因此读者可以在调制解调器的TXD指示灯上同样看到明灭交替的现象。

4）DTR：此引脚由计算机（或其他DTE，下同）控制，用以通知调制解调器是否可以进行传输。高电平时表示计算机已经准备就绪，随时可以接收信息。

5）GND：此脚为地线。作为计算机和调制解调器之间的参考基准。两端设备的地线准位必须一样，否则会产生地回路，使得信号因参考基准的不同而产生偏移，也会导致结果失常。RS-232信息在传输上是采用单向式的信号传输方式，其特点是信号的电压基准由参考地线提供，因此传输双方的地线必须连接在一起，以避免由于基准不同而造成的信息错误。

6）DSR：此引脚由调制解调器控制，调制解调器用该引脚的高电位通知计算机一切均准备就绪，可以将信息传输过来了。

7）RTS：此引脚由计算机控制，用以通知调制解调器马上传输信息到计算机。而当调制解调器收到此信号后，便会将它在电话线上收到的信息传输给计算机，在此之前若有信息传输到调制解调器，则信息会暂存在缓冲区中。

8）CTS：此脚由调制解调器控制，用以通知计算机打算传输的信息已经到达调制解调器。当计算机收到此引脚的信息后，便把准备传输的信息送到调制解调器，而调制解调器则将计算机传输过来的信息通过电话线路送出。

9）RI：调制解调器通知计算机有电话进来，是否接听电话则由计算机决定。如果计算机设置调制解调器为自动应答模式，则调制解调器在听到铃响便会自动接听电话。

上述控制信号线何时有效、何时无效的顺序表示了接口信号的传输过程。例如，只有当

DSR 和 DTR 都处于有效（ON）状态时，才能在 DTE 和 DCE 之间进行传输操作。若 DTE 要发送数据，则预先将 DTR 线置成有效（ON）状态，等 CTS 线上收到有效（ON）状态的应答后，才能在 TXD 线上发送串行数据。这种顺序的规定对半双工的通信线路特别有用，因为半双工的通信确定 DCE 已由接收端向改为发送端向，这时线路才能开始发送。

读者可以从表 6-6 中了解到硬件线路上的数据流向。另外值得一提的是，如果从计算机的角度来看这些引脚的通信状况，流进计算机端的，可以看作数据输入；而流出计算机端的，则可以看作数据输出。从工业应用的角度来看，所谓的输入就是用来"检测"的，而输出就是用来"控制"的。

2. RS-232 电平与 TTL 电平的转换

RS-232C 对电气特性、逻辑电平和各种信号线的功能都进行了规定。这里详细说明一下 RS-232 电平。

在 TXD 和 RXD 上：逻辑 1 为 −3～−15V；逻辑 0 为 ＋3～＋15V。

在 RTS、CTS、DSR、DTR 和 DCD 等控制线上：信号有效（接通，ON 状态，正电压）为 ＋3～＋15V；信号无效（断开，OFF 状态，负电压）为 −3～−15V。

以上规定说明了 RS-232C 标准对逻辑电平的定义。对于数据（信息码），逻辑"1"的电平低于 −3V，逻辑"0"的电平高于 ＋3V。对于控制信号，接通状态（ON）即信号有效的电平高于 ＋3V，断开状态（OFF）即信号无效的电平低于 −3V，也就是当传输电平的绝对值大于 3V 时，电路可以有效地检查出来，介于 −3～＋3V 之间的电压无意义，低于 −15V 或高于 ＋15V 的电压也认为无意义，因此，在实际工作时，应保证电平在 ±（3～15）V 之间。

RS-232C 是用正负电压来表示逻辑电平，与 TTL 以高低电平表示逻辑状态的规定不同，因此，为了能够同计算机接口或终端的 TTL 器件相连接，必须在 RS-232C 与 TTL 电路之间进行电平和逻辑关系的转换，实现这种转换可以用分立元件，也可以用集成电路芯片，目前较为广泛地使用集成电路转换器件，如 MC1448、SN75150 芯片可以完成 TTL 电平到 RS-232 电平的转换，而 MC1489、SN75154 可以实现 RS-232 电平到 TTL 电平的转换，由于这些芯片的局限性，现在常用的 RS-232C/TTL 转换芯片是 MAX232。其实，在一些电子消费类产品中，为了节省成本，最常用的方法是用分立元件来搭建，因为这样搭建的电路成本还不到 0.1 元，若用 MAX232 至少也需要 0.3 元左右。

3. 分立元件实现 RS-232 电平与 TTL 电平的转换

上面已经提到，该电路成本较低，适合于在对成本要求严格的地方使用，其电路原理如图 6-13 所示。

（1）RS-232 到 TTL 的转换过程。首先，若 PC 发送逻辑电平"1"，此时 PC＿TXD 为高电平（电压为 −3～−15V，也是默认电压），则此时 VT2 截止，由于 R2 上拉的作用，RXD 此时为高电平（逻辑电平"1"）；若 PC 发送逻辑电平"0"，此时 PC＿TXD 为低电平（电压为 ＋3～＋15V），则此时 VT2 导通，RXD 此时为低电平（逻辑电平"0"），这样就实现了 RS-232 到 TTL 的电平转换。

（2）TTL 到 RS-232 的转换过程。若 TTL 端发送逻辑电平"1"，那么此时 VT1 截止，但由于 PC＿TXD 端默认电平为高电平（电压为 −3～−15V），这样会通过 VD1 和 R3 将 PC＿RXD 拉成高电平（电压大概为 −3～−15V）；若 TTL 端发送逻辑电平"0"，那么此时 Q1 导通，则 PC＿RXD 端就为低电平（电压为 5V 左右），这样就实现了 TTL 到 RS-232 电平的转换。

4. MAX232 实现 RS-232 电平与 TTL 电平的转换

MAX232 是 MAXIM 公司生产的，内部有电压倍增电路和转换电路。其中电压倍增电路可

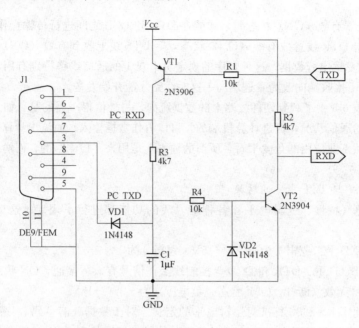

图 6-13　RS-232 分立元件电平的转换电路

以将单一的 5V 电压转换成 RS-232 所需的 ±10V 电压。

　　由于 RS-232 电平较高，在接通时产生的瞬时电涌非常高，很有可能击毁 MAX232，所以在使用中应尽量避免热插拔。其实不仅仅是 MAX232，很多器件也有这种特殊的要求，鉴于该原因，读者应养成一个良好的习惯，不要热插拔器件（除非有热插拔需求），也不要手触摸芯片的金属管脚，防止静电击毁芯片。

　　MGMC-V2.0 实验板上就是用 MAX232 来实现 RS-232 电平和 TTL 电平的转换，MAX232 的原理图如图 6-14 所示。

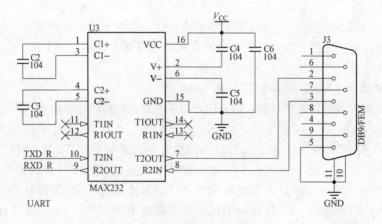

图 6-14　MAX232 原理图

　　在图 6-14 中，C2、C3、C4、C5 用于电压转换部分，由 MAX232 数据手册可知，这 4 个电容应用 1μF 的电解电容，但经大量实验和实际应用分析所得，这 4 个电容完全可以由 0.1μF 的非极性瓷片电容代替，因为这样可以节省 PCB 的面积，降低成本。C6 是用来滤波的，滤波的几个电容在绘制 PCB 时，一定要靠近芯片的管脚放置，这样可以大大地提高抗干扰能力。

　　5. USB 到 RS-232 的转换

　　由于一般的读者都使用笔记本计算机，笔记本计算机一般没有串行接口，所以必须掌握由

USB 转 RS-232 的相关知识。USB 到 RS-232 的常用转换芯片有 FT232RL、CP2102/CP2103、CH340、PL2303HX，按性能好坏的排列顺序为：FT232RL > CP2102/CP2103 > CH340 > PL2303HX，在综合性能和成本考虑之下，选择 CH340T。因此，这里以 CH340T 为例讲述 USB 和 RS-232 的转换关系。该电路的原理设计只要参考 CH340 的数据手册，就能很轻松地完成，但是 PCB 绘制时一定要注意，滤波电容一定不能少，应用 CH340T 的 USB 下载和供电电路图如图 6-15 所示。

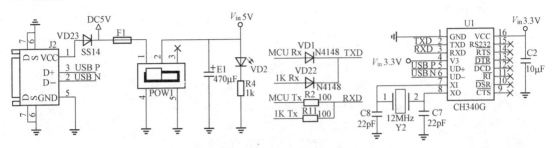

图 6-15 USB 下载和供电电路图

CH340T 是南京沁恒公司的产品，是一个 USB 总线的转换芯片，可以实现 USB 转串口、USB 转 IrDA 红外或者 USB 转打印口功能。在串口方式下，CH340 提供常用的 MEDEM 联络信号，用于为计算机扩展异步串口，或者将普通的串口设备直接升级到 USB 总线。

该芯片特点有：兼容 USB2.0，外围元件只需晶振和电容；完全兼容 Windows 操作系统下的串口应用程序；硬件全双工串口，内置收发缓冲区，支持通信波特率 10bit/s～2Mbit/s；支持常用的 MODEM 联络信号，通过外加电平转换器件，提供 RS-232、RS-485、RS-422 等接口，软件兼容 CH341，提供 SSOP20 和 SOP16 无铅封装，兼容 RoHS。鉴于以上特点，对于单片机开发来说，资源完全足够了。

（1）CH340 芯片内置了 USB 上拉电阻，所以 USB P（5）和 USB N（6）引脚应该直接连接到 USB 总线上。这两条线是差分线，走线一定要严格，尽量短且等长，并且阻抗一定要匹配。同时，两条线的周围一定要严格包地。

（2）CH340 芯片正常工作时需要外部向 XI（7）引脚提供 12MHz 的时钟信号。一般情况下，时钟信号有 CH340 内置的反相器通过晶体稳频振荡产生。外围电流只需要在 XI 和 XO 引脚连接一个 12MHz 的晶振，并且分别为 XI 和 XO（8）引脚对地连接振荡电容。需要说明的是，绘制 PCB 时，这两条连接线要短，周围一定要环绕地线或者覆铜。两端工作电压一般为 2.4V 左右。

（3）CH340 芯片支持 5V 或者 3.3V 工作电压。当使用 5V 工作电压时，CH340 芯片的 VCC 引脚输入外部 5V 电源，并且 V3（4）引脚应该外接容量为 4700pF 或者 0.01μF 的电源退耦电容。当使用 3.3V 工作电压时，CH340 芯片的 V3 引脚应该与 VCC 引脚相连，同时输入外部 3.3V 电源，并且与 CH340 芯片相连的其他电路的工作电压不能超过 3.3V。

（4）数据传输引脚包括 TXD（2）引脚和 RXD（3）引脚。串口输入空闲时，RXD 应该为高电平，如果 RS-232 引脚为高电平启用辅助 RS-232 功能，则 RXD 引脚内部自动插入一个反相器，默认为低电平。串口输出空闲时，CH340T 芯片的 TXD 为高电平。这两个引脚的高低电平很重要，在设计电路时一定要考虑进去。

有了上述这些分析和官方的数据手册，相信读者也可以设计出此电路，原理图如图 6-15 所示。

由以上原理和理论的知识储备可知，USB 接口不仅有为实验板供电的功能，还有串口通信功能。既然能通信，肯定就能给单片机下载程序，因此，一根 USB 线就可以完成单片机的供电、程序下载、串口调试任务。

四、串口通信软件

1. 串口通信的子函数

（1）串口初始化函数。串口初始化函数如下：

```
void UART _ Init(void)
{
    PCON & = 0x7F;              //波特率不倍速
    SCON = 0x50;                //8 位数据，可变波特率
    AUXR & = 0xBF;              //定时器 1 时钟为 fosc/12，即 12T
    AUXR & = 0xFE;              //串口 1 选择定时器 1 为波特率发生器
    TMOD & = 0x0F;              //清除定时器 1 模式位
    TMOD | = 0x20;              //设定定时器 1 为 8 位自动重装方式
    TL1 = 0xFD;                 //设定定时初值
    TH1 = 0xFD;                 //设定定时器重装值
    ET1 = 0;                    //禁止定时器 1 中断
    TR1 = 1;                    //启动定时器 1
    EA = 1;                     // 开总中断
    ES = 1;                     // 开串口中断
}
```

串口初始化函数各语句后有详细的注释，读者一看便懂。对于寄存器的赋值，其赋值方法也可以写作：TMOD＝0x20，这样赋值与函数的第 7 行 TMOD & = 0x0F；第 8 行 TMOD | = 0x20；的区别在于后者赋值的好处是能保留别的位，且能防止误操作。通俗的说，就是只改变想改变的位，别的位保留即可。第 13、14 行，依具体情况而定，所以这里作为注释取掉了。

（2）发送一个字节函数。该函数也有详细注释，读者自行理解即可。发送一个字节函数如下：

```
void UART _ SendOneByte(uChar8 uDat)
{
    SBUF = uDat;               // 将待发送的数据存放到发送缓冲器中
    while(! TI);               // 等待发送完毕(未发送完时为 0，发送完之后为 1)
    TI = 0;                    // 既然已经硬件置"1"，则必须软件清"0"
}
```

（3）发送字符串函数。该函数是通过调用发送一个字节函数来实现的，只是函数中的参数是字符串罢了，这里为了方便操作，用指针来定义。发送字符串函数如下：

```
void UART _ SendString(uChar8 * upStr)
{
    while( * upStr)             // 检测是否发送完毕
    {
        UART _ SendOneByte( * upStr + + );
    // 调用 UART _ SendOneByte 函数，一个字节一个字节地发送数据
    }
}
```

（4）printf（）函数。单片机中的 printf（）函数与 C 语言中的有区别，它提供两种写法：一种供中断法使用，一种供非中断法使用，读者可以依情况而定。具体用法见表 6-7。

表 6-7 单片机中 printf（）函数的用法

第一种：中断法下的 printf（）函数	第二种：非中断法下的 printf（）函数
1. ES＝0；// 关闭串口中断 2. TI＝1；// 置位发送中断标志位 3. printf（"单片机工作室!"）； 4. while（! TD）； 5. TI＝0；// 清除发送中断标志位 6. ES＝1；// 打开串口中断	1. TI＝1；// 置位发送中断标志位 2. printf（"单片机工作室!"）； 3. while（! TD）； 4. TI＝0；// 清除发送中断标志位

我们先来解释中断下的用法，中断下 printf()函数的用法解释清楚了，非中断下的用法就很容易了，要解释清楚 printf()函数，必须得从该函数的本质入手，该函数的本质又是 putchar()函数。所以解决 putchar()函数的问题就显得尤为重要了，该函数的位置是读者 Keil 的安装目录里的 LIB 文件夹(作者的路径：D：\ PRO_XYMB \ Keil4 \ C51 \ LIB)，打开 LIB 文件下的 PUTCHAR. c 文件，里面有很重要的一句："while（! TD）;"意思是等待 TI 变为"1"之后才发送出去，否则一直等待，这就是前面要加："TI＝1;"的原因，如果不加，程序会死在 putchar()函数中。printf()函数之后又要加："TI＝0;"，这是由于串口发送完数据之后，硬件会将其置"1"，这样程序会进入中断，若不清"0"，那么又会死在中断里面。这时其实已经解释了要关闭中断(ES＝0;)的缘由，否则程序会死在中断里面。关闭后，为了后续能用中断，又需要打开。

串口调试要点如下。

（1）电路、元件焊接要可靠。如果电路、元件焊接没焊好，即使程序没有问题，也会因串口通信硬件问题而使得系统不能正常通信。

（2）串口连接电缆有两种，即交叉连接电缆和直通电缆。一般情况下使用交叉连接串口电缆。

（3）准备好一款串口调试工具。一般使用串口调试助手，可以帮助调试串口。

（4）注意串口安全。建议不要带电插拔串口，插拔串口连接线时，至少要有一端是断电的，否则会损坏串口。

2. 串口发送实验

单片机通过串口发送数据，每隔 500ms 发送一个字节，并要求循环发送 0x00～0x1F 的数据。

使用"查询法"的串口发送程序很简单，只要初始化与串口相关的寄存器，就可以向串口发送数据。发送数据 0x00～0x1F 通过 while 循环实现。串口发送程序如下：

```
# include <STC15F2K60S2. h>
Type unsigned char uChar8
Type unsigned int   uInt16
/* * * * * * * * * * * * * * * * * * * * * * * * * * * * * * * * * * * * * */
//毫秒延时函数：DelayMS（）
// 入口参数：延时毫秒数（ValMS）
/* * * * * * * * * * * * * * * * * * * * * * * * * * * * * * * * * * * * * */
void DelayMS（uInt16 ValMS）
{
  uInt16 uiVal, ujVal;    /* 局部变量定义，变量在所定义的函数内部引用 */
  for（uiVal = 0; uiVal < ValMS; uiVal + +）    /* 执行语句，for 循环语句 */
    for（ujVal = 0; ujVal < 113; ujVal + +）; /* 执行语句，for 循环语句 */
```

```
}
/* * * * * * * * * * * * * * * * * * * * * * * * * * * * * * * * * * * * * * * * * * */
// 串口初始化：UART_Init ()
/* * * * * * * * * * * * * * * * * * * * * * * * * * * * * * * * * * * * * * * * * * */
void UART_Init (void)
{
    PCON &= 0x7F;           //波特率不倍速
    SCON = 0x50;            //8 位数据，可变波特率
    AUXR &= 0xBF;           //定时器 1 时钟为 f_osc/12，即 12T
    AUXR &= 0xFE;           //串口 1 选择定时器 1 为波特率发生器
    TMOD &= 0x0F;           //清除定时器 1 模式位
    TMOD |= 0x20;           //设定定时器 1 为 8 位自动重装方式
    TL1 = 0xFD;             //设定定时初值
    TH1 = 0xFD;             //设定定时器重装值
    ET1 = 0;               //禁止定时器 1 中断
    TR1 = 1;               //启动定时器 1
}
/* * * * * * * * * * * * * * * * * * * * * * * * * * * * * * * * * * * * * * * * * * */
// 发送一个字节：UART_SendOneByte ()
/* * * * * * * * * * * * * * * * * * * * * * * * * * * * * * * * * * * * * * * * * * */
void UART_SendOneByte (uChar8 uDat)
{
    SBUF = uDat;           // 将待发送的数据存放到发送缓冲器中
    while (! TI);          // 等待发送完毕（未发送完时为 0，发送完之后为 1）
    TI = 0;               // 既然硬件已经置 "1"，则必须软件清 "0"
}
/* * * * * * * * * * * * * * * * * * * * * * * * * * * * * * * * * * * * * * * * * * */
// 主函数：main ()
/* * * * * * * * * * * * * * * * * * * * * * * * * * * * * * * * * * * * * * * * * * */
void main (void)
{
    uChar8 i = 0;          //声明内部变量 i
    UART_Init ();          //串口初始化
    while (1)              //while 循环
    {
    UART_SendOneByte (i); //串口发送单字节数据
    DelayMS (500);        //延时 500ms
    i++;                  //i 加 1
    if (i>32) i = 0;
    }
}
```

3. 串口接收实验

通过串口调试助手向单片机发送数据，单片机接收数据后，向串口调试助手返回数据。串口

接收程序如下：

```
    #include <STC15F2K60S2.h>
typedef unsigned char uChar8;
typedef unsigned int  uInt16;
/* * * * * * * * * * * * * * * * * * * * * * * * * * * * * * * * * * * * * * * */
//毫秒延时函数：DelayMS ()
// 入口参数：延时毫秒数（ValMS）
/* * * * * * * * * * * * * * * * * * * * * * * * * * * * * * * * * * * * * * * */
void DelayMS (uInt16 ValMS)
{
  uInt16 uiVal, ujVal;      /*局部变量定义，变量在所定义的函数内部引用*/
  for (uiVal = 0; uiVal < ValMS; uiVal + +)      /*执行语句，for 循环语句*/
    for (ujVal = 0; ujVal < 113; ujVal + +); /*执行语句，for 循环语句*/
}
/* * * * * * * * * * * * * * * * * * * * * * * * * * * * * * * * * * * * * * * */
// 串口初始化：UART _ Init ()
/* * * * * * * * * * * * * * * * * * * * * * * * * * * * * * * * * * * * * * * */
void UART _ Init (void)
{
    PCON & = 0x7F;             //波特率不倍速
  AUXR & = 0xBF;             //定时器 1 时钟为 fosc/12，即 12T
  AUXR & = 0xFE;             //串口 1 选择定时器 1 为波特率发生器
  TMOD & = 0x0F;             //清除定时器 1 模式位
  TMOD | = 0x20;             //设定定时器 1 为 8 位自动重装方式
  TL1 = 0xFD;               //设定定时初值
  TH1 = 0xFD;               //设定定时器重装值
  ET1 = 0;                //禁止定时器 1 中断
  TR1 = 1;                //启动定时器 1
  SCON | = 0x50;            // 串口工作于方式 1，8 位数据
  EA = 1;                 // 开总中断
  ES = 1;                 // 开串口中断
}
/* * * * * * * * * * * * * * * * * * * * * * * * * * * * * * * * * * * * * * * */
// 发送一个字节：UART _ SendOneByte ()
/* * * * * * * * * * * * * * * * * * * * * * * * * * * * * * * * * * * * * * * */
void UART _ SendOneByte (uChar8 uDat)
{
  SBUF = uDat;             // 将待发送的数据存放到发送缓冲器中
  while (! TI);            // 等待发送完毕（未发送完时为 0，发送完之后为 1）
  TI = 0;                // 既然已经硬件置 "1"，则必须软件清 "0"
}
/* * * * * * * * * * * * * * * * * * * * * * * * * * * * * * * * * * * * * * * */
// 串口中断服务函数：UART _ IRQ ()
/* * * * * * * * * * * * * * * * * * * * * * * * * * * * * * * * * * * * * * * */
```

```
void UART _ IRQ (void) interrupt 4
{
  uChar8  recv;                    //定义内部变量
  if (RI)                          //检测 RI 是否置 1
   {
    RI = 0;                        //清零 RI
    recv = SBUF;                   //读取接收数据
    UART _ SendOneByte (recv);     //返回接收到的数据
   }
}
/* * * * * * * * * * * * * * * * * * * * * * * * * * * * * * * * * * * * * * * * * * /
// 主函数：main ()
/* * * * * * * * * * * * * * * * * * * * * * * * * * * * * * * * * * * * * * * * * * /
void main (void)
{
  UART _ Init ();                  //串口初始化
  while (1)                        //while 循环
   {
    ;
   }
}
```

 技能训练

一、训练目标

(1) 学会使用单片机的串口中断。

(2) 学会通过单片机的串口与计算机进行通信。

二、训练步骤与内容

1. 建立一个工程

(1) 在计算机 E 盘新建一个文件夹 "SERIAL6"。

(2) 启动 Keil μVision 4 软件。

(3) 选择执行 "Project" 工程菜单下的 "New μVision Project" 命令，新建一个 μVision 工程项目，弹出创建新项目对话框。

(4) 在创建新项目对话框，输入工程文件名 "SERIAL6"，单击 "保存" 按钮，弹出选择 CPU 数据库对话框。

(5) 选择 STC CPU Data base 数据库，单击 "OK" 按钮，弹出 "Select Device for Target" 选择目标器件对话框，单击 "STC" 左边的 "+" 号，展开选项，选择 "STC15W4K32S4" 选项。

(6) 单击 "OK" 按钮，弹出是否添加标准 8051 启动代码对话框。

(7) 单击 "是" 按钮，即可在开发环境自动为我们建立好包含启动代码项目的空文件，启动代码为 "STARTUP. A51"。

2. 编写程序文件

(1) 单击执行 "File" 文件菜单下的 "New" 命令，新建一个文本文件 "TEXT1"。

(2) 单击执行 "File" 文件菜单下的 "Save As" 命令，弹出另存文件对话框，在文件名栏输入"main. c"，单击"保存"按钮，保存文件。

（3）在左边的工程浏览窗口，鼠标右键单击"Source Group1"，在弹出的右键菜单中，选择执行"Add Files to Group′Source Group1′"命令。

（4）弹出选择文件对话框，选择"main. c"文件，单击"Add"添加按钮，将文件添加到工程项目中，单击添加文件对话框右上角的红色"×"，关闭添加文件对话框。

（5）在"main"中输入使用查询法的串口发送程序，单击工具栏的保存按钮 ，并保存文件。

3. 调试运行

（1）编译程序。

1）设置输出文件选项。在左边的工程浏览窗口，鼠标右键单击"Target"选项，在弹出的右键菜单中，选择执行"Options for Target′Target1′"菜单命令。

2）在"Options for Target′Target1′"对话框，选择"Target"对象目标设置页，在晶体振荡器频率设置栏"Xtal（MHz）"，输入"11.0592"，设置晶振频率为11.0592 MHz。

3）在"Options for Target′Target1′"对话框，选择"Output"输出页，选择"Create HEX File"创建 HEX 文件。

4）单击"OK"按钮，返回程序编辑界面。

5）单击编译工具栏的编译所有文件按钮 ，开始编译文件。

6）在编译输出窗口，查看程序编译信息。

（2）下载程序。

1）启动 STC 单片机下载软件。

2）单击单片机型号栏右边的下拉列表箭头，选择"IAP15W4K58S2"。单击运行时的 IRC 频率栏右边的选择下拉箭头，选择"11.0592"（MHz）。

3）选择 COM 口，计算机连接 FSST15-V1.0 单片机开发板后，软件会自动选择。

4）单击"打开程序文件"按钮，弹出"打开程序代码文件"对话框，选择"SERIAL6"文件夹里的"SERIAL6. hex"文件，单击"打开"按钮，在程序代码窗口显示代码文件信息。

5）单击"下载/编程"按钮，此时代码显示框下面的提示框中会显示"正在检测目标单片机"。

6）程序代码开始下载，提示框显示一串下载信息，下载完成后显示"操作完成"，表示 HEX 代码文件已经下载到单片机中了。

（3）安装串口调试助手软件。

（4）调试。

1）通过 USB 串口下载电缆连接单片机开发板的串口和计算机 USB 串口。

2）STC 单片机下载软件，查看 USB 虚拟串口号，如图 6-16 所示。注意看方框部分，本机串口号为 COM6。

3）关闭 STC 单片机下载软件（注意：若同时启动两款串口通信软件，则串口通信会产生异常现象）。

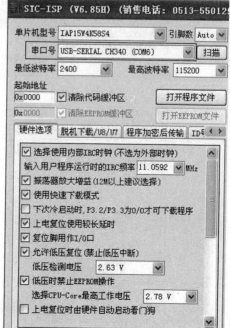

图 6-16 查看 USB 虚拟串口号

4）启动计算机串口调试助手，启动后的串口调试助手界面如图 6-17 所示。

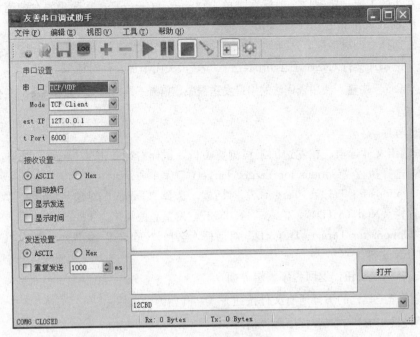

图 6-17　串口调试助手界面

5）设置串口参数，如图 6-18 所示。在串口设置中，串口设置为 COM6，波特率设置为 9600bit/s，数据位设置为 8 位，校验设置为"None"，停止位设置为 1 位。在接收设置中，数据设置为 ASCII 码，在复选框中选择"显示发送"。在发送设置中，数据设置为 ASCII 码。图 6-18 所示对话框的左下角显示当前串口为关闭。

6）单击图 6-18 右下角的"打开"按钮，打开串口。

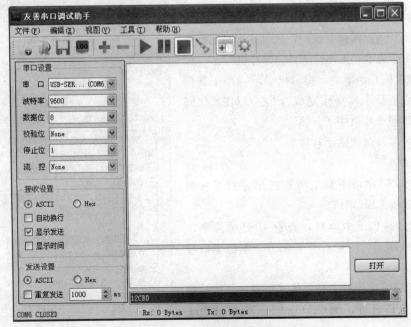

图 6-18　设置串口参数

7）在串口发送区输入字符"Send a Data"，如图 6-19 所示。

图 6-19　输入字符"Send a Data"

8）单击图 6-19 所示对话框右下角的"发送"按钮。

9）观察串口调试助手接收区显示的数据，如图 6-20 所示。

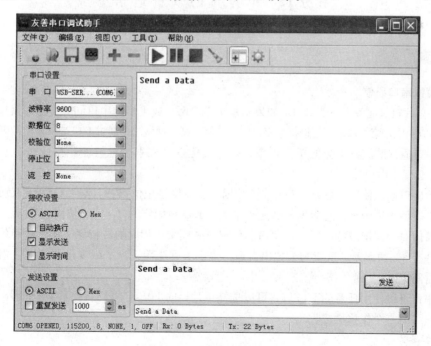

图 6-20　接收区显示的数据

10）单击串口调试工具栏的　按钮，清空接收区的数据。

11）若在接收区设置中选中"显示时间"，则在单击"发送"按钮后，显示的数据如图 6-21 所示。此时将会在数据前显示发送的时间。

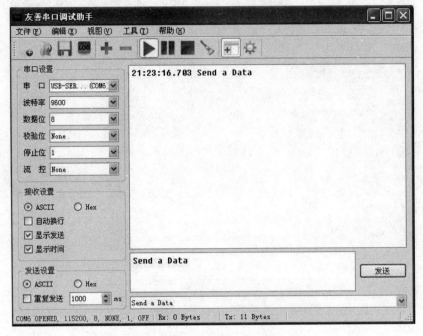

图 6-21　显示发送的时间

任务 15　单片机的双机通信

 基础知识

一、模拟串口通信

一般的单片机只配备了一个串口，如果单片机需要两个或更多的串口同时通信，就显得很困难了。在实际应用中，第一种做法是选择多串口的单片机；第二种做法是通过 I/O 端口来模拟串口通信。

模拟串口通信的波特率会低于真正串口，但其优点是成本相对较低，并且可以通过不同的 I/O 口组合实现多串口通信。

一般的串口通信使用一位起始位、8 位数据位、一位停止位格式。起始位用于识别是否有串行数据到来，停止位用于标志数据传送是否结束。起始位固定为 0，停止位固定为 1。

串口通信时为固定波特率通信，串口通信双方必须采用相同的波特率才能正常通信，通信中波特率允许有 3% 的误差，这就为模拟串口通信提供了可能性，为了减少误差，应使用定时器获得精确的时间定时。

模拟串口可以使用任意的 I/O 口，可以选择单片机的 P0～P3 口的任意两个引脚，一个引脚作移位发送，另一个作移位接收。

1. 控制要求

使用串口调试助手发送 8 个字节数据，单片机用模拟串口的方法将数据返回到计算机。

2. 控制程序

控制程序如下：

```c
# include <STC15F2K60S2.h>
typedef unsigned char uChar8;
typedef unsigned int   uInt16;
# define Recv_MAX 8                              //宏定义，接收数据最大值
# define RXD P1_0                                //宏定义，接收信号的引脚
# define TXD P1_1                                //宏定义，发送信号的引脚
# define TIMER_ENABLE () {TL0 = TH0; TR0 = 1; Ftouts = 0;}  //定时器使能
# define TIMER_DISABLE () { TR0 = 0; Ftouts = 0; }          //定时器禁止
# define TIMER_WAIT () {while (! Ftouts); Ftouts = 0;}      //定时器等待超时
/* * * * * * * * * * * * * * * * * * * * * * * * * * * * * * * * * * * * * * * * */
//全局变量定义
/* * * * * * * * * * * * * * * * * * * * * * * * * * * * * * * * * * * * * * * * */
sbit P1_0 = P1^0;                                //位定义 P1_0
sbit P1_1 = P1^1;                                //位定义 P1_1
uChar8 Ftouts = 0;                               //定时溢出标志
uChar8 RecvBuf [8];                              //接收数据缓冲区
uChar8 RecvCount = 0;                            //接收数据计数
/* * * * * * * * * * * * * * * * * * * * * * * * * * * * * * * * * * * * * * * * */
//发送一个字节数据函数：UART_SendOneByte ()
//输入：要发送的字节数据 uDat
/* * * * * * * * * * * * * * * * * * * * * * * * * * * * * * * * * * * * * * * * */
void UART_SendOneByte (uChar8 uDat)
{
  uChar8 i = 8;                                  //定义内部变量 i
  TXD = 0;                                       //起始位为 0
  TIMER_ENABLE ();                               //定时器使能
  TIMER_WAIT ();                                 //定时等待
  while (i--)              //while 循环，条件 i-- 不为 0
  {
  if (uDat&1) TXD = 1;                           //发送位数据为 1，传送 1
  else TXD = 0;                                  //否则发送 0
  TIMER_WAIT ();                                 //定时等待
  uDat>>= 1;                                     //发送数据移位
  }
  TXD = 1;                                       //发送停止位
  TIMER_WAIT ();                                 //定时等待
  TIMER_DISABLE ();                              //定时器禁止
}
/* * * * * * * * * * * * * * * * * * * * * * * * * * * * * * * * * * * * * * * * */
// 接收一个字节数据函数：UART_RecvOneByte ()
/* * * * * * * * * * * * * * * * * * * * * * * * * * * * * * * * * * * * * * * * */
unsigned char UART_RecvOneByte (void)
{
  uChar8 i = 8;                                  //定义内部变量 i
```

```
    uChar8 c = 0;                                    //定义内部变量 c
    TIMER _ ENABLE ();                               //定时器使能
    TIMER _ WAIT ();                                 //定时等待
    for (i = 0; i<8; i+ +)                           //for 循环
      {
      if (RXD) c | = (1<<i);                         //接收位数据为 1, 左移 i 位送 c
      TIMER _ WAIT ();                               //定时等待
      }
    TIMER _ WAIT ();                                 //等待结束位
    TIMER _ DISABLE ();                              //定时器禁止
    return c;
}
```

任务
15

```
/* * * * * * * * * * * * * * * * * * * * * * * * * * * * * * * * * * * * * * * * * * * */
// 串口打印函数: UART _ PrintString ()
/* * * * * * * * * * * * * * * * * * * * * * * * * * * * * * * * * * * * * * * * * * * */
void UART _ PrintString (uChar8 * upStr)
{
    while (upStr && * upStr)                         // 检测发送数据
      {
        UART _ SendOneByte ( * upStr + +);
      // 调用 UART _ SendOneByte 函数一个字节一个字节地发送数据
      }
}
/* * * * * * * * * * * * * * * * * * * * * * * * * * * * * * * * * * * * * * * * * * * */
// 定时器初始化函数: Timer0Init ()
/* * * * * * * * * * * * * * * * * * * * * * * * * * * * * * * * * * * * * * * * * * * */
void Timer0Init (void)
{
    TMOD = 0x02;                                     // 设置定时器 0 工作在模式 2
    TH0 = 0xDC;                                      //TH0 赋初始值 0xDC
    TL0 = TH0;                                       //TL0 赋初始值 0xDC
    TR0 = 0;                                         // 关定时器 0
    TF0 = 0;
    ET0 = 1;                                         //开定时器 0 中断
    EA = 1;                                          //开总中断
}
/* * * * * * * * * * * * * * * * * * * * * * * * * * * * * * * * * * * * * * * * * * * */
// 起始位到达函数: StartBitCom ()
/* * * * * * * * * * * * * * * * * * * * * * * * * * * * * * * * * * * * * * * * * * * */
unsigned char StartBitCom ()
{
    return (RXD = = 0);
}
/* * * * * * * * * * * * * * * * * * * * * * * * * * * * * * * * * * * * * * * * * * * */
```

```
// 定时器中断函数：Time0 _ ITQ ()
/* * * * * * * * * * * * * * * * * * * * * * * * * * * * * * * * * * * * * * */
void Time0 _ ITQ (void) interrupt 1
{
  Ftouts = 0;
}
/* * * * * * * * * * * * * * * * * * * * * * * * * * * * * * * * * * * * * * */
// 主函数：main ()
/* * * * * * * * * * * * * * * * * * * * * * * * * * * * * * * * * * * * * * */
void main (void)
{
  uChar8 j;                                      //定义内部变量 j
  Timer0Init ();                                 //定时器 0 初始化
  while (1)
   {
    if (StartBitCom ())                          //起始位到来
     {
     RecvBuf [RecvCount + +] = UART _ RecvOneByte ();   //存储接收数据
     if (RecvCount> = Recv _ MAX)
      {
      RecvCount = 0;
      for (j = 0; j< Recv _ MAX; j + +)
        {
        UART _ SendOneByte (RecvBuf [j]);        //返送数据
         }
       }
      }
     }
}
```

　　模拟串口的接收数据引脚是 P1.0，发送数据引脚是 P1.1。通过宏定义 "♯ define RXD P1 _ 0" 和 "♯ define TXD P1 _ 1" 使得程序便于阅读，宏定义 "♯ define TIMER _ ENABLE () {TL0＝TH0；TR0＝1；Ftouts＝0;}" 使能定时器 T0。宏定义 "♯ define TIMER _ DISABLE () { TR0＝0；Ftouts＝0;}" 禁止定时器 T0，宏定义 "♯ define TIMER _ WAIT () {while (! Ftouts)；Ftouts＝0;}" 等待定时器 T0 超时。通过这三个宏定义函数对定时器 T0 进行使能、禁止、等待等操作，可以实现精确定时，减少模拟串口发送、接收数据的累积误差。

　　在模拟串口发送数据函数 UART _ SendOneByte () 中，以起始位 "0" 作为移位传送的起始标志，然后将要发送的字节从低位到高位移位传送，最后以停止位 "1" 作为移位传送的结束。

　　在模拟串口接收数据函数 UART _ RecvOneByte () 中，一旦检测到起始位 "0"，就立即将接收到的每一位数据进行移位存储，最后以停止位 "1" 作为接收数据的结束。

　　在主函数 main () 中，首先进行定时器 0 的初始化，while 循环检测起始位 "0" 的到

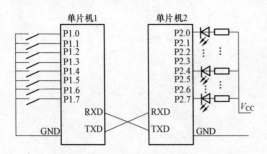

图 6-22　单片机双机通信

来，一旦起始位到来，就开始接收数据，当接收数据达到宏定义 Recv_MAX 的个数时，将接收到数据返送回其他的外部设备。

二、单片机的双机通信

两台单片机通过串口 1 进行串口通信，单片机双机通信原理图如图 6-22 所示。

发送方单片机将串口设置为工作方式 1，将待发送的数据经 P4 口写入发送缓冲器。接收单片机也将串口设置为工作方式 1，接收数据送 P7 口显示。

1. 发送方程序代码

发送方程序代码如下：

```
#include <STC15F2K60S2.h>
typedef unsigned char uChar8;
typedef unsigned int  uInt16;
/* * * * * * * * * * * * * * * * * * * * * * * * * * * * * * * * * * * * * * * * * * */
//毫秒延时函数：DelayMS ()
// 入口参数：延时毫秒数（ValMS）
/* * * * * * * * * * * * * * * * * * * * * * * * * * * * * * * * * * * * * * * * * * */
void DelayMS (uInt16 ValMS)
{
  uInt16 uiVal, ujVal;    /* 局部变量定义，变量在所定义的函数内部引用 */
  for (uiVal = 0; uiVal < ValMS; uiVal + +)    /* 执行语句，for 循环语句 */
    for (ujVal = 0; ujVal < 1080; ujVal + +); /* 执行语句，for 循环语句 */
}
/* * * * * * * * * * * * * * * * * * * * * * * * * * * * * * * * * * * * * * * * * * */
// 串口初始化：UART_Init ()
/* * * * * * * * * * * * * * * * * * * * * * * * * * * * * * * * * * * * * * * * * * */
void UART_Init (void)
{
  PCON &= 0x7F;          //波特率不倍速
  SCON | = 0x50;         // 串口工作于方式 1，并允许接收数据
  AUXR &= 0xBF;          //定时器 1 时钟为 fosc/12，即 12T
  AUXR &= 0xFE;          //串口 1 选择定时器 1 为波特率发生器
  TMOD &= 0x0F;          //清除定时器 1 模式位
  TMOD | = 0x20;         //设定定时器 1 为 8 位自动重装方式
  TL1 = 0xFD;            //设定定时初值
  TH1 = 0xFD;            //设定定时器重装值
  ET1 = 0;               //禁止定时器 1 中断
  TR1 = 1;               //启动定时器 1
}
/* * * * * * * * * * * * * * * * * * * * * * * * * * * * * * * * * * * * * * * * * * */
// 发送一个字节：UART_SendOneByte ()
/* * * * * * * * * * * * * * * * * * * * * * * * * * * * * * * * * * * * * * * * * * */
```

```
void UART_SendOneByte (uChar8 uDat)
{
  SBUF = uDat;              // 将待发送的数据存放到发送缓冲器中
  while (! TI);             // 等待发送完毕（未发送完时为 0，发送完之后为 1）
  TI = 0;                   // 既然已经硬件置 "1"，则必须软件清 "0"
}
/* * * * * * * * * * * * * * * * * * * * * * * * * * * * * * * * * * * * * * * * * */
// 主函数：main ()
/* * * * * * * * * * * * * * * * * * * * * * * * * * * * * * * * * * * * * * * * * */
void main (void)
{
  UART_Init ();             //串口初始化
  while (1)                 //while 循环
   {
  P4 = 0xFE;                //设置 P4
  DelayMS (6);              //延时 6ms
  UART_SendOneByte (P4);    //读取 P4 数据，并串口发送单字节数据
  DelayMS (500);            //延时 500ms
   }
}
```

    2. 接收方程序代码
    接收方程序代码如下：

```
#include <STC15F2K60S2.h>
typedef unsigned char uChar8;
/* * * * * * * * * * * * * * * * * * * * * * * * * * * * * * * * * * * * * * * * * */
// 串口初始化：UART_Init ()
/* * * * * * * * * * * * * * * * * * * * * * * * * * * * * * * * * * * * * * * * * */
void UART_Init (void)
{
  PCON &= 0x7F;             //波特率不倍速
  SCON | = 0x50;            // 串口工作于方式 1，并允许接收数据
  AUXR &= 0xBF;             //定时器 1 时钟为 fosc/12，即 12T
  AUXR &= 0xFE;             //串口 1 选择定时器 1 为波特率发生器
  TMOD &= 0x0F;             // 清空定时器 1
  TMOD | = 0x20;            // 定时器 1 工作于方式 2
  TH1 = 0xFD;               // 为定时器 1 赋初值
  TL1 = 0xFD;               // 等价于将波特率设置为 9600bit/s
  ET1 = 0;                  // 防止中断产生不必要的干扰
  TR1 = 1;                  // 启动定时器 1
  EA = 1;                   // 开总中断
  ES = 1;                   // 开串口中断
}
/* * * * * * * * * * * * * * * * * * * * * * * * * * * * * * * * * * * * * * * * * */
```

181

```
// 发送一个字节：UART _ SendOneByte ()
/* * * * * * * * * * * * * * * * * * * * * * * * * * * * * * * * * * * * * * * * * * * */
void UART _ SendOneByte (uChar8 uDat)
{
  SBUF = uDat;              // 将待发送的数据存放到发送缓冲器中
  while (! TI);            // 等待发送完毕（未发送完时为 0，发送完之后为 1）
  TI = 0;                 // 既然已经硬件置 "1"，则必须软件清 "0"
}
/* * * * * * * * * * * * * * * * * * * * * * * * * * * * * * * * * * * * * * * * * * * */
// 串口中断服务函数：UART _ IRQ ()
/* * * * * * * * * * * * * * * * * * * * * * * * * * * * * * * * * * * * * * * * * * * */
void UART _ IRQ (void) interrupt 4
{
  if (RI)                 //检测 RI 是否置 1
  {
   RI = 0;                //清零 RI
   P7 = SBUF;             //读取接收数据
   UART _ SendOneByte (recv); //返回接收到的数据
  }
}
/* * * * * * * * * * * * * * * * * * * * * * * * * * * * * * * * * * * * * * * * * * * */
// 主函数：main ()
/* * * * * * * * * * * * * * * * * * * * * * * * * * * * * * * * * * * * * * * * * * * */
void main (void)
{
  UART _ Init ();          //串口初始化
  while (1)               //while 循环
  {
   ;
  }
}
```

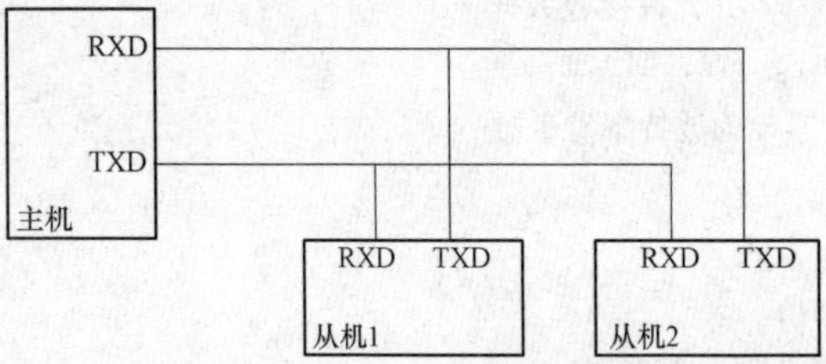

图 6-23 单片机多机通信

3. 单片机多机通信

单片机进行多机通信时，串口工作方式选择工作方式 2 或工作方式 3。假设当前单片机多机通信系统中有一个主机和两个从机，从机地址可以选 01H、02H，如果距离较近，可以直接使用 TTL 电平通信，如果距离较远，一般用 RS-485 串行总线连接，如图 6-23 所示。

为了识别是数据信息还是地址信息，主机用第 9 位 TB8 作为地址/数据信息识别码，地址帧 T8＝1，数据帧 T8＝0，各个从机 SM2 必须置 1。

在主机与从机通信前，先将该地址信息发送到各个从机，由于各个从机 SM2 为 1，接收地址帧时，RB8＝1，因此各个从机收到的信息有效，信息送入接收缓冲器 SBUF，并置 RI＝1。从机 CPU 响应中断后，通过软件判断主机送来的是不是本机地址，如果是就复位 SM2，否则保留 SM2＝1。

接着主机发送数据帧，因数据帧 RB8 为 0，因此只有当地址相符的从机的 SM2＝0 时，才可以将 8 位数据送入接收缓冲器 SBUF，另一个从机因 SM2＝1，数据不能送入接收缓冲器 SBUF，从而实现了主机与规定从机的通信。

 技能训练

一、训练目标

（1）学会使用单片机的串口中断。

（2）通过两个单片机的串口进行双机通信。

二、训练步骤与内容

1. 建立一个工程

（1）在计算机 E 盘新建一个文件夹"SERIAL6B"。

（2）启动 Keil4 μVision 4 软件。

（3）选择执行"Project"工程菜单下的"New μVision Project"命令，新建一个 μVision 工程项目，弹出创建新项目对话框。

（4）在创建新项目对话框，输入工程文件名"SERIAL6B"，单击"保存"按钮，弹出选择 CPU 数据库对话框。

（5）选择 STC CPU Data base 数据库，单击"OK"按钮，弹出"Select Device for Target"选择目标器件对话框，单击"STC"左边的"＋"号，展开选项，选择"STC15W4K32S4"选项。

（6）单击"OK"按钮，弹出是否添加标准 8051 启动代码对话框。

（7）单击"是"按钮，即可在开发环境自动为我们建立好包含启动代码项目的空文件，启动代码为"STARTUP. A51"。

2. 编写程序文件

（1）单击执行"File"文件菜单下的"New"命令，新建一个文本文件"TEXT1"。

（2）单击执行"File"文件菜单下的"Save As"命令，弹出另存文件对话框，在文件名栏输入"main. c"，单击"保存"按钮，保存文件。

（3）在左边的工程浏览窗口，鼠标右键单击"Source Group1"，在弹出的右键菜单中，选择执行"Add Files to Group'Source Group1'"命令。

（4）弹出选择文件对话框，选择"main. c"文件，单击"Add"添加按钮，将文件添加到工程项目中，单击添加文件对话框右上角的红色"×"，关闭添加文件对话框。

（5）在"main"中输入双机通信发送端源程序，单击工具栏的保存按钮 💾，并保存文件。

3. 下载程序到发送方单片机

（1）编译程序。

1）设置输出文件选项。在左边的工程浏览窗口，鼠标右键单击"Target"选项，在弹出的右键菜单中，选择执行"Options for Target'Target1'"菜单命令。

2）在"Options for Target'Target1'"对话框，选择"Target"对象目标设置页，在晶体振荡器频率设置栏"Xtal（MHz）"，输入"11.0592"，设置晶振频率为 11.0592MHz。

3）在"Options for Target'Target1'"对话框，选择"Output"输出页，选择"Create HEX File"创建 HEX 文件。

4）单击"OK"按钮，返回程序编辑界面。

5）单击编译工具栏的编译所有文件按钮 ，开始编译文件。

6）在编译输出窗口，查看程序编译信息。

（2）下载程序。

1）启动 STC 单片机下载软件。

2）单击单片机型号栏右边的下拉列表箭头，选择"IAP15W4K58S2"。单击运行时的 IRC 频率栏右边的选择下拉箭头，选择"11.0592"（MHz）。

3）单击"打开程序文件"按钮，弹出"打开程序代码文件"对话框，选择"SERIAL6B"文件夹里的"SERIAL6B. hex"文件，单击"打开"按钮，在程序代码窗口显示代码文件信息。

4）单击"下载/编程"按钮，此时代码显示框下面的提示框中会显示"正在检测目标单片机"。

5）程序代码开始下载，提示框显示一串下载信息，下载完成后显示"操作完成"，表示 HEX 代码文件已经下载到单片机中了。

4．建立一个新工程

（1）在计算机 E 盘新建一个文件夹"SERIALC"。

（2）启动 Keil μVision 4 软件。

（3）选择执行"Project"工程菜单下的"New μVision Project"命令，新建一个 μVision 工程项目，弹出创建新项目对话框。

（4）在创建新项目对话框，输入工程文件名"SERIALC"，单击"保存"按钮，弹出选择 CPU 数据库对话框。

（5）选择 STC CPU Data base 数据库，单击"OK"按钮，弹出"Select Device for target"选择目标器件对话框，单击"STC"左边的"＋"号，展开选项，选择"STC15W4K32S4"选项。

（6）单击"OK"按钮，弹出是否添加标准 8051 启动代码对话框。

（7）单击"是"按钮，即可在开发环境自动为我们建立好包含启动代码项目的空文件，启动代码为"STARTUP. A51"。

5．编写程序文件

（1）单击执行"File"文件菜单下的"New"命令，新建一个文本文件"TEXT2"。

（2）单击执行"File"文件菜单下的"Save As"命令，弹出另存文件对话框，在文件名栏输入"main. c"，单击"保存"按钮，保存文件。

（3）在左边的工程浏览窗口，鼠标右键单击"Source Group1"，在弹出的右键菜单中，选择执行"Add Files to Group'Source Group1'"命令。

（4）弹出选择文件对话框，选择"main. c"文件，单击"Add"添加按钮，将文件添加到工程项目中，单击添加文件对话框右上角的红色"×"，关闭添加文件对话框。

（5）在"main"中输入双机通信串口接收程序，单击工具栏的保存按钮 ，并保存文件。

6．下载程序到接收方单片机

（1）编译程序。

1）设置输出文件选项。在左边的工程浏览窗口，右键单击"Target"选项，在弹出的右键菜单中，选择执行"Options for Target'Target1'"菜单命令。

2）在"Options for Target'Target1'"对话框，选择"Target"对象目标设置页，晶体振荡器频率设置栏在"Xtal（MHz)"，输入"11.0592"，设置晶振频率为 11.0592 MHz。

3）在"Options for Target'Target1'"对话框，选择"Output"输出页，选择"Create HEX File"创建 HEX 文件。

4）单击"OK"按钮，返回程序编辑界面。

5）单击编译工具栏的编译所有文件按钮 ，开始编译文件。

6）在编译输出窗口，查看程序编译信息。

（2）下载程序。

1）启动 STC 单片机下载软件。

2）单击单片机型号栏右边的下拉列表箭头，选择"IAP15W4K58S2"。单击运行时的 IRC 频率栏右边的选择下拉箭头，选择"11.0592"（MHz）。

3）选择 COM 口，计算机连接 FSST15-V1.0 单片机开发板后，软件会自动选择。

4）单击"打开程序文件"按钮，弹出"打开程序代码文件"对话框，选择"SERIALC"文件夹里的"SERIALC. hex"文件，单击"打开"按钮，在程序代码窗口显示代码文件信息。

5）单击"下载/编程"按钮，此时代码显示框下面的提示框中会显示"正在检测目标单片机"。

6）程序代码开始下载，提示框显示一串下载信息，下载完成后显示"操作完成"，表示 HEX 代码文件已经下载到单片机中了。

7. 调试

（1）关闭发送方、接收方单片机开发板电源开关。

（2）通过串口电缆连接发送方、接收方单片机开发板串口。

（3）接通发送方、接收方单片机开发板电源。

（4）按动发送方单片机连接在 P4 口输入端上的按钮，观察接收方单片机连接在 P7 口输出端的 LED 的状态。

习 题 6

1. 使用定时器 T0，并使用"查询法"，设计串口发送程序。

2. 使用定时器 T0，并使用"中断法"，设计串口接收程序。

3. 使用定时器 T1 定时模式 2，使用串口工作方式 1，并使用 P3.0、P3.1，设计模拟串口发送、接收数据程序。

4. 使用定时器 T1 定时模式 2，使用串口工作方式 2，设计单片机双机通信系统程序。

5. 利用串口 1 外接移位寄存器 74LS164 实现串行/并行转换。

6. 利用串口 1 外接移位寄存器 74HC165 实现并行/串行转换。

项目七　应用 LCD 模块

学习目标

（1）学会应用 C 语言条件判断。

（2）学会应用字符型 LCD。

（3）学会应用图形 LCD。

任务 16　字符型 LCD 的应用

基础知识

一、C 语言条件判断

1. if 条件判断语句

与 if 语句有关的关键字只有两个，即 if 和 else，翻译成中文含义就是"如果"和"否则"。if 语句有以下三种格式。

（1）if 语句的默认形式。

if（条件表达式）〔语句 A；〕

它的执行过程是：如果 if 条件表达式的值为"真"（非 0 值），则执行语句 A；如果 if 条件表达式的值为"假"（0 值），则不执行语句 A。这里的语句也可以是复合语句。

（2）if…else 语句。某些情况下，除了 if 语句的条件满足以后执行相应的语句以外，还需执行条件不满足情况下的相应语句，这时候就要用到 if…else 语句了，它的基本语法形式为

if（条件表达式）

　　〔语句 A；〕

else

　　〔语句 B；〕

它的执行过程是：如果 if 条件表达式的值为"真"（非 0 值），则执行语句 A；如果 if 条件表达式的值为"假"（0 值），则执行语句 B。这里的语句 A、语句 B 也可以是复合语句。

（3）if…else if 语句。if…else 语句是一个二选一的语句，或者执行 if 条件下的语句，或者执行 else 条件下的语句。还有一种多选一的用法就是 if…else if 语句。它的基本语法格式为

if（条件表达式 1）　　　　〔语句 A；〕

else if（条件表达式 2）　　〔语句 B；〕

else if（条件表达式 3）　　〔语句 C；〕

······   ······

else   〈语句 N;〉

它的执行过程是：依次判断条件表达式的值，当出现某个值为"真"（非 0 值）时，则执行相应的语句，然后跳出整个语句，执行语句 N 后边的程序。如果所有的表达式都为"假"（0 值），则执行语句 N 后，再执行语句 N 后边的程序。这种条件判断常用于实现多方向的条件分支。

在使用过程中，以上内容并不是重点，重点的是 if 语句应该如何应用，或者说应该注意哪些事项。

1）if（i == 100）与 if（100 == i）的区别是什么？

2）布尔（bool）变量与"零值"的比较该如何书写？

定义：bool bTestFlag＝FALSE；一般初始化为 FALSE 比较好。

a. if（0 == bTestFlag）；   if（1 == bTestFlag）；

b. if（TRUE == bTestFlag）；   if（FLASE == bTestFlag）；

c. if（bTestFlag）；   if（! bTestFlag）；

现来分析一下以上这三种写法的好坏。

a. 写法：bTestFlag 是什么类型的变量呢？如果不是这个名字遵循了前面的命名规范，恐怕很容易让读者误会成整型变量。所以这种写法不是非常恰当。

b. 写法：大家都知道，FLASE 的值在编译器里被定义为 0；但是 TRUE 的值都是 1 吗？很显然，不是。Visual C＋＋定义为 1，而 Visual Basic 就把 TRUE 定义为－1。很显然，这种写法也不是很恰当。

c. 写法：关于 if 的执行机理，上面说得很清楚了。那显然，本组的写法很好，既不会引起误会，也不会由于 TRUE 或 FLASE 的不同定义值而出错。建议读者以后就按这种方法书写代码。

3）if…else 的匹配不仅要做到心中有数，还要做到胸有成竹。C 语言规定：else 始终与同一括号内最近的未匹配的 if 语句结合。但书写的程序一定要层次分明，让读者一看便知道哪个 if 和哪个 else 相对应。

4）先处理正常情况，再处理异常情况。在编写代码时，要使得正常情况下的执行代码清晰，确认那些不常发生的异常情况处理代码不会阻挡正常的执行路径，这对于代码的可读性和性能都很重要。因为 if 语句总是需要作判断，而正常情况一般比异常情况发生的概率更大（否则就应该把异常正常颠倒过来了），如果把执行概率更大的代码放到后面，也就意味着 if 语句将进行多次无用的比较。另外，非常重要的一点是，把正常情况的处理放在 if 后面，而不要放在 else 后面。当然，这也符合把正常情况的处理放在前面的要求。

2. switch…case 开关条件判断语句

switch 语句作为分支结构中的一种，在使用方式及执行效果上与 if…else 语句完全不同。这种特殊的分支结构作用也是实现程序的条件跳转，不同的是其执行效率要比 if…else 语句快很多，原因在于 switch 语句通过开关条件判断实现程序跳转，而不是依次判断每个条件，由于 switch 条件表达式为常量，所以在程序运行时其表达式的值为确定值，因此就会根据确定的值来执行特定条件，而无需再去判断其他情况。由于这种特殊的结构，因此建议读者在自己的程序中尽量采用 switch…case 语句而避免过多使用 if…else 结构。switch…case 语句的格式为

switch（常量表达式）

    {

```
        case 常量表达式 1：执行语句 A；break；
        case 常量表达式 2：执行语句 B；break；
        ……              ……
        case 常量表达式 n：执行语句 N；break；
        default：执行语句 N+1；
    }
```

在使用 switch…case 语句时需要注意以下几点。

（1）break 语句一定不能少，否则可能会麻烦重重（除非有意使多个分支重叠）。

（2）一定要加 default 分支，不要理解为多此一举，即使真的不需要，也应该保留。

（3）case 后面只能是整型或字符型的常量或常量表达式。例如，0.1、3/2 等都不行，读者可以上机亲自调试一下。

（4）case 语句的执行与排列顺序是否有关。若语句比较少，可以不予考虑；若语句较多，就不得不考虑这个问题了。case 语句的排列一般应遵循以下三条原则。

1）按字母或数字顺序排列各条 case 语句，如 A、B…Z，1、2..55 等，这样做的好处读者在使用时会慢慢体会。

2）把正常情况放在前面，而把异常情况放在后面。

3）按执行频率排列 case 语句。即执行越频繁的越往前放，执行越不频繁的越往后放。

二、LCD 液晶显示器

1. 液晶显示器

液晶显示器在工程中的应用极其广泛。大到电视，小到手表，从个人到集体，再从家庭到广

图 7-1　液晶显示器

场，液晶显示器的身影无处不在。虽然 LED 发光二极管显示屏很"热"，但 LCD 显示器也绝对不"冷"。别看液晶显示器表面的鲜艳，其实它背后有一个支持它的控制器，如果没有控制器，液晶显示器什么都不显示不了。所以我们先学习好单片机的应用，液晶的控制就变得容易多了。液晶显示器如图 7-1 所示。

液晶（Liquid Crystal）是一种高分子材料，因为其特殊的物理、化学、光学特性，它在 20 世纪中叶便开始广泛应用在轻薄型显示器上。液晶显示器（Liquid Crystal Display，LCD）的主要原理是以电流刺激液晶分子产生点、线、面并配合背光灯管构成画面。为简述方便，通常把各种液晶显示器都直接叫作液晶。

各种型号的液晶通常是按照显示字符的行数或液晶点阵的行、列数来命名的。例如，1602 的意思是每行显示 16 个字符，一共可以显示两行。类似的命名还有 1601、0802（读者可以参考深圳晶联讯电子有限公司的主页 http：//jlxlcd.cn）等，这类液晶通常都是字符液晶，即只能显示字符，如数字、大小写字母、各种符号等；12864 液晶属于图形型液晶，它的意思是液晶由 128 列、64 行组成，即用 128×64 个点（像素）来显示各种图形，这样就可以通过程序控制这 128×64 个点（像素）来显示各种图形。类似的命名还有 12832、19264、16032、240128 等。当然，根据客户需求，厂家还可以设计出任意组合的点阵液晶。

目前特别流行的一种屏是 TFT（Thin Film Transistor）即薄膜场效应晶体管。所谓薄膜晶体管，是指液晶显示器上的每一液晶像素点都是由集成在其后的薄膜晶体管来驱动，从而可以做到

高速度、高亮度、高对比度地显示屏幕信息。TFT 属于有源矩阵液晶显示器。TFT-LCD 液晶显示屏是薄膜晶体管型液晶显示屏,也就是"真彩"显示屏。

在这里,我们主要学习两种液晶显示屏:1602 和 12864,别的液晶显示屏都是大同小异。TFT 彩屏用 8 位单片机来控制实在有些困难,因此这里不作过多的介绍,待读者学完 STM32 或者 FPGA 之后,再来学 TFT 彩屏的控制。

2.1602 液晶显示屏的工作原理

(1) 1602 液晶显示屏,工作电压为 5V,内置 192 种字符(160 个 5×7 点阵字符和 32 个 5×10 点阵字符),具有 64 字节的 RAM,通信方式有 4 位、8 位两种并口可选。其实物图如图 7-2 所示。

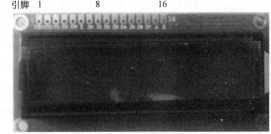

引脚 1　　　8　　　16

图 7-2　1602 液晶显示器

(2) LCD1602 液晶端口定义。液晶端口定义见表 7-1。

表 7-1　　　　　　　　　　　　　　1602 液晶的端口定义表

管脚号	符号	功　能
1	Vss	电源地(GND)
2	Vdd	电源电压(+5V)
3	VO	LCD 驱动电压(可调)一般接一电位器来调节电压
4	RS	指令、数据选择端(RS=1→数据寄存器;RS=0→指令寄存器)
5	R/W	读、写控制端(R/W=1→读操作;R/W=0→写操作)
6	E	读写控制输入端(读数据:高电平有效;写数据:下降沿有效)
7~14	DB0~DB7	数据输入/输出端口(8 位方式:DB0~DB7;4 位方式:DB0~DB3)
15	A	背光灯的正端+5V
16	K	背光灯的负端 0V

(3) RAM 地址映射图。控制器内部带有 80×8 位(80 字节)的 RAM 缓冲区,对应关系如图 7-3 所示。

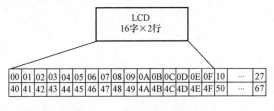

图 7-3　RAM 地址映射图

对于图 7-3。读者需要注意以下两点。

1) 两行的显示地址分别为 00~0F、40~4F,隐藏地址分别为 10~27、50~67。意味着写在 00~0F、40~4F 地址的字符可以显示,写在 10~27、50~67 地址的不能显示,要显示,一般通过移屏指令来实现。

2) RAM 通过数据指针来访问。液晶内部有个数据地址指针,因而就能很容易地访问内部 80 个字节的内容了。

(4) 操作指令。

1) 基本的操作时序。基本的操作时序见表 7-2。

表 7-2   **基本操作指令表**

读写操作	输入	输出
读状态	RS＝L，RW＝H，E＝H	D0～D7（状态字）
写指令	RS＝L，RW＝L，D0～D7＝指令，E＝高脉冲	无
读数据	RS＝H，RW＝H，E＝H	D0～D7（数据）
写数据	RS＝H，RW＝L，D0～D7＝数据，E＝高脉冲	无

2）状态字说明。状态字说明见表 7-3。

表 7-3   **状态字分布表**

STA7 D7	STA6 D6	STA5 D5	STA4 D4	STA3 D3	STA2 D2	STA1 D1	STA0 D0
STA0～STA6			当前地址指针的数值			—	
STA7			读/写操作使能			1：禁止 0：使能	

对控制器每次进行读写操作之前，都必须进行读写检测，确保 STA7 为 0。也即一般程序中见到的判断忙操作。

3）常用指令。常用指令见表 7-4。

表 7-4   **常 用 指 令 表**

指令名称	指令码								功能说明
	D7	D6	D5	D4	D3	D2	D1	D0	
清屏	L	L	L	L	L	L	L	H	清屏：①数据指针清零； ②所有显示清零
归位	L	L	L	L	L	L	H	*	AC＝0，光标、画面回 HOME 位
输入方式 设置	L	L	L	L	L	H	ID	S	ID＝1→AC 自动增 1； ID＝0→AC 减 1。 S＝1→画面平移； S＝0→画面不动
显示开关控制	L	L	L	L	H	D	C	B	D＝1→显示开；D＝0→显示关。 C＝1→光标显示；C＝0→光标不显示。 B＝1→光标闪烁；B＝0→光标不闪烁
移位控制	L	L	L	H	SC	RL	*	*	SC＝1→画面平移一个字符； SC＝0→光标平移一个字符。 R/L＝1→右移；R/L＝0→左移
功能设定	L	L	H	DL	N	F	*	*	DL＝0→8 位数据接口； DL＝1→4 位数据接口。 N＝1→两行显示；N＝0→一行显示。 F＝1→5×10 点阵字符；F＝0→5×7

（5）数据地址指针设置。行地址设置具体见表 7-5。

表 7-5   数据地址指针设置表

指令码	功能（设置数据地址指针）
0×80＋（0×00～0×27）	将数据指针定位到：第一行（某地址）
0×80＋（0×40～0×67）	将数据指针定位到：第二行（某地址）

（6）写操作时序图。写操作时序图如图 7-4 所示。时序参数的具体数值见表 7-6。

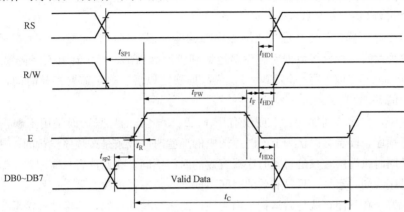

图 7-4　写操作时序图

表 7-6   时 序 参 数 表

时序名称	符合	极限值			单位	测试条件
		最小值	典型值	最大值		
E 信号周期	t_C	400	—	—	ns	引脚 E
E 脉冲宽度	t_{PW}	150	—	—	ns	
E 上升沿/下降沿时间	t_R，t_F	—	—	25	ns	
地址建立时间	t_{SP1}	30	—	—	ns	引脚 E、RS、R/W
地址保持时间	t_{HD1}	10	—	—	ns	
数据建立时间	t_{SP2}	40	—	—	ns	引脚 DB0～DB7
数据保持时间	t_{HD2}	10	—	—	ns	

液晶一般是用来显示的，所以这里主要讲解如何写数据和写命令到液晶，关于读操作的相关知识（一般用不着）留给读者自行研究了。对于时序图，当读者学完 FPGA 之后，就会对时序图有更深刻的认识。

时序图，顾名思义，与时间和顺序有关。时序图与时间有严格的关系，时序已经精确到 ns 级了。时序图与顺序有关，但是这个顺序严格地说应该是与信号在时间上的有效顺序有关，而与图中信号线是上是下没关系。大家都知道程序运行是按顺序执行的，可是这些信号是并行执行的，就是说只要这些时序有效之后，上面的信号都会运行，只是运行与有效不同罢了，因而这里的有效时间不同就导致了信号的时间顺序不同。这里有个难点就是"并行"，关于并行，这里就不过多地解释了。厂家在作时序图时，一般会把信号按照时间的有效顺序从上到下地排列，所以操作的顺序也就变成了先操作最上边的信号，接着依次操作后面的。结合上述介绍，我们来详细说明一下图 7-4 所示的写操作时序图。

● 通过 RS 确定是写数据还是写命令。写命令包括数据显示在什么位置、光标显示/不显示、光标闪烁/不闪烁、需/不需要移屏等。写数据是指要显示的数据是什么内容。若此时要写指令，结合表 7-6 和图 7-4 可知，就得先拉低 RS（RS=0）。若是写数据，则使 RS=1。

● 读/写控制端设置为写模式时，RW=0。注意，按道理应该是先写一句 RS=0（1）之后延迟 t_{SP1}（最小 30ns），再写 RW=0，但是单片机的操作时间都在 μs 级，所以就不用特意延迟了。

● 将数据或命令送达到数据线上。可以形象地理解为此时数据在单片机与液晶的连线上，没有真正到达液晶内部。事实上肯定并不是这样，而是数据已经到达液晶内部，只是没有被运行罢了，执行语句为 P0=Data（Commond）。

● 给 EN 一个下降沿，将数据送入液晶内部的控制器，这样就完成了一次写操作。我们可以形象地理解为此时单片机将数据完完整整地送到了液晶内部。为了让其有下降沿，一般在 P0=Data（Commond）之前先写一句 EN=1，待数据稳定以后，稳定需要多长时间，这个最小的时间就是图中的 t_{PW}（150ns）。

关于时序图，在此特别提醒，上面没有用 1、2、3 之类的标号，而是用了 ●，这是有原因的，如果用了顺序，读者会误认为上面时序图中的那些时序线条是按顺序执行的。其实不是，每条时序线都是同时执行的，只是每条时序线有效的时间不同。在此读者只需理解：时序图中每条命令、数据时序线同时运行，只是有效的时间不同。一定不要理解为哪个信号线在上，就是先运行哪个信号，哪个在下面，就是后运行。因为硬件的运行是并行的，不像软件按顺序执行。这里只是在用软件来模拟硬件的并行，所以才有了下面这样的顺序语句：RS=0；RW=0；EN=1；_ nop _（）；P0=Commond；EN=0。

关于时序图中的各个延时，不同厂家生产的液晶延时也不同，在此无法提供完全准确全面的数据，但大多数液晶的延时均为 ns 级，一般 51 单片机运行的最小单位为微秒级，按道理，这里不加延时都可以，或者说加几微秒就可以，但是调试程序时发现，至少要有 1~5ms 才行。鉴于这个情况，一般写程序也是延时 1~5ms。

3.1602 液晶硬件

所谓硬件设计，就是搭建 1602 液晶的硬件运行环境，搭建时当然是参考数据手册，数据手册是最权威的资料。从而，我们可以设计出如图 7-5 所示的电路，具体接口的定义如下。

（1）液晶 1（16）、2（15）分别接 GND（0V）和 V_{CC}（5V）。

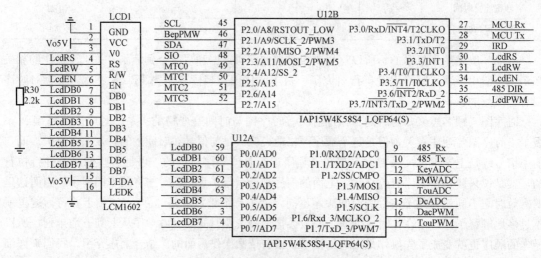

图 7-5　1602 液晶与单片机的接口

（2）液晶 3 端为液晶对比度调节端，用一个 2.2kΩ 电位器来调节液晶对比度。第一次使用时，在液晶上电状态下，调节至液晶上面一行显示出黑色小格为止。经测试，此时该端电压一般为 0.5V 左右。简单接法可以直接接一个 1kΩ 的电阻到 GND，读者可以自行焊接电路进行调试。

（3）液晶 4 端为读、写选择端，接单片机的 P3.3 口。

（4）液晶 5 端为向液晶控制器写数据、命令选择端，接单片机的 P3.4 口。

（5）液晶 6 端为使能信号端，接单片机的 P3.5 口。

（6）液晶 7～14 为 8 位数据端口，依次接单片机的 P0 口。

4.1602 液晶控制软件

（1）控制要求：让 1602 液晶第一、二行分别显示 "ˆ_ˆ Welcome ˆ_ˆ"、" I LOVE ST15-V1.0"。

（2）控制程序清单。控制程序清单如下：

```
#include<STC15F2K60S2.h>
#include<intrins.h>
#define uChar8 unsigned char
#define uint unsigned int
uChar8 code TAB1 [] = " ˆ_ˆ Welcome ˆ_ˆ";
uChar8 code TAB2 [] = " I LOVE ST15 - V1.0";
#define LCD _ DAT P0
sbit LCDRS = P3^3;        //1 数据，0 指令
sbit LCDRW = P3^4;        //1 读 ，0 写
sbit LCDEN = P3^5;
/* * * * * * * * * * * * * * * * * * * * * * * * * * * * * * * * * * * * * * * */
//延时 1ms 函数 Delay1ms () 根据晶振需修改代码
/* * * * * * * * * * * * * * * * * * * * * * * * * * * * * * * * * * * * * * * */
void Delay1ms ()    //@11.0592MHz
{
  uChar8 i, j;
  _ nop _ ();
  _ nop _ ();
  _ nop _ ();
  i = 11;
  j = 190;
  do
  {
    while ( - - j);
  } while ( - - i);
}
/* * * * * * * * * * * * * * * * * * * * * * * * * * * * * * * * * * * * * * * */
//LCD 忙检测函数  Wrt _ lcd ()
/* * * * * * * * * * * * * * * * * * * * * * * * * * * * * * * * * * * * * * * */
void DectectBusy ()
{
  while (Read _ lcd () &0x80)    //若 LCD 忙
```

任务
16

```
    {
    Delay1ms ();            //延时 1ms
    }
}
/* * * * * * * * * * * * * * * * * * * * * * * * * * * * * * * * * * * * * */
//LCD 写函数   Wrt _ lcd ()
/* * * * * * * * * * * * * * * * * * * * * * * * * * * * * * * * * * * * * */
void Wrt _ lcd (bit s _ z, uChar8 dat)   //1 数据，0 指令，要写入的数据
{
    LCDEN = 0;
    LCDRS = s _ z;
    LCDRW = 0;
    LCD _ DAT = dat;
    LCDEN = 1;
    Delay1ms ();
    LCDEN = 0;
}

/* * * * * * * * * * * * * * * * * * * * * * * * * * * * * * * * * * * * * */
//LCD 读函数   Read _ lcd ()
/* * * * * * * * * * * * * * * * * * * * * * * * * * * * * * * * * * * * * */
uChar8 Read _ lcd ()
{
    uChar8 dqsj;    //被读取的数据
    LCDEN = 0;
    LCDRS = 0;
    LCDRW = 1;
    _ nop _ ();
    LCDEN = 1;
    Delay1ms ();
    dqsj = LCD _ DAT;
    LCDEN = 0;
    return dqsj;
}
/* * * * * * * * * * * * * * * * * * * * * * * * * * * * * * * * * * * * * */
//LCD 写显示地址函数   Wrt _ Addr ()
/* * * * * * * * * * * * * * * * * * * * * * * * * * * * * * * * * * * * * */
void Wrt _ Addr (bit Row, uChar8 add) //0 第一行，1 第二行，写显示地址
{
    if (Row) add = add | 0x80 | 0x40;
    else add = add | 0x80;
    DectectBusy ();
    Wrt _ lcd (0, add);
}
/* * * * * * * * * * * * * * * * * * * * * * * * * * * * * * * * * * * * * */
```

```
//LCD 初始化函数  Lcd _ Init ()
/* * * * * * * * * * * * * * * * * * * * * * * * * * * * * * * * * * * * * * * * * * * * */
void Lcd _ Init ()
{
  uChar8 i;
  P0M0 = 0x00;                              //设置 P0 口为普通双向 I/O 口
  P0M1 = 0x00;
  P3M0 = 0x00;                              //设置 P3 口为普通双向 I/O 口
  P3M1 = 0x00;
  for (i = 0; i<20; i + +) Delay1ms ();      //延时 20ms
  Wrt _ lcd (0, 0x38);                       //设置 16×2 行显示，5×7 点阵，8 位数据接口
  for (i = 0; i<20; i + +) Delay1ms ();      //延时 20ms
  Wrt _ lcd (0, 0x38);                       //重新设置一次
  DectectBusy ();
  Wrt _ lcd (0, 0x08);                       //显示关
  DectectBusy ();
  Wrt _ lcd (0, 0x01);                       //显示清屏
  DectectBusy ();
  Wrt _ lcd (0, 0x06);                       //光标自增，显示不动
  DectectBusy ();
  Wrt _ lcd (0, 0x0c);                       //开显示，关光标，光标不闪烁
}


void main ()
{   uChar8 ucVal;
  Lcd _ Init ();
  DectectBusy ();                           //忙检测
  Wrt _ Addr (0, 0);                         // 选择第一行
  while (TAB1 [ucVal] ! = '\0')              // 字符串数组 1 的最后还有个隐形的"\0"
    {   Wrt _ lcd (1, TAB1 [ucVal]);         //逐个显示字符串数组 1 的字符
      ucVal + + ;
    }
  ucVal = 0;                                // 重新设置 ucVal，语句简单，功能重要
  Wrt _ Addr (1, 0);                         // 选择第二行（0x80＋0x40）
  while (TAB2 [ucVal] ! = '\0')              //字符串数组 2 的最后还有个隐形的"\0"
    {
      Wrt _ lcd (1, TAB2 [ucVal]);           //逐个显示字符串数组 2 的字符
      ucVal + + ;
    }
  while (1);
}
```

    接着来分析程序代码。我们先简述检测状态标志位函数 DectectBusyBit ()。首先分析其原理，再来确定是否有必要，由表 7-3 可知，若 STA7 为高电平，则液晶禁止（也即忙）；

若 STA7 为低电平，则使能液晶，所以有了 while（Read ＿ lcd（）＆ 0x80）这行代码，意思就是若液晶忙，则 while 判断的条件为真，程序延时 1ms，等待液晶不忙时去操作。由以上分析可知，判断还是有必要的，因为单片机的操作速度慢于液晶控制器的反应速度。

LCD 写函数中，根据 LCDRS 位的状态，决定是写指令还是写数据，LCDRS＝0 时，写指令；LCDRS＝1 时，写数据。

LCD 读函数中，LCDRW＝1，通过 return 语句，在 LCDEN 的下降沿读出 LCD 的数据。

LCD 初始化函数中，首先初始化 I/O 端口 P0、P3，将其初始化为普通双向 I/O 口，接着进行 16×2 行显示，5×7 点阵，8 位数据接口的设置，然后进行关屏、清屏、开屏显示操作。

主函数中，首先进行 LCD 初始化，进行 LCD 状态检测，选择 LCD 读写地址第一行，通过 while 循环语句逐个写入第二行的数据，写完后，选择 LCD 读写地址第二行，通过 while 循环语句逐个写入第二行的数据。

 技能训练

一、训练目标

（1）学会使用 1602 液晶显示器。

（2）学会通过单片机控制 1602 液晶显示器。

二、训练步骤与内容

1. 建立一个工程

（1）在计算机 E 盘新建一个文件夹"LCD1602"。

（2）启动 Keil μ Vision 4 软件。

（3）选择执行"Project"工程菜单下的"New μVision Project"命令，新建一个 μVision 工程项目，弹出创建新项目对话框。

（4）在创建新项目对话框，输入工程文件名"LCD1602"，单击"保存"按钮，弹出选择 CPU 数据库对话框。

（5）选择 STC CPU Data base 数据库，单击"OK"按钮，弹出"Select Device for Target"选择目标器件对话框，单击"STC"左边的"＋"号，展开选项，选择"STC15W4K32S4"选项。

（6）单击"OK"按钮，弹出是否添加标准 8051 启动代码对话框。

（7）单击"是"按钮，即可在开发环境自动为我们建立好包含启动代码项目的空文件，启动代码为"STARTUP. A51"。

2. 设计程序文件

（1）定义变量。

1）宏定义 LCD 数据端口 P0。

2）定义全局位变量 LCDRS、LCDRW、LCDEN。

3）定义字符显示数组变量 TAB1 []、TAB2 []。

（2）设计毫秒延时控制函数 Delay1ms（）。

（3）设计检测状态标志位函数 DectectBusy（）和 LCD 初始化函数 LCD ＿ Init（）。

（4）设计 LCD 写指令函数 Wrt ＿ LCD（）和 LCD 读数据函数 Read ＿ LCD（）。

（5）设计 LCD 写地址函数 Wrt ＿ Addr（）。

（6）设计主程序。

3. 输入控制程序

（1）单击执行"File"文件菜单下的"New"命令，新建一个文本文件"TEXT1"。

（2）单击执行"File"文件菜单下的"Save As"命令，弹出另存文件对话框，在文件名栏输入"main.c"，单击"保存"按钮，保存文件。

（3）在左边的工程浏览窗口，鼠标右键单击"Source Group1"，在弹出的右键菜单中，选择执行"Add Files to Group′Source Group1′"命令。

（4）弹出选择文件对话框，选择"main.c"文件，单击"Add"添加按钮，将文件添加到工程项目中，单击添加文件对话框右上角的红色"×"，关闭添加文件对话框。

（5）在"main"中输入液晶 1602 显示控制程序，单击工具栏的保存按钮 💾，并保存文件。

4. 调试运行

（1）编译程序。

1）设置输出文件选项。在左边的工程浏览窗口，鼠标右键单击"Target"选项，在弹出的右键菜单中，选择执行"Options for Target′Target1′"菜单命令。

2）在"Options for Target′Target1′"对话框，选择"Target"对象目标设置页，在晶体振荡器频率设置栏"Xtal（MHz）"，输入"11.0592"，设置晶振频率为 11.0592 MHz。

3）在"Options for Target′Target1′"对话框，选择"Output"输出页，选择"Create HEX File"创建二进制 HEX 文件。

4）单击"OK"按钮，返回程序编辑界面。

5）单击编译工具栏的编译所有文件按钮 ⬛，开始编译文件。

6）在编译输出窗口，查看程序编译信息。

（2）下载程序。

1）启动 STC 单片机下载软件。

2）单击单片机型号栏右边的下拉列表箭头，选择"IAP15W4K58S2"。单击运行时的 IRC 频率栏右边的选择下拉箭头，选择"11.0592"（MHz）。

3）选择 COM 口，计算机连接 FSST15-V1.0 单片机开发板后，软件会自动选择。

4）单击"打开程序文件"按钮，弹出"打开程序代码文件"对话框，选择"LCD1602"文件夹里的"LCD1602.hex"文件，单击"打开"按钮，在程序代码窗口显示代码文件信息。

5）单击"下载/编程"按钮，此时代码显示框下面的提示框中会显示"正在检测目标单片机"。

6）程序代码开始下载，提示框显示一串下载信息，下载完成后显示"操作完成"，表示 HEX 代码文件已经下载到单片机中了。

（3）调试程序。

1）关闭 FSST15-V1.0 单片机开发板电源。

2）将液晶 1602 显示屏组件插入 J16 插座。左端是液晶 1602 显示屏组件的 1 脚，右边是 16 脚，液晶 1602 显示屏组件引脚在上，显示屏在下。

3）开启 FSST15-V1.0 单片机开发板电源。

4）观察液晶 1602 显示屏的字符显示信息。

5）在显示字符数组定义中，第 1 行输入"uChar8 code TAB1 [] =" Study Well ";"，第 2 行输入"uChar8 code TAB2 [] =" Make Progress";"。

6）重新编译、下载程序，观察液晶 1602 显示屏的字符显示信息。

任务 17　字 符 随 动 显 示

 基础知识

一、指针

指针是一个其数值为地址的变量（或更一般地说是一个数据对象）。正如 char 类型的变量用字符作为其数值，int 类型变量的数值是整数一样，指针变量的数值表示的是地址。

一个变量的地址就称为该变量的指针。例如，一个字符型变量 n 存放在 60H 中，则该单元的地址 60H 就是 n 的指针。如果用一个变量来存放另一个变量的地址，则称为指针变量。例如，用 np 来存放 n 的地址 60H，则 np 就是一个指针变量。

变量的指针和指针变量是两个不同的概念，变量的指针就是变量的地址，而指针变量则是用于存放另一个变量在内存中的地址，拥有这个地址的变量称为该指针变量所指向的变量。每个变量都有它的指针（地址），而每个指针变量都是指向另一个变量的。

指针是 C 语言中一个十分重要的概念，专门规定了一种指针型数据。变量的指针实质上就是变量对应的地址，定义的指针变量用于存储变量的地址。对于指针变量和地址间的关系，C 语言设置了两个运算符：＆（取地址）和 ＊（取内容）。

取地址与取内容的一般形式为

　指针变量＝＆目标变量

　变量＝＊指针变量

取地址是把目标变量的地址赋值给左边的指针变量。

取内容是将指针变量所指向的目标变量的值赋给左边的变量。

1. 指针变量的定义

指针变量定义的一般格式为

数据类型［存储类型 1］＊［存储类型 2］标识符；

其中："标识符"为定义的指针变量名；"数据类型"说明该指针变量所指向的变量的类型；"存储类型 1"和"存储类型 2"是可选项，若带有"存储类型 1"选项，则指针被定义为基于存储器的指针，若无这个选项，则定义为一般指针，这两种指针的区别是它们的存储字节不同，一般指针占 3 个字节，第一个字节存储该指针的存储类型编码，第二个、第三个字节分别存放该指针的高位和低位的地址偏移量；例如："存储类型 2"选项用于指定指针的存储器空间。

　char ＊ ip　//指向 char 型变量的指针

　int　＊ jp　//指向 int 型变量的指针

这是无定位存储空间的一般型指针，它们位于单片机的内部数据存储区。再如：

　char ＊ xdata kp　　//位于 xdata 存储区域的指向 char 型变量的指针

　int　＊ data sptr　//位于 data 存储区的指向 int 型变量的指针

这些是指定存储空间的一般型指针。

由于一般指针所指的对象的存储空间位置只有在运行期间才能确定，编译器无法优化存储方式，所产生的代码运行速度慢，因此，如果要加快运行速度，则应定义为基于存储器的

指针。例如：

char data * mp //指向 data 空间的 char 型指针

int data * xdata np /*指向 data 空间的 int 型指针，指针本身位于 xdata 空间*/

如果希望将某个指针变量命名为 ptr，就可以使用语句

ptr = & ph; /* 把 ph 的地址赋给 ptr */

对于这个语句，我们称 ptr "指向" ph。ptr 和 &ph 的区别在于前者为一指针变量，而后者是一个地址。当然，ptr 可以指向任何地方。例如，ptr = & abc，这时 ptr 的值是 abc 的地址。

要创建一个指针变量，首先需要声明其类型。这就需要有下面介绍的新运算符来帮忙了。

假如 ptr 指向 abc，即 ptr = & abc，这时就可以使用间接运算符 "*" 来获取 abc 中存放的数值，即

val = * ptr; /* 得到 ptr 指向的值 */

这样就会有：val = abc。由此看出，使用地址运算符和间接运算符可以间接完成上述语句的功能，这也正是 "间接运算符" 名称的由来。所谓的指针就是用地址去操作变量。

2. 数组

定义一个数组 int a [5]，其包含了 5 个 int 型的数据，可以用 a [0]、a [1] 等来访问数组里面的每一个元素，数组示意图如图 7-6 所示。数组名 a 表示元素 a [0] 的地址，而 *a 则是表示 a 所代表的地址中的内容，即 a [0]。

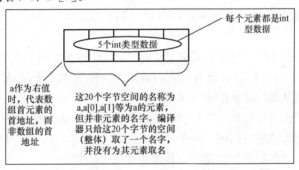

图 7-6　数组示意图

当定义了一个数组 a 时，编译器根据指定的元素个数和元素的类型分配确定大小（元素类型大小×元素个数）的一块内存，并把这块内存的名称命名为 a。名称 a 一旦与这块内存匹配就不能改变。a [0]、a [1] 等为 a 的元素，但并非元素的名称。数组的每一个元素都是没有名称的。

3. 数组名 a 作为左值和右值的区别

简单而言，出现在赋值符 "=" 右边的就是右值，出现在赋值符 "=" 左边的就是左值。比如，若 a = b，则 a 为左值，b 为右值。

（1）当 a 作为右值时，其意义与 &a [0] 是一样的，代表的是数组首元素的首地址，而不是数组的首地址。但要注意的是，这仅仅是一种代表。

（2）a 不能作为左值。当然可以将 a [i] 当作左值，这时就可以对其进行操作了。

4. 数组与指针

数组与指针在 C 语言中有较为密切的关系，任何能用数组实现的功能都可以通过指针实现。用下标法操作数组比较麻烦，若用指针来操作数组，有时能起到事半功倍的效果，有些时候会比

较方便、快捷。

在函数内部有两个定义：

A. char ＊p＝"abcd"；

B. char a []＝"1234"；

（1）以指针的形式和以下标的形式访问指针。例子 A 定义了一个指针变量 p，p 本身在栈上占 4 个字节，p 里存储的是一块内存的首地址。这块内存在静态区，其空间大小为 5 个字节，这块内存也没有名称。对这块内存的访问完全是匿名的访问。比如，现在需要读取字符'c'，我们有以下两种方式。

1）以指针的形式：＊（p＋2）。先取出 p 里存储的地址值，假设地址值为 0x0000FF00，然后加上两个字符的偏移量，得到新的地址 0x0000FF02。然后取出 0x0000FF02 地址上的值。

2）以下标的形式：p [2]。编译器总是把以下标形式的操作解析为以指针形式的操作。p [2] 这个操作会被解析成：先取出 p 里存储的地址值，然后加上中括号中两个元素的偏移量，计算出新的地址，然后从新的地址中取出值。也就是说以下标的形式访问在本质上与以指针的形式访问没有区别，只是写法上不同罢了。

（2）以指针的形式和以下标的形式访问数组。例子 B 定义了一个数组 a，a 拥有 4 个 char 类型的元素，其空间大小为 5。数组 a 本身在栈上面。对 a 元素进行访问，必须先根据数组的名字 a 找到数组首元素的首地址，然后根据偏移量找到相应的值。这是一种典型的"具名＋匿名"访问。比如，现在需要读取字符'3'，我们有以下两种方式。

1）以指针的形式：＊（a＋2）。a 这时候代表的是数组首元素的首地址，假设为 0x0000FF00，然后加上 4 个字符的偏移量，得到新的地址 0x0000FF02。然后取出 0x0000FF02 地址上的值。

2）以下标的形式：a [2]。编译器总是把以下标形式的操作解析为以指针形式的操作。a [2] 这个操作会被解析成：a 作为数组首元素的首地址，然后加上中括号中两个元素的偏移量，计算出新的地址，然后从新的地址中取出数值。

由上面的分析，我们可以看到，指针和数组根本就是两个完全不一样的概念，只是它们都可以以指针形式或以下标形式进行访问。一个是完全的匿名访问，一个是典型的具名＋匿名访问。一定要注意这个"以××的形式"的访问这种表达方式。

另外一个需要强调的是：上面所说的偏移量 2 代表的是两个元素，而不是两个字节。只不过这里刚好是 char 类型数据 1 个字符的大小，就是 1 个字节。注意：这一点在计算新地址时不要弄错！

二、字符随动显示

1. 控制要求

若要显示的内容多于 32 个字符，或者需要美化一下液晶，让液晶显示的内容能滚动起来，或者想让字符随动显示，应如何实现呢？

2. 控制程序

控制程序如下：

```
# include ＜STC15F2K60S2.h＞
# include ＜intrins.h＞
typedef unsigned char uChar8;
typedef unsigned int uInt16;
sbit RS = P3^3 ;                        //数据/命令选择端（H/L）
```

```
sbit RW = P3^4 ;                                  //数据读/写选择端（H/L）
sbit EN = P3^5 ;                                  //使能信号
uChar8 code  * String1 = " Study Well    ";      // 待显示字符串
uChar8 code  * String2 = " Make Progress ";
/* * * * * * * * * * * * * * * * * * * * * * * * * * * * * * * * * * * * * */
//毫秒延时函数：DelayMS（）
/* * * * * * * * * * * * * * * * * * * * * * * * * * * * * * * * * * * * * */
void DelayMS (uInt16 k)
{   uChar8 i, j;
    _ nop _ ();
    _ nop _ ();
    _ nop _ ();
    i = 11;
    j = 190;
    do {
      {
        while ( - - j);
      } while ( - - i);
    } while ( - - k);
}
/* * * * * * * * * * * * * * * * * * * * * * * * * * * * * * * * * * * * * */
//检测状态标志位函数：DectectBusyBit（）
/* * * * * * * * * * * * * * * * * * * * * * * * * * * * * * * * * * * * * */
void DectectBusyBit (void)
{   P0 = 0xff;                      // 读状态值时，先赋高电平
    RS = 0;
    RW = 1;
    EN = 1;
    DelayMS (1);
    while (P0 & 0x80);              // 若 LCD 忙，则停止到这里
    EN = 0;
}        // 之后将 EN 初始化为低电平
/* * * * * * * * * * * * * * * * * * * * * * * * * * * * * * * * * * * * * */
// LCD 写指令函数：WrComLCD（）
/* * * * * * * * * * * * * * * * * * * * * * * * * * * * * * * * * * * * * */
void WrComLCD (uChar8 ComVal)
{
    DectectBusyBit ();
    RS = 0;
    RW = 0;
    EN = 1;
    P0 = ComVal;
    DelayMS (1);
    EN = 0;
```

```
}
/* * * * * * * * * * * * * * * * * * * * * * * * * * * * * * * * * * * * * * * * * * * */
// LCD 写数据函数：WrDatLCD ()
/* * * * * * * * * * * * * * * * * * * * * * * * * * * * * * * * * * * * * * * * * * * */
void WrDatLCD (uChar8 DatVal)
{
    DectectBusyBit ();
    RS = 1;
    RW = 0;
    EN = 1;
    P0 = DatVal;
    DelayMS (1);
    EN = 0;
}
/* * * * * * * * * * * * * * * * * * * * * * * * * * * * * * * * * * * * * * * * * * * */
//初始化 LCD 函数：LCD _ Init ()
/* * * * * * * * * * * * * * * * * * * * * * * * * * * * * * * * * * * * * * * * * * * */
void LCD _ Init (void)
{
    P0M0 = 0x00;                         //设置 P0 口为普通双向 I/O 口
    P0M1 = 0x00;
    P3M0 = 0x00;                         //设置 P3 口为普通双向 I/O 口
    P3M1 = 0x00;
    DelayMS (20);
    WrComLCD (0x38);                     // 16×2 行显示、5×7 点阵、8 位数据接口
    DelayMS (1);                         //延时 1ms
    WrComLCD (0x38);                     // 重新设置一遍
    WrComLCD (0x01);                     // 显示清屏
    WrComLCD (0x06);                     // 光标自增、画面不动
    DelayMS (1);                         //延时 1ms
    WrComLCD (0x0C);                     // 开显示、关光标并不闪烁
}
/* * * * * * * * * * * * * * * * * * * * * * * * * * * * * * * * * * * * * * * * * * * */
//清屏函数：ClearDisLCD ()
/* * * * * * * * * * * * * * * * * * * * * * * * * * * * * * * * * * * * * * * * * * * */
void ClearDisLCD (void)
{
    WrComLCD (0x01);                     //发送清屏指令
    DelayMS (1);
}
/* * * * * * * * * * * * * * * * * * * * * * * * * * * * * * * * * * * * * * * * * * * */
//向液晶写字符串数据函数：WrStrLCD ()
// 入口参数：行（Row）、列（Column）、字符串（ * String）
// 出口参数：无
```

```
/* * * * * * * * * * * * * * * * * * * * * * * * * * * * * * * * * * * * * */
void WrStrLCD (bit Row, uChar8 Column, uChar8 * String)
{
   if (! Row)   WrComLCD (0x80 + Column);  //第 1 行第 1 列起始地址 0x80
     else      WrComLCD (0xC0 + Column);    //第 2 行第 1 列起始地址 0xC0
   while ( * String)                        //发送字符串
    {
     WrDatLCD ( * String);    String + + ;
    }
}
/* * * * * * * * * * * * * * * * * * * * * * * * * * * * * * * * * * * * * */
//向液晶写字节数据函数：WrCharLCD ()
// 入口参数：行（Row）、列（Column）、字节数据（Dat）
// 出口参数：无
/* * * * * * * * * * * * * * * * * * * * * * * * * * * * * * * * * * * * * */
void WrCharLCD (bit Row, uChar8 Column, uChar8 Dat)
{
   if (! Row) WrComLCD (0x80 + Column);    //第 1 行第 1 列起始地址 0x80
   else  WrComLCD (0xC0 + Column);         //第 2 行第 1 列起始地址 0xC0
   WrDatLCD ( Dat);                        //发送数据
}
/* * * * * * * * * * * * * * * * * * * * * * * * * * * * * * * * * * * * * */
//主函数：main ()
/* * * * * * * * * * * * * * * * * * * * * * * * * * * * * * * * * * * * * */
void main (void)
{
   uChar8 i;                        //循环变量
   uChar8 * Pointer;                //指针变量
   LCD _ Init ();                   //初始化
   while (1)
    {
     i = 0;
     ClearDisLCD ();                //清屏
     Pointer = String2;             //指针指向字符串 2 首地址
     WrStrLCD (0, 3, String1);      //第 1 行第 3 列写入字符串 1
     while ( * Pointer)             //按字节方式写入字符串 2
      {
     WrCharLCD (1, i, * Pointer);   //第 2 行第 i 列写入一个字符
     i + + ;                        //写入的列地址加 1
     Pointer + + ;                  //指针指向字符串中下一个字符
        if (i > 16)                 //是否超出能显示的 16 个字符
       {
       WrStrLCD (0, 3,"       ");   /* 将 String1 用空字符串代替；清空第 1 行显示 */
       WrComLCD (0x18);             //光标和显示一起向左移动
```

203

```
    WrStrLCD (0, i - 13, String1);      //原来位置重新写入字符串1
    DelayMS (1000);                     //为了移动后清晰显示
  }
  else DelayMS (250);                   //控制两字之间显示速度
  }
  DelayMS (2500);                       //显示完全后等待
  }
}
```

3. 程序分析

简单介绍一下写字符串到液晶函数。该函数是通过指针来操作字符串，可能对于初学者来说，一看到指针就会觉得很难，其实这里的指针不难理解，就是将原先的 i++ 变成了现在的地址加1。该函数具体就是先通过 if…else 来判断是将字符串写到哪一行，之后就一个字符一个字符地写进液晶。

 技能训练

一、训练目标

(1) 学会使用 1602 液晶显示器。

(2) 学会控制 1602 液晶显示器实现字符随动显示。

二、训练步骤与内容

1. 建立一个工程

(1) 在计算机 E 盘新建一个文件夹 "LCD1602A"。

(2) 启动 Keil μ Vision 4 软件。

(3) 选择执行 "Project" 工程菜单下的 "New μ Vision Project" 命令，新建一个 μVision 工程项目，弹出创建新项目对话框。

(4) 在创建新项目对话框，输入工程文件名 "LCD1602A"，单击 "保存" 按钮，弹出选择 CPU 数据库对话框。

(5) 选择 STC CPU Data base 数据库，单击 "OK" 按钮，弹出 "Select Device for Target" 选择目标器件对话框，单击 "STC" 左边的 "+" 号，展开选项，选择 "STC15W4K32S4" 选项。

(6) 单击 "OK" 按钮，弹出是否添加标准 8051 启动代码对话框。

(7) 单击 "是" 按钮，即可在开发环境自动为我们建立好包含启动代码项目的空文件，启动代码为 "STARTUP. A51"。

2. 设计程序文件

(1) 定义变量。

1) 定义全局位变量 RS、RW、EN。

2) 定义字符串指针变量 ∗ string1、∗ string2。

(2) 设计毫秒延时控制函数 DelayMS ()。

(3) 设计检测状态标志位函数 DectectBusyBit ()。

(4) 设计 LCD 初始化函数 LCD _ Init ()。

(5) 设计 LCD 写指令函数 WrComLCD ()。

(6) 设计 LCD 写数据函数 WrDatLCD ()。

(7) 设计向液晶写字符串数据函数 WrStrLCD ()。

（8）设计向液晶写字节数据函数 WrCharLCD（）。

（9）设计清屏函数 ClearDisLCD（）。

（10）设计主程序。

3. 输入控制程序

（1）单击执行"File"文件菜单下的"New"命令，新建一个文本文件"TEXT1"。

（2）单击执行"File"文件菜单下的"Save As"命令，弹出另存文件对话框，在文件名栏输入"main. c"，单击"保存"按钮，保存文件。

（3）在左边的工程浏览窗口，鼠标右键单击"Source Group1"，在弹出的右键菜单中，选择执行"Add Files to Group'Source Group1'"命令。

（4）弹出选择文件对话框，选择"main. c"文件，单击"Add"添加按钮，将文件添加到工程项目中，单击添加文件对话框右上角的红色"×"，关闭添加文件对话框。

（5）在"main"中输入字符随动显示控制程序，单击工具栏的保存按钮 ▣，并保存文件。

4. 调试运行

（1）编译程序。

1）设置输出文件选项。在左边的工程浏览窗口，鼠标右键单击"Target"选项，在弹出的右键菜单中，选择执行"Options for Target'Target1'"菜单命令。

2）在"Options for Target'Target1'"对话框，选择"Target"对象目标设置页，在晶体振荡器频率设置栏"Xtal（MHz）"，输入"11.0592"，设置晶振频率为 11.0592 MHz。

3）在"Options for Target'Target1'"对话框，选择"Output"输出页，选择"Create HEX File"创建 HEX 文件。

4）单击"OK"按钮，返回程序编辑界面。

5）单击编译工具栏的编译所有文件按钮 ▦ ，开始编译文件。

6）在编译输出窗口，查看程序编译信息。

（2）下载程序。

1）启动 STC 单片机下载软件。

2）单击单片机型号栏右边的下拉列表箭头，选择选择"IAP15W4K58S2"。单击运行时的 IRC 频率栏右边的选择下拉箭头，选择"11.0592"（MHz）。

3）选择 COM 口，计算机连接 FSST15-V1.0 单片机开发板后，软件会自动选择。

4）单击"打开程序文件"按钮，弹出"打开程序代码文件"对话框，选择"LCD1602A"文件夹里的"LCD1602A. hex"文件，单击"打开"按钮，在程序代码窗口显示代码文件信息。

5）单击"下载/编程"按钮，此时代码显示框下面的提示框中会显示"正在检测目标单片机"。

6）程序代码开始下载，提示框显示一串下载信息，下载完成后显示"操作完成"，表示 HEX 代码文件已经下载到单片机中了。

（3）调试程序。

1）关闭 FSST15-V1.0 单片机开发板电源。

2）将液晶 1602 显示屏组件插入 J16 插座。注意：左端是液晶 1602 显示屏组件的 1 脚，右边是 16 脚，液晶 1602 显示屏组件引脚在上，显示屏在下。

3）开启 FSST15-V1.0 单片机开发板电源。

4）观察液晶 1602 显示屏的字符显示信息。

5）如果看不到信息，可以调节液晶 1602 显示屏组件右下方的背光控制电位器 RP5，调节液晶对比度，直到看清字符显示信息为止。

6）在显示字符指针变量定义中，第 1 行输入 " * string1＝" Wellcom to Ssti ";"，第 2 行输入 " * string2＝" Best wishes to you";"。

7）重新编译、下载程序，观察液晶 1602 显示屏的字符显示信息。

任务 18　液晶 12864 显示控制

  基础知识

液晶 12864 的像素是 8192 点，表示其横向可以显示 128 个点，纵向可以显示 64 个点。常用的液晶 12864 模块中有黄绿背光的、蓝色背光的，有带字库的、有不带字库的，其控制芯片也有很多种，如 KS0108、T6863、ST7920，这里以 ST7920 为控制芯片的 12864 液晶屏为例，来介绍其驱动原理，这里所使用的是深圳亚斌显示科技有限公司的带中文字库、蓝色背光液晶显示屏（YB12864－ZB）。

1. 液晶显示屏特性

（1）硬件特性。提供 8 位、4 位并行接口及串行接口可选、64×16 位字符显示 RAM（DDRAM 最多 16 字符）等。

（2）软件特性。文字与图形混合显示功能、可以自由地设置光标、显示移位功能、垂直画面旋转功能、反白显示功能、休眠模式等。

2. 液晶引脚定义

12864 液晶引脚定义见表 7-7。

表 7-7　　　　　　　　　　　　　　12864 液晶引脚定义表

管脚号	名称	型态	电平	功能描述	
				并口	串口
1	VSS	I	—	电源地	
2	VCC	I	—	电源正极	
3	Vo	I	—	LCD 驱动电压（可调）一般接一电位器来调节电压	
4	RS（CS）	I	H/L	寄存器选择：H→数据；L→命令	片选（低有效）
5	RW（SIO）	I	H/L	读写选择：H→读；L→写	串行数据线
6	E（SCLK）	I	H/L	使能信号	串行时钟输入
7～10	DB0～DB3	I	H/L	数据总线低 4 位	—
11～14	DB4～DB7	I/O	H/L	数据总线高 4 位，4 位并口时空	—
15	PSB	I/O	H/L	并口/串口选择：H→并口	L→串口
16	NC	I	—	空脚（NC）	
17	/RST	I	—	复位信号，低电平有效	
18	VEE（Vout）	I	—	空脚（NC）	
19	BLA	I	—	背光负极	
20	BLK	I	—	背光正极	

3. 操作指令简介

12864 的操作指令与 1602 的操作指令相似，既然相似，那只要掌握了 1602 的操作方法，就能很快地掌握 12864 的操作方法了。

（1）基本的操作时序。基本的操作时序见表 7-8。

表 7-8　　　　　　　　　　　　　　　　基本操作时序表

读写操作	输入	输出
读状态	RS=L，RW=H，E=H	D0～D7（状态字）
写指令	RS=L，RW=L，D0～D7=指令，E=高脉冲	无
读数据	RS=H，RW=H，E=H	D0～D7（数据）
写数据	RS=H，RW=L，D0～D7=数据，E=高脉冲	无

（2）状态字说明。状态字分布见表 7-9。

表 7-9　　　　　　　　　　　　　　　　状态字分布表

STA7	STA6	STA5	STA4	STA3	STA2	STA1	STA0
D7	D6	D5	D4	D3	D2	D1	D0

STA0～STA6		当前地址指针的数值		—			
STA7		读/写操作使能		1：禁止 0：使能			

每次对控制器进行读写操作之前，都必须进行读写检测，确保 STA7 为 0，也即一般程序中见到的判断忙操作。

（3）基本指令。基本指令如表 7-10。

表 7-10　　　　　　　　　　　　　　　　基本指令表

指令名称	指令码								指令说明
	D7	D6	D5	D4	D3	D2	D1	D0	
清屏	L	L	L	L	L	L	L	H	清屏：1. 数据指针清零 2. 所有显示清零
归位	L	L	L	L	L	L	H	*	AC=0，光标、画面回 HOME 位
输入方式设置	L	L	L	L	L	H	ID	S	ID=1→AC 自动增一； ID=0→AC 减一。 S=1→画面平移； S=0→画面不动
显示开关控制	L	L	L	L	H	D	C	B	D=1→显示开；D=0→显示关。 C=1→游标显示；C=0→游标不显示。 B=1→游标反白；B=0→游标不反白
移位控制	L	L	L	H	SC	RL	*	*	SC=1→画面平移一个字符； SC=0→光标平移一个字符。 R/L=1→右移；R/L=0→左移
功能设定	L	L	H	DL	*	RE	*	*	DL=0→8 位数据接口； DL=1→4 位数据接口。 RE=1→扩充指令； RE=0→基本指令

续表

指令名称	指令码								指令说明
	D7	D6	D5	D4	D3	D2	D1	D0	
设定 CGRAM 地址	L	H	A5	A4	A3	A2	A1	A0	设定 CGRAM 地址到地址计数器 (AC)，AC 范围为 00H~3FH 需确认扩充指令中 SR＝0
设定 DDRAM 地址	H	L	A5	A4	A3	A2	A1	A0	设定 DDRAM 地址计数器（AC）第一行 AC 范围：80H~8FH 第二行 AC 范围：90H~9FH

（4）扩充指令。扩充指令见表 7-11 所示。

表 7-11 扩 充 指 令 表

指令名称	指令码								指令说明
	D7	D6	D5	D4	D3	D2	D1	D0	
待命模式	L	L	L	L	L	L	L	H	进入待命模式后，其他指令都可以结束待命模式
卷动 RAM 地址选择	L	L	L	L	L	L	H	SR	SR＝1→允许输入垂直卷动地址；SR＝0→允许输入 IRAM 地址（扩充指令）及设定 CGRAM 地址
反白显示	L	L	L	L	L	H	L	R0	R0＝1→第二行反白；R0＝0→第一行反白（与执行次数有关）
睡眠模式	L	L	L	L	H	SL	L	L	D＝1→脱离睡眠模式；D＝0→进入睡眠模式
扩充功能	L	L	H	DL	*	RE	G	*	DL＝1→8 位数据接口；DL＝0→4 位数据接口。RE＝1→扩充指令集；RE＝0→基本指令集。G＝1→绘图显示开；G＝0→绘图显示关
设定 IRAM 地址卷动地址	L	H	A5	A4	A3	A2	A1	A0	SR＝1→A5~A0 为垂直卷动地址；SR＝0→A3~A0 为 IRAM 地址
设定绘图 RAM 地址	H	L	L	L	A3	A2	A1	A0	垂直地址范围：AC6~AC0
		A6	A5	A4	A3	A2	A1	A0	水平地址范围：AC3~AC0

4．操作时序图简介

（1）8 位并行操作模式图如图 7-7 所示。

（2）4 位并行操作模式图如图 7-8 所示。

（3）串行操作模式图如图 7-9 所示。

（4）写操作时序图如图 7-10 所示。

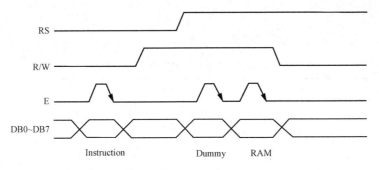

图 7-7　8 位并行操作模式图

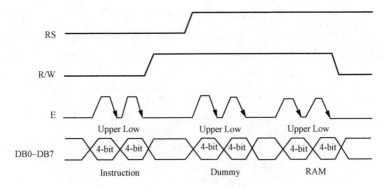

图 7-8　4 位并行操作模式图

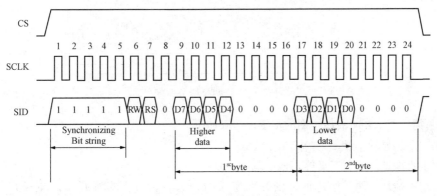

图 7-9　串行操作模式图

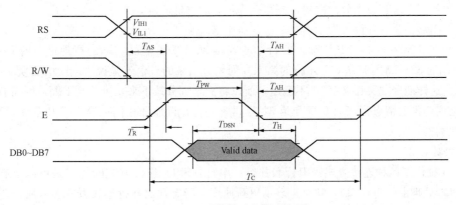

图 7-10　写数据到液晶时序图

5. 显示坐标设置

(1) 字符（汉字）显示坐标具体见表 7-12 所示。

表 7-12　　　　　　　　　　　　字符显示定义表

行名称	列地址							
第一行	80H	81H	82H	83H	84H	85H	86H	87H
第二行	90H	91H	92H	93H	94H	95H	96H	97H
第三行	88H	89H	8AH	8BH	8CH	8DH	8EH	8FH
第四行	98H	99H	9AH	9BH	9CH	9DH	9EH	9FH

(2) 绘图坐标分布图如图 7-11 所示。由图 7-11 可知，水平方向有 128 个点，垂直方向有 64 个点，在更改绘图 RAM 时，由扩充指令设置 GDRAM 地址，设置顺序为先垂直后水平地址（连续两个字节的数据来定义垂直和水平地址），最后是两个字节的数据给绘图 RAM（先高 8 位，后低 8 位）。

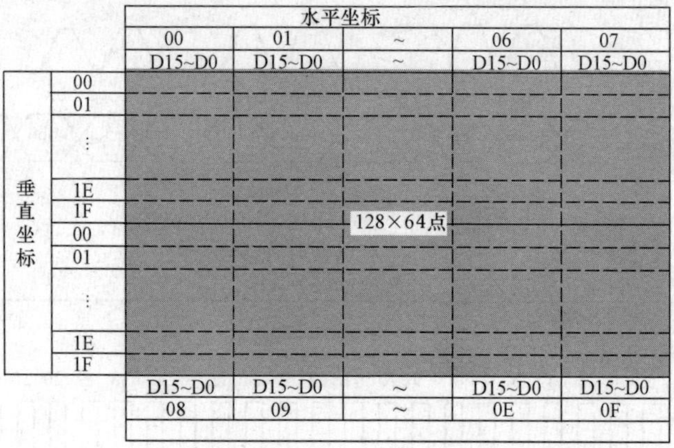

图 7-11　绘图坐标分布图

最后总结一下 12864 液晶绘图的步骤，步骤如下。

1) 关闭图形显示，设置为扩充指令模式。

2) 写垂直地址。分上下半屏，地址范围为 0~31。

3) 写水平地址。两起始地址范围分别为 0×80~0×87（上半屏）、0×88~0×8F（下半屏）。

4) 写数据。一帧数据分两次写，先写高 8 位，后写低 8 位。

5) 开图形显示，并设置为基本指令模式。

ST7920 可控制 256×32 点阵（32 行 256 列），而 12864 液晶实际的行地址只有 0~31 行，12864 液晶的 32~63 行是从 0~31 行的第 128 列划分出来的。也就是说 12864 的实质是 "256×32"，只是这样的屏 "又长又窄"，不适用，所以将后半部分截下来，拼装到下面，因而有了上下两半屏之说。再通俗点说，第 0 行和第 32 行同属一行，行地址相同；第 1 行和第 33 行同属一行，以此类推。

6. 控制电路

12864 提供了两种连接方式：串行和并行。串行（SPI）连接方式的优点是可以节省数据连接线（也即处理器的 I/O 口），缺点是显示更新速度与稳定性比并行连接方式差，所以一般用并行 8 位的方式来操作液晶，MGMC-V2.0 实验板在设计时兼顾了这几种操作方式。

MGMC-V2.0 实验板上 12864 液晶与单片机的连接图如图 7-12 所示。具体接口定义如下。

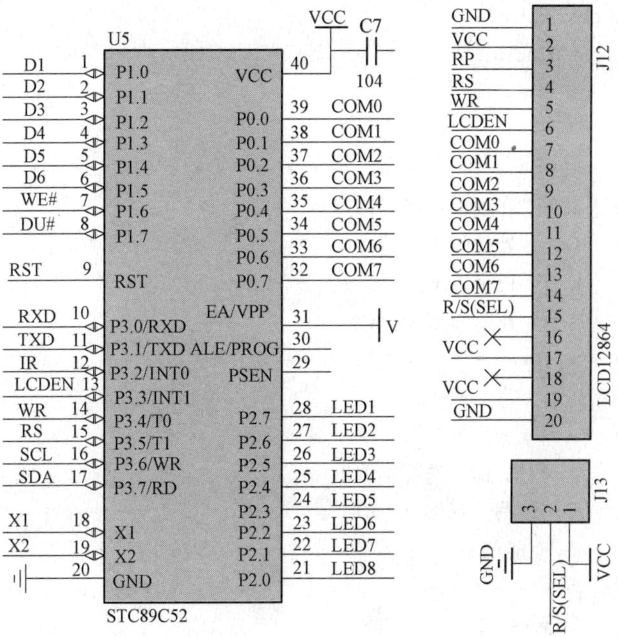

图 7-12　12864 液晶与单片机的连接图

接口说明如下

（1）液晶 1、2 为电源接口；19、20 为背光电源。

（2）液晶 3 端为液晶对比度调节端，MGMC-V2.0 实验板上搭载一个 10kΩ 的电位器来调节液晶对比度。第一次使用时，在液晶上电状态下，调节至液晶上面一行显示出黑色小格为止。

（3）液晶 4 端为向液晶控制器写数据/命令选择端，接单片机的 P3.5 口。

（4）液晶 5 端为读/写选择端，接单片机的 P3.4 口。

（5）液晶 6 端为使能信号端，接单片机的 P3.3 口。

（6）液晶 15 端为串/并口选择端，此处接了三个排针，用于跳线帽来选择串并方式。

（7）液晶 16、18 为空管脚口，在硬件上不做连接。

（8）由于液晶具有自动复位功能，所以此处直接接 VCC，即不需要复位。

（9）液晶 7～14 为 8 位数据端口，依次接单片机的 P0 口。

7. 软件分析

有了操作 1602 液晶的基础，其实 12864 液晶操作起来就变得很简单了。若要简单显示字符，完全可以借鉴操作 1602 的方法来操作 12864 液晶，把给 1602 液晶控制的 HEX 文件下载到单片机中，再插上 12864 液晶，此时，在 1602 液晶中第一行能显示的字符，也能显示在 12864 液晶中。

（1）显示要求。利用 12864 液晶，使 12864 液晶的 4 行分别显示"春眠不觉晓，"、"处处闻啼鸟。"、"夜来风雨声，"、"花落知多少。"语句。

（2）程序清单。程序清单如下：

```
#include< reg52.h>
/*************************************************************/
// 起别名，定义新数据类型
```

```
/* * * * * * * * * * * * * * * * * * * * * * * * * * * * * * * * * * * * * * * */
typedef unsigned char uChar8;
typedef unsigned int uInt16;
/* * * * * * * * * * * * * * * * * * * * * * * * * * * * * * * * * * * * * * * */
// 字符串定义
/* * * * * * * * * * * * * * * * * * * * * * * * * * * * * * * * * * * * * * * */
uChar8 code TAB1 [] = " 春眠不觉晓,";
uChar8 code TAB2 [] = " 处处闻啼鸟。";
uChar8 code TAB3 [] = " 夜来风雨声,";
uChar8 code TAB4 [] = " 花落知多少。";
/* * * * * * * * * * * * * * * * * * * * * * * * * * * * * * * * * * * * * * * */
// 位定义
/* * * * * * * * * * * * * * * * * * * * * * * * * * * * * * * * * * * * * * * */
sbit RS = P3^5;        //数据/命令选择端（H/L）
sbit RW = P3^4;        //数/写选择端（H/L）
sbit EN = P3^3;        //使能信号
/* * * * * * * * * * * * * * * * * * * * * * * * * * * * * * * * * * * * * * * */
// 延时毫秒函数：DelayMS ()
/* * * * * * * * * * * * * * * * * * * * * * * * * * * * * * * * * * * * * * * */
void DelayMS (uInt16 ValMS)
 {
  uInt16 m, n;
  for (m = 0; m < ValMS; m + +)
  for (n = 0; n < 121; n + +);
 }
/* * * * * * * * * * * * * * * * * * * * * * * * * * * * * * * * * * * * * * * */
// 检测状态标志位函数：DectectBusyBit ()
/* * * * * * * * * * * * * * * * * * * * * * * * * * * * * * * * * * * * * * * */
void DectectBusyBit (void)
 {
  P0 = 0xff;                // 读状态值时，先赋高电平
  RS = 0;
  RW = 1;
  EN = 1;
  DelayMS (1);
  while (P0 & 0x80);        // 若 LCD 忙，则停止到这里，否则运行
  EN = 0;                   // 之后将 EN 初始化为低电平
 }
/* * * * * * * * * * * * * * * * * * * * * * * * * * * * * * * * * * * * * * * */
// LCD 写指令函数：WrComLCD ()
/* * * * * * * * * * * * * * * * * * * * * * * * * * * * * * * * * * * * * * * */
void WrComLCD (uChar8 ComVal)
 {
  DectectBusyBit ();
```

```
    RS = 0;
    RW = 0;
    EN = 1;
    P0 = ComVal;
    DelayMS (1);
    EN = 0;
}
/* * * * * * * * * * * * * * * * * * * * * * * * * * * * * * * * * * * * * * * * * */
// LCD 写数据函数: WrDatLCD ()
/* * * * * * * * * * * * * * * * * * * * * * * * * * * * * * * * * * * * * * * * * */
void WrDatLCD (uChar8 DatVal)
{
    DectectBusyBit ();
    RS = 1;
    RW = 0;
    EN = 1;
    P0 = DatVal;
    DelayMS (1);
    EN = 0;
}
/* * * * * * * * * * * * * * * * * * * * * * * * * * * * * * * * * * * * * * * * * */
// 输入定位函数: PosLCD ()
/* * * * * * * * * * * * * * * * * * * * * * * * * * * * * * * * * * * * * * * * * */
void PosLCD (uChar8 X, uChar8 Y)
{
    uChar8 ucPos;
    if (X = = 1)
        { X = 0x80; }                //第一行
    else if (X = = 2)
        { X = 0x90; }                //第二行
    else if (X = = 3)
        { X = 0x88; }                //第三行
    else if (X = = 4)
        { X = 0x98; }                //第四行
    ucPos = X + Y;                   //计算地址
    WrComLCD (ucPos);                //显示地址
}
/* * * * * * * * * * * * * * * * * * * * * * * * * * * * * * * * * * * * * * * * * */
// LCD 初始化函数: LCD _ Init ()
/* * * * * * * * * * * * * * * * * * * * * * * * * * * * * * * * * * * * * * * * * */
void LCD _ Init (void)
{
    WrComLCD (0x30);          // 8 位数据端口、选择基本指令
    DelayMS (10);
```

```
    WrComLCD (0x01);          // 显示清屏
    DelayMS (10);
    WrComLCD (0x0C);          // 显示设定：整体显示、游标关、不反白
    DelayMS (10);
}
/* * * * * * * * * * * * * * * * * * * * * * * * * * * * * * * * * * * * * * * * * */
// 主函数名称：main ()
/* * * * * * * * * * * * * * * * * * * * * * * * * * * * * * * * * * * * * * * * * */
void main (void)
 {
  uChar8 ucVal;
  LCD _ Init ();
  DelayMS (5);
  PosLCD (1, 0);      // 选择第一行、第一列
  while (TAB1 [ucVal] ! = '\0')
   {
      WrDatLCD (TAB1 [ucVal]);
      ucVal + + ;
   }
  ucVal = 0;
  PosLCD (2, 0);       // 选择第二行、第一列
  while (TAB2 [ucVal] ! = '\0')
   {
  WrDatLCD (TAB2 [ucVal]);
  ucVal + + ;
   }
  ucVal = 0;
  PosLCD (3, 0);       // 选择第三行、第一列
  while (TAB3 [ucVal] ! = '\0')
   {
  WrDatLCD (TAB3 [ucVal]);
  ucVal + + ;
   }
  ucVal = 0;
  PosLCD (4, 0);       // 选择第四行、第一列
  while (TAB4 [ucVal] ! = '\0')
   {
  WrDatLCD (TAB4 [ucVal]);
  ucVal + + ;
   }
      while (1);
 }
```

　　对于行列选择函数 PosLCD ()，形式参数有两个，X 用来定位写的是那一行，Y 用来

确定写的是那一列，具体实现过程是通过 if…else 语句来实现的。

这里的初始化与 1602 液晶稍微有区别。别的程序都有详细的注释，这里就不详细叙述了。

 **技能训练**

一、训练目标

(1) 学会使用 12864 液晶显示器。

(2) 学会通过单片机控制 12864 液晶显示器。

二、训练步骤与内容

1. 建立一个工程

(1) 在计算机 E 盘新建一个文件夹 "LCD12864"。

(2) 启动 Keil μ Vision 4 软件。

(3) 选择执行 "Project" 工程菜单下的 "New μ Vision Project" 命令，新建一个 μVision 工程项目，弹出创建新项目对话框。

(4) 在创建新项目对话框，输入工程文件名 "LCD12864"，单击 "保存" 按钮，弹出选择 CPU 数据库对话框。

(5) 选择 Generic CPU Data base 数据库，单击 "OK" 按钮，弹出 "Select Device for Target" 选择目标器件对话框。

(6) 单击 "ATMEL" 左边的 "＋" 号，展开选项，选择 "AT89C52" 选项，单击 "OK" 按钮，弹出是否添加标准 8051 启动代码对话框。

(7) 单击 "是" 按钮，即可在开发环境自动为我们建立好包含启动代码项目的空文件，启动代码为 "STARTUP. A51"。

2. 设计程序文件

(1) 定义变量。

1) 定义全局位变量 RS、RW、EN、SEG＿SELECT、BIT＿SELECT。

2) 定义字符串数组变量 TAB1［］、TAB2［］、TAB3［］、TAB4［］。

(2) 设计毫秒延时控制函数 DelayMS ()。

(3) 设计检测状态标志位函数 DectectBusyBit ()。

(4) 设计为 LCD 初始化函数 LCD＿Init ()。

(5) 设计为 LCD 写指令函数 WrComLCD ()。

(6) 设计为 LCD 写数据函数 WrDatLCD ()。

(7) 设计主程序。

3. 输入控制程序

(1) 单击执行 "File" 文件菜单下的 "New" 命令，新建一个文本文件 "TEXT1"。

(2) 单击执行 "File" 文件菜单下的 "Save As" 命令，弹出另存文件对话框，在文件名栏输入 "main. c"，单击 "保存" 按钮，保存文件。

(3) 在左边的工程浏览窗口，鼠标右键单击 "Source Group1"，在弹出的右键菜单中，选择执行 "Add Files to Group′Source Group1′" 命令。

(4) 弹出选择文件对话框，选择 "main. c" 文件，单击 "Add" 添加按钮，将文件添加到工程项目中，单击添加文件对话框右上角的红色 "×"，关闭添加文件对话框。

任务 18

（5）在"main"中输入 12864 液晶显示控制程序，单击工具栏的保存按钮 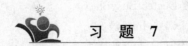，并保存文件。

4．调试运行

（1）编译程序。

1）设置输出文件选项。在左边的工程浏览窗口，鼠标右键单击"Target"选项，在弹出的右键菜单中，选择执行"Options for Target'Target1'"菜单命令。

2）在"Options for Target'Target1'"对话框，选择"Target"对象目标设置页，在晶体振荡器频率设置栏"Xtal（MHz）"，输入"11.0592"，设置晶振频率为 11.0592 MHz。

3）在"Options for Target'Target1'"对话框，选择"Output"输出页，选择"Create HEX File"创建 HEX 文件。

4）单击"OK"按钮，返回程序编辑界面。

5）单击编译工具栏的编译所有文件按钮 🗒 ，开始编译文件。

6）在编译输出窗口，查看程序编译信息。

（2）下载程序。

1）启动 STC 单片机下载软件。

2）单击单片机型号栏右边的下拉列表箭头，选择"STC89C52RD"。

3）选择 COM 口，计算机连接 MGMC-V2.0 单片机开发板后，软件会自动选择。

4）单击"打开程序文件"按钮，弹出"打开程序代码文件"对话框，选择"LCD12864"文件夹里的"LCD12864.hxe"文件，单击"打开"按钮，在程序代码窗口显示代码文件信息。

5）单击"下载/编程"按钮，此时代码显示框下面的提示框中会显示"正在检测目标单片机"。

6）打开开发板电源开关，程序代码开始下载，提示框显示一串下载信息，下载完成后显示"操作完成"，表示 HEX 代码文件已经下载到单片机中了。

（3）调试程序。

1）观察液晶 12864 显示屏的显示信息。

2）修改 4 组字符串数组数据。

3）重新编译、下载程序，观察液晶 12864 显示屏的显示信息。

习 题 7

1．编写单片机控制程序，利用液晶 1602 显示屏显示两行英文信息，并下载到单片机开发板中，观察显示效果。

2．编写单片机控制程序，利用液晶 12864 显示屏显示 4 行英文信息，并下载到单片机开发板中，观察显示效果。

项目八　模 拟 量 处 理

学习目标

（1）学习运算放大器。

（2）学习模数转换与数模转换知识。

（3）应用单片机进行模数转换。

（4）应用单片机进行数模转换。

（5）应用单片机实现简易多波形发生器。

任务 19　模数转换与数模转换

基础知识

一、模数转换与数模转换

1. 运算放大器

运算放大器简称"运放"，是一种应用很广泛的线性集成电路，其种类繁多，在应用方面不但可以对微弱信号进行放大，还可以作为反相器、电压比较器、电压跟随器、积分器、微分器等，并且可以对信号作加、减运算，所以被称为运算放大器。其符号表示如图 8-1 所示。图 8-1（a）为国家标准规定的符号；图 8-1（b）为国内外常用符号。

2. 负反馈

放大电路如图 8-2 所示。输入信号电压 v_i（$= v_p$）加到运放的同相输入端"＋"和地之间，输出电压 v_o 通过 R_1 和 R_2 的分压作用，得到 $v_n = v_f = R_1 v_o / (R_1 + R_2)$，作用于反相输入端"－"，所以 v_f 在此称为反馈电压。

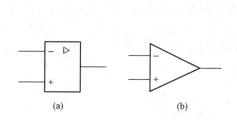

图 8-1　运算放大器的符号

（a）国家标准符号；（b）国内外常用符号

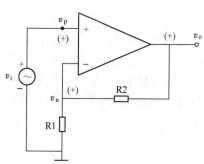

图 8-2　同相运算放大电路

217

当输入信号电压 v_i 的瞬时电位变化极性如图中的"（＋）"号所示时，由于输入信号电压 v_i（v_p）加到同相输入端，输出电压 v_o 的极性与 v_i 相同。反相输入端的电压 v_n 为反馈电压，其极性亦为"（＋）"，而净输入电压 $v_{id}＝v_i－v_f＝v_p－v_n$，比无反馈时减小了，即 v_n 抵消了 v_i 的一部分，使放大电路的输出电压 v_o 减小了，因而这时引入的反馈是负反馈。

综上，负反馈作用是利用输出电压 v_o 通过反馈元件（R_1、R_2）对放大电路起自动调节作用，从而牵制了 v_o 的变化，最后达到使输出稳定平衡的效果。

3. 同相运算放大电路

提供正电压增益的运算放大电路称之为同相运算放大电路，如图 8-2 所示。

在图 8-2 中，输出通过负反馈的作用，使 v_n 自动地跟踪 v_p，使 $v_p≈v_n$，或 $v_{id}＝v_p－v_n≈0$。这种现象称为虚假短路，简称虚短。

由于运放输入电阻的阻值又很大，所以，运放两输入端的 $i_p＝－i_n＝(v_p－v_n)/R_i≈0$，这种现象称为虚断。

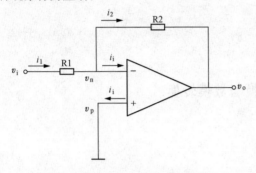

图 8-3　反相运算放大电路

4. 反相运算放大电路

提供负电压增益的运算放大电路称之为反相运算放大电路，如图 8-3 所示。

在图 8-3 中，输入电压 v_i 通过 R_1 作用于运放的反相输入端，R_2 跨接在运放的输出端和反相输入端之间，同相输入端接地。由虚短的概念可知，$v_n≈v_p＝0$，因此反相输入端的电位接近于地电位，故称虚地。虚地的存在是反相放大电路在闭环工作状态下的重要特征。

5. D/A 数模转换

数模转换即将数字量转换为模拟量（电压或电流），使输出的模拟电量与输入的数字量成正比。实现数模转换的电路称为数模转换器（Digital-Analog Converter），简称 D/A 或 DAC。

6. A/D 数模转换

模数转换是将模拟量（电压或电流）转换成数字量。这种模数转换的电路称为模数转换器（Analog-Digital Converter），简称 A/D 或 ADC。

二、工作原理

1. D/A 转换原理

（1）实现 D/A 转换的基本原理。将二进制数 $N_D＝(110011)_B$ 转换为十进制数，有

$$N_D＝1×2^5＋1×2^4＋0×2^3＋0×2^2＋1×2^1＋1×2^0＝51$$

数字量是用代码按数位组合而成的，对于有权码，每位代码都有一定的权值，如能将每一位代码按其权的大小转换成相应的模拟量，然后，将这些模拟量相加，即可得到与数字量成正比的模拟量，从而实现数字量到模拟量的转换。

（2）D/A 的转换组成部分。D/A 转换的结构如图 8-4 所示。

（3）实现 D/A 转换的原理电路如图 8-5 所示。

根据图 8-5 有：

$$v_O＝－R_f(i_3＋i_2＋i_1＋i_0)$$

其中：
$$i_0＝\frac{V_{REF}D_0}{R};i_1＝\frac{2V_{REF}D_1}{R};i_2＝\frac{4V_{REF}D_2}{R};i_3＝\frac{8V_{REF}D_3}{R}。$$

$$v_O＝－R_f(i_0＋i_1＋i_2＋i_3)＝V_{REF}(D_3 2^3＋D_2 2^2＋D_1 2^1＋D_0 2^0)$$

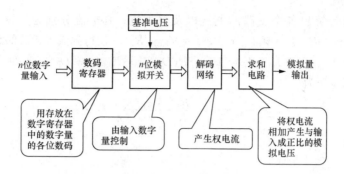

图 8-4　D/A 转换结构图

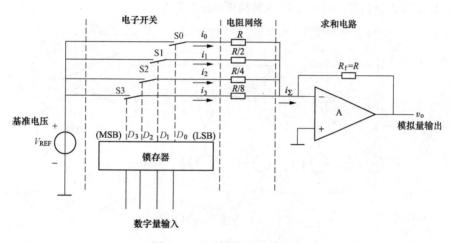

图 8-5　D/A 转换的原理电路

（4）D/A 转换器的种类。D/A 转换器的种类有很多，如 T 型电阻网络、倒 T 型电阻网络、权电流、权电流网络、CMOS 开关型等。这里以倒 T 型电阻网络和权电流法为例来讲述 D/A 转换器的原理。

1）倒 T 型网络 D/A 转换器。4 位倒 T 型电阻网络 D/A 转换器如图 8-6 所示。

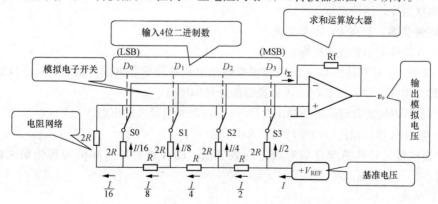

图 8-6　倒 T 型网络 D/A 转换器

说明：若 $D_i = 0$，则 S_i 将电阻 $2R$ 接地；若 $D_i = 1$，则 S_i 接运算放大器的反向输入端，电流 I_i 流入求和电路。根据运放线性运用时虚地的概念可知，无论模拟开关 S_i 处于何种位置，与 S_i 相连的 $2R$ 电阻将接"地"或虚地。

这样，就可以计算出各个支路的电流以及总电流。其电流分别为：$I_3 = V_{REF}/2R$，$I_2 = V_{REF}/4R$，$I_1 = V_{REF}/8R$，$I_0 = V_{REF}/16R$，$I = V_{REF}/R$。从而得到流入运放的总的电流为

$$i_\Sigma = I_0 + I_1 + I_2 + I_3 = V_{REF}/R(D_0/2^4 + D_1/2^3 + D_2/2^2 + D_3/2^1)$$

则输出的模拟电压为

$$v_o = -i_\Sigma R_f = -\frac{R_f}{R} \cdot \frac{V_{REF}}{2^4} \sum_{i=0}^{3}(D_i \cdot 2^i)$$

电路特点如下。

a. 电阻种类少，便于集成。

b. 由于开关切换时，各点电位不变，因此速度较快。

2）权电流 D/A 转换器。权电流 D/A 转换图如图 8-7 所示。

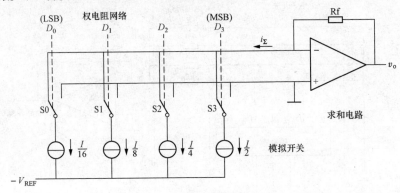

图 8-7　权电流 D/A 转换图

说明：当 $D_i = 1$ 时，开关 S_i 接运放的反相输入端；当 $D_i = 0$ 时，开关 S_i 接地。则有

$$v_o = -i_\Sigma R_f = -R_f(D_3 I/2 + D_2 I/4 + D_1 I/8 + D_0 I/16)$$

此时令 $R_0 = 2^3 R, R_1 = 2^2 R, R_2 = 2^1 R, R_1 = 2^0 R, R_f = 2^{-1}R$，代入上式有

$$v_o = -V_{REF}/2^4(D_3 2^3 + D_2 2^2 + D_1 2^1 + D_0 2^0)$$

电路特点如下。

a. 电阻数量少，结构简单。

b. 电阻种类多，差别大，不易集成。

（5）D/A 转换的主要技术指标。

1）分辨率。分辨率是指 D/A 转换器模拟输出电压可能被分离的等级数。n 位 DAC 最多有 2^n 种模拟输出电压。位数越多，D/A 转换器的分辨率越高。

分辨率也可以用能分辨的最小输出电压（$V_{REF}/2^n$）与最大输出电压 $[(V_{REF}/2^n)(2^n - 1)]$ 之比给出。n 位 D/A 转换器的分辨率可表示为 $1/(2^n - 1)$。

2）转换精度。转换精度是指对给定的数字量，D/A 转换器实际值与理论值之间的最大偏差。

2. A/D 转换

A/D 转换是指将模拟电压成正比地转换成对应的数字量。其 A/D 转换器分类和特点如下。

（1）并联比较型。其特点是：转换速度快，转换时间为 $10ns \sim 1\mu s$，但电路复杂。

（2）逐次逼近型。其特点是：转换速度适中，转换时间为几微秒至 $100\mu s$，转换精度高，能在转换速度和硬件复杂度之间达到一个很好的平衡。

（3）双积分型。其特点是：转换速度慢，转换时间为几百微秒至几毫秒，但抗干扰能力

最强。

3. A/D 转换的一般过程

由于输入的模拟信号在时间上是连续量，所以一般的 A/D 转换过程为：采样、保持、量化和编码，其过程如图 8-8 所示。

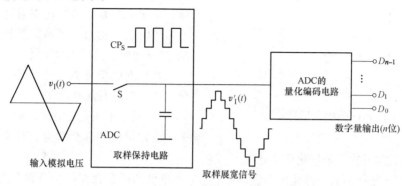

图 8-8 A/D 转换的一般过程

（1）采样。采样是指将随时间连续变化的模拟量转换为在时间上离散的模拟量。从理论上来说，采样频率越高，采样结果越接近真实值。对模拟信号的采样原理图如图 8-9 所示。

采样定理：设采样信号 $S(t)$ 的频率为 f_s，输入模拟信号 $v_I(t)$ 的最高频率分量的频率为 f_{imax}，则 $f_s \geqslant 2f_{imax}$。

（2）取样、保持电路及工作原理。将采得模拟信号转换为数字信号都需要一定时间，为了给后续的量化编码过程提供一个稳定的值，在取样电路后要求将所采样的模拟信号保持一段时间。保持电路如图 8-10 所示。

电路分析：取 $R_i = R_f$，N 沟道 MOS 管 VT 作为开关用。当控制信号 v_L 为高电平时，VT 导通，v_I 经电阻 R_i 和 VT 向电容 C_h 充电。则充电结束后 $v_O = -v_I = v_C$；当控制信号返回低

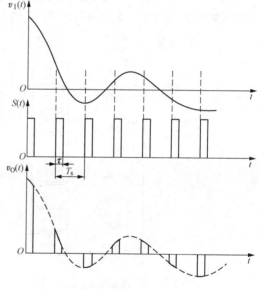

图 8-9 对模拟信号的采样图

电平后，VT 截止。C_h 无放电回路，所以 v_O 的数值可以被保存下来。取样波形图如图 8-11 所示。

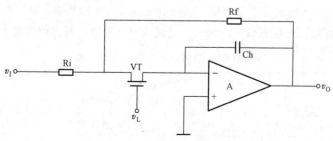

图 8-10 保持电路图

221

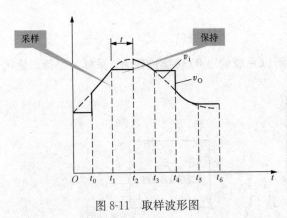

图 8-11 取样波形图

（3）量化和编码。数字信号在数值上是离散的。采样—保持电路的输出电压还需按某种近似方式归化到与之相应的离散电平上，任何数字量只能是某个最小数量单位的整数倍。量化后的数值最后还需通过编码过程用一个代码表示出来。经编码后得到的代码就是 A/D 转换器输出的数字量。

两种近似量化方式分别是：只舍不入量化方式、四舍五入量化方式。

1）只舍不入量化方式。量化过程将不足一个量化单位的部分舍弃，对于等于或大于一个量化单位的部分按一个量化单位处理。

2）四舍五入量化方式。量化过程将不足半个量化单位的部分舍弃，对于等于或大于半个量化单位的部分按一个量化单位处理。

例如，将 0～1V 电压转换成 3 位二进制码时，只舍不入量化方式如图 8-12 所示。四舍五入量化方式如图 8-13 所示。为了减小误差，显然四舍五入量化方式较好。

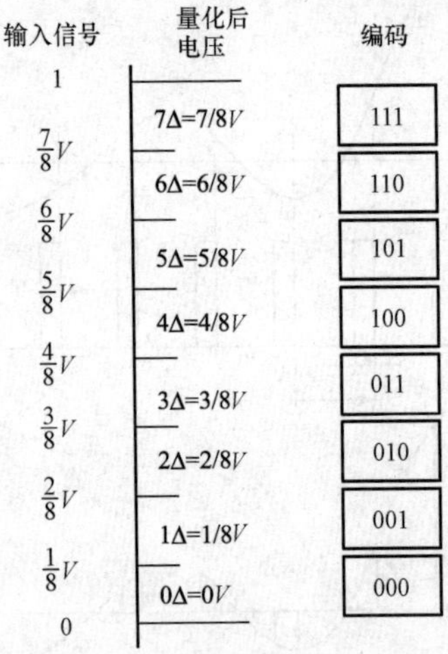

图 8-12 只舍不入量化方式

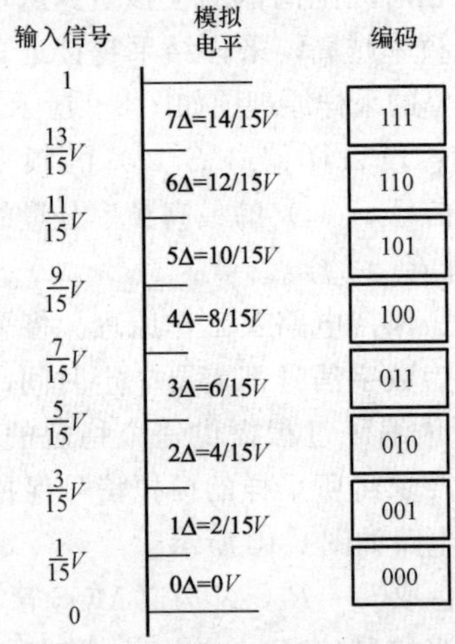

图 8-13 四舍五入量化方式

4. A/D 转换器简介

（1）并行比较型 A/D 转换器。并行比较型 A/D 转换器电路如图 8-14 所示。

根据各比较器的参考电压可以确定输入模拟电压值与各比较器输出状态的关系。比较器的输出状态由 D 触发器存储，经优先编码器编码，得到数字量输出。其真值表见表 8-1。

表 8-1　　　　　　　　　3 位并行 A/D 转换输入与输出对应表

输入模拟电压 u_i	代码转换器输入							数字量		
	Q7	Q6	Q5	Q4	Q3	Q2	Q1	D2	D1	D0
$(0 \leqslant u_i \leqslant 1/15) V_{REF}$	0	0	0	0	0	0	0	0	0	0
$(1/15 \leqslant u_i \leqslant 3/15) V_{REF}$	0	0	0	0	0	0	1	0	0	1
$(3/15 \leqslant u_i \leqslant 5/15) V_{REF}$	0	0	0	0	0	1	1	0	1	0

项目八 模拟量处理

续表

输入模拟电压	代码转换器输入							数字量		
u_i	Q7	Q6	Q5	Q4	Q3	Q2	Q1	D2	D1	D0
$(5/15 \leqslant u_i \leqslant 7/15) \, V_{REF}$	0	0	0	0	1	1	1	0	1	1
$(7/15 \leqslant u_i \leqslant 9/15) \, V_{REF}$	0	0	0	1	1	1	1	1	0	0
$(9/15 \leqslant u_i \leqslant 11/15) \, V_{REF}$	0	0	1	1	1	1	1	1	0	1
$(11/15 \leqslant u_i \leqslant 13/15) \, V_{REF}$	0	1	1	1	1	1	1	1	1	0
$(13/15 \leqslant u_i \leqslant 1) \, V_{REF}$	1	1	1	1	1	1	1	1	1	1

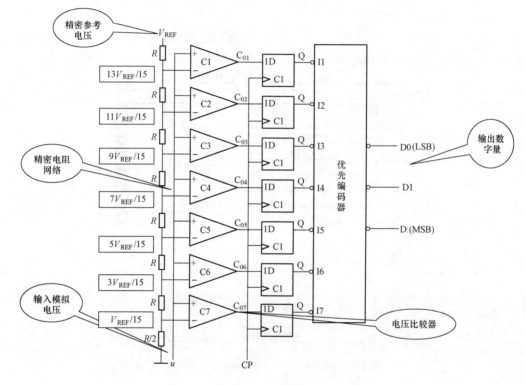

图 8-14 并行比较型 A/D 转换器电路图

单片集成并行比较型 A/D 转换器的产品有很多，如 AD 公司的 AD9012（TTL 工艺，8 位）、AD9002（ECL 工艺，8 位）、AD9020（TTL 工艺，10 位）等。其优点是转换速度快，缺点是电路较为复杂。

（2）逐次比较型 A/D 转换器。逐次比较转换过程与用天平秤物重非常相似。转换原理如图 8-15 所示。逐次比较转换过程和输出结果如图 8-16 所示。

逐次比较型 A/D 转换器输出数字量的位数越多，则转换精度越高；逐次比较型 A/D 转换器完成一次转换所需时间与其位数 n 和时钟脉冲频率有关，位数越少，时钟频率越高，转换所需时间越短。

5. A/D 转换器的参数指标

（1）转换精度。

1）分辨率：说明 A/D 转换器对输入信号的分辨能力。一般以输出二进制（或十进制）数的位数表示。因为在最大输入电压一定时，输出位数越多，则量化单位越小，分辨率越高。

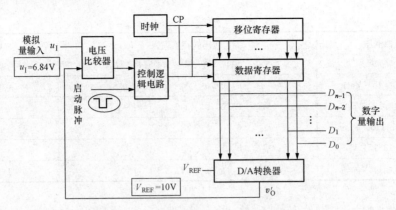

图 8-15　逐次比较型 A/D 转换原理图

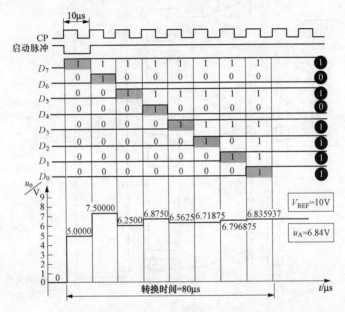

图 8-16　逐次比较型 A/D 转换过程和结果图

2）转换误差：它表示 A/D 转换器实际输出的数字量和理论上的输出数字量之间的差别。常用最低有效位的倍数表示。例如，相对误差≪±LSB/2 就表明实际输出的数字量和理论上应得到的输出数字量之间的误差小于最低位的半个字。

（2）转换时间：指从转换控制信号到来开始，到输出端得到稳定的数字信号所经过的时间。并行比较 A/D 转换器的转换速度最高，逐次比较型 A/D 转换器的转换速度较低。

三、硬件设计

这里我们以 MGMC-V2.0 实验板上使用的 PCF8591 为例，来介绍 A/D 转换器的硬件设计。

PCF8591 是 PHILIPS 公司的产品。PCF8591 是一个单片集成、单独供电、低功耗、8 位 CMOS 数据获取器件。具有 4 路模拟输入、一路模拟输出和一个串行 I^2C 总线接口。在 PCF8591 器件上输入/输出的地址、控制和数据信号都是通过双线双向 I^2C 总线以串行的方式进行传输的。PCF8591 的功能包括多路模拟输入、内置跟踪保持、8 位模数转换和 8 位数模转换。PCF8591 的最大转化速率由 I^2C 总线的最大速率决定。

MGMC-V2.0 实验板上的 A/D 转换 PCF8591 原理图如图 8-17 所示。

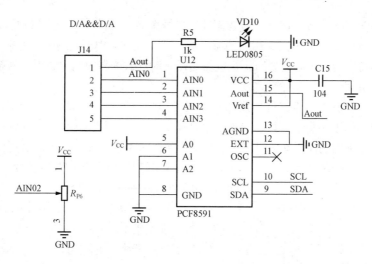

图 8-17 A/D 转换 PCF8591 原理图

各引脚功能简介如下。

（1）1～4 脚为模拟输入端口，都分别接 1 个排针（J14），其中 AIN0（电压范围 0～5V）还接了电位器 RP6。

（2）5～7 脚为器件地址选择端，这里将 A2、A1、A0 设置成了 "001"。

（3）15 脚为模拟输出端，其输出范围为：$0～0.9V_{CC}$。

（4）14 脚为电压参考端，直接接 V_{CC}（5V）。

（5）12 脚为此芯片的时钟选择端。高电平选择外部振荡器；低电平选择内部振荡器。这里接低电平，意味着选择内部振荡器。

（6）9、10 脚分别为数据总线和时钟总线，分别接单片机的 P3.7、P3.6 口。

四、软件分析

1. PCF8591 功能

（1）地址（Adressing）。I^2C 总线系统中的每一片 PCF8591 通过发送有效地址到该器件来进行激活。该地址和 AT24C02 一样，也包括固定部分和可编程部分，其格式如图 8-18 所示。其中：A2、A1、

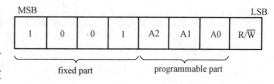

图 8-18 PCF8591 的地址格式

A0 被定义为 "001"；而 R/W 由具体操作过程中的读写来决定。所以地址为 0b1001 001R/W。

（2）控制字（Control byte）。发送到 PCF8591 的第二个字节将被存储在控制寄存器中，用于控制器件功能。控制寄存器的高半字节用于允许模拟输出和将模拟输入编程为单端或差分输入。低半字节选择一个由高半字节定义的模拟输入通道，如图 8-19 所示。

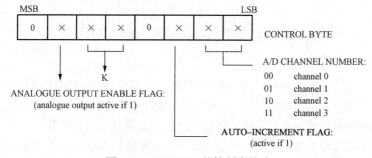

图 8-19 PCF8591 的控制字格式

如果自动增量（auto-increment）标志置1，则每次A/D转换后通道号将自动增加。如果自动增量（auto-increment）模式是使用内部振荡器，那么控制字中模拟输出允许标志置位1。这就要求内部振荡器持续运行，因此要防止振荡器启动延时导致的转换结果错误。模拟输出允许标志可以在其他时候清"0"以减小静态功耗。

选择一个不存在的输入通道将导致分配最高可用的通道号。所以，如果自动增量（auto-increment）被置1，则下一个被选择的通道将总是通道0。两个半字节的最高有效位（即第7位和第3位）是留给未来的功能，必须设置为逻辑0。控制寄存器的所有位在上电复位后被复位为逻辑0。D/A转换器和振荡器在节能时被禁止，模拟输出被切换到高阻态。其中：K是模拟输入控制位，本书默认设置为"00"，若读者想用到别的功能，请自行查阅数据手册。

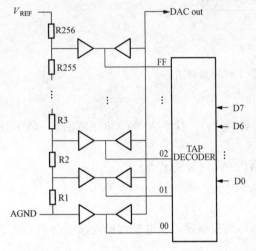

图8-20   PCF8591的DAC电阻网络图

2. D/A转换（D/A conversion）

发送给PCF8591的第三个字节被存储到DAC数据寄存器中，并使用片上D/A转换器转换成对应的模拟电压。这个D/A转换器由连接至外部参考电压的具有256个接头的电阻分压电路和选择开关组成。接头译码器切换一个接头至DAC输出线，如图8-20所示。

模拟输出电压由自动清零增益放大器进行缓冲。这个缓冲放大器可以通过设置控制寄存器的模拟输出允许标志开启或关闭。在激活状态下，输出电压将保持到新的数据字节被发送。

片上D/A转换器也可以用于逐次逼近A/D转换（successive approximation A/D conversion）。为释放用于A/D转换周期的DAC，单位增益放大器还配备了一个跟踪和保持电路。在执行A/D转换时，该电路保持输出电压。

其电压输出公式为

$$V_{\mathrm{ADUT}} = V_{\mathrm{AGND}} + \frac{V_{\mathrm{REF}} - V_{\mathrm{AGND}}}{256} \sum_{i=1}^{7} (D_j \cdot 2^i)$$

I^2C总线的控制格式如图8-21所示。

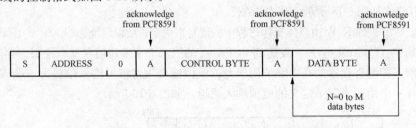

图8-21   写模式总线协议图（D/A转换）

3. A/D转换（A/D conversion）

A/D转换器采用逐次逼近转换技术。在A/D转换周期将临时使用片上D/A转换器和高增益比较器。一个A/D转换周期总是开始于发送一个有效读模式地址给PCF8591之后。A/D转换周期在应答时钟脉冲的后沿被触发，并在传输前一次转换结果时执行。

一旦一个转换周期被触发，则所选通道的输入电压采样将保存到芯片并被转换为对应的8位二进制码。取自差分输入的采样将被转换为8位二进制补码。转换结果被保存在ADC数据寄存器等待传输。如果自动增量标志被置1，则将选择下一个通道。

在读周期传输的第一个字节包含前一次读周期的转换结果代码。上电复位之后读取的第一个字节是 0×80。I^2C 总线协议的读周期如图 8-22 所示。

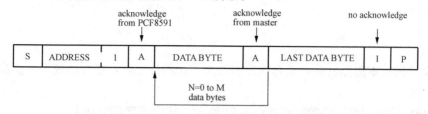

图 8-22 读模式总线协议图（A/D 转换）

最高 A/D 转换速率取决于实际的 I^2C 总线速度。

4. PCF8591 的 A/D 和 D/A 编程应用

（1）写数据函数。结合图 8-21 的前半部分和 I^2C 总线协议，很容易便能将如下的数据写入子函数。具体代码如下：

```
/* * * * * * * * * * * * * * * * * * * * * * * * * * * * * * * * * * * * * * * * * * * */
   /* 函数功能：写字节 [命令] 数据函数 (ADC)
/* 入口参数：控制字节数据 (ConByte)
/* 出口参数：BOOL
/* * * * * * * * * * * * * * * * * * * * * * * * * * * * * * * * * * * * * * * * * * * */
   BOOL PCF8591 _ WriteReg (uChar8 ConByte)
{
  IIC _ Start ();                       // 启动总线
  InputOneByte (PCF8591DevIDAddr);      // 发送器件地址
  IIC _ RdAck ();                       // 读应答信号
  InputOneByte (ConByte);               // 发送数据
  IIC _ RdAck ();                       // 读应答信号
  IIC _ Stop ();                        // 结束总线
  return (TRUE);                        // 写入数据则返回 "1"
}
```

程序设计的基本思路就是发送开始信号，再发送器件地址（使用了宏定义），接着读应答，再之后发送数据、读应答，最后结束总线控制。

（2）读数据函数。结合图 8-22，同样可以写出从 PCF8591 中读一个字节的函数。具体源代码如下：

```
/* * * * * * * * * * * * * * * * * * * * * * * * * * * * * * * * * * * * * * * * * * * */
   /* 函数功能：读字节数据函数 (ADC)
/* 入口参数：无
/* 出口参数：读到的数据值 (val)
/* * * * * * * * * * * * * * * * * * * * * * * * * * * * * * * * * * * * * * * * * * * */
   uChar8 PCF8591 _ ReadReg (void)
{
  uChar8 val;
  IIC _ Start ();                                      // 启动总线
```

任务
19

```
InputOneByte (PCF8591DevIDAddr | 0x01);          // 发送器件地址
IIC_RdAck ();                                     // 读应答信号
val = OutputOneByte ();                           // 读取数据
IIC_Stop ();                                       // 结束总线
return val;
}
```

程序设计的基本思路就是启动总线控制，再发送器件地址，接着读应答、读数据，最后结束总线控制。

（3）DAC 转换函数。函数过程如图 8-21 所示。代码实现部分如下：

```
/* * * * * * * * * * * * * * * * * * * * * * * * * * * * * * * * * * * * * * * * */
    /* 函数功能：DAC 变换，转化函数；
/* 入口参数：控制字节数据（ConByte）、待转换的数值（Val）
/* 出口参数：BOOL
/* * * * * * * * * * * * * * * * * * * * * * * * * * * * * * * * * * * * * * * * */
    BOOL PCF8591_DAC_Conversion (uChar8 ConByte, uChar8 Val)
{
    IIC_Start ();                                 // 启动总线
    InputOneByte (PCF8591DevIDAddr);              // 发送器件地址
    IIC_RdAck ();                                 // 读应答信号
    InputOneByte (ConByte);                       // 发送控制字节
    IIC_RdAck ();                                 // 读应答信号
    InputOneByte (Val);                           // 发送 DAC 的数值
    IIC_RdAck ();                                 // 读应答信号
    IIC_Stop ();                                   // 结束总线
    return (TRUE);
}
```

5. A/D 和 D/A 实例程序

（1）控制要求。运用 MGMC-V2.0 实验板，编写程序，使得当拧动电位器 RP6 时，数码管上显示此时电位器转头端所对应的电压，并通过串口打印到计算机上。同时将这时所对应的十六进制数通过 D/A 转换成电压输出。由于器件和转换过程的误差，输入 PCF8591 的电压一定和输出的电压不相等，最后计算出误差是多少。

（2）控制程序。该程序主要有四部分：A/D 转换、数码管显示、D/A 转换和串口打印。程序代码如下：

```
#include <reg52.h>
#include <intrins.h>
#include <stdio.h>
/* * * * * * * * * * * * * * * * * * * * * * * * * * * * * * * * * * * * * * * * */
// 起别名，便于程序移植
/* * * * * * * * * * * * * * * * * * * * * * * * * * * * * * * * * * * * * * * * */
typedef unsigned char uChar8;
typedef unsigned int  uInt16;
typedef enum {FALSE, TRUE} BOOL;
/* * * * * * * * * * * * * * * * * * * * * * * * * * * * * * * * * * * * * * * * */
```

```
// 位定义
/* * * * * * * * * * * * * * * * * * * * * * * * * * * * * * * * * * * * * * * * * * * */
sbit SEG _ SELECT = P1^7;
sbit BIT _ SELECT = P1^6;
sbit SCL = P3^6;
sbit SDA = P3^7;
/* * * * * * * * * * * * * * * * * * * * * * * * * * * * * * * * * * * * * * * * * * * */
// 宏定义，便于程序移植
/* * * * * * * * * * * * * * * * * * * * * * * * * * * * * * * * * * * * * * * * * * * */
#define PCF8591DevIDAddr 0x92
/* * * * * * * * * * * * * * * * * * * * * * * * * * * * * * * * * * * * * * * * * * * */
// 数码管编码数组定义
/* * * * * * * * * * * * * * * * * * * * * * * * * * * * * * * * * * * * * * * * * * * */
uChar8 code DuanArr [ ] =
{0xbf, 0x86, 0xdb, 0xcf, 0xe6, 0xed, 0xfd, 0x87, 0xff, 0xef};    /* 有小数点的编码 */
uChar8 code Disp _ Tab [ ] =
{0x3f, 0x06, 0x5b, 0x4f, 0x66, 0x6d, 0x7d, 0x07, 0x7f, 0x6f};    /* 无小数点的编码 */
/* * * * * * * * * * * * * * * * * * * * * * * * * * * * * * * * * * * * * * * * * * * */
// 微秒延时函数名称：Delay5US ()
/* * * * * * * * * * * * * * * * * * * * * * * * * * * * * * * * * * * * * * * * * * * */
void Delay5US (void)
{
    _ nop _ (); _ nop _ (); _ nop _ (); _ nop _ ();
}
/* * * * * * * * * * * * * * * * * * * * * * * * * * * * * * * * * * * * * * * * * * * */
// 毫秒延时函数：DelayMS ()
/* * * * * * * * * * * * * * * * * * * * * * * * * * * * * * * * * * * * * * * * * * * */
void DelayMS (uInt16 ValMS)
{
   uInt16 uiVal, ujVal;
   for (uiVal = 0; uiVal < ValMS; uiVal + +)
      for (ujVal = 0; ujVal < 120; ujVal + +);
}
/* * * * * * * * * * * * * * * * * * * * * * * * * * * * * * * * * * * * * * * * * * * */
// 数码管刷新显示函数：Display ()
/* * * * * * * * * * * * * * * * * * * * * * * * * * * * * * * * * * * * * * * * * * * */
void Display (uInt16 Dis _ Value)
{
   BIT _ SELECT = 1;
   P0 = 0xfe;
   BIT _ SELECT = 0;
   P0 = 0x00;
   SEG _ SELECT = 1;
   P0 = DuanArr [ (Dis _ Value / 100)];
```

任务
19

229

```
   SEG _ SELECT = 0；P0 = 0x00；
   DelayMS（2）；

   BIT _ SELECT = 1；
   P0 = 0xfd；
   BIT _ SELECT = 0；
   P0 = 0x00；
   SEG _ SELECT = 1；
   P0 = Disp _ Tab [Dis _ Value / 10 % 10]；
   SEG _ SELECT = 0；
   P0 = 0x00；
   DelayMS（2）；

   BIT _ SELECT = 1；
   P0 = 0xfb；
   BIT _ SELECT = 0；
   P0 = 0x00；
   SEG _ SELECT = 1；
   P0 = Disp _ Tab [Dis _ Value % 10]；
   SEG _ SELECT = 0；
   P0 = 0x00；
   DelayMS（2）；
}
/* * * * * * * * * * * * * * * * * * * * * * * * * * * * * * * * * * * * * * * * * * * * */
// I²C启动函数：IIC _ Start ()
/* * * * * * * * * * * * * * * * * * * * * * * * * * * * * * * * * * * * * * * * * * * * */
void IIC _ Start（void）
{
   SDA = 1；
   Delay5US（）；
   SCL = 1；
   Delay5US（）；
   SDA = 0；
   Delay5US（）；
}
/* * * * * * * * * * * * * * * * * * * * * * * * * * * * * * * * * * * * * * * * * * * * */
// I²C停止函数：IIC _ Stop ()
/* * * * * * * * * * * * * * * * * * * * * * * * * * * * * * * * * * * * * * * * * * * * */
void IIC _ Stop（void）
{
   SDA = 0；
   Delay5US（）；
   SCL = 1；
   Delay5US（）；
```

```
          SDA  = 1;
      }
/* * * * * * * * * * * * * * * * * * * * * * * * * * * * * * * * * * * * * * * * * * * * */
//读 I²C 应答函数: IIC _ RdAck ()
/* * * * * * * * * * * * * * * * * * * * * * * * * * * * * * * * * * * * * * * * * * * * */
BOOL IIC _ RdAck (void)
{
    BOOL AckFlag;
    uChar8 uiVal = 0;
    SCL = 0; Delay5US ();
    SDA = 1;
    SCL = 1; Delay5US ();
    while ( (1 = = SDA) && (uiVal < 255))
      {
        uiVal + + ;
        AckFlag = SDA;
      }
    SCL = 0;
    return AckFlag;       // 应答返回为 0; 不应答返回为 1
}
/* * * * * * * * * * * * * * * * * * * * * * * * * * * * * * * * * * * * * * * * * * * * */
//从 I²C 器件中读出一个字节函数: OutputOneByte ()
/* * * * * * * * * * * * * * * * * * * * * * * * * * * * * * * * * * * * * * * * * * * * */
uChar8 OutputOneByte (void)
{
    uChar8 uByteVal = 0;
    uChar8 iCount;
    SDA = 1;
    for (iCount = 0; iCount < 8; iCount + +)
      {
        SCL = 0;
        Delay5US ();
        SCL = 1;
        Delay5US ();
        uByteVal << = 1;
        if (SDA)
        uByteVal | = 0x01;
      }
    SCL = 0;
    return (uByteVal);
}
/* * * * * * * * * * * * * * * * * * * * * * * * * * * * * * * * * * * * * * * * * * * * */
//向 I²C 器件写入一个字节函数: InputOneByte ()
/* * * * * * * * * * * * * * * * * * * * * * * * * * * * * * * * * * * * * * * * * * * * */
```

```
void InputOneByte (uChar8 uByteVal)
{
    uChar8 iCount;
    for (iCount = 0; iCount < 8; iCount + +)
    {
    SCL = 0;
    Delay5US ();
    SDA = (uByteVal & 0x80) >> 7;
    Delay5US ();
    SCL = 1;
    Delay5US ();
    uByteVal << = 1;
    }
  SCL = 0;
}
```

/* */
//写字节 [命令] 函数: PCF8591 _ WriteReg ()
/* */

```
BOOL PCF8591 _ WriteReg (uChar8 ConByte)
{
  IIC _ Start ();                        // 启动 I²C 总线
  InputOneByte (PCF8591DevIDAddr);       // 发送器件地址
  IIC _ RdAck ();
  InputOneByte (ConByte);                // 发送数据
  IIC _ RdAck ();
  IIC _ Stop ();                         // 结束总线
  return (TRUE);
}
```

/* */
//读字节数据函数: PCF8591 _ ReadReg ()
/* */

```
uChar8 PCF8591 _ ReadReg (void)
{
  uChar8 val;
  IIC _ Start ();                            // 启动总线
  InputOneByte (PCF8591DevIDAddr | 0x01);    // 发送器件地址
  IIC _ RdAck ();
  val = OutputOneByte ();                     // 读取数据
  IIC _ Stop ();                              // 结束总线
  return val;
}
```

/* */
// DAC 变换函数: PCF8591 _ DAC _ Conversion ()
/* */

```
BOOL PCF8591_DAC_Conversion (uChar8 ConByte, uChar8 Val)
{
    IIC_Start ();                        // 启动总线
    InputOneByte (PCF8591DevIDAddr);     // 发送器件地址
    IIC_RdAck ();                        // 读应答信号
    InputOneByte (ConByte);              // 发送控制字节
    IIC_RdAck ();                        // 读应答信号
    InputOneByte (Val);                  // 发送 DAC 的数值
    IIC_RdAck ();                        // 读应答信号
    IIC_Stop ();                         // 结束总线
    return (TRUE);
}
/* * * * * * * * * * * * * * * * * * * * * * * * * * * * * * * * * * * * * * */
//串口初始化函数: UART_Init ()
/* * * * * * * * * * * * * * * * * * * * * * * * * * * * * * * * * * * * * * */
void UART_Init (void)
{
    TMOD &= 0x00;                        // 清空定时器 1
    TMOD |= 0x21;                        // 定时器 1 工作于方式 2
    TH1 = 0xfd;                          // 为定时器 1 赋初值
    TL1 = 0xfd;                          // 等价于将波特率设置为 9600
    ET1 = 0;                             // 防止中断产生不必要的干扰
    TR1 = 1;                             // 启动定时器 1
    SCON |= 0x40;                        // 串口工作于方式 1, 不允许接收
}
/* * * * * * * * * * * * * * * * * * * * * * * * * * * * * * * * * * * * * * */
// 主函数: main ()
// 将输入端模拟信号转换为数字信号, 转换成电压, 并通过串口打印
// 再将该数字信号转换成模拟信号, 以控制 LED 灯亮度的方式输出
/* * * * * * * * * * * * * * * * * * * * * * * * * * * * * * * * * * * * * * */
void main (void)
{
    uChar8 uiADC_Val = 0;
    float fADC_Val;
    uChar8 i;                            // 串口打印用
    UART_Init ();
    while (1)
    {
        /* - - - - - - - - - - - - - A/D转换部分 - - - - - - - - - - - - - - */
        PCF8591_WriteReg (0x40);          // 置位 D/A 转换标志位并选择通道 "0"
        uiADC_Val = PCF8591_ReadReg ();
        /* - - - - - - - - - - -      计算部分 - - - - - - - - - - - - - - - */
        fADC_Val = (float) uiADC_Val * 4.96 / 256.0;  /* 实验板参考电压为 4.96V */
        /* - - - - - - - - - - - 数码管显示部分 - - - - - - - - - - - - - - - */
```

```
Display ( ( uInt16) (fADC_Val * 100));  /* 将浮点数转换成无符号整型数，以便数码管显示 */
/* - - - - - - - - - - - - - - - D/A 转换部分 - - - - - - - - - - - - - - - - */
PCF8591_DAC_Conversion (0x40, uiADC_Val);
/* - - - - - - - - - - - - - 串口打印部分 - - - - - - - - - - - - - - - */
i++;
if (200 == i)
{
i = 0;
TI = 1;
printf (" 此时电压为：%.2fV \ n", fADC_Val);
while (! TI);
TI = 0;
}
}
}
```

（3）程序代码分析。

1）A/D 转换部分。该部分只需写入一控制字（0x40），由于 A/D 转换是自动的，所以之后读取 A/D 转换的结果就可以了。

2）将二进制数转换成数码管能显示的数据。

3）D/A 转换部分。同样是先设置控制字（0x40），之后送入待转换的数值，此时观察 D10 的亮度或者用万用表测试 Aout 引脚的电压值，此时测得的数据为 3.61V，表明 D/A 转换的转换误差比较大，这就需要补偿或者做别的处理。

4）串口打印。只需按此处的总结复制、粘贴即可。

 技能训练

一、训练目标

（1）学会应用运算放大器。

（2）学会设计 A/D 模数转换程序。

（3）学会设计 D/A 数模转换程序。

二、训练步骤与内容

1. 建立一个工程

（1）在计算机 E 盘新建一个文件夹 "AD8A"。

（2）启动 Keil μVision4 软件。

（3）选择执行 "Project" 工程菜单下的 "New μVision Project" 命令，新建一个 μVision 工程项目命令，弹出创建新项目对话框。

（4）在创建新项目对话框，输入工程文件名 "AD8A"，单击 "保存" 按钮，弹出选择 CPU 数据库对话框。

（5）选择 Generic CPU Data base 数据库，单击 "OK" 按钮，弹出 "Select Device for Target" 选择目标器件对话框。

（6）单击 "ATMEL" 左边的 "+" 号，展开选项，选择 "AT89C52"，单击 "OK" 按钮，弹出是否添加标准 8051 启动代码对话框。

（7）单击"是"按钮，即可在开发环境自动为我们建立好包含启动代码项目的空文件，启动代码为"STARTUP. A51"。

2. 编写程序文件

（1）单击执行"File"文件菜单下的"New"命令，新建一个文本文件"TEXT1"。

（2）单击执行"File"文件菜单下的"Save As"命令，弹出另存文件对话框，在文件名栏输入"main. c"，单击"保存"按钮，保存文件。

（3）在左边的工程浏览窗口，鼠标右键单击"Source Group1"，在弹出的右键菜单中，选择执行"Add Files to Group′Source Grooup1′"命令。

（4）弹出选择文件对话框，选择"main. c"文件，单击"Add"添加按钮，将文件添加到工程项目中，单击添加文件对话框右上角的红色"×"，关闭添加文件对话框。

（5）在"main"中输入"A/D 和 D/A 实例程序"源代码，单击工具栏的保存按钮 ￼，并保存文件。

3. 调试运行

（1）编译程序。

1）设置输出文件选项。在左边的工程浏览窗口，鼠标右键单击"Target"选项，在弹出的右键菜单中，选择执行"Options for Target′Target1′"菜单命令。

2）在"Options for Target′Target 1′"对话框，选择"Target"对象目标设置页，在晶体振荡器频率设置栏"Xtal（MHz）"，输入"11.0592"，设置晶振频率为 11.0592 MHz。

3）在"Options for Target′Target 1′"对话框，选择"Output"输出页，选择"Create HEX File"创建 HEX 文件。

4）单击"OK"按钮，返回程序编辑界面。

5）单击编译工具栏的编译所有文件按钮 ￼，开始编译文件。

6）在编译输出窗口，查看程序编译信息。

（2）下载程序。

1）启动 STC 单片机下载软件。

2）单击单片机型号栏右边的下拉列表箭头，选择"STC89C52"。

3）选择 COM 口，计算机连接 MGMC-V2.0 单片机开发板后，软件会自动选择。

4）单击"打开程序文件"按钮，弹出"打开程序代码文件"对话框，选择"AD8A"文件夹里的"AD8A. hex"文件，单击"打开"按钮，在程序代码窗口显示代码文件信息。

5）单击"下载/编程"按钮，此时代码显示框下面的提示框中会显示"正在检测目标单片机"。

6）打开开发板电源开关，程序代码开始下载，提示框显示一串下载信息，下载完成后显示"操作完成"，表示 HEX 代码文件已经下载到单片机中了。

（3）调试。

1）关闭开发板电源开关。

2）MGMC-V2.0 单片机开发板上的跳线 J1、J6 连接至 DB9。

3）通过串口连接电缆将 MGMC-V2.0 单片机开发板与计算机连接。

4）接通开发板电源开关，调节 MGMC-V2.0 单片机开发板上的 RP6 电位器，观察 LED 数码管显示的数据。

5）打开串口调试软件，观察计算机串口调试软件输出窗口内容。

任务20 简易多波形发生器

 基础知识

一、简易多波形发生器的控制功能

运用 MGMC-V2.0 实验板，编写程序，实现以下控制功能。

（1）上电未按下任何键时 Aout 输出 "0" V。

（2）第一次按下实验板上的 K1 键时，产生正弦波。

（3）第二次按下实验板上的 K1 键时，产生三角波。

（4）第三次按下实验板上的 K1 键时，产生矩形波。

（5）继续按下实验板上的 K1 键时，依次循环。

（6）当按下实验板上的 K2 键时，顺序相反地循环。

二、控制程序

分析控制要求可知，程序不涉及 A/D 转换，主要是 D/A 转换，关键问题是如何编写符合上述要求的四种波形函数。

对于矩阵波来说，只需简单调用 PCF8591_DAC_Conversion（）函数，分别送入 0xFF 和 0x00 就行。别的函数可能要用到 "算法"，这里用到的 "算法" 很简单了，就是 i++或 i−−。这里唯独要注意的是：后面三种函数需发送的值比较多，这里不需要多次调用 DAC 转换函数，而是重新编写了 D/A 转换函数，也即三种波形函数。具体代码如下：

```
# include <REG52.h>
# include <intrins.h>
# include <stdio.h>
/* * * * * * * * * * * * * * * * * * * * * * * * * * * * * * * * * * * * * * * */
// 起别名，便于程序移植
/* * * * * * * * * * * * * * * * * * * * * * * * * * * * * * * * * * * * * * * */
typedef unsigned char uChar8;
typedef unsigned int  uInt16;
typedef enum {FALSE, TRUE} BOOL;
/* * * * * * * * * * * * * * * * * * * * * * * * * * * * * * * * * * * * * * * */
// 位定义
/* * * * * * * * * * * * * * * * * * * * * * * * * * * * * * * * * * * * * * * */
sbit SEG_SELECT = P1^7;
sbit BIT_SELECT = P1^6;
sbit key1 = P3^4;
sbit key2 = P3^5;
sbit SCL = P3^6;
sbit SDA = P3^7;
/* * * * * * * * * * * * * * * * * * * * * * * * * * * * * * * * * * * * * * * */
// 宏定义，便于程序移植
/* * * * * * * * * * * * * * * * * * * * * * * * * * * * * * * * * * * * * * * */
# define PCF8591DevIDAddr 0x92
```

```
/ * * * * * * * * * * * * * * * * * * * * * * * * * * * * * * * * * * * * * /
// 数组定义
/ * * * * * * * * * * * * * * * * * * * * * * * * * * * * * * * * * * * * * /
uChar8 code Tosin [255] = {
0x80, 0x83, 0x86, 0x89, 0x8D, 0x90, 0x93, 0x96,
0x99, 0x9C, 0x9F, 0xA2, 0xA5, 0xA8, 0xAB, 0xAE,
0xB1, 0xB4, 0xB7, 0xBA, 0xBC, 0xBF, 0xC2, 0xC5,
0xC7, 0xCA, 0xCC, 0xCF, 0xD1, 0xD4, 0xD6, 0xD8,
0xDA, 0xDD, 0xDF, 0xE1, 0xE3, 0xE5, 0xE7, 0xE9,
0xEA, 0xEC, 0xEE, 0xEF, 0xF1, 0xF2, 0xF4, 0xF5,
0xF6, 0xF7, 0xF8, 0xF9, 0xFA, 0xFB, 0xFC, 0xFD,
0xFD, 0xFE, 0xFF, 0xFF, 0xFF, 0xFF, 0xFF, 0xFF,
0xFF, 0xFF, 0xFF, 0xFF, 0xFF, 0xFF, 0xFE, 0xFD,
0xFD, 0xFC, 0xFB, 0xFA, 0xF9, 0xF8, 0xF7, 0xF6,
0xF5, 0xF4, 0xF2, 0xF1, 0xEF, 0xEE, 0xEC, 0xEA,
0xE9, 0xE7, 0xE5, 0xE3, 0xE1, 0xDE, 0xDD, 0xDA,
0xD8, 0xD6, 0xD4, 0xD1, 0xCF, 0xCC, 0xCA, 0xC7,
0xC5, 0xC2, 0xBF, 0xBC, 0xBA, 0xB7, 0xB4, 0xB1,
0xAE, 0xAB, 0xA8, 0xA5, 0xA2, 0x9F, 0x9C, 0x99,
0x96, 0x93, 0x90, 0x8D, 0x89, 0x86, 0x83, 0x80,
0x80, 0x7C, 0x79, 0x78, 0x72, 0x6F, 0x6C, 0x69,
0x66, 0x63, 0x60, 0x5D, 0x5A, 0x57, 0x55, 0x51,
0x4E, 0x4C, 0x48, 0x45, 0x43, 0x40, 0x3D, 0x3A,
0x38, 0x35, 0x33, 0x30, 0x2E, 0x2B, 0x29, 0x27,
0x25, 0x22, 0x20, 0x1E, 0x1C, 0x1A, 0x18, 0x16,
0x15, 0x13, 0x11, 0x10, 0x0E, 0x0D, 0x0B, 0x0A,
0x09, 0x08, 0x07, 0x06, 0x05, 0x04, 0x03, 0x02,
0x02, 0x01, 0x00, 0x00, 0x00, 0x00, 0x00, 0x00,
0x00, 0x00, 0x00, 0x00, 0x00, 0x00, 0x01, 0x02,
0x02, 0x03, 0x04, 0x05, 0x06, 0x07, 0x08, 0x09,
0x0A, 0x0B, 0x0D, 0x0E, 0x10, 0x11, 0x13, 0x15,
0x16, 0x18, 0x1A, 0x1C, 0x1E, 0x20, 0x22, 0x25,
0x27, 0x29, 0x2B, 0x2E, 0x30, 0x33, 0x35, 0x38,
0x3A, 0x3D, 0x40, 0x43, 0x45, 0x48, 0x4C, 0x4E,
0x51, 0x55, 0x57, 0x5A, 0x5D, 0x60, 0x63, 0x66,
0x69, 0x6C, 0x6F, 0x72, 0x76, 0x79, 0x7C
};
/ * * * * * * * * * * * * * * * * * * * * * * * * * * * * * * * * * * * * * /
//微秒延时函数：Delay5US ()
/ * * * * * * * * * * * * * * * * * * * * * * * * * * * * * * * * * * * * * /
void Delay5US (void)
{
  _nop_ (); _nop_ (); _nop_ (); _nop_ ();
}
```

```
/* * * * * * * * * * * * * * * * * * * * * * * * * * * * * * * * * * * * * * * * * * */
//毫秒延时函数: DelayMS ()
/* * * * * * * * * * * * * * * * * * * * * * * * * * * * * * * * * * * * * * * * * * */
void DelayMS (uInt16 ValMS)
{
  uInt16 uiVal, ujVal;
  for (uiVal = 0; uiVal < ValMS; uiVal + +)
    for (ujVal = 0; ujVal < 120; ujVal + +);
}
/* * * * * * * * * * * * * * * * * * * * * * * * * * * * * * * * * * * * * * * * * * */
// I²C 启动函数: IIC_Start ()
/* * * * * * * * * * * * * * * * * * * * * * * * * * * * * * * * * * * * * * * * * * */
void IIC_Start (void)
{
  SDA = 1;
  Delay5US ();
  SCL = 1;
  Delay5US ();
  SDA = 0;
  Delay5US ();
}
/* * * * * * * * * * * * * * * * * * * * * * * * * * * * * * * * * * * * * * * * * * */
// I²C 停止函数: IIC_Stop ()
/* * * * * * * * * * * * * * * * * * * * * * * * * * * * * * * * * * * * * * * * * * */
void IIC_Stop (void)
{
  SDA = 0;
  Delay5US ();
  SCL = 1;
  Delay5US ();
  SDA = 1;
}
/* * * * * * * * * * * * * * * * * * * * * * * * * * * * * * * * * * * * * * * * * * */
//读 I²C 应答函数: IIC_RdAck ()
/* * * * * * * * * * * * * * * * * * * * * * * * * * * * * * * * * * * * * * * * * * */
BOOL IIC_RdAck (void)
{
  BOOL AckFlag;
  uChar8 uiVal = 0;
  SCL = 0; Delay5US ();
  SDA = 1;
  SCL = 1; Delay5US ();
  while ( (1 = = SDA) && (uiVal < 255))
  {
```

```
    uiVal + +;
    AckFlag = SDA;
  }
  SCL = 0;
  return AckFlag;      // 应答返回为 0；不应答返回为 1
}
/* * * * * * * * * * * * * * * * * * * * * * * * * * * * * * * * * * * * * * * * */
//向 I²C 器件写入一个字节函数：InputOneByte ()
/* * * * * * * * * * * * * * * * * * * * * * * * * * * * * * * * * * * * * * * * */
void InputOneByte (uChar8 uByteVal)
{
    uChar8 iCount;
    for (iCount = 0; iCount < 8; iCount + +)
    {
    SCL = 0;
    Delay5US ();
    SDA = (uByteVal & 0x80) >> 7;
    Delay5US ();
    SCL = 1;
    Delay5US ();
    uByteVal << = 1;
    }
  SCL = 0;
}
/* * * * * * * * * * * * * * * * * * * * * * * * * * * * * * * * * * * * * * * * */
// DAC 变换函数：PCF8591_DAC_Conversion ()
/* * * * * * * * * * * * * * * * * * * * * * * * * * * * * * * * * * * * * * * * */
BOOL PCF8591_DAC_Conversion (uChar8 Val)
{
  IIC_Start ();                          // 启动总线
  InputOneByte (PCF8591DevIDAddr);       // 发送器件地址
  IIC_RdAck ();                          // 读应答信号
  InputOneByte (0x40);                   // 发送控制字节
  IIC_RdAck ();                          // 读应答信号
  InputOneByte (Val);                    // 发送 DAC 的数值
  IIC_RdAck ();                          // 读应答信号
  IIC_Stop ();                           // 结束总线
  return (TRUE);
}
/* * * * * * * * * * * * * * * * * * * * * * * * * * * * * * * * * * * * * * * * */
//矩形波函数：SquareWave ()
/* * * * * * * * * * * * * * * * * * * * * * * * * * * * * * * * * * * * * * * * */
void SquareWave (void)
{
```

```
    PCF8591 _ DAC _ Conversion (0xff);              // 产生高脉冲
    PCF8591 _ DAC _ Conversion (0x00);              // 产生低脉冲
}
/* * * * * * * * * * * * * * * * * * * * * * * * * * * * * * * * * * * * * * * * * * */
//锯齿波函数: SawtoothWave ()
/* * * * * * * * * * * * * * * * * * * * * * * * * * * * * * * * * * * * * * * * * * */
void SawtoothWave (void)
{
    uChar8 i;
    IIC _ Start ();                                 // 启动总线
    InputOneByte (PCF8591DevIDAddr);                // 发送器件地址
    IIC _ RdAck ();                                 // 读应答信号
    InputOneByte (0x40);                            // 发送控制字节
    IIC _ RdAck ();                                 // 读应答信号
    for (i = 255; i > 0; i - -)
      {
        InputOneByte (i);                           // 发送 DAC 的数值
        IIC _ RdAck ();                             // 读应答信号
      }
    IIC _ Stop ();                                  // 结束总线
}
/* * * * * * * * * * * * * * * * * * * * * * * * * * * * * * * * * * * * * * * * * * */
//三角波函数: TriangularWave ()
/* * * * * * * * * * * * * * * * * * * * * * * * * * * * * * * * * * * * * * * * * * */
void TriangularWave (void)
{
    uChar8 i;
    IIC _ Start ();                                 // 启动总线
    InputOneByte (PCF8591DevIDAddr);                // 发送器件地址
    IIC _ RdAck ();                                 // 读应答信号
    InputOneByte (0x40);                            // 发送控制字节
    IIC _ RdAck ();                                 // 读应答信号
    for (i = 0; i < 255; i+ +)
      {
        InputOneByte (i);                           // 发送 DAC 的数值
        IIC _ RdAck ();                             // 读应答信号
      }
    for (i = 255; i > 0; i- -)
      {
        InputOneByte (i);                           // 发送 DAC 的数值
        IIC _ RdAck ();                             // 读应答信号
      }
    IIC _ Stop ();                                  // 结束总线
}
```

任务
20

```
/* * * * * * * * * * * * * * * * * * * * * * * * * * * * * * * * * * * * * * * */
//正弦波函数：SinWave ()
/* * * * * * * * * * * * * * * * * * * * * * * * * * * * * * * * * * * * * * * */
void SinWave (void)
{
  uChar8 i;
  IIC_Start ();                              // 启动总线
  InputOneByte (PCF8591DevIDAddr);          // 发送器件地址
  IIC_RdAck ();                             // 读应答信号
  InputOneByte (0x40);                      // 发送控制字节
  IIC_RdAck ();                             // 读应答信号
  for (i = 255; i > 0; i--)
   {
    InputOneByte (Tosin [i]);              // 发送 DAC 的数值
    IIC_RdAck ();                          // 读应答信号
   }
  IIC_Stop ();                             // 结束总线
}
/* * * * * * * * * * * * * * * * * * * * * * * * * * * * * * * * * * * * * * * */
//按键扫描函数：KeyScan ()
/* * * * * * * * * * * * * * * * * * * * * * * * * * * * * * * * * * * * * * * */
uChar8 KeyScan (void)
{
  static uChar8 KeyNum = 0;
    if (key1 = = 0)
     {
        DelayMS (10);
        if (key1 = = 0)
         {
            while (! key1);
            KeyNum + + ;
            if (KeyNum = = 5)
             KeyNum = 0;
         }
     }
    if (key2 = = 0)
     {
        DelayMS (10);
        if (key2 = = 0)
         {
            while (! key2);
            KeyNum - - ;
            if (KeyNum = = 0)
             KeyNum = 4;
```

```
        }
    }
   return KeyNum;
}
/* * * * * * * * * * * * * * * * * * * * * * * * * * * * * * * * * * * * *
* * * */
// 主函数：main ()
//功能：扫描键值，按键值显示波形
/* * * * * * * * * * * * * * * * * * * * * * * * * * * * * * * * * * * * *
* * * */
void main ()
{
   uChar8 uKeyTemp=0;
   while (1)
    {
    uKeyTemp=KeyScan ();
    switch (uKeyTemp)
     {
    case 1：SinWave ();        break;
    case 2：TriangularWave ();    break;
    case 3：SawtoothWave ();    break;
    case 4：SquareWave ();    break;
    default：        break;
     }
    }
}
```

 技能训练

一、训练目标

(1) 学会设计 A/D模数转换程序。

(2) 学会设计简易多波形信号发生器程序。

二、训练步骤与内容

1. 建立一个工程

(1) 在计算机 E 盘新建一个文件夹"DA8B"。

(2) 启动 Keil μVision4 软件。

(3) 选择执行"Project"工程菜单下的"New μVision Project"命令，新建一个 μVision 工程项目，弹出创建新项目对话框。

(4) 在创建新项目对话框，输入工程文件名"DA8B"，单击"保存"按钮，弹出选择 CPU 数据库对话框。

(5) 选择 Generic CPU Data base 数据库，单击"OK"按钮，弹出"Select Device for Target"

选择目标器件对话框。

（6）单击"STC"左边的"＋"号，展开选项，选择"STC89C52RC"选项，单击"OK"按钮，弹出是否添加标准8051启动代码对话框。

（7）单击"是"按钮，即可在开发环境自动为我们建立好包含启动代码项目的空文件，启动代码为"STARTUP.A51"。

2. 编写程序文件

（1）单击执行"File"文件菜单下的"New"命令，新建一个文本文件"TEXT1"。

（2）单击执行"File"文件菜单下的"Save As"命令，弹出另存文件对话框，在文件名栏输入"main.c"，单击"保存"按钮，保存文件。

（3）在左边的工程浏览窗口，右键单击"Source Group1"，在弹出的右键菜单中，选择执行"Add Files to Group′Source Group1′"命令。

（4）弹出选择文件对话框，选择"main.c"文件，单击"Add"添加按钮，将文件添加到工程项目中，单击添加文件对话框右上角的红色"×"，关闭添加文件对话框。

（5）在"main"中输入"简易多波形发生器控制程序"源代码，单击工具栏的保存按钮 ，并保存文件。

3. 调试运行

（1）编译程序。

1）设置输出文件选项。在左边的工程浏览窗口，鼠标右键单击"Target"选项，在弹出的右键菜单中，选择执行"Options for Target′Target1′"菜单命令。

2）在"Options for Target′Target 1′"对话框，选择"Target"对象目标设置页，在晶体振荡器频率设置栏"Xtal（MHz）"，输入"11.0592"，设置晶振频率为11.0592MHz。

3）在"Options for Target′Target 1′"对话框，选择"Output"输出页，选择"Create HEX File"创建HEX文件。

4）单击"OK"按钮，返回程序编辑界面。

5）单击编译工具栏的编译所有文件按钮 ，开始编译文件。

6）在编译输出窗口，查看程序编译信息。

（2）下载程序。

1）启动STC单片机下载软件。

2）单击单片机型号栏右边的下拉列表箭头，选择"STC89C52RC"。

3）选择COM口，计算机连接MGMC-V2.0单片机开发板后，软件会自动选择。

4）单击"打开程序文件"按钮，弹出"打开程序代码文件"对话框，选择"DA8B"文件夹里的"DA8B.hex"文件，单击"打开"按钮，在程序代码窗口显示代码文件信息。

5）单击"下载/编程"按钮，此时代码显示框下面的提示框中会显示"正在检测目标单片机"。

6）打开开发板电源开关，程序代码开始下载，提示框显示一串下载信息，下载完成后显示"操作完成"，表示HEX代码文件已经下载到单片机中了。

（3）调试。

1）关闭开发板电源开关。

2）示波器连接PCF8591的Aout输出端。

3）打开开发板电源开关。

4）按下 K1 键，观察示波器的输出波形。

5）再按一下 K1 键，观察示波器的输出波形。

6）再按一下 K1 键，观察示波器的输出波形。

7）按下 K2 键，观察示波器的输出波形。

任务 21　使用 STC15 内部 A/D 转换器

一、STC15 内部 A/D 转换器

1. STC15 内部 A/D 转换器结构

STC15F2K60S2 单片机内部集成了 8 通道的高速 A/D 转换器，采用逐次比较方式进行 A/D 转换，速度可达 300kHz。STC15 内部 A/D 转换器结构如图 8-23 所示。

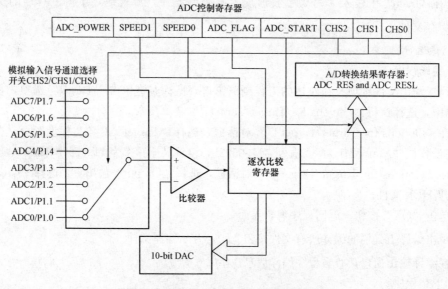

图 8-23　STC15 内部 A/D 转换器结构

STC15F2K60S2 单片机内部 8 通道高速 A/D 转换器的输入通道与 P1 口复用，上电复位后，P1 口为弱上拉 I/O 端口，用户可以通过特殊功能寄存器 P1ASF，将 P1 口的 8 个输入端的任何一个端口设置为 A/D 转换输入通道，其他不用的输入端仍然作普通 I/O 端口使用。

STC15F2K60S2 单片机内部 A/D 转换器由一个比较器和一个 D/A 转换器组成，启动后，比较器清零，然后通过逐次比较方式进行 A/D 转换。从比较器最高位开始对数据置 1，比较器数据经过 D/A 转换器转换为模拟量，与输入模拟量进行比较。若 D/A 转换器转换后的模拟量小于输入模拟量，则保留数据位为 1，否则该数据位清零；依次对下一位数据置 1，继续进行上述操作，直到最低位为止，A/D 转换结束，存储转换结果，发送转换结束标志。逐次比较方式的 A/D 转换精度高、速度快。

STC15F2K60S2 单片机内部 A/D 转换器的参考电压源是输入工作电压 V_{CC}，没有专门的 A/D 转换参考电压输入通道。如果输入工作电压 V_{CC} 不稳定，则可以在 8 个 A/D 转换通道的任意一个通道连接一个基准电压源，以此保证转换准确。

2. 与 A/D 转换器相关的寄存器

与 STC15F2K60S2 单片机内部 A/D 转换器相关的特殊功能寄存器见表 8-2。

表 8-2　　　　　　　　　　　　与 A/D 转换器相关的特殊功能寄存器

寄存器	功能	地址	位 地 址								复位值
CLK-DIV	时钟分频	97H	MCK0-S1	MCK0-S0	ADRJ	Tx-Rx	Tx2-Rx2	CLKS2	CLKS1	CLKS0	00000000
P1ASF	P1 模拟功能配置寄存器	9DH	P17ASF	P16ASF	P15ASF	P14ASF	P13ASF	P12ASF	P11ASF	P10ASF	00000000
ADC_CONTR	A/D 转换控制	BCH	ADC_POWER	SPEED1	SPEED0	ADC_FLAG	ADC_START	CHS2	CHS1	CHS0	00000000
ADC_RES	A/D 转换结果高位	BDH	A/D 转换结果的高 8 位（或高 2 位）								00000000
ADC_RESL	A/D 转换结果低位	BEH	A/D 转换结果的低 2 位（或低 8 位）								00000000

（1）功能设置寄存器 PIASF 的 8 个位对应于 Pl 口的 8 根口线，若 PIASF 的某个位置 1，则对应的 Pl 口线被设置为 A/D 转换器的输入通道；若某个位置 0，则对应的 Pl 口线被设置为 I/O 端口功能。寄存器 PIASF 不能进行位寻址，只能采用字节操作。

（2）A/D 转换控制寄存器 ADC_CONTR 用于选择 A/D 转换输入通道、设置转换速度、启动 A/D 转换、记录转换结束标志等。

1）ADC_POWER 位为 A/D 转换器电源控制位。ADC_POWER＝1 时，打开转换器电源，ADC_POWER＝0 时，关闭转换器电源。启动 A/D 转换之前一定要确认 A/D 转换器的电源已经打开，并适当延时，待模拟电源稳定后再进行 A/D 转换。为了提高 A/D 转换精度，在 A/D 转换结束之前，请不要改变任何 I/O 端口的状态。A/D 转换结束后可以关闭电源，以节省功耗。

2）SPEED1、SPEED0 位用于选择 A/D 转换速度，A/D 转换速度见表 8-3。

表 8-3　　　　　　　　　　　　A/D 转换速度选择

SPEED1	SPEED0	A/D 转换所需的系统时钟周期
0	0	90 个系统时钟周期转换一次
0	1	180 个系统时钟周期转换一次
1	0	360 个系统时钟周期转换一次
1	1	540 个系统时钟周期转换一次

3）ADC_FLAG 位为 A/D 转换结束标志位。A/D 转换完成后 ADC_FLAG＝1，需要由软件清零。ADC_FLAG 位同时也是 A/D 转换结束中断请求标志位。当中断允许寄存器 IE 中的 EA＝1 且 EADC＝1 时，允许 A/D 转换结束中断。当 EADC＝0 时，禁止 A/D 转换结束中断。A/D 转换结束中断的优先级由中断优先级寄存器 IP 中的 PADC 控制，PADC＝1 为高级，PADC＝0 为低级。

4）ADC_START 位为 A/D 转换启动控制位。ADC_START＝1 时，启动 A/D 转换，结束后自动清零。

5）CHS2、CHS1、CHS0 位用于进行 A/D 转换器模拟通道选择，由它们组成的二进制数选择 A/D 转换器模拟通道。例如，当 CHS2＝0、CHS1＝0、CHS0＝0 时，二进制数为 000，选择

P1.0 作为 A/D 转换器模拟通道。ADC_CONTR 寄存器不能进行位寻址，只能采用字节操作。

（3）时钟分频寄存器 CLK_DIV 中的 ADRJ 位用于设置 A/D 转换结果的保存格式。

（4）A/D 转换结果寄存器 ADC_RES 和 ADC_RESL 用于保存 A/D 转换结果。结果寄存器的存储格式由 CLK_DIV 中的 ADRJ 位控制。ADRJ=0 时，10 位 A/D 转换结果的高 8 位存放在 ADC_RES 寄存器中，低 2 位存储在 ADC_RESL 寄存器中。ADRJ=1 时，10 位 A/D 转换结果的高 2 位存放在 ADC_RES 寄存器中，低 8 位存储在 ADC_RESL 寄存器中。

二、STC15 内部 A/D 转换器应用

1. 编程步骤

（1）打开 STC15F2K60S2 单片机内部 A/D 转换器电源。

（2）选择端口并设置模拟转换通道。

（3）启动 A/D 转换。

（4）延时一段时间。

（5）等待 A/D 转换结束。

（6）采用查询或中断方式，读取 A/D 转换结果。

（7）多通道转换，在更换模拟转换通道时，各个通道转换要增加延时。

2. 应用 P1.5 作 A/D 转换的编程实例

利用 P1.5 作 A/D 转换输入端，以查询方式进行 A/D 转换，取 8 位数据，读取作 A/D 转换的结果，并送 LED 数码管显示。程序代码如下：

```c
#include<STC15F2K60S2.h>
#include<intrins.h>
#define uChar8 unsigned char    // uChar8 宏定义
#define uInt16 unsigned int     // uInt16 宏定义
uChar8 data adc _at_ 0x40;
// 数码管位选数组定义
uChar8 code Disp_Tab[] = {0x3f, 0x06, 0x5b, 0x4f, 0x66, 0x6d, 0x7d, 0x07, 0x7f, 0x6f, 0x77, 0x7c, 0x39, 0x5e, 0x79, 0x71};
/*************************************************************/
//延时函数 Delay()
/*************************************************************/
void Delay(uChar8 b)
{
uChar8 i;
for(i=0; i<b; i++)
{ _nop_();
}
}
/*************************************************************/
// 函数 DelayMS()定义
/*************************************************************/
void DelayMS(unsigned int N)
{
    unsigned int i;
```

```
    do{
        i = 1700;        //MAIN _ Fosc/13000 = 22118400/13000
        while( - - i);
    }while( - - N);
}
/* * * * * * * * * * * * * * * * * * * * * * * * * * * * * * * * * * * * * * * * * * * * * * * * * */
// 位定义
sbit SCH = P5^3;         //定义 P5^3 为 SCH
sbit RCH = P5^2;         //定义 P5^3 为 RCH
sbit smgSER = P5^0;    //定义 P5^0 为 smgSER
/* * * * * * * * * * * * * * * * * * * * * * * * * * * * * * * * * * * * * * * * * * * * * * * * * */
// 函数名称：Wr595OneByte()
// 函数功能：串行输入一个字节，并行输出一个字节
// 入口参数：串行输入的数据(uSerDat)
// 出口参数：无
/* * * * * * * * * * * * * * * * * * * * * * * * * * * * * * * * * * * * * * * * * * * * * * * * * */
void Wr595OneByte (uChar8 uSerDat)
{
    uChar8 cBit;
    /* 通过 8 次循环将 8 位数据依次移入 74HC595 */
    SCH = 1;
    for(cBit = 0; cBit < 8; cBit + +)
    {
        if(uSerDat & 0x80)
            smgSER = 1;
        else
            smgSER = 0;
        uSerDat = uSerDat << 1;
        SCH = 0;
        _ nop _ (); _ nop _ ();
        SCH = 1;
    }
    /* 数据并行输出(借助上升沿) */
    RCH = 0;
    _ nop _ ();     _ nop _ ();
    RCH = 1;
}
/* * * * * * * * * * * * * * * * * * * * * * * * * * * * * * * * * * * * * * * * * * * * * * * *
// 主函数 main()
* * * * * * * * * * * * * * * * * * * * * * * * * * * * * * * * * * * * * * * * * * * * * * * */
void main (void)
{
    uChar8 State, adc _ q, adc _ bai, adc _ shi, adc _ ge;
    uInt16 num, j;
```

```
P1ASF = 0x20;
ADC _ CONTR = 0x85;              //打开 A/D 转换器电源，并选择 P1.5 为模拟输入通道
for (j= 0; j<10000; j++ );       //延时
while (1)
{  CLK _ DIV = 0x00;
   ADC _ CONTR = 0x8d;           //启动 A/D 转换
    _ nop _ (); _ nop _ (); _ nop _ (); _ nop _ ();
   State = 0;
   while(0 = = State)            //等待 A/D 转换结束
   {
   State = ADC _ CONTR&0x10;
   }
   ADC _ CONTR = 0x85;           //清 A/D 转换结束标志
   adc = ADC _ RES;
   num = adc * 330/256;
   adc _ bai = num/10/10 % 10;   //取显示值百位
   adc _ shi = num/10 % 10;      //取显示值十位
   adc _ ge = num % 10;          //取显示值个位
   P6 = 0xfe;
   Wr595OneByte (Disp _ Tab[adc _ bai]);
   DelayMS(3);
     P6 = 0xfd;
     Wr595OneByte (Disp _ Tab[adc _ shi]);
     DelayMS(3);
     P6 = 0xfb;
     Wr595OneByte (Disp _ Tab[adc _ ge]);
     DelayMS(3);
     P6 = 0xff;
     Wr595OneByte (0x00);
     DelayMS(10);
  }
}
```

 技能训练

一、训练目标

(1) 学会使用单片机内部 A/D 转换器。

(2) 学会设计 A/D 模数转换程序。

二、训练步骤与内容

1. 建立一个工程

(1) 在计算机 E 盘新建一个文件夹 "DA8C"。

(2) 启动 Keil μVision 4 软件。

(3) 选择执行 "Project" 工程菜单下的 "New μVision Project" 命令，新建一个 μVision 工

程项目，弹出创建新项目对话框。

（4）在创建新项目对话框，输入工程文件名"DA8C"，单击"保存"按钮，弹出选择 CPU 数据库对话框。

（5）选择 STC CPU Data base 数据库，单击"OK"按钮，弹出"Select Device for Target"选择目标器件对话框，单击"STC"左边的"＋"号，展开选项，选择"STC15W4K32S4"选项。

（6）单击"OK"按钮，弹出是否添加标准 8051 启动代码对话框。

（7）单击"是"按钮，即可在开发环境自动为我们建立好包含启动代码项目的空文件，启动代码为"STARTUP. A51"。

2. 编写程序文件

（1）单击执行"File"文件菜单下的"New"命令，新建一个文本文件"TEXT1"。

（2）单击执行"File"文件菜单下的"Save As"命令，弹出另存文件对话框，在文件名栏输入"main. c"，单击"保存"按钮，保存文件。

（3）在左边的工程浏览窗口，鼠标右键单击"Source Group1"，在弹出的右键菜单中，选择执行"Add Files to Group'Source Group1'"命令。

（4）弹出选择文件对话框，选择"main. c"文件，单击"Add"添加按钮，将文件添加到工程项目中，单击添加文件对话框右上角的红色"×"，关闭添加文件对话框。

（5）在"main"中输入"应用 P1.5 作 A/D 转换程序"的源代码，单击工具栏的保存按钮，并保存文件。

3. 调试运行

（1）编译程序。

1）设置输出文件选项。在左边的工程浏览窗口，鼠标右键单击"Target"选项，在弹出的右键菜单中，选择执行"Options for Target'Target1'"菜单命令。

2）在"Options for Target'Target1'"对话框，选择"Target"对象目标设置页，在晶体振荡器频率设置栏"Xtal（MHz）"，输入"18.432"，设置系统时钟频率为 18.432MHz。

3）在"Options for Target'Target1'"对话框，选择"Output"输出页，选择"Create HEX File"创建 HEX 文件。

4）单击"OK"按钮，返回程序编辑界面。

5）单击编译工具栏的编译所有文件按钮，开始编译文件。

6）在编译输出窗口，查看程序编译信息。

（2）下载程序。

1）启动 STC 单片机下载软件。

2）单击单片机型号栏右边的下拉列表箭头，选择"IAP15W4K58S2"。单击运行时的 IRC 频率栏右边的选择下拉箭头，选择"18.432"（MHz）。

3）单击"打开程序文件"按钮，弹出"打开程序代码文件"对话框，选择"DA8C"文件夹里的"DA8C. hex"文件，单击"打开"按钮，在程序代码窗口显示代码文件信息。

4）单击"下载/编程"按钮，此时代码显示框下面的提示框中会显示"正在检测目标单片机"。

5）打开开发板电源开关，程序代码开始下载，提示框显示一串下载信息，下载完成后显示"操作完成"，表示 HEX 代码文件已经下载到单片机中了。

（3）调试。

1）调节连接在 P1.5 输入端的电位器，使模拟电压值增加。

2）观察数码管显示值的变化情况。

3）再次反向调节连接在 P1.5 输入端的电位器，使模拟电压值减小。

4）再次观察数码管显示值的变化情况。

任务 22　使用 STC15 的 PCA 模块

 基础知识

一、STC15 的 PCA 模块

1. PCA 模块的结构

STC15F2K60S2 单片机内部集成了 3 路可编程计数器阵列 PCA 模块，可以实现软件定时、外部脉冲捕捉、高速输出以及脉宽调制 PWM 输出等。PCA 模块含有一个特殊的 16 位定时器，有 3 个 16 位的捕获/比较模块与其相连，其逻辑结构如图 8-24 所示。每个模块可编程为上下降沿捕获、软件定时器、高速输出、脉宽调制输出等四种工作模式。

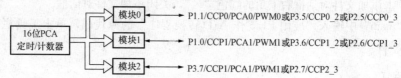

图 8-24　PCA 模块逻辑结构

16 位 PCA 定时/计数器是 3 个模块的公共时间基准，其结构如图 8-25 所示。寄存器 CH 和 CL 构成 16 位 PCA 的自动增量计数器，PCA 计数器的时钟源来自于系统时钟的 1～12 分频，或定时器 TO 溢出脉冲，或 ECI 引脚（P1.2 或 P2.4 或 P3.4）的输入脉冲，可通过设置 PCA 工作模式特殊功能寄存器 CMOD 中的 CPS2、CPS1、CPS0 位进行选择。PCA 计数器由工作模式寄存

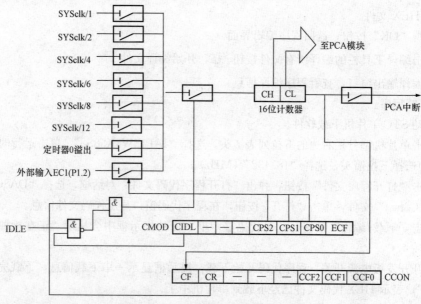

图 8-25　PCA 定时/计数器逻辑结构

器 CMOD 和控制寄存器 CCON 进行管理和控制。

2. 与 PCA 模块相关的特殊功能寄存器

与 PCA 模块相关的特殊功能寄存器见表 8-4。

表 8-4 与 PCA 模块相关的特殊功能寄存器

寄存器	功 能	地址	位 地 址								复位值
AUXR1	辅助寄存器	A2H	S1 _ S1	S1 _ S0	CCP _ S1	CCP _ S0	SPI _ S1	SPI _ S0	0	DPS	01000000
CCON	PCA 控制	D8H	CF	CR	—	—	CCF3	CCF2	CCF1	CCF0	00xx0000
CMOD	PCA 方式器	D9H	CIDL	—	—	—	—	CPS1	CPS0	ECF	0xxx0000
CCAPM0	PCA0 方式	DAH	—	ECOM0	CAPP0	CAPN0	MAT0	TOG0	PWM0	ECCF0	x0000000
CCAPM1	PCA1 方式	DBH	—	ECOM1	CAPP1	CAPN1	MAT1	TOG1	PWM1	ECCF1	x0000000
CCAPM2	PCA2 方式	DCH	—	ECOM2	CAPP2	CAPN2	MAT2	TOG2	PWM2	ECCF2	x0000000
PCA _ PWM0	PWM0 辅助	F2H	EBS0 _ 1	EBS0 _ 0	—	—	—	—	EPC0H	EPC0L	xxxxxx00
PCA _ PWM1	PWM1 辅助	F3H	EBS1 _ 1	EBS1 _ 0	—	—	—	—	EPC1H	EPC1L	xxxxxxx00
PCA _ PWM2	PWM2 辅助	F4H	EBS2 _ 1	EBS2 _ 0	—	—	—	—	EPC2H	EPC2L	xxxxxx00
CH	PCA 基准	F9H									00000000
CL	PCA 基准	E9H									00000000
CCAP0H	PCA0 捕获 H	FAH									00000000
CCAP0L	PCA0 捕获 L	EAH									00000000
CCAP1H	PCA1 捕获 H	FBH									00000000
CCAP1L	PCA1 捕获 L	EBH									00000000
CCAP2H	PCA2 捕获 H	FCH									00000000
CCAP2L	PCA2 捕获 L	ECH									00000000

（1）PCA 模块工作模式寄存器 CMOD 用于选择计数脉冲来源和进行计数中断管理。其中 CIDL 位用于设定空闲模式下是否停止 PCA 计数，CIDL＝0 时，空闲模式下 PCA 计数器继续计数，CIDL＝1 时，空闲模式下 PCA 计数器停止计数。CPS2、CPS1、CPS0 位用于选择 PCA 计数脉冲来源，具体情况见表 8-5。ECF 位为 PCA 中断允许位，ECF＝1 时，允许 PCA 计数器中断，ECF＝0 时，禁止 PCA 计数器中断。

表 8-5 PCA 计数脉冲来源选择

CPS2	CPS1	CPS0	PCA 计数脉冲来源
0	0	0	系统时钟/12
0	0	1	系统时钟/2
0	1	0	定时器 T0 溢出
0	1	1	ECI 引脚输入脉冲
1	0	0	系统时钟
1	0	1	系统时钟/4
1	1	0	系统时钟/6
1	1	1	系统时钟/8

任务 22

（2）PCA 模块控制寄存器 CCON 用于控制 16 位 PCA 计数器的运行计数脉冲源与记录 PCA/ PWM 模块的中断请求标志。其中 CF 位是 PCA 计数器溢出标志，当计数溢出时，CF 由硬件置 1，这时如果 CMOD 寄存器中的 ECF 为 1，则会向 CPU 发出中断请求。CF 位可以通过硬件或软件置 1，但只能通过软件清零。CR 为 PCA 计数器运行启动控制位，CR＝1 时，启动 PCA 计数，CR＝0 时，停止 PCA 计数。CCF2、CCF1、CCF0 分别是 PCA 模块 2、模块 1 和模块 0 的中断请求标志，当发生匹配或捕获时，由硬件置 1，需要通过软件清零。

（3）辅助寄存器 AUXR1 中 CCP＿S1、CCP＿S0 位用于实现 PCA 模块功能引脚在不同端口行切换，具体情况见表 8-6。

表 8-6   PCA 模块功能引脚切换

CCP＿S1	CCP＿S0	ECI	CCP0	CCP1	CCP2
0	0	P1.2	P1.1	P1.0	P3.7
0	1	P3.4（ECI＿2）	P3.5（CCP0＿2）	P3.6（CCP1＿2）	P3.7（CCP2＿2）
1	0	P2.4（ECI＿3）	P2.5（CCP0＿3）	P2.6（CCP1＿3）	P2.7（CCP2＿3）
1	1	无　　　效			

（4）PCA 模块比较/捕获控制寄存器 CCAPMn（n＝0～2）用于控制 PCA 模块的比较和捕获功能。其中，ECOMn 是比较功能允许控制位，ECOMn＝1 时，允许比较功能。CAPPn 为正捕获控制位，CAPPn＝1 时，允许上升沿捕获。CAPNn 为负捕获控制位，CAPNn＝1 时，允许下降沿捕获。MATn 为匹配控制位，如果 MATn＝1，则当 PCA 计数值（CH、CL）与模块的比较/捕获寄存器值（CCAPnH、CCAPnL）匹配时，CCON 寄存器中的中断标志 CCFn 将被置 1。TOGn 为翻转控制位，如果 TOGn＝1，则 PCA 模块工作于高速输出模式，当 PCA 计数值与模块的比较/捕获寄存器的值匹配时，将使 PCAn 引脚信号发生翻转。PWMn 为脉宽调制模式控制位，如果 PWMn＝1，则 PCA 工作于脉宽调制输出模式，PCAn 引脚用作 PWM 脉冲宽度调制输出。ECCFn 为 PCA 模块中断允许控制位，与 CCON 寄存器中的 CCFn 比较/捕获中断请求标志配合，用来产生 PCA 模块中断，ECCFn＝1 时，允许产生中断，ECCFn＝0 时，禁止产生中断。

PCA 模块工作模式设置见表 8-7。

表 8-7   PCA 模块工作模式设置

ECOMn	CAPPn	CAPNn	MATn	TGONn	PWMn	ECCFn	设定值	PCA 功能
0	0	0	0	0	0	0	00H	无操作
1	0	0	0	0	1	0	42H	PWM，无中断
1	1	0	0	0	1	1	63H	PWM，上升沿中断
1	0	1	0	0	1	1	53H	PWM，下降沿中断
1	1	1	0	0	1	1	73H	PWM，跳变沿中断
x	1	0	0	0	0	x	21H	16 位捕获，上升沿触发
x	0	1	0	0	0	x	11H	16 位捕获，下降沿触发
x	1	1	0	0	0	x	31H	16 位捕获，跳变沿触发
1	0	0	1	0	0	x	49H	16 位软件定时器
1	0	0	1	1	0	x	4DH	16 位高速脉冲输出

任务
22

（5）PCA 模块 PWM 寄存器 PCA_PWMn（n=0～2）用于 PWM 功能控制。其中 EBSn_1、EBSn_0 位用于选择 PWM 的位数，具体情况见表 8-8。EPCnH 位在 PWM 模式下，与 CCAPnH 寄存器的值一起组成 9 位数。EPCnL 位在 PWM 模式下，与 CCAPnL 寄存器的值一起组成 9 位数。

表 8-8　　　　　　　　　　　　　　　　　PWM 的位数选择

EBSn_1	EBSn_0	PWM 位数
0	0	8
0	1	7
1	0	6
1	1	无效

（6）PCA 模块的 16 位计数器 CH、CL 用于保存计数值的高 8 位和低 8 位数据。

（7）PCA 模块的捕获/比较寄存器 CCAPnH、CCAPnL（n=0～2）用于保存各模块的 16 位捕获计数值，当 PCA 模块工作于 PWM 模式时，它们用于控制输出占空比。

3. PCA 模块工作模式

PCA 模块可以编程实现四种工作模式：捕获模式、软件定时器模式、高速输出模式和脉宽调制输出模式。

（1）捕获模式。当 CCAPMn 寄存器中的两位 CAPPn 和 CAPNn 至少有一位为 1 时，PCA 模块将工作于捕获模式。CAPPn=1 时，上升沿捕获有效；CAPNn=1，下降沿捕获有效。当 CAPPn 和 CAPNn 同时为 1 时，则上升沿和下降沿都可以进行捕获。

PCA 模块工作于捕获模式时，对外部引脚（P1.1 或 P1.0 或 P3.7）的跳变信号进行采样。当采样到有效跳变信号时，PCA 硬件将把 PCA 计数器 CH、CL 的值装载到模块的捕获寄存器 CCAPnH、CCAPnL 中。如果 CCFn、ECCFn 被置 1 且 EA=1，则将产生 PWM 中断。

（2）软件定时器模式。当 CCAPMn 寄存器中的 ECOMn 位和 MATn 位为 1 时，PCA 模块将工作于软件定时器模式。

PCA 模块工作于软件定时器模式时，PCA 计数器 CH、CL 值与模块捕获寄存器 CCAPnH、CCAPnL 的值进行比较，二者相等则自动置 1 中断请求标志 CCFn，此时如果的中断允许位 ECCFn=1 且 EA=1，就会产生 PCA 计数器中断。中断不影响相关引脚的状态，即相应 CCPn 的引脚依然可以作为 I/O 端口使用。通过设置 PCA 模块捕获寄存器 CCAPnH、CCAPnL 的值与 PCA 计数器时钟源可以调整定时时间。

计数值与定时时间的计算公式为

CCAPnH、CCAPnL 的设置值或递增步长值=定时时间/计数器时钟源周期

（3）高速脉冲输出模式。当 CCAPMn 寄存器中的 ECOMn 位、MATn 位和 TOGn 位为 1 时，PCA 模块工作于高速脉冲输出模式。

当 PCA 模块工作在高速脉冲输出时，一旦 PCA 计数器 CH、CL 的值与模块比较/捕获寄存器 CCAPnH、CCAPnL 的值相匹配（即达到定时时间），PCA 模块的 CCPn 引脚输出便发生翻转。使用高速脉冲输出模式触发引脚状态获得的定时信号，比用软件定时器在中断服务程序中通过位操作指令获得的定时信号要精确得多。

高速脉冲输出周期计算公式为

计数次数（取整数）=高速脉冲输出周期/（PCA 计数器时钟源周期×2）

=PCA 计数器时钟源频率/（高速脉冲输出频率×2）

（4）脉宽调制输出模式。当 CCAPMn 寄存器中的 ECOMn 位、PWMn 为 1 时，PCA 模块工作于 PWM 脉宽调制输出模式，简称 PWM 模式。

1）8 位 PWM。当 PCA PWMn 寄存器中 EBSn_1、EBSn_0＝0 时，可实现 8 位的 PWM 输出。

在 PWM 输出模式下，由 EPCnL 和 CCAPnL 组合成一个 9 位比较/捕获寄存器，由 EPCnL 和 CCAPnL 组合成一个 9 位备份寄存器。当 CL 的值小于"EPCnL、CCAPnL"的值时，输出为低电平；当 CL 的值大于或等于"EPCnL、CCAPnL"的值时，输出为高电平；当 CL 的值溢出时，将"EPCnH、CCAPnH"的内容装载到"EPCnL、CCAPnL"中。这样就可以无干扰地更新计数器，调节 PWM 输出脉冲宽度。

8 位 PWM 输出频率计算公式为

$$8 位 PWM 的周期＝时钟源周期×256$$

$$PWM 的脉宽时间＝时钟源周期×（256－CCAPnL）$$

如果需要可调的 PWM 输出，可以选择定时器 T0 溢出或 ECI（P1.2）引脚输入脉冲为时钟源。

当 EPCnL＝1，且 CCAPnL＝FFH 时，PWM 固定输出低电平；当 EPCnL＝0，且 CCAPnL＝00H 时，PWM 固定输出高电平。

利用 PWM 输出，外接 RC 积分电路，利用 RC 构成滤波器，对 PWM 输出波形进行平滑处理，可以实现 D/A 转换，在 D/A 输出端得到稳定的直流输出。

2）7 位 PWM。当 PCA PWMn 寄存器中 EBSn_1＝0、EBSn_0＝1 时，可以实现 7 位的 PWM 输出。7 位 PWM 的计算公式为

$$7 位 PWM 的周期＝时钟源周期×128$$

如果需要可调的 PWM 输出，则可以选择定时器 T0 溢出或 ECI（P1.2）引脚输入脉冲为时钟源。

3）6 位 PWM。当 PCA PWMn 寄存器中 EBSn_1＝1、EBSn_0＝0 时，可以实现 6 位的 PWM 输出。6 位 PWM 的计算公式为

$$6 位 PWM 的周期＝时钟源周期×64$$

如果需要可调的 PWM 输出，则可以选择定时器 T0 溢出或 ECI（P1.2）引脚输入脉冲为时钟源。

二、PCA 模块应用

1. PCA 模块应用方法、步骤

（1）PCA 初始化。

1）设置 PCA 工作方式，将控制字写入 CMOD、CCON、CCAPMn 寄存器。

2）设置捕捉寄存器初值。

3）根据需要开放 PCA 中断和 EA 中断。

4）启动 PCA 计数器。

（2）编辑对应工作模式的 PCA 应用程序。

2. 利用 PCA 模块扩展外部中断

利用 PCA 模块扩展外部中断，将 P1.1（PCA0）引脚扩展为下降沿外部中断，每发生一次中断，P7.0 引脚状态取反一次。程序清单如下：

```
#include<STC15F2K60S2.h>

sbit LED0 = P7^0;
```

```
/**************************************************************/
//PCA0 中断服务函数 PCA0 _ ISR()
/**************************************************************/
void PCA0 _ ISR(void) interrupt 7
{
if (CCF0)
    {
        CCF0 = 0;              //清中断标志
        LED0 = ! LED0;          //LED0 取反
    }
}
/**************************************************************/
//主函数 main()
/**************************************************************/
void main(void)
{
CMOD = 0x80;    /* 空闲模式下，停止 PCA 计数，时钟为 fsys/12，禁止 PCA 计数中断 */
CCON = 0;                  //禁止 PCA 计数
CH = 0;                    //初始化 PCA 模块计数值 CH
CL = 0;                    //初始化 PCA 模块计数值 CL
    CCAPM0 = 0x11;         //PCA 模块 0 为下降沿捕捉模式，开中断
CR = 1;                    //启动 PCA 计数
EA = 1;                    //开总中断
while(1);                  //等待中断发生
}
```

3. PWM 软件定时

利用 PCA 模块的软件定时功能，在 P7.1 引脚输出周期为 1s 的方波，设置系统频率为 11.0592MHz。程序清单如下：

```
#include<STC15F2K60S2. h>
#define uChar8 unsigned char     // uChar8 宏定义
#define uInt16 unsigned int      // uInt16 宏定义
#define T100Hz   (11059200/12/100)

sbit LED1 = P7^1;
uChar8 Cnt;
uInt16 Val;
/**************************************************************/
// 主函数 main()
/**************************************************************/
void main(void)
{
Cnt = 50;          //设置 100μs 脉冲计数次数
CMOD = 0x80;       //空闲模式下，停止 PCA 计数，时钟为 fsys/12，禁止 PCA 计数中断
CCON = 0;          //禁止 PCA 计数
```

255

```
CH = 0;                          //初始化 PCA 模块 CH
CL = 0;                          //初始化 PCA 模块 CL
    Val = T100Hz;                //初始化 Val
    CCAP0L = Val;                //初始化 CCAP0L
    CCAP0H = Val >> 8;           //初始化 CCAP0H
    Val + = T100Hz;
    CCAPM0 = 0x49;               //PCA 模块 0 为 16 位定时器模式
    CR = 1;                      //启动 PCA 计数
    EA = 1;                      //开总中断
    while(1);                    //等待中断发生
}
/*******************************************************/
// PCA 中断服务函数 PCATIME _ ISR()
/*******************************************************/
void PCATIME _ ISR(void) interrupt 7
{
    CCF0 = 0;                                //清中断标志
    CCAP0L = Val;
    CCAP0H = Val >> 8;                       //更新比较值
    Val + = T100Hz;
    if (Cnt- - = = 0)
    {
        Cnt = 50;                            //记数 50 次
        LED1 = ! LED1;                       //500ms 取反一次, LED1 每秒闪一次
    }
}
```

4. PWM 高速脉冲输出

利用 PCA 模块的 PWM 高速脉冲输出功能，在 P1.0 引脚输出 100kHz 方波，设系统频率为 11.0592MHz。程序清单如下：

```
# include<STC15F2K60S2. h>
# define uInt16 unsigned int        // uInt16 宏定义
# define T100KHz  (11059200/4/100000)
# define CCP _ S0 0x10                 //P _ SW1.4
# define CCP _ S1 0x20                 //P _ SW1.5
uInt16 Val;
/*******************************************************/
// 主函数 main()
/*******************************************************/
void main(void)
{
ACC = P _ SW1;
    ACC & = ~(CCP _ S0 | CCP _ S1);      //CCP _ S0 = 0 CCP _ S1 = 0
    P _ SW1 = ACC;            /* (P1.2/ECI, P1.1/CCP0, P1.0/CCP1, P3.7/CCP2) */
```

```
    CCON = 0;                           //初始化 PCA 控制寄存器
                                        //PCA 定时器停止
                                        //清除 CF 标志
                                        //清除模块中断标志
    CH = 0;                             //初始化 PCA 模块 CH
    CL = 0;                             //初始化 PCA 模块 CL
    CMOD = 0x02;                        /* 设置 PCA 时钟源为 f_sys/2，禁止 PCA 定时器溢出中断 */
    Val = T100KHz;
    CCAP1L = Val;                       //初始化 CCAP1L
    CCAP1H = Val >> 8;                  //初始化 CCAP1H
    Val + = T100KHz;                    //初始化 Val
    CCAPM1 = 0x4d;                      //PCA 模块 1 为 16 位高速输出模式
    CR = 1;                             //启动 PCA 计数
    EA = 1;                             //开总中断
    while(1);                           //等待中断发生
}
/********************************************************************/
// PCA 中断服务函数 PCATIME_ISR()
/********************************************************************/
void PCATIME_ISR(void) interrupt 7
{
    CCF1 = 0;                           //清中断标志
    CCAP1L = Val;
    CCAP1H = Val >> 8;                  //更新比较值
    Val + = T100KHz;
}
```

 技能训练

一、训练目标

（1）学会使用单片机内部 PCA 模块。

（2）学会设计 PCA 模块软件定时器应用程序。

二、训练步骤与内容

1. 建立一个工程

（1）在计算机 E 盘新建一个文件夹"PCA2"。

（2）启动 Keil μVision4 软件。

（3）选择执行"Project"工程菜单下的"New μVision Project"命令，新建一个 μVision 工程项目命令，弹出创建新项目对话框。

（4）在创建新项目对话框，输入工程文件名"PCA2"，单击"保存"按钮，弹出选择 CPU 数据库对话框。

（5）选择 STC CPU Data base 数据库，单击"OK"按钮，弹出"Select Device for Target"选择目标器件对话框，单击"STC"左边的"+"号，展开选项，选择"STC15W4K32S4"选项。

（6）单击"OK"按钮，弹出是否添加标准 8051 启动代码对话框。

（7）单击"是"按钮，即可在开发环境自动为我们建立好包含启动代码项目的空文件，启动代码为"STARTUP. A51"。

2. 编写程序文件

（1）单击执行"File"文件菜单下的"New"命令，新建一个文本文件"TEXT1"。

（2）单击执行"File"文件菜单下的"Save As"命令，弹出另存文件对话框，在文件名栏输入"main. c"，单击"保存"按钮，保存文件。

（3）在左边的工程浏览窗口，鼠标右键单击"Source Group1"，在弹出的右键菜单中，选择执行"Add Files to Group'Source Group1'"命令。

（4）弹出选择文件对话框，选择"main. c"文件，单击"Add"添加按钮，将文件添加到工程项目中，单击添加文件对话框右上角的红色"×"，关闭添加文件对话框。

（5）在"main"中输入"PWM 软件定时程序"的源代码，单击工具栏的保存按钮 ⊞，并保存文件。

3. 调试运行

（1）编译程序。

1）设置输出文件选项。在左边的工程浏览窗口，右键单击"Target"选项，在弹出的右键菜单中，选择执行"Options for Target'Target1'"菜单命令。

2）在"Options for Target'Target1'"对话框，选择"Target"对象目标设置页，在晶体振荡器频率设置栏"Xtal（MHz）"，输入"18. 432"，设置系统时钟频率为 18. 432MHz。

3）在"Options for Target'Target1'"对话框，选择"Output"输出页，选择"Create HEX File"创建 HEX 文件。

4）单击"OK"按钮，返回程序编辑界面。

5）单击编译工具栏的编译所有文件按钮 ▦ ，开始编译文件。

6）在编译输出窗口，查看程序编译信息。

（2）下载程序。

1）启动 STC 单片机下载软件。

2）单击单片机型号栏右边的下拉列表箭头，选择"IAP15W4K58S2"。单击运行时的 IRC 频率栏右边的选择下拉箭头，选择"11. 0592"（MHz）。

3）单击"打开程序文件"按钮，弹出"打开程序代码文件"对话框，选择"PCA2"文件夹里的"PCA2. hex"文件，单击"打开"按钮，在程序代码窗口显示代码文件信息。

4）单击"下载/编程"按钮，此时代码显示框下面的提示框中会显示"正在检测目标单片机"。

5）打开开发板电源开关，程序代码开始下载，提示框显示一串下载信息，下载完成后显示"操作完成"，表示 HEX 代码文件已经下载到单片机中了。

（3）调试。

1）观察连接在 P7. 1 端的 LED1 的状态变化。

2）修改计数器参数 Cnt，重新编译下载程序，观察连接在 P7. 1 端的 LED1 的状态变化。

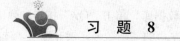

习 题 8

1. 设计应用 PCF8591 的模拟量通道 1 进行模数转换的控制程序。

2. 设计使用状态机按键扫描方法，进行按键处理的简易多波形发生器控制程序。

3. 利用 P1.5 作 A/D 转换输入端，以中断方式进行 A/D 转换，取 10 位数据，读取作 A/D 转换结果，并送数码管显示。

4. 利用 PCA 模块的软件定时功能设计流水灯控制程序。

项目九　应用串行总线接口

学习目标

（1）学习 I^2C 串行总线基础知识。
（2）学会设计单总线数字温度计控制程序。
（3）学会应用 SPI 接口。

任务 23　I^2C 串行总线及应用

基础知识

一、I^2C 总线

I^2C 总线是 PHILIPS 公司于 20 世纪 80 年代推出的一种串行总线，是具备多主机系统所需的包括总线裁决和高低器件同步功能的高性能串行总线。它的主要优点是其简单性和有效性。由于接口直接接在组件之上，因此 I^2C 总线占用的空间非常小，减少了电路板的空间和芯片管脚的数量，降低了互联成本。I^2C 总线的另一个优点是：它支持多主控，其中任何能够进行发送和接收的设备都可以成为主总线。一个主控能够控制信号的传输和时钟频率。当然，在任何时间点上只能有一个主控。

1. I^2C 总线的特性

（1）只要求两条总线线路。一条是串行数据线（SDA），另一条是串行时钟线（SCL）。

（2）器件地址唯一。每个连接到总线的器件都可以通过唯一的地址和一直存在的简单的主机/从机关联，并由软件设定地址，主机可以作为主机发送器或主机接收器。

（3）多主机总线。它是一个真正的多主机总线，如果两个或更多主机同时初始化数据传输，则可以通过冲突检测和仲裁防止数据被破坏。

（4）传输速度快。串行的 8 位双向数据传输位速率在标准模式下可达 100kbit/s，快速模式下可达 400kbit/s，高速模式下可达 3.4Mbit/s。

（5）具有滤波作用。片上的滤波器可以滤去总线数据线上的毛刺波，保证数据完整。

（6）连接到相同总线的 IC 数量只受到总线最大电容 400pF 的限制。

I^2C 总线中的常用术语见表 9-1。

表 9-1　　　　　　　　　　　　　　　I^2C 总线中的常用术语

术　语	功　能　描　述
发送器	发送数据到总线的器件
接收器	从总线接收数据的器件

续表

术　语	功　能　描　述
主机	初始化发送、产生时钟信号和终止发送的器件
从机	被主机寻址的器件
多主机	同时有多于一个主机尝试控制总线，但不破坏报文
仲裁	是一个在有多个主机同时尝试控制总线，但只允许其中一个控制总线，并使报文不被破坏的过程
同步	两个或多个器件同步时钟信号的过程

2．I²C 总线硬件结构图

I²C 总线通过上拉电阻接正电源。当总线空闲时，两根线均为高电平。连到总线上的任一器件输出的低电平都将使总线的信号变低，即各器件的 SDA 和 SCL 都是线"与"的关系，其硬件关系如图 9-1 所示。

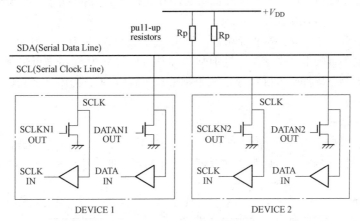

图 9-1　I²C 总线连接示意图

每个连接到 I²C 总线上的器件都有唯一的地址。主机与其他器件间的数据传送可以由主机发送数据到其他器件，这时主机即为发送器。总线上接收数据的器件则为接收器。在多主机系统中，可能同时有几个主机企图启动总线传输数据。为了避免混乱，I²C 总线要通过总线仲裁来决定由哪一台主机控制总线。

3．I²C 总线的数据传送

（1）数据位的有效性规定。I²C 总线进行数据传送时，在时钟信号为高电平期间，数据线上的数据必须保持稳定，只有在时钟线上的信号为低电平期间，数据线上的高电平或低电平状态才允许变化，如图 9-2 所示。

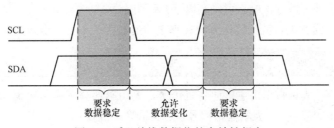

图 9-2　I²C 总线数据位的有效性规定

（2）起始和终止信号。SCL线为高电平期间，SDA线由高电平向低电平的变化表示起始信号；SCL线为高电平期间，SDA线由低电平向高电平的变化表示终止信号，如图9-3所示。

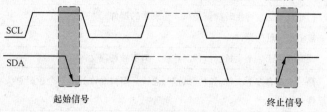

图 9-3　起始和终止信号

起始和终止信号都是由主机发出的，在起始信号产生后，总线就处于被占用的状态；在终止信号产生后，总线就处于空闲状态。

连接到I²C总线上的器件，若具有I²C总线的硬件接口，则很容易检测到起始和终止信号。对于不具备I²C总线硬件接口的有些单片机来说，为了检测起始和终止信号，必须保证在每个时钟周期内对数据线SDA采用两次。

接收器件接收到一个完整的数据字节后，有可能需要完成一些其他工作，如处理内部中断服务等，可能无法立刻接收下一个字节，这时接收器件可以将SCL线拉成低电平，从而使主机处于等待状态。直到接收器件准备好接收下一个字节时再释放SCL线使之为高电平，从而使数据传送可以继续进行。

（3）数据传送格式。

1）字节传送与应答。每一个字节必须保证是8位长度。数据传送时，先传送最高位（MSB），每一个被传送的字节后面都必须跟随一位应答位（即一帧共有9位），如图9-4所示。

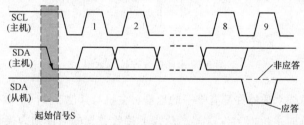

图 9-4　数据传送格式与应答

2）数据帧格式。I²C总线上传送的数据信号是广义的，既包括地址信号，又包括真正的数据信号。在起始信号后必须传送一个从机的地址（7位），第8位是数据的传送方向（R/T），用"0"表示主机发送数据（T），"1"表示主机接收数据（R）。每次数据传送总是由主机产生的终止信号结束。但是，若主机希望继续占用总线进行新的数据发送，则可以不产生终止信号，马上再次发出起始信号对另一从机进行寻址。

在总线的一次数据传送过程中，可以有以下几种组合方式。

a. 主机向从机发送数据，数据传送方向在整个传送过程中不变，格式如下。

S	从机地址	0	A	数据	A	数据	A/Ā	P

注意：有阴影部分表示数据由主机向从机传送，无阴影部分则表示数据由从机向主机传送。A表示应答，Ā表示非应答。S表示起始信号，P表示终止信号。

b. 主机在第一个字节后，立即由从机读数据格式如下。

S	从机地址	1	A	数据	A	数据	$\overline{A}$	P

c. 在传送过程中，当需要改变传送方向时，起始信号和从机地址都被重复产生一次，但两次读/写方向位正好相反。

S	从机地址	0	A	数据	A/$\overline{A}$	S	从机地址	1	A	数据	$\overline{A}$	P

(4) I²C总线的寻址。I²C总线协议有明确的规定：有7位和10位两种寻址字节。7位寻址字节的位定义见表9-2。

表 9-2　　　　　　　　　　　7 位寻址字节位定义表

位	7	6	5	4	3	2	1	0
	从机地址							R/W

D7~D1位组成从机的地址。D0位是数据传送方向位，"0"时表示主机向从机写数据，"1"时表示主机由从机读数据。

主机发送地址时，总线上的每个从机都将这7位地址码与自己的地址进行比较，如果相同，则认为自己正被主机寻址，之后根据R/W位来确定自己是发送器还是接收器。

从机的地址由固定部分和可编程部分组成。在一个系统中可能希望接入多个相同的从机，从机地址中可编程部分决定了可接入总线该类器件的最大数目。如果一个从机的7位寻址位有4位固定，3位可编程，那么这条总线上最大能接8（2^3）个从机。

二、存储器 AT24C02

1. AT24C02 概述

AT24C02是一个2K位串行CMOS EEPROM，内部含有256个8位字节。该器件有一个16字节页写缓冲器。器件通过I²C总线接口进行操作，有一个专门的写保护功能。

2. AT24C02 的特性

(1) 工作电压：1.8V~5.5V。

(2) 输入/输出引脚兼容5V。

(3) 输入引脚经施密特触发器滤波抑制噪声。

(4) 兼容400kHz。

(5) 支持硬件写保护。

(6) 读写次数约1000000次，数据可保存100年。

3. AT24C02 的封装及管脚定义

AT24C02的封装形式有六种之多，MGMC-V2.0实验板上选用的是SOIC8P的封装，AT24C02的管脚定义如图9-5所示。AT24C02的管脚描述见表9-3。

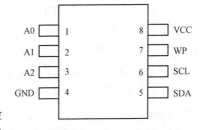

图 9-5　AT24C02 管脚定义

表 9-3　　　　　　　　　　　AT24C02 管脚描述表

管脚名称	功 能 描 述
A2、A1、A0	器件地址选择
SCL	串行时钟
SDA	串行数据

管脚名称	功 能 描 述
WP	写保护（高电平有效，0 → 读写正常；1 → 只能读，不能写）
VCC	电源正端（＋1.6～6V）
GND	电源地

4. AT24C02 的时序图

AT24C02 的时序图如图 9-6 所示。

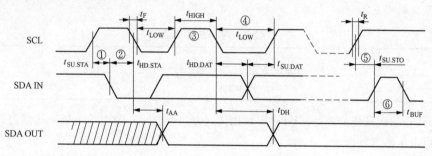

图 9-6　AT24C02 的时序图

时间参数说明如下。

（1）在 100kHz 下，至少需要 4.7μs；在 400kHz 下，至少要 0.6μs。

（2）在 100kHz 下，至少需要 4.0μs；在 400kHz 下，至少要 0.6μs。

（3）在 100kHz 下，至少需要 4.0μs；在 400kHz 下，至少要 0.6μs。

（4）在 100kHz 下，至少需要 4.7μs；在 400kHz 下，至少要 1.2μs。

（5）在 100kHz 下，至少需要 4.7μs；在 400kHz 下，至少要 0.6μs。

（6）在 100kHz 下，至少需要 4.7μs；在 400kHz 下，至少要 1.2μs。

5. 存储器与寻址

AT24C02 的存储容量为 2kbit，内部分成 32 页，每页为 8B，那么共 32×8B＝256B，操作时有两种寻址方式：芯片寻址和片内子地址寻址。

（1）bit：位。二进制数中，一个 0 或 1 就是一个位。

（2）Byte：字节。8 个位为一个字节，这与 ASCII 的规定有关，ASCII 用 8 位二进制数来表示 256 个信息码，所以以 8 个位定义为一个字节。

（3）存储器容量。一般芯片给出的容量为 bit（位），如上面的 2kbit。以后读者可能接触到的 Flash、DDR 都是一样的。还有一点，这里的 2kbit 将零头未写，确切地说应该是 256B×8 ＝2048bit。

（4）芯片地址。AT24C02 的芯片地址前面固定的为 1010，那么其地址控制字格式就为 1010A2A1A0R/W。其中 A2、A1、A0 为可编程地址选择位。R/W 为芯片读写控制位，"0" 表示对芯片进行写操作；"1" 表示对芯片进行读操作。

（5）片内子地址寻址。芯片寻址可对内部 256B 中的任一个进行读/写操作，其寻址范围为 00H～FFH，共 256 个寻址单元。

6. 读/写操作时序

串行 E^2PROM 一般有两种写入方式：一种是字节写入方式，另一种是页写入方式。页写入方式可以提高写入效率，但容易出错。AT24C 系列片内地址在接收到每一个数据字节后自动加

1，故装载一页以内数据字节时，只需输入首地址即可。如果写到此页的最后一个字节，主器件继续发送数据，则数据将重新从该页的首地址写入，进而导致原来的数据丢失，这也就是地址空间的"上卷"现象。

解决"上卷"的方法是：在第 8 个数据后将地址强制加 1，或是给下一页重新赋首地址。

（1）字节写入方式。单片机在一次数据帧中只访问 E^2PROM 的一个单元。在该方式下，单片机先发送启动信号，然后送一个字节的控制字，再送一个字节的存储器单元子地址，上述几个字节都得到 E^2PROM 响应后，再发送 8 位数据，最后发送 1 位停止信号，表示一切操作完成。字节写入方式格式如图 9-7 所示。

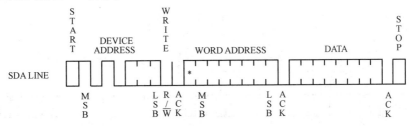

图 9-7　字节写入方式格式

（2）页写入方式。单片机在一个数据周期内可以连续访问一页 E^2PROM 存储单元。在该方式中，单片机先发送启动信号，接着送一个字节的控制字，再送 1 个字节的存储器起始单元地址，上述几个字节都得到 E^2PROM 应答后就可以发送一页（最多）的数据，并将顺序存放在以指定起始地址开始的连续单元中，最后以停止信号结束。页写入方式格式如图 9-8 所示。

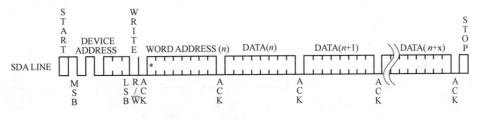

图 9-8　页写入方式格式

读操作和写操作的初始化方式和写操作时一样，仅把 R/W 位置为 1 即可。有三种不同的读操作方式：立即/当前地址读、选择/随机读和连续读。

1）立即/当前地址读。读地址计数器内容为最后操作字节的地址加 1。也就是说，如果上次读/写的操作地址为 N，则立即读的地址从地址 N+1 开始。在该方式下读数据时，单片机先发送启动信号，然后送一个字节的控制字，等待应答后，就可以读数据了。读数据过程中，主器件不需要发送一个应答信号，但要产生一个停止信号。立即/当前地址读格式如图 9-9 所示。

2）选择/随机读。读指定地址单元的数据。单片机在发出启动信号后接着发送控制字，该字节必须含有器件地址和写操作命令，等待 E^2PROM 应答后再发送一个（对于 2Kbit 的范围为 00H～FFH）字节的指定单元地址，E^2PROM 应答后再发送一个含有器件地址的读操作控制字，此时如果 E^2PROM 做出应答，则被访问单元的数据就会按 SCL 信号同步出现在 SDA 上，主器件不发送应答信号，但要产生一个停止信号。选择/随机读格式如图 9-10 所示。

3）连续读。连续读操作可通过立即读或选择性读操作启动。单片机接收到每个字节数据后应做出应答，只要 E^2PROM 检测到应答信号，其内部的地址寄存器就自动加 1（即指向下一单

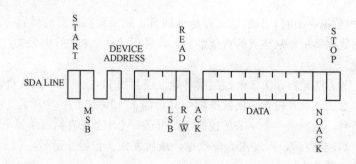

图 9-9　立即/当前地址读格式

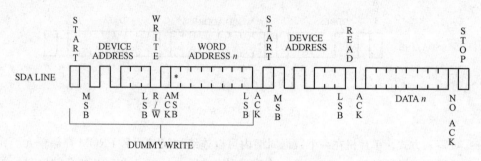

图 9-10　选择/随机读格式

元），并顺序将指向单元的数据送达到 SDA 串行数据线上。当需要结束操作时，单片机接收到数据后在需要应答的时刻产生一个非应答信号，接着再发送一个停止信号即可。连续读数据帧格式如图 9-11 所示。

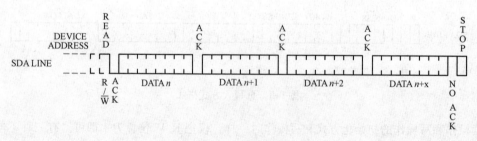

图 9-11　连续读数据帧格式

7. 硬件设计

MGMC-V2.0 实验板上 AT24C02 的硬件原理如图 9-12 所示。

关于硬件设计，这里主要说明以下两点。

（1）WP 直接接地，意味着不写保护；SCL、SDA 分别接了单片机的 P3.6、P1.3 口；由于 AT24C02 内部总线是漏极开路形式的，所以必须要接上拉电阻（R2、R13）。

（2）A2、A1、A0 全部接地。前面原理说明中提到了器件的地址组成形式为 1010 A2A1A0 R/W（R/W 由读写决定），既然 A2、A1、A0 都接地了，因此该芯片的地址就是 1010 000 R/W。

8. 软件分析

位定义："sbit SCL = P3^6; sbit SDA = P1^3;"，枚举定义："typedef enum {FALSE, TRUE} BOOL;"，通过调用 _ nop _ () 函数来实现的短延时函数。经过测试，在晶振为

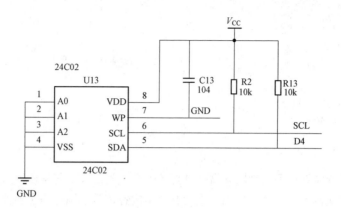

图 9-12　AT24C02 原理图

11.0592MHz 时，Delay5US（）大概延时为 $5\mu s$，所以以后读者可以直接进行使用，注意要加入 intrins. h 头文件。

```
void Delay5US(void)
{
    _ nop _ (); _ nop _ (); _ nop _ (); _ nop _ ();
}
```

（1）开始和停止函数。在时钟总线（SCL）为高的情况下，给数据总线（SDA）一个下降沿。此时表明主器件要开始操作了。函数代码如下：

```
void IIC _ Start(void)
{
    SDA = 1; Delay5US();
    SCL = 1; Delay5US();
    SDA = 0; Delay5US();
}
```

在时钟总线（SCL）为高的情况下，给数据总线（SDA）一个上升沿。函数代码如下：

```
void IIC _ Stop(void)
{
    SDA = 0; Delay5US();
    SCL = 1; Delay5US();
    SDA = 1;
}
```

（2）应答与非应答。由图 9-4 可知，若在时钟的高脉冲时数据总线（SDA）为"0"，则表示应答；若在时钟的高脉冲时数据总线（SDA）为"1"，则表示从器件没有应答。函数代码如下：

```
void IIC _ Ack(void)
{
    SCL = 0;               // 为产生脉冲准备
    SDA = 0;               // 产生应答信号
Delay5US();                // 延时
SCL = 1;   Delay5US();
SCL = 0;   Delay5US();      // 产生高脉冲
SDA = 1;                   // 释放总线
```

```
}
void IIC _ Nack(void)
{
    SDA = 1;
    SCL = 0;    Delay5US();
    SCL = 1;    Delay5US();
    SCL = 0;
}
```

（3）读应答。读应答信号。判断从器件是否产生了应答信号，若从器件产生了应答信号，则只需读取即可。若从器件由于某种原因一直没有产生应答信号，则这是主器件等待一段时间（执行 255 的加 1 操作的时间）之后，默认从器件已经收到了数据而不再等待应答信号，所以有了下面第 8~12 行程序。函数代码如下：

```
BOOL IIC _ RdAck(void)
{
    BOOL AckFlag;
    uChar8 uiVal = 0;
    SCL = 0;    Delay5US();
    SDA = 1;
    SCL = 1;    Delay5US();
    while((1 = = SDA) && (uiVal < 255))
    {
      uiVal + + ;
      AckFlag = SDA;
    }
    SCL = 0;
    return AckFlag;         // 应答返回为 0；不应答返回为 1
}
```

（4）给 I^2C 器件输入一个字节。通过 for 循环和移位指令实现给 I^2C 器件输入一个字节的操作。

```
void InputOneByte(uChar8 uByteVal)
{
    uChar8 iCount;
    for(iCount = 0; iCount < 8; iCount + + )
{
    SCL = 0; Delay5US();
    SDA = (uByteVal & 0x80) >> 7;
    Delay5US();
    SCL = 1; Delay5US();
    uByteVal << = 1;
    }
    SCL = 0;
}
```

（5）I^2C 器件中输出一个字节。串行输出（也即读）一个字节时需要 8 次一位一位的输出。

先定义一个变量 uByteVal，若读到数据总线（SDA）的"1"就"或"一个 0x01，若读到"0"，则直接移位（后面补"0"）就可以了，这样进行 8 次，就会读完一个字节。函数代码如下：

```
uChar8 OutputOneByte(void)
{
    uChar8 uByteVal = 0;
    uChar8 iCount;
    SDA = 1;
    for(iCount = 0; iCount < 8; iCount++)
    {
      SCL = 0;    Delay5US();
      SCL = 1;    Delay5US();
      uByteVal <<= 1;
      if(SDA)
        uByteVal |= 0x01;
    }
    SCL = 0;
    return(uByteVal);
}
```

这里需要注意一点，InputOneByte（）函数是先操作高位（MSB），而 OutputOneByte（）函数是先操作低位（LSB）。

（6）结合图 9-8 前半部分，可以有以下写器件地址和写数据地址子函数。函数代码如下：

```
BOOL IIC_WrDevAddAndDatAdd(uChar8 uDevAdd, uChar8 uDatAdd)
{
    IIC_Start();                // 发送开始信号
    InputOneByte(uDevAdd);      // 输入器件地址
    IIC_RdAck();                // 读应答信号
    InputOneByte(uDatAdd);      // 输入数据地址
    IIC_RdAck();                // 读应答信号
    return TRUE;
}
```

结合注释，写地址函数不难理解。

（7）向地址写数据，具体过程如图 9-9 所示。函数代码如下：

```
void IIC_WrDatToAdd(uChar8 uDevID, uChar8 uStaAddVal, uChar8 *p, uChar8 ucLenVal)
{
    uChar8 iCount;
    IIC_WrDevAddAndDatAdd(uDevID | IIC_WRITE, uStaAddVal);
    for(iCount = 0; iCount < ucLenVal; iCount++)
    {
        InputOneByte(*p++);
        IIC_RdAck();
    }
    IIC_Stop();
}
```

任务23

μDevID 为器件的 ID（特征地址，如 AT24C02 的为 0xa0）；IIC _ WRITE 为写命令后缀符；ucLenVal 为连续写入的数据长度。这里需要注意，长度是有范围的（AT24C02 的范围为 1～8）；＊p 为写入的数据，只是以指针来表示的。由图 9-9 可知，在每写入一个数据之后，需应答一次，因而有了第 8 行代码。最后发送一个停止信号（10 行），则整个过程便完成了。

（8）从特定的首地址开始读取数据。过程如图 9-11 和图 9-12 所示。函数代码如下：

```
void IIC _ RdDatFromAdd(uChar8 uDevID, uChar8 uStaAddVal, uChar8 ＊ p, uChar8 uiLenVal)
{
    uChar8 iCount;
    IIC _ WrDevAddAndDatAdd(uDevID | IIC _ WRITE, uStaAddVal);
    IIC _ Start();
    InputOneByte(uDevID | IIC _ READ);
    // IIC _ READ 为读命令后缀符
    IIC _ RdAck();
    for(iCount = 0; iCount < uiLenVal; iCount + + )
    {
        ＊ p+ + = OutputOneByte();
        if(iCount ! = (uiLenVal - 1))
            IIC _ Ack();
    }
    IIC _ Nack();
    IIC _ Stop();
}
```

从特定的首地址开始读取数据函数与上面 IIC _ WrDatToAdd（）函数有很多相同之处，不同点在于该程序 5、6、11、12、14 行。5、6 行的意思是重新发送一个开始信号，之后就是读操作指令，表示后面的操作是从 IIC 器件中读取数据。11、12 行的意思是在读取前 N-1 个数据时，需要在每次读取操作之后加一个应答信号，当读到第 N 个时加非应答（14）和停止信号（15）。

9. AT24C02 应用程序

（1）读写与检测数据。向 FSST15-V1.0 实验板上的 AT24C02 写入四个数据，之后读出，最后通过对比写入与读出的数据来判定读写 AT24C02 的程序是否正确。程序代码如下：

```
# include <STC15F2K60S2. h>
# include <intrins. h>
# include <stdio. h>
typedef unsigned char uChar8;
typedef unsigned int  uInt16;
sbit SCL = P2ˆ0; // EEPROM 时钟线
sbit SDA = P2ˆ2; // EEPROM 数据线
typedef enum{FALSE, TRUE} BOOL;
# define AT24C02DevIDAddr 0xA0
# define IIC _ WRITE 0x00
# define IIC _ READ  0x01
uChar8 code InputData[4] = {0x12, 0x34, 0x56, 0xab};
uChar8 OutputData[4] = {0};
void Delay5US(void)
```

```
{ _nop_(); _nop_(); _nop_(); _nop_();}
void DelayMS(uInt16 ValMS)
{ uInt16 uiVal, ujVal;      /*局部变量定义，变量在所定义的函数内部引用*/
for(uiVal = 0; uiVal < ValMS; uiVal++)    /*执行语句，for循环语句*/
for(ujVal = 0; ujVal < 113; ujVal++); /*执行语句，for循环语句*/
}
void IIC_Start(void)
{ SDA = 1; Delay5US();
SCL = 1; Delay5US();
SDA = 0; Delay5US();
}
void IIC_Stop(void)
{ SDA = 0; Delay5US();
SCL = 1; Delay5US();
SDA = 1;
}
void IIC_Ack(void)
{ /*见软件分析部分*/     }
BOOL IIC_RdAck(void)
{ /*见软件分析部分*/     }
void IIC_Nack(void)
{ /*见软件分析部分*/     }
uChar8 OutputOneByte(void)
{ /*见软件分析部分*/     }
void InputOneByte(uChar8 uByteVal)
{ /*见软件分析部分*/     }
BOOL IIC_WrDevAddAndDatAdd(uChar8 uDevAdd, uChar8 uDatAdd)
{ /*见软件分析部分*/     }
void IIC_WrDatToAdd(uChar8 uDevID, uChar8 uStaAddVal, uChar8 * p, uChar8 ucLenVal)
{ /*见软件分析部分*/     }
void IIC_RdDatFromAdd(uChar8 uDevID, uChar8 uStaAddVal, uChar8 * p, uChar8 uiLenVal)
{ /*见软件分析部分*/     }
/************************************************************/
// 函数名称：AT24C02_WriteReg()
// 函数功能：写AT24C02任意寄存器值
// 入口参数：addr，AT24C02寄存器地址；val：待写入的数据；uLenVal：数据的长度*/
// 出口参数：无；
/************************************************************/
void AT24C02_WriteReg(uChar8 addr, uChar8 * val, uChar8 uLenVal)
{
IIC_WrDatToAdd(AT24C02DevIDAddr, addr, val, uLenVal);
}
/************************************************************/
// 函数名称：AT24C02_ReadReg()
```

```
// 函数功能：读 AT24C02 任意寄存器值；
/* 入口参数：addr，AT24C02 寄存器地址，＊Val，读出的数值，uLenVal 数据的长度 */
// 出口参数：无
/* ＊＊＊＊＊＊＊＊＊＊＊＊＊＊＊＊＊＊＊＊＊＊＊＊＊＊＊＊＊＊＊＊＊＊＊＊＊＊＊＊＊＊＊＊＊＊＊＊＊＊＊＊＊＊＊*/
void AT24C02 _ ReadReg(uChar8 addr, uChar8 ＊ val, uChar8 uLenVal)
{
IIC _ RdDatFromAdd(AT24C02DevIDAddr, addr, val, uLenVal);
}
void UART _ Init(void)
{
TMOD & = 0x0f;              // 清空定时器 1
TMOD | = 0x20;              // 定时器 1 工作于方式 2
TH1 = 0xfd;                 // 为定时器 1 赋初值
TL1 = 0xfd;                 // 等价于将波特率设置为 9600
ET1 = 0;                    // 防止中断产生不必要的干扰
TR1 = 1;                    // 启动定时器 1
SCON | = 0x40;              // 串口工作于方式 1，不允许接收
}
void main(void)
{
uInt16 i;
UART _ Init();
TI = 1;
P2M0 = 0x00;         //设置 P2 口为普通双向 I/O 口
P2M1 = 0x00;
printf(" \ r/ ＊ = = = = = = = = = = = = = = = = = = = = = = = = = = = = = = = = = = = = = ＊/");
printf(" \ r \ t 以下是 AT24C02 测试程序 ^ _ ^");
printf(" \ r/ ＊ = = = = = = = = = = = = = = = = = = = = = = = = = = = = = = = = = = = = = ＊/ \ n");
while(! TI); TI = 0;
AT24C02 _ WriteReg(0x37, InputData, 4); /* 从地址 0x37 开始连续写入 4 个数据 */
TI = 1;
printf(" 写入 AT24C02 的 Data... \ n");
printf(" 1st: % x;", (uInt16)InputData[0]);
printf(" 2st: % x;", (uInt16)InputData[1]);
printf(" 3st: % x;", (uInt16)InputData[2]);
printf(" 4st: % x;", (uInt16)InputData[3]);
printf(" \ r/ ＊ = = = = = = = = = = = = = = = = = = = = = = = = = = = = = = = = = = = = = ＊/ \ n");
while(! TI); TI = 0;
DelayMS(10);                          /* 稍作延时，之后开始读取数值 */
AT24C02 _ ReadReg(0x37, OutputData, 4);   /* 从地址 0x37 开始连续读出 4 个数据 */
TI = 1;
printf(" 读出 AT24C02 的 Data... \ n");
printf(" 1st: % x;", (uInt16)OutputData[0]);
printf(" 2st: % x;", (uInt16)OutputData[1]);
```

```
printf(" 3st：% x；"，(uInt16)OutputData[2]);
printf(" 4st：% x；"，(uInt16)OutputData[3]);
printf(" \ r/ * = = = = = = = = = = = = = = = = = = = = = = = = = = = = = = = = = */ \ n");
while(! TI)；TI = 0；
for(i = 0；i < 4；i + +)              /* 比较写入和读出的数据是否相同 */
{
if(InputData[i] = = OutputData[i])
{TI = 1；printf("% d：Test OK!    "，i)；while(! TI)；TI = 0；}
else
{TI = 1；printf("% d：Test ERROR!    "，i)；while(! TI)；TI = 0；}
}
while(1)；
}
```

　　代码分析。以上部分代码由于精简原因，只写了函数名称，具体函数内容见软件分析部分。这里 48～67 行为 AT24C02 的读写函数。通过调用函数 AT24C02 _ WriteReg () 将数组 Input-

Data [] 的 4 个数据写入 AT24C02 中，相反地，通过调用 AT24C02 _ ReadReg () 函数将写入 AT24C02 中的 4 个数读入数组 OutputData [] 中。其中输入、输出数组名前的 "（uInt16）" 为数据类型的强制转换。105～111 行为写入和读出的数据比较运算，若相等则打印 "Test OK!"，否则打印 "Test ERROR!"。程序运行结果如图 9-13 所示。

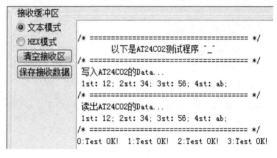

图 9-13　读写 AT24C02 实例效果图

　　(2) 统计单片机开关机次数。利用 AT24C02 来记录单片机的开关次数。程序代码如下：

```
# include <STC15F2K60S2. h>
# include <intrins. h>
typedef unsigned char uChar8；
typedef unsigned int  uInt16；
typedef enum{FALSE，TRUE} BOOL；
#define AT24C02DevIDAddr 0xA0
#define IIC _ WRITE 0x00
#define IIC _ READ  0x01
sbit SCL = P2^0；     // EEPROM 时钟线
sbit SDA = P2^2；     // EEPROM 数据线
sbit SCH = P5^3；     //定义 P5^3 为 SCH
sbit RCH = P5^2；     //定义 P5^3 为 RCH
sbit smgSER = P5^0；  //定义 P5^0 为 smgSER
uChar8 code DuanArr[] = {0x3f，0x06，0x5b，0x4f，0x66，0x6d，0x7d，0x07，0x7f，0x6f}；
void Delay5US(void)
{ _ nop _ ()；_ nop _ ()；_ nop _ ()；_ nop _ ()；  }
void DelayMS(uInt16 ValMS)
{
```

```
unsigned char a, b, c;
uInt16 k;
for(k = ValMS; k>0; k--)
{
for(c = 8; c>0; c--)
for(b = 197; b>0; b--)
for(a = 2; a>0; a--);
}
}
void Wr595OneByte (uChar8 uSerDat)
{
uChar8 cBit;
/* 通过8次循环将8位数据依次移入 74HC595 */
SCH = 1;
for(cBit = 0; cBit < 8; cBit++)
{
if(uSerDat & 0x80)
smgSER = 1;
else
smgSER = 0;
uSerDat = uSerDat << 1;
SCH = 0;
_nop_(); _nop_();
SCH = 1;
}
/* 数据并行输出(借助上升沿) */
RCH = 0;
_nop_();    _nop_();
RCH = 1;
}
void Display(unsigned char Dis_Value)
{
P6 = 0xfe;
Wr595OneByte (DuanArr[Dis_Value/10%10]);
DelayMS(2);
P6 = 0xfd;
Wr595OneByte (DuanArr[Dis_Value%10]);
DelayMS(2);
}
void IIC_Start(void)
{   SDA = 1; Delay5US();
SCL = 1; Delay5US();
SDA = 0; Delay5US();
}
```

```
void IIC_Stop(void)
{   SDA = 0; Delay5US();
SCL = 1; Delay5US();
SDA = 1;
}
void IIC_Ack(void)
{   /* 见软件分析部分 */   }
BOOL IIC_RdAck(void)
{   /* 见软件分析部分 */   }
void IIC_Nack(void)
{   /* 见软件分析部分 */   }
uChar8 OutputOneByte(void)
{   /* 见软件分析部分 */   }
void InputOneByte(uChar8 uByteVal)
{   /* 见软件分析部分 */   }
BOOL IIC_WrDevAddAndDatAdd(uChar8 uDevAdd, uChar8 uDatAdd)
{   /* 见软件分析部分 */   }
void IIC_WrDatToAdd(uChar8 uDevID, uChar8 uStaAddVal, uChar8 * p, uChar8 ucLenVal)
{   /* 见软件分析部分 */   }
void IIC_RdDatFromAdd(uChar8 uDevID, uChar8 uStaAddVal, uChar8 * p, uChar8 uiLenVal)
{   /* 见软件分析部分 */   }
void AT24C02_WriteReg(uChar8 addr, uChar8 * val, uChar8 uLenVal)
{   IIC_WrDatToAdd(AT24C02DevIDAddr, addr, val, uLenVal);   }
void AT24C02_ReadReg(uChar8 addr, uChar8 * val, uChar8 uLenVal)
{   IIC_RdDatFromAdd(AT24C02DevIDAddr, addr, val, uLenVal);   }
void main()
{
uChar8 * pBootTimes = 0;
P2M0 = 0x00;          //设置 P2 口为普通双向 I/O 口
P2M1 = 0x00;
P5M0 = 0x00;          //设置 P5 口为普通双向 I/O 口
P5M1 = 0x00;
AT24C02_ReadReg(0x00, pBootTimes, 1);
( * pBootTimes) + + ;
AT24C02_WriteReg(0x00, pBootTimes, 1);
while(1)
{
Display( * pBootTimes);
}
}
```

用数码管来显示开关机次数，显示程序如 49~57 行所示。第 90 行定义了一个临时指针变量，用于记录开关机的次数；第 96 行表示开机一次，该变量加一次，之后将次数存入 AT24C02，下次开机在上次的基础上再加 1。

 技能训练

一、训练目标

（1）学会使用单片机的 I^2C 总线。

（2）学会统计单片机开发板的开、关机次数。

二、训练步骤与内容

1. 建立一个工程

（1）在计算机 E 盘新建一个文件夹"I2C9"。

（2）启动 Keil μVision4 软件。

（3）选择执行"Project"工程菜单下的"New μVision Project"命令，新建一个 μVision 工程项目，弹出创建新项目对话框。

（4）在创建新项目对话框，输入工程文件名"I2C9"，单击"保存"按钮，弹出选择 CPU 数据库对话框。

（5）选择 STC CPU Data base 数据库，单击"OK"按钮，弹出"Select Device for Target"选择目标器件对话框。单击"STC"左边的"+"号，展开选项，选择"STC15W4K32S4"选项。

（6）单击"OK"按钮，弹出是否添加标准 8051 启动代码对话框。

（7）单击"是"按钮，即可在开发环境自动为我们建立好包含启动代码项目的空文件，启动代码为"STARTUP. A51"。

2. 编写程序文件

（1）单击执行"File"文件菜单下的"New"命令，新建一个文本文件"TEXT1"。

（2）单击执行"File"文件菜单下的"Save As"命令，弹出另存文件对话框，在文件名栏输入"main. c"，单击"保存"按钮，保存文件。

（3）在左边的工程浏览窗口，鼠标右键单击"Source Group1"，在弹出的右键菜单中，选择执行"Add Files to Group'Source Group1'"命令。

（4）弹出选择文件对话框，选择"main. c"文件，单击"Add"添加按钮，文件添加到工程项目中，单击添加文件对话框右上角的红色"×"，关闭添加文件对话框。

（5）在"main"中输入"统计单片机开关机次数"程序，单击工具栏的保存按钮 ，并保存文件。

3. 调试运行

（1）编译程序。

1）设置输出文件选项。在左边的工程浏览窗口，右键单击"Target"选项，在弹出的右键菜单中，选择执行"Options for Target'Target1'"菜单命令。

2）在"Options for Target'Target1'"对话框，选择"Target"对象目标设置页，在晶体振荡器频率设置栏"Xtal（MHz）"输入"11. 0592"，设置晶振频率为 11. 0592 MHz。

3）在"Options for Target'Target1'"对话框，选择"Output"输出页，选择"Create HEX File"创建 HEX 文件。

4）单击"OK"按钮，返回程序编辑界面。

5）单击编译工具栏的编译所有文件按钮 ，开始编译文件。

6）在编译输出窗口，查看程序编译信息。

（2）下载程序。

1）启动 STC 单片机下载软件。

2）单击单片机型号栏右边的下拉列表箭头，选择"IAP15W4K58S2"。单击运行时的 IRC 频率栏右边的选择下拉箭头，选择"11.0592"（MHz）。

3）选择 COM 口，计算机连接 FSST15-V1.0 单片机开发板后，软件会自动选择。

4）单击"打开程序文件"按钮，弹出"打开程序代码文件"对话框，选择"I2C9"文件夹里的"I2C9.hex"文件，单击"打开"按钮，在程序代码窗口显示代码文件信息。

5）单击"下载/编程"按钮，此时代码显示框下面的提示框中会显示"正在检测目标单片机"。

6）程序代码开始下载，提示框显示一串下载信息，下载完成后显示"操作完成"，表示 HEX 代码文件已经下载到单片机中了。

（3）调试。

1）观察数码管显示的数据。

2）再次关闭开发板电源开关，再接通开发板电源开关，观察数码管显示的数据。

任务 24 单总线数字温度计

 基础知识

一、指针与函数

函数在内存中占有一定空间，如果把函数的入口地址赋给一个指针，则该指针就是函数型指针。由于函数型指针指向函数的入口地址，因此在进行函数调用时，可以用函数指针代替被调函数名。函数不是变量，函数名不能作为参数直接传递给另一个函数，但可以利用函数指针将函数作为一个参数传递给另一个函数。定义函数指针的格式为

数据类型（＊标识符）（）

其中："标识符"就是定义的函数型指针的变量名；"数据类型"说明了该函数指针所指向函数返回值的类型。例如：

char（＊func1）（）；

该语句表示定义一个函数型指针 func1，它所指向的函数的返回的数据类型为字符型数据。

函数型指针变量是专门用于存放函数入口地址的，只要把函数地址赋给它，它就指向该函数，在使用时可以在程序中给函数指针变量多次赋值，分别指向不同的函数。函数型指针变量赋值形式为

函数型指针变量名＝函数名；

例如：将 add（x，y）函数的地址赋值给函数型指针 func1，使函数型指针 func1 指向函数 add（x，y），语句为"func1＝add；"。

引入函数指针后，调用函数可以有两种方法："y＝ add（x，y）；"和"y＝（＊func1）（x，y）；"，两者的作用是相同的。

二、温度传感器

温度测量的方法同样有很多：接触式的、非接触式的；靠温度传感器的、热电偶的、热敏电阻的；数字式的、模拟式的。我们以 NXP 公司的 LM75A 为例，讲解温度测量原理、过程和最后对温度的处理、应用等，最后再扩展介绍一下 DALLAS 公司的 DS18B20。

1. LM75A 概述

LM75A 是一款内置带隙温度传感器和 $\sum-\Delta$ 模数转换功能的温度数字转换器，它也是温度检测器，可以提供过热输出功能。LM75A 包含多个数据寄存器：配置寄存器（Conf）用来存储器件的某些设置，如器件的工作模式、OS 工作模式、OS 极性和 OS 错误队列等；温度寄存器（Temp）用来存储读取的数字温度；设定点寄存器（Tos&Thyst）用来存储可编程的过热关断和滞后限制，器件通过两线的串行 I^2C 总线接口与控制器进行通信。LM75A 还包含一个开漏输出（OS）管脚，当温度超过编程限制的值时该引脚输出有效电平。LM75A 有 3 个可选的逻辑地址管脚，使得同一总线上可以同时连接 8 个器件而不发生地址冲突。

LM75A 可以配置成不同的工作模式。它可以设置成在正常工作模式下周期性地对环境温度进行监控，或进入关断模式来将器件功耗降至最低。OS 输出有两种可选的工作模式：OS 比较器模式和 OS 中断模式。OS 输出可以选择高电平或低电平有效。错误队列和设定点限制可编程，可以激活 OS 输出。

温度寄存器通常存放着一个 11 位二进制数的补码，用来实现 0.125℃ 的精度，在需要精确地测量温度偏移或超出限制范围的应用中非常有用。当 LM75A 在转换过程中不产生中断（I^2C总线部分与 $\sum-\Delta$ 转换部分完全独立）或 LM75A 不断被访问时，器件将一直更新温度寄存器中的数据。

正常工作模式下，当器件上电时，OS 工作在比较器模式，温度阈值为 80℃，滞后 75℃，这时，LM75A 就可以用作独立的温度控制器，预定义温度设定点。

2. LM75A 特性

（1）器件可以完全取代工业标准的 LM75，并提供了良好的温度精度（0.125℃）。

（2）具有 I^2C 总线接口，同一总线上可以连接多达 8 个器件。

（3）电源电压范围：2.8～5.5V。

（4）环境温度范围：$T_{amb}=-55～+125℃$。

（5）提供 0.125℃ 精度的 11 位 ADC。

（6）可编程温度阈值和滞后设定点。

（7）为了降低功耗，关断模式下消耗的电流仅为 3.5μA。

（8）上电时器件可以用作一个独立的温度控制器。

3. LM75A 的功能

LM75A 利用内置的分辨率为 0.125℃ 的带隙传感器来测量器件的温度，并将模数转换得到的 11 位二进制数的补码数据存放到器件 Temp 寄存器中。Temp 寄存器的数据可以随时被 I^2C 总线上的控制器读出。读温度数据并不会影响在读操作过程中执行的转换操作。

LM75A 可以设置为工作在两种模式：正常工作模式或关断模式。在正常工作模式中，每隔 100ms 执行一次温度—数字的转换，Temp 寄存器的内容在每次转换后更新。在关断模式中，器件变成空闲状态，数据转换禁止，Temp 寄存器保存着最后一次更新的结果；但是，在该模式下，器件的 I^2C 接口仍然有效，寄存器的读/写操作继续执行。器件的工作模式通过配置寄存器的可编程位 B0 来设定。当器件上电或从关断模式进入正常工作模式时启动温度转换。

另外，为了设置器件 OS 输出的状态，在正常模式下的每次转换结束时，Temp 寄存器中的温度数据（或 Temp）会自动与 Tos 寄存器中的过热关断阈值数据（或 Tos）以及 Thyst 寄存器中存放的滞后数据（或 Thyst）相比较。Tos 和 Thyst 寄存器都是可读/写的，两者都是针对一个 9 位的二进制数进行操作。为了与 9 位的数据操作相匹配，Temp 寄存器只使用 11 位数据中的高 9 位进行比较。

OS 输出和比较操作的对应关系取决于配置位 B1 选择的 OS 工作模式和通过配置位 B3 和 B4 用户定义的故障队列。

在 OS 比较器模式中，OS 输出的操作类似于一个温度控制器。当 Temp 超过 Tos 时，OS 输出有效；当 Temp 降至低于 Thyst 时，OS 输出复位……读器件的寄存器或使器件进入关断模式都不会改变 OS 输出的状态。这时，OS 输出可以用来控制冷却风扇或温控开关。

在 OS 中断模式中，OS 输出用来产生温度中断。当器件上电时，OS 输出在 Temp 超过 Tos 时首次激活，然后无限期地保持有效状态，直至通过读取器件的寄存器来复位。一旦 OS 输出已经在经过 Tos 时被激活然后又被复位，那么它就只能在 Temp 降至低于 Thyst 时才能再次激活，然后，它就无限期地保持有效，直至通过一个寄存器的读操作被复位为止。OS 中断操作以这样的序列不断执行：Tos 跳变、复位、Thyst 跳变、复位、Tos 跳变、复位、Thyst 跳变、复位……器件进入关断模式也可以复位 OS 输出。

在比较器模式和中断模式两种情况下，只有碰到器件故障队列定义的一系列连续故障时 OS 输出才能被激活。故障队列可编程，存放在配置寄存器的两个位（B3 和 B4）中。而且，通过设置配置寄存器位 B2，OS 输出还可以选择高电平还是低电平有效。

上电时，器件进入正常工作模式，Tos 设为 80℃，Thyst 设为 75℃，OS 有效状态选择为低电平，故障队列等于 1。从 Temp 读出的数据不可用，直至第一次转换结束。OS 对温度的响应曲线如图 9-14 所示。

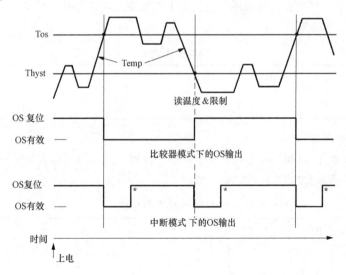

图 9-14 OS 温度响应曲线

4. LM75A 的功能框图

LM75A 的功能框图如图 9-15 所示。

5. I^2C 接口

在控制器或主控器的控制下，利用两个端口 SCL 和 SDA，LM75A 可以作为从器件连接到兼容两线串行接口的 I^2C 总线上。控制器必须提供 SCL 时钟信号，并通过 SDA 端读出器件的数据或将数据写入到器件中。注意：如果没有按 I^2C 总线的要求连接 I^2C 共用的上拉电阻，则必须在 SCL 和 SDA 端分别连接一个外部上拉电阻，阻值大约为 10kΩ。

6. 从地址

LM75A 在 I^2C 总线的从地址的一部分由应用到器件地址管脚 A2、A1 和 A0 的逻辑来定义。

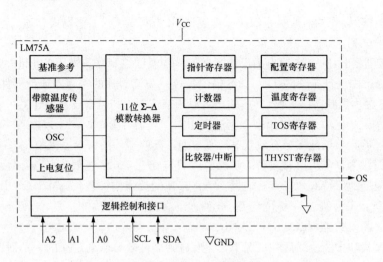

图 9-15　LM75A 功能框图

这 3 个地址管脚连接到 GND（逻辑 0）或 V_{CC}（逻辑 1）。它们代表了器件 7 位地址中的低 3 位。地址的高 4 位由 LM75A 内部的硬连线预先设置为 "1001"。表 9-4 给出了器件的完整地址，从表中可以看出，同一总线上可以连接 8 个器件而不会产生地址冲突。由于输入管脚 SCL、SDA、A2～A0 内部无偏置，因此在任何应用中它们都不能悬空。地址表中 "1" 表示高电平；"0" 表示低电平。LM75A 从地址见表 9-4。

表 9-4　　　　　　　　　　　　　　　　LM75A 从地址

位	B7（MSB）	B6	B5	B4	B3	B2	B1（LSB）
描述	1	0	0	1	A2	A1	A0

7. LM75A 的寄存器

除了指针寄存器外，LM75A 还包含 4 个数据寄存器，具体情况见表 9-5。表 9-5 中给出了寄存器的指针值、读/写能力和上电时的默认值。

表 9-5　　　　　　　　　　　　　　　　LM75A 的寄存器列表

寄存器名称	指针值	R/W	POR 状态	描述
Conf	01H	R/W	00H	配置寄存器 包含一个 8 位的数据字节。用来设置器件的工作条件。默认值为 0
Temp	00H	只读	N/A	温度寄存器 包含两个 8 位的数据字节。用来保存测得的 Temp 数据
Tos	03H	R/W	5000H	过热关断阈值寄存器 包含两个 8 位的数据字节。用来保存过热关断 Tos 限制值。默认值为 80℃
Thyst	02H	R/W	4B00H	滞后寄存器 包含两个 8 位的数据字节。用来保存滞后 Thyst 限制值。默认值为 75℃

任务
24

（1）指针寄存器。指针寄存器包含一个 8 位的数据字节，低两位是其他 4 个寄存器的指针值，高 6 位等于 0，具体见表 9-6 和表 9-7。指针寄存器对于用户来说是不可访问的，但通过将指针数据字节包含到总线命令中可以选择进行读/写操作的数据寄存器。

由于当包含指针字节的总线命令执行时指针值被锁存到指针寄存器中，因此读 LM75A 操作的语句中可能包含，也可能不包含指针字节。如果要再次读取一个刚被读取且指针已经预置好的寄存器，则指针值必须重新包含。要读取一个不同寄存器的内容，指针字节也必须包含。但是，写 LM75A 操作的语句中必须一直包含指针字节。总线通信协议详见后文数据通信部分的内容。

上电时，指针值等于 0，选择 Temp 寄存器；这时，用户无需指定指针字节就可以读取 Temp 数据。

表 9-6 指针寄存器表

B7	B6	B5	B4	B3	B2	B [1：0]
0	0	0	0	0	0	指针值

表 9-7 指 针 值

B1	B0	选择的寄存器
0	0	温度寄存器（Temp）
0	1	配置寄存器（Conf）
1	0	滞后寄存器（Thyst）
1	1	过热关断阈值寄存器（Tos）

（2）配置寄存器（Conf）。配置寄存器是一个读/写寄存器，包含一个 8 位的非补码数据字节，用来配置器件不同的工作条件。寄存器的位分配见表 9-8。

表 9-8 配置寄存器表

位	名称	R/W	POR	描 述
B7～B5	保留	R/W	00	保留给制造商使用
B4～B3	OS 故障队列	R/W	00	用来编程 OS 故障队列。可编程的队列数据为 0，1，2，3，分别对应于队列值 1，2，4，6。默认值为 0
B2	OS 极性	R/W	0	用来选择 OS 极性。OS=1 高电平有效，OS=0 低电平有效（默认）
B1	OS 比较器/中断	R/W	0	用来选择 OS 工作模式。OS=1 中断，OS=0 比较器（默认）
B0	关断	R/W	0	用来选择器件工作模式。B0=1 关断，B0=0 正常工作模式（默认）

（3）温度寄存器（Temp）。Temp 寄存器存放着每次 A/D 转换测得的或监控到的数字结果。它是一个只读寄存器，包含两个 8 位的数据字节，由一个高数据字节（MS）和一个低数据字节（LS）组成。但是，这两个字节中只有 11 位用来存放分辨率为 0.125℃ 的 Temp 数据（以二进制补码数据的形式）。数据字节中 Temp 数据的位分配见表 9-9。

表 9-9   **Temp 寄存器**

Temp MSB 字节								Temp LSB 字节							
MS							LS	MS							LS
B7	B6	B5	B4	B3	B2	B1	B0	B7	B6	B5	B4	B3	B2	B1	B0
Temp 数据（11 位）											未使用				
MS										LS					
D10	D9	D8	D7	D6	D5	D4	D3	D2	D1	D0	×	×	×	×	×

注意：当读 Temp 寄存器时，所有的 16 位数据都提供给总线，而控制器会收集全部的数据来结束总线的操作，但是，只有高 11 位被使用，LS 字节的低 5 位为 0，应当被忽略。根据 11 位的 Temp 数据来计算 Temp 值的方法如下。

1）如果 Temp 数据的 MSB 位 D10＝0，则温度是一个正数温度值（℃）＝＋（Temp 数据）×0.125℃。

2）如果 Temp 数据的 MSB 位 D10＝1，则温度是一个负数温度值（℃）＝－（Temp 数据的二进制补码）×0.125℃。

一些 Temp 数据和温度值的例子见表 9-10。

表 9-10   **Temp 表**

Temp 数据			温度值
11 位二进制数（补码）	3 位十六进制	十进制值	
0111 1111 000	3F8H	1016	＋127.000℃
0111 1110 111	3F7H	1015	＋126.875℃
0111 1110 001	3F1H	1009	＋126.125℃
0111 1101 000	3E8H	1000	＋125.000℃
0001 1001 000	0C8H	200	＋25.000℃
0000 0000 001	001H	1	＋0.125℃
0000 0000 000	000H	0	0.000℃
1111 1111 111	7FFH	−1	−0.125℃
1110 0111 000	738H	−200	−25.000℃
1100 1001 001	649H	−439	−54.875℃
1100 1001 000	648H	−440	−55.000℃

显然，对于代替工业标准的 LM75 使用 9 位的 Temp 数据的应用，只需要使用两个字节中的高 9 位，低字节的低 7 位丢弃不用即可。其实，下面要描述的 Tos 和 Thyst 也类似。

（4）滞后寄存器（Thyst）。滞后寄存器是读/写寄存器，也称为设定点寄存器，它提供了温度控制范围的下限温度。每次转换结束后，Temp 数据（取其高 9 位）将会与存放在该寄存器中的数据相比较，当环境温度低于此温度的时候，LM75A 将根据当前模式（比较、中断）控制 OS 引脚做出相应反应。

该寄存器包含两个 8 位的数据字节，但两个字节中，只有 9 位用来存储设定点数据（分辨率为 0.5℃的二进制补码），其数据格式见表 9-11。默认为 75℃。

表 9-11　　　　　　　　　高/低报警温度寄存器数据格式

D15	D14~D8							D7	D6~D0
T8	T7	T6	T5	T4	T3	T2	T1	T0	未定义

（5）过热关断阈值寄存器（Tos）。过热关断阈值寄存器提供了温度控制范围的上限温度。每次转换结束后，Temp 数据（取其高 9 位）将会与存放在该寄存器中的数据相比较，当环境温度高于此温度的时候，LM75A 将根据当前模式（比较、中断）控制 OS 引脚做出相应反应。其数据格式见表 9-10。默认为 80℃。

4、5 两个寄存器，一个提供上线、一个提供下线，当需要配置的寄存器设置好之后，若在范围之内则通过，否则不通过，且 OS 端会有相应的反应。

8．OS 输出和极性

OS 输出是一个开漏输出，其状态是器件监控器工作得到的结果（请参考上面"LM75A 的功能概述"中的相关描述）。为了观察到这个输出的状态，需要一个外部上拉电阻。电阻的阻值应当足够大（高达 200kΩ），目的是为了减小温度读取误差，该误差是由高 OS 吸入电流产生的内部热量造成的。

通过编程配置寄存器的位 B2，OS 输出有效状态可选择高或低有效：B2 为 1 时 OS 高有效；B2 为 0 时 OS 低有效。上电时，B2 位为 0，OS 低有效。

9．数据通信

主机和 LM75A 之间的通信必须严格遵循 I²C 总线管理定义的规则。LM75A 寄存器读/写操作的协议通过下列描述之后的各个图来说明。

（1）通信开始之前，I²C 总线必须空闲或者不忙。这就意味着总线上的所有器件都必须释放 SCL 和 SDA 线，并且 SCL 和 SDA 线被总线的上拉电阻拉高。

（2）由主机来提供通信所需的 SCL 时钟脉冲。在连续的 9 个 SCL 时钟脉冲作用下，数据（8 位的数据字节以及紧跟其后的一个应答状态位）被传输。

（3）在数据传输过程中，除起始和停止信号外，SDA 信号必须保持稳定，而 SCL 信号必须为高。这就表明 SDA 信号只能在 SCL 为低时改变状态。

（4）S：起始信号，主机启动一次通信的信号，SCL 为高电平，SDA 从高电平变成低电平。

（5）RS：重复起始信号，与起始信号相同，用来启动一个写命令后的读命令。

（6）P：停止信号，主机停止一次通信的信号，SCL 为高电平，SDA 从低电平变成高电平。然后总线变成空闲状态。

（7）W：写位，在写命令中写/读位为 0。

（8）R：读位，在读命令中写/读位为 1。

（9）A：器件应答位，由 LM75A 返回。当器件正确工作时该位为 0，否则为 1。为了使器件获得 SDA 的控制权，这段时间内主机必须释放 SDA 线。

（10）A：主机应答位，不是由器件返回，而是在读两字节的数据时由主控器或主机设置的。在这个时钟周期内，为了告知器件的第一个字节已经读完并要求器件将第二个字节放到总线上，主机必须将 SDA 线设为低电平。

（11）NA：非应答位。在这个时钟周期内，数据传输结束时器件和主机都必须释放 SDA 线，然后由主机产生停止信号。

（12）在写操作协议中，数据从主机发送到器件，由主机控制 SDA 线，但在器件将应答信号发送到总线的时钟周期内除外。

（13）在读操作协议中，数据由器件发送到总线上，在器件正在将数据发送到总线和控制 SDA 线的这段时间内，主机必须释放 SDA 线，但在主器件将应答信号发送到总线的时间周期内除外。

1）写配置寄存器时序图如图 9-16 所示。

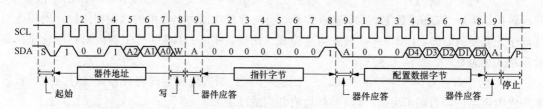

图 9-16　写配置寄存器（一个字节）

2）读包含指针字节配置寄存器如图 9-17 所示。

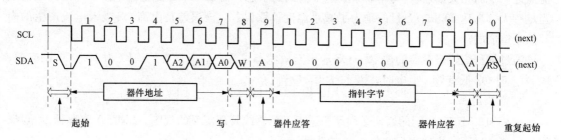

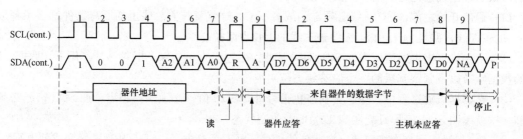

图 9-17　读包含指针字节配置寄存器（一个字节）

3）读预置指针的配置寄存器如图 9-18 所示。

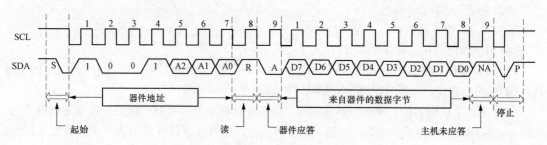

图 9-18　读预置指针的配置寄存器（一个字节）

4）写 Tos 或 Thyst 寄存器如图 9-19 所示。

5）读包含指针字节的 Temp、Tos 或 Thyst 寄存器如图 9-20 所示。

6）读预置指针的 Temp、Tos 或 Thyst 寄存器如图 9-21 所示。

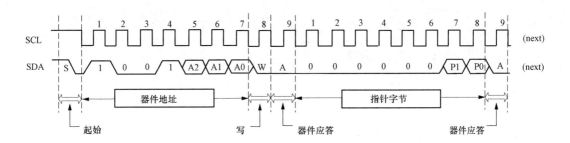

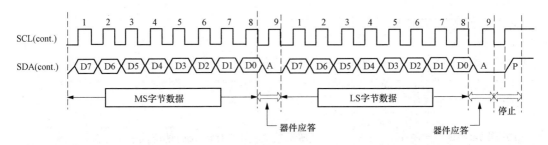

图 9-19 写 Tos 或 Thyst 寄存器（两个字节）

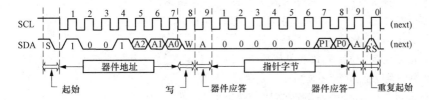

图 9-20 读包含指针字节的 Temp、Tos 或 Thyst 寄存器

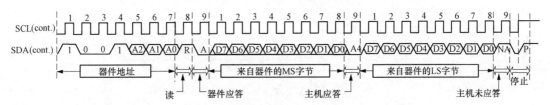

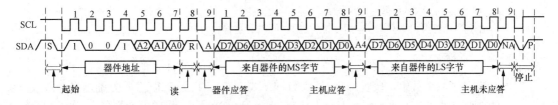

图 9-21 读预置指针的 Temp、Tos 或 Thyst 寄存器

10. LM75A 应用电路

将器件 LM75A 当作单片机外围电路接在单片机上，如何接入读者可以参考 LM75A 的数据手册，当然也可以参照这里的设计方法进行设计。FSST15-V1.0 实验板上 LM75A 的应用电路如图 9-22 所示。

LM75A 的 1、2 引脚分别为数据、时钟总线，都需要接上拉电阻（4.7kΩ）。3 管脚为 OS端，需要接大电阻，这里用一个端口引出，以便读者扩展。5、6、7 引脚为从地址选择端，这 3个引脚都接地，表示为 "000"。

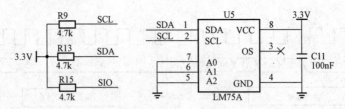

图 9-22   LM75A 应用电路

11. LM75A 应用程序

(1) 温度转换程序。程序代码如下：

```
/*****************************************************************/
/*温度转换函数：LM75A_TempConv()
/*****************************************************************/
void LM75A_TempConv(void)
{
    uChar8 TempML[2] = {0};              // 临时数值，用于存放 Temp 的高低字节
    uInt16 uiTemp;                       // 用于存放 Temp 的 11 位字节数据
    LM75A_ReadReg(0x00, TempML, 2);      // 读出温度，并存于数组 TempHL 中
    uiTemp = (uInt16)TempML[0];          // 将高字节存入变量 uiTemp 中
    uiTemp = (uiTemp << 8 | TempML[1]) >> 5;
    // 接着并入后 3 位，最后右移 5 位就是 11 位补码数(8 + 3 = 11 位)
    /* ***** 首先判断温度是"0 上"还是"0 下" ***** */
    if(!(TempML[0] & 0x80))              // 最高位为"0"则为"0 上"
    {
        p_bH0L_Flag = 0;
        p_fLM75ATemp = uiTemp * 0.125;
    }
    else                                 // 这时为"0 下"(p_fLM75ATemp)℃
    {
        p_bH0L_Flag = 1;
        p_fLM75ATemp = (0x800 - uiTemp) * 0.125;
        // 由于计算机中负数是以补码形式存在的，所以有这样的算法
    }
}
```

    第 6 行定义了一个数组，包含两个元素，TempML [0]、TempML [1] 分别用来存放表 9-9 中 Temp 的高低字节。这样做的好处是函数 LM75A_ReadReg () 中读出的变量值是以指针形式存在的，所以调用函数时直接给数组的首地址，且函数是连续读取数值的，这样毫无间断地读取并存储一举两得；第 8 行调用函数，读取 LM75A 的实时温度值；第 10 行目的是将温度的高字节 (8 位) 和低字节 (有用的是 3 位) 合并，合并之后右移 5 位，从而得到表 9-10 中的二进制补码，有了这些补码，便可以计算温度。13 行用于判断此时温度为"正"还是为"负"(在 0℃以"上"还是以"下")，若为"正"，则直接计算 (乘以 0.125)，若为"负"，则稍微难点，计算中，负数是以补码的形式存在的。例如，温度为"—1"，则存储形式为"0b1111 1111 111"，因此，这里用 0x800 (100000000000) 一减，结果刚好是"1"，这里只需明白此时的"1"是负数就可以了，这里没有把"—"号代入运算，取而代之的是"正"、"负"标志位 (p_bH0L_

Flag)。

(2) 基于 LM75A 的温度测量程序。以 FSST15－V1.0 单片机开发板为例，编写程序，将此时环境的温度显示到数码管上，并通过串口将其温度值打印到计算机上。程序代码如下：

```
#include <STC15F2K60S2.h>
#include <intrins.h>
#include <stdio.h>
/*************************************************************/
// 起别名定义
/*************************************************************/
typedef unsigned char   uChar8;
typedef unsigned int    uInt16;
typedef enum{FALSE, TRUE} BOOL;
/*************************************************************/
// 宏定义
/*************************************************************/
#define    LM75ADevIDAddr    0x90
#define    IIC_WRITE    0x00
#define    IIC_READ    0x01
/*************************************************************/
// 位定义
/*************************************************************/
sbit SCL = P2^0;      // EEPROM 时钟线
sbit SDA = P2^2;      // EEPROM 数据线
sbit SCH = P5^3;      //定义 P5^3 为 SCH
sbit RCH = P5^2;      //定义 P5^3 为 RCH
sbit smgSER = P5^0;   //定义 P5^0 为 smgSER
bit p_bHOL_Flag;              // 温度"0"上、下标志位
float p_fLM75ATemp;          // 温度值
/*************************************************************/
// 数组定义
/*************************************************************/
//此表为 LED 的字模,共阴极数码管 0~9 带小数点
uChar8 code Dis_Dot[] =
{0xbf, 0x86, 0xdb, 0xcf, 0xe6, 0xed, 0xfd, 0x87, 0xff, 0xef};
//此表为 LED 的字模,共阴极数码管 0~9 不带小数点
uChar8 code Dis_NoDot[] =
{0x3f, 0x06, 0x5b, 0x4f, 0x66, 0x6d, 0x7d, 0x07, 0x7f, 0x6f, 0x00};
//此表为"0 上"和"0 下"显示字模,"0 上"用"P"、"0 下"用"F"表示
/*************************************************************/
// 微秒延时函数：Delay5US()
/*************************************************************/
uChar8 code Dis_UP[2] = {0x73, 0x71};
void Delay5US(void)
```

任务
24

```
{
    _ nop _ (); _ nop _ (); _ nop _ (); _ nop _ ();
}
void DelayMS(uInt16 ValMS)
{
/* ************************************************************ */
// 毫秒延时函数：DelayMS()
/* ************************************************************ */
unsigned char a, b, c;
uInt16 k;
    for(k = ValMS; k>0; k - -)
    {
    for(c = 8; c>0; c - -)
        for(b = 197; b>0; b - -)
            for(a = 2; a>0; a - -);
    }
}
/* ************************************************************ */
// 写一个字节函数名称：Wr595OneByte()
/* ************************************************************ */
void Wr595OneByte (uChar8 uSerDat)
{
    uChar8 cBit;
    /* 通过 8 次循环将 8 位数据依次移入 74HC595 */
    SCH = 1;
    for(cBit = 0; cBit < 8; cBit + + )
    {
        if(uSerDat & 0x80)
            smgSER = 1;
        else
            smgSER = 0;
        uSerDat = uSerDat << 1;
        SCH = 0;
        _ nop _ (); _ nop _ ();
        SCH = 1;
    }
    /* 数据并行输出(借助上升沿) */
    RCH = 0;
    _ nop _ ();    _ nop _ ();
    RCH = 1;
}
/* ************************************************************ */
// 数码管显示函数：LedDisplay()
/* ************************************************************ */
```

任务
24

288

```
void LedDisplay(long int TempVal)
{
    uChar8 BaiInt, ShiInt, GeInt, BaiDec, ShiDec, GeDec;
    BaiInt = TempVal / 100000;
    if(BaiInt = = 0)BaiInt = 10;         //让最高位的"0"不要显示
    ShiInt = TempVal / 10000 % 10;
    GeInt = TempVal / 1000 % 10;
    BaiDec = TempVal / 100 % 10;
    ShiDec = TempVal / 10 % 10;
    GeDec = TempVal % 10;

    uChar8 BaiInt, ShiInt, GeInt, BaiDec, ShiDec, GeDec;
    BaiInt = TempVal / 100000;
    if(BaiInt = = 0)                     // 让最高位的"0"不要显示
    BaiInt = 10;
    ShiInt = TempVal / 10000 % 10;
    GeInt = TempVal / 1000 % 10;
    BaiDec = TempVal / 100 % 10;
    ShiDec = TempVal / 10 % 10;
    GeDec = TempVal % 10;
    P6 = 0xfe;
    Wr595OneByte(Dis _ UP[p _ bHOL _ Flag]);
    DelayMS(1);
    P6 = 0xfd;
    Wr595OneByte(Dis _ NoDot[BaiInt]);
    DelayMS(1);
    P6 = 0xfb;
    Wr595OneByte(Dis _ NoDot[ShiInt]);
    DelayMS(1);
    P6 = 0xf7;
    Wr595OneByte(Dis _ NoDot[GeInt]);
    DelayMS(1);
    P6 = 0xef;
    Wr595OneByte(Dis _ NoDot[BaiDec]);
    DelayMS(1);
    P6 = 0xdf;
    Wr595OneByte(Dis _ NoDot[ShiDec]);
    DelayMS(1);
    P6 = 0xbf;
    Wr595OneByte(Dis _ NoDot[GeDec]);
    DelayMS(1);
}
/*********************************************************************/
// I²C 启动函数：IIC _ Start()
```

```
/************************************************************/
void IIC _ Start(void)
{  SDA = 1; Delay5US();
   SCL = 1; Delay5US();
   SDA = 0; Delay5US()
}
/************************************************************/
// I²C停止函数：IIC _ Stop()
/************************************************************/
void IIC _ Stop(void)
{

   SDA = 0; Delay5US();
   SCL = 1; Delay5US();
   SDA = 1;

}
/************************************************************/
// I²C应答函数：IIC _ Ack()
/************************************************************/
void IIC _ Ack(void)
{

   SCL = 0;                    // 为产生脉冲作准备
   SDA = 0;                    // 产生应答信号
   Delay5US();                 // 延时
   SCL = 1;   Delay5US();
   SCL = 0;   Delay5US();      // 产生高脉冲
SDA = 1;                       // 释放总线
}
/************************************************************/
// 读 I²C应答函数：IIC _ RdAck()
/************************************************************/
BOOL IIC _ RdAck(void)
{

   BOOL AckFlag;
   uChar8 uiVal = 0;
   SCL = 0;   Delay5US();
   SDA = 1;
   SCL = 1;   Delay5US();
   while((1 = = SDA) && (uiVal < 255))
   {
     uiVal + +;
     AckFlag = SDA;
   }
   SCL = 0;
   return AckFlag;              // 应答返回为 0；不应答返回为 1
```

任务
24

```
}
/* ***********************************************************/
// I²C不应答函数：IIC_Nack()
/* ***********************************************************/
void IIC_Nack(void)
{
    SDA = 1;
    SCL = 0;    Delay5US();
    SCL = 1;    Delay5US();
    SCL = 0;
}
/* ***********************************************************/
// 从 I²C 器件中读出一个字节函数：OutputOneByte()
/* ***********************************************************/
uChar8 OutputOneByte(void)
{
    uChar8 uByteVal = 0;
    uChar8 iCount;
    SDA = 1;
    for (iCount = 0; iCount < 8; iCount++)
    {
        SCL = 0;    Delay5US();
        SCL = 1;    Delay5US();
        uByteVal <<= 1;
        if(SDA)
            uByteVal |= 0x01;
    }
    SCL = 0;
    return(uByteVal);
}
/* ***********************************************************/
// 向 I²C 器件写入一个字节函数：InputOneByte()
/* ***********************************************************/
void InputOneByte(uChar8 uByteVal)
{
    uChar8 iCount;
    for(iCount = 0; iCount < 8; iCount++)
    {
        SCL = 0; Delay5US();
        SDA = (uByteVal & 0x80) >> 7;
        Delay5US();
        SCL = 1; Delay5US();
        uByteVal <<= 1;
    }
```

任务24

```
    SCL = 0;
}
/* ************************************************************************ */
// 向 I²C 器件写入地址函数：IIC _ WrDevAddAndDatAdd()
/* ************************************************************************ */
BOOL IIC _ WrDevAddAndDatAdd(uChar8 uDevAdd, uChar8 uDatAdd)
{
    IIC _ Start();                      // 发送开始信号
    InputOneByte(uDevAdd);              // 输入器件地址
    IIC _ RdAck();                      // 读应答信号
    InputOneByte(uDatAdd);              // 输入数据地址
    IIC _ RdAck();                      // 读应答信号
    return TRUE;
}
/* ************************************************************************ */
// I²C 器件读数据函数：IIC _ RdDatFromAdd()
/* ************************************************************************ */
void IIC _ RdDatFromAdd(uChar8 uDevID, uChar8 uStaAddVal, uChar8 * p, uChar8 uiLenVal)
{  uChar8 iCount;
    IIC _ WrDevAddAndDatAdd(uDevID | IIC _ WRITE, uStaAddVal);
    IIC _ Start();
    InputOneByte(uDevID | IIC _ READ);
    // IIC _ READ 为读命令后缀符
    IIC _ RdAck();
    for(iCount = 0; iCount < uiLenVal; iCount + +)
    {
      * p + + = OutputOneByte();
      if(iCount ! = (uiLenVal − 1))
        IIC _ Ack();
    }
    IIC _ Nack();
    IIC _ Stop();
    }
/* ************************************************************************ */
// 读 LM75A 任意寄存器值函数：LM75A _ ReadReg()
/* ************************************************************************ */
void LM75A _ ReadReg(uChar8 addr, uChar8 * val, uChar8 uLenVal)
{
    IIC _ RdDatFromAdd(LM75ADevIDAddr, addr, val, uLenVal);
}
/* ************************************************************************ */
// 温度转换函数：LM75A _ TempConv()
/* ************************************************************************ */
void LM75A _ TempConv(void)
```

任务
24

```
{   /* 见软件分析部分 */}
/******************************************************************/
// 函数名称：main()
/******************************************************************/
void main()
{
    long int DisTemp;
    uChar8 i;
    UART_Init();
    while(1)
    {
      LM75A_TempConv();
      DisTemp = p_fLM75ATemp * 1000;  /* 将温度全部转换成整数，以便数码管显示 */
      LedDisplay(DisTemp);
      i++;
      if(100 == i)                    /* 别让串口输出太频繁，i 每当 100 时才输出一次 */
      {
        i = 0;
         if(! p_bHOL_Flag)
         {TI = 1; printf("当前温度：+ %.3f℃
\n", p_fLM75ATemp); while(! TI); TI = 0;}
         else
         {TI = 1; printf("当前温度：- %.3f℃
\n", p_fLM75ATemp); while(! TI); TI = 0;}
      }
    }
}
```

程序中使用了写一个字节函数 Wr595OneByte()，驱动数码管显示 LM75A 所测到的温度信息。其他函数在数据分析程序中都作了详细的解释，读者根据注释可以分析它们在应用程序中的作用。

 技能训练

一、训练目标

(1) 认识 LM75A 温度传感器。

(2) 应用 LM75A 温度传感器检测温度。

二、训练步骤与内容

1. 建立一个工程

(1) 在计算机 E 盘新建一个文件夹 "LM75A"。

(2) 启动 Keil μVision4 软件。

(3) 选择执行 "Project" 工程菜单下的 "New μVision Project" 命令，新建一个 μVision 工程项目命令，弹出创建新项目对话框。

(4) 在创建新项目对话框，输入工程文件名 "LM75A"，单击 "保存" 按钮，弹出选择 CPU

任务24

数据库对话框。

（5）选择 STC CPU Data base 数据库，单击"OK"按钮，弹出"Select Device for Target"选择目标器件对话框。单击"STC"左边的"＋"号，展开选项，选择"STC15W4K32S4"选项。

（6）单击"OK"按钮，弹出是否添加标准 8051 启动代码对话框。

（7）单击"是"按钮，即可在开发环境自动为我们建立好包含启动代码项目的空文件，启动代码为"STARTUP. A51"。

2. 编写程序文件

（1）单击执行"File"文件菜单下的"New"命令，新建一个文本文件"TEXT1"。

（2）单击执行"File"文件菜单下的"Save As"命令，弹出另存文件对话框，在文件名栏输入"main. c"，单击"保存"按钮，保存文件。

（3）在左边的工程浏览窗口，右键单击"Source Group1"，在弹出的右键菜单中，选择执行"Add Files to Group'Source Group1'"命令。

（4）弹出选择文件对话框，选择"main. c"文件，单击"Add"添加按钮，将文件添加到工程项目中，单击添加文件对话框右上角的红色"×"，关闭添加文件对话框。

（5）在"main"中输入"基于 LM75A 的温度测量程序"源代码，单击工具栏的保存按钮，并保存文件。

3. 调试运行

（1）编译程序。

1）设置输出文件选项。在左边的工程浏览窗口，右键单击"Target"选项，在弹出的右键菜单中，选择执行"Options for Target'Target1'"菜单命令。

2）在"Options for Target'Target1'"对话框，选择"Target"对象目标设置页，在晶体振荡器频率设置栏"Xtal（MHz）"，输入"11.0592"，设置晶振频率为 11.0592MHz。

3）在"Options for Target'Target1'"对话框，选择"Output"输出页，选择"Create HEX File"创建 HEX 文件。

4）单击"OK"按钮，返回程序编辑界面。

5）单击编译工具栏的编译所有文件按钮，开始编译文件。

6）在编译输出窗口，查看程序编译信息。

（2）下载程序。

1）启动 STC 单片机下载软件。

2）单击单片机型号栏右边的下拉列表箭头，选择"IAP15W4K58S2"。单击运行时的 IRC 频率栏右边的选择下拉箭头，选择"11.0592"（MHz）。

3）选择 COM 口，计算机连接 FSST15-V1.0 单片机开发板后，软件会自动选择。

4）单击"打开程序文件"按钮，弹出"打开程序代码文件"对话框，选择"LM75A"文件夹里的"LM75A. hex"文件，单击"打开"按钮，在程序代码窗口显示代码文件信息。

5）单击"下载/编程"按钮，此时代码显示框下面的提示框中会显示"正在检测目标单片机"。

6）程序代码开始下载，提示框显示一串下载信息，下载完成后显示"操作完成"，表示 HEX 代码文件已经下载到单片机中了。

（3）调试。

1）关闭开发板电源开关。

任务24

294

2）接通开发板电源开关，观察数码管显示的数据。

3）用手触摸 LM75A，观察数码管显示的数据。

任 务 25　时 钟 芯 片 应 用

一、构造型数据

由一系列具有相同类型或不同类型的数据构成的数据集合称为构造型数据。前面介绍的数组就是一批顺序存放的相同类型数据的构造型数据。结构也是一种特殊的构造型数据。结构也可以由不同类型的数据组合而成。

1. 结构体的数组

结构数组就是具有相同结构类型的变量集合。上面讲解到一个结构体变量中可以存放一组数据，如一个学生的学号、姓名、家庭地址等数据。如果有 10 个学生的数据需要参与运算，显然应该用数组，这就是结构体数组的由来。结构体数组与以前介绍过的数值型数组不同之处在于每个数组元素都是一个结构体类型的数据，它们分别包括各个成员（分量）项。

接着上面声明的结构体 student，在来定义一个结构体数组："struct student stu［10］;"这样就可以用类似于操作二维数组的方式对其赋值、运算。

2. 指向结构体变量的指针

一个结构体变量的指针就是该变量所占据的内存段的起始地址，可以设一个指针变量，用来指向一个结构体变量，此时该指针变量的值是结构体变量的起始地址。指针变量也可以用来指向结构体数组中的元素。

再以上面"student"结构体为例，来定义一个结构体变量和结构体指针：

struct student stuA;　　struct student ＊p;

接着让指针 p 指向 stuA，则有 p ＝ ＆stuA;这样就可以对成员 num 进行赋值操作：stuA. num ＝ 123456 或者（＊p）. num ＝ 123456。这里读者需要注意 ＊p 两侧的括号不可省略，因为成员运算符"."优先于"＊"运算符，若取消括号，则：＊p. num 就等价于 ＊（p. num），这显然不合题意。

在 C 语言中，为了使用方便和使之直观，可以把（＊p）. num 改用 p－＞num 来代替，它表示 p 指向结构体变量中的 num 成员。

这样，结构体的成员变量访问就有以下三种方式，分别为

（1）结构体变量. 成员名；

（2）（＊p）. 成员名；

（3）p－＞成员名；

3. 枚举

在实际应用中，有的变量只有几种可能的取值，如人的性别只有两种（除特殊情况）可能的取值，星期只有七种可能的取值。在 C 语言中对这样取值比较特殊的变量可以定义为枚举类型。所谓枚举是指将变量的值一一列举出来，变量只限于在列举出来的值的范围内取值。

（1）枚举的定义。定义一个变量是枚举类型，可以先定义一个枚举类型名，然后再说明这个变量是该枚举类型。例如：

enum weekday ｛sun, mon, tue, wed, thu, fri, sat｝;

这里先定义了一个枚举类型名 enum weekday，然后定义变量为该枚举类型。例如：

enum weekday day;

当然，也可以直接定义枚举类型变量。例如：

enum weekday {sun, …, sat} day;

其中：sum、mon、…、sat 等称为枚举元素或枚举常量，它们是用户定义的标识符。

（2）关于枚举的几点说明。

1）枚举元素不是变量，而是常数，因此枚举元素又称为枚举常量。因为是常量，所以不能对枚举元素进行赋值。

2）枚举元素作为常量且它们是有值的，C 语言在编译时按定义的顺序使它们的值为：0、1、2、…。

枚举定义以后，默认情况下，值是从 0 开始，按顺序依次加 1。若有赋值语句 day = mon；则 day 变量的值为 1。当然，这个变量值是可以输出的。例如："printf（"%d"，day）;"将输出整数 1。

如果在定义枚举类型时指定元素的值，也可以改变枚举元素的值。例如："enum weekday {sun=7，mon=1，tue，wed，thu，fri，sat} day;"这时 sun 为 7，mon 为 1，以后元素顺次加 1，所以 sat 就是 6 了。

3）枚举值可以用来作判断。例如："if（day == mon）{…}、if（day > mon）{…}"。枚举值的比较规则是：按其在声明时的顺序号进行比较，如果说明时没有为其指定值，则第一个枚举元素的值认为 0，从而有 mon > sun、sat > fri。

4）一个整数不能直接赋给一个枚举变量，必须强制进行类型转换后才能赋值。例如："day = (enum weekday)2;"，这个赋值的意思是将顺序号为 2 的枚举元素赋给 day，相当于"workday = tue;"。

（3）枚举与 #define 宏的区别。

1）#define 宏常量是在预编译阶段进行简单替换；枚举常量则是在编译的时候确定其值。

2）一般在编译器里，可以调试枚举常量，但是不能调试宏常量。

3）枚举可以一次定义大量相关的常量，而宏 #define 一次只能定义一个。

4. typedef 与结构体

typedef 的用途不止讲解的这一点，我们先说说它在结构体定义中的一小点知识。先来举个例子。例如：

```
typedef struct complex{
    float real;
    float imag;
}COMPLEX;
```

这样就可以用类型 COMPLEX 代替 struct complex 来表示复数。使用 typedef 的原因之一是为经常出现的类型创建一个方便的、可识别的名称。因此这里的意思就是将 struct complex 命名为 COMPLEX，也即给 struct complex 起了一个别名"COMPLEX"。

使用 typedef 来命名一个结构类型时，可以省去结构的标记，例如：

```
typedef struct{double x; double y;}rect;
```

假设这样使用 typedef 定义的类型名"rect r1 = {3.0, 5.0}; rect r2; r2 = r1;"，这就可以被"翻译"为

```
struct {double x; double y;} r1 = {3.0, 5.0};
struct {double x; double y;} r2;    r2 = r1;
```

如果两个结构的声明都不使用标记，但是使用同样的成员（成员名和类型都匹配），那么 C 语言认为这两个结构具有同样的类型，因此将 r1 赋值给 r2 是一个正确的操作了。再如：

typedef enum workday{

saturday, sunday = 0，monday, tuesday, wednesday, thursday, friday

}workday; //此处的 workday 为枚举型 enum workday 的别名

workday today, tomorrow;

这样变量 today 和 tomorrow 的类型为枚举型 workday，也即 enum workday。

5. typedef 与 ♯define 的区别

typedef 的真正意思是给一个已经存在的数据类型（注意：是类型不是变量）取一个别名，而非定义一个新的数据类型。

（1）typedef 只是给现有的数据类型起了一个别名，它不同于宏，也不是简单的字符串替换。例如：定义"typedef char * PSTR;"，则 const PSTR 并不是 const char * ！

（2）typedef 在语法上是一个存储类的关键字（auto、extern、static），但它并不真正影响对象的存储特性。例如："typedef static char Char8;"肯定是不可行的。

二、时钟

关于时钟，其种类当然也有很多。例如，可以直接用单片机定时器来制作，也可以用时钟芯片来制作。提到时钟芯片，种类又有很多，如 DS1302、DS1307、DS12C887、PCF8485、SB2068、PCF8563 等。这里以 NXP 公司的 PCF8563 为例，讲解时钟产生的原理、过程和最后对时间的处理、应用等。

1. PCF8563

PCF8563 是 PHILIPS 公司推出的一款工业级内含 I²C 总线接口功能的具有极低功耗的 CMOS 多功能时钟/日历芯片。PCF8563 的多种报警功能、定时器功能、时钟输出功能以及中断输出功能能完成各种复杂的定时服务，甚至可以为单片机提供看门狗功能。内部时钟电路、内部振荡电路、内部低电压检测电路（1.0V）以及两线制 I²C 总线通信方式，不但使外围电路极其简单，而且也增加了芯片的可靠性，同时每次读写数据后，内嵌的字地址寄存器会自动产生增量。因而，PCF8563 是一款性价比极高的时钟芯片，它已被广泛应用于电表、水表、气表、电话、传真机、便携式仪器以及电池供电的仪器仪表等产品领域。

2. PCF8563 的特性

（1）低工作电流：典型值为 $0.25\mu A$（$V_{DD}=3.0V$，$T_{amb}=25℃$时）具有 I²C 总线接口，同一总线上可以连接多达 8 个器件。

（2）大工作电压范围：1.0～5.5V。

（3）400kHz 的 I²C 总线接口（$V_{DD}=1.8～5.5V$ 时）。

（4）可编程时钟输出频率为：32.768kHz，1024Hz，32Hz，1Hz。

（5）报警和定时器。

（6）掉电检测器。

（7）内部集成的振荡器电容。

（8）片内电源复位功能。

（9）开漏中断引脚。

3. 简化的功能框图

PCF8563 的简化功能框图如图 9-23 所示。

4. 功能概述

PCF8563 有 16 个 8 位寄存器：一个可自动增量的地址寄存器，一个内置 32.768kHz 的振荡

297

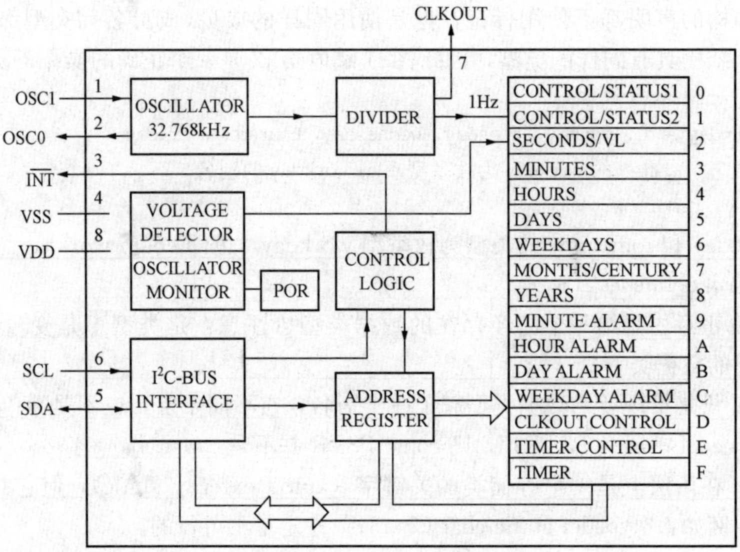

图 9-23　PCF8563 功能框图

器（带有一个内部集成的电容），一个分频器（用于给实时时钟 RTC 提供时钟源），一个可编程时钟输出，一个定时器，一个报警器，一个掉电检测器和一个 400kHz 的 I^2C 总线接口。

所有 16 个寄存器设计成可寻址的 8 位并行寄存器，但不是所有位都有用。前两个寄存器（内存地址 00H、01H）用作控制寄存器和状态寄存器，内存地址 02H～08H 用作时钟计数器（秒～年计数器），地址 09H～0CH 用作报警寄存器（定义报警条件），地址 0DH 控制 CLKOUT 管脚的输出频率，地址 0EH 和 0FH 分别用作定时器控制寄存器和定时器寄存器。秒、分钟、小时、日、月、年、分钟报警、小时报警、日报警寄存器的编码格式为 BCD 码，而星期和星期报警寄存器不以 BCD 格式编码。

当一个 RTC 寄存器被读时，所有计数器的内容将被锁存，因此，在传送条件下，可以禁止对时钟/日历芯片的误读。

（1）报警功能模式。一个或多个报警寄存器 MSB（AE，Alarm Enable，报警使能位）清零时，相应的报警条件有效，这样，一个报警将在每分钟至每星期范围内产生一次。设置报警标志位 AF（控制/状态寄存器 2 的位 3）用于产生中断，AF 只可以用软件清除。

（2）定时器。8 位的倒计数器（地址 0FH）由定时器控制寄存器（地址 0EH）控制，定时器控制寄存器用于设定定时器的频率（4096、64、1 或 1/60Hz），以及设定定时器有效或无效。定时器从软件设置的 8 位二进制数倒计数，每次倒计数结束后，定时器设置标志位 TF，定时器标志位 TF 只可以用软件清除，TF 用于产生一个中断（$\overline{INT}$），每个倒计数周期产生一个脉冲作为中断信号。TI/TP 控制中断产生的条件。当读定时器时，返回当前倒计数的数值。

（3）CLKOUT 输出。管脚 CLKOUT 可以输出可编程的方波。CLKOUT 频率寄存器（地址 0DH）决定方波的频率，CLKOUT 可以输出 32.768kHz（缺省值）、1024、32、1Hz 的方波。CLKOUT 为开漏输出管脚，上电时有效，无效时为高阻抗。

（4）复位电路。PCF8563 包含一个片内复位电路，当振荡器停止工作时，复位电路开始工作。在复位状态下，I^2C 总线初始化，寄存器 TF、VL、TD1、TD0、TESTC、AE 被置为逻辑 1，其他的寄存器和地址指针被清零。

（5）掉电检测器和时钟监控。PCF8563 内嵌掉电检测器，当 V_{DD} 低于 V_{low} 时，位 VL（Voltage Low，秒寄存器的位 7）被置 1，用于指明可能产生不准确的时钟/日历信息，VL 标志位只可以用软件清除。当 V_{DD} 慢速降低（如以电池供电）达到 V_{low} 时，标志位 VL 被设置，这时可能会产生中断。

（6）寄存器结构。

1）寄存器概况。寄存器概况见表 9-12。

表 9-12 寄 存 器 概 况

地址	寄存器名称	B7	B6	B5	B4	B3	B2	B1	B0
00H	控制/状态寄存器 1	TEST	0	STOP	0	TESTC	0	0	0
01H	控制/状态寄存器 2	0	0	0	TI/TP	AF	TF	AIE	TIE
0DH	CLKOUT 频率寄存器	FE	—	—	—	—	—	FD1	FD0
0EH	定时器控制寄存器	TE	—	—	—	—	—	TD1	TD0
0FH	定时器倒计数数值寄存器	定时器倒计数数值							

注 标明"—"的位为无效，标明"0"的位应置逻辑 0。

2）BCD 格式寄存器。BCD 格式寄存器概况见表 9-13。

表 9-13 BCD 格式寄存器表

地址	寄存器名称	Bit7	Bit6	Bit5	Bit4	Bit3	Bit2	Bit1	Bit0
02H	秒	VL	00～59（BCD 码格式数）						
03H	分钟	—	00～59（BCD 码格式数）						
04H	小时	—	—	59（BCD 码格式数）					
05H	日	—	—	31（BCD 码格式数）					
06H	星期	—	—	—	—	—	0～6		
07H	月/世纪	C	01～12（BCD 码格式数）						
08H	年	00～99（BCD 码格式数）							
09H	分钟报警	AE	00～59（BCD 码格式数）						
0AH	小时报警	AE	—	00～23（BCD 码格式数）					
0BH	日报警	AE	—	01～31（BCD 码格式数）					
0CH	星期报警	AE	—	—	—	—	0～6		

3）控制/状态寄存器 1（地址 00H）。控制/状态寄存器 1 的位描述见表 9-14。

表 9-14 控制/状态寄存器 1 位描述

位	符号	描 述
7	TEST1	TEST1=0，普通模式； TEST1=1，EXT_CLK 测试模式
5	STOP	STOP=0，芯片时钟运行； STOP=1，所有芯片分频器异步置逻辑 0，芯片时钟停止运行（CLKOUT 在 32.768kHz 时可用）
3	TESTC	TESTC=0，电源复位功能失效（普通模式时置逻辑 0）； TESTC=1，电源复位功能有效
6、4、2、1、0	0	缺省值置逻辑 0

4）秒/VL 寄存器（地址 02H）。秒/VL 寄存器的位描述见表 9-15。

表 9-15　　　　　　　　　　　　秒/VL 寄存器位描述

位	符号	描　述
7	VL	VL=0，保证准确的时钟/日历数据；VL=1，不保证准确的时钟/日历数据
6～0	<秒>	BCD 格式的当前秒数值（00～59），如<秒>=1011001 代表 59s

5）分钟寄存器（地址 03H）。分钟寄存器的位描述见表 9-16。

表 9-16　　　　　　　　　　　　分钟寄存器位描述

位	符号	描　述
7	—	无效
6～0	<分钟>	代表 BCD 格式的当前分钟数值，值为 00～59

6）小时寄存器（地址 04H）。小时寄存器的位描述见表 9-17。

表 9-17　　　　　　　　　　　　小时寄存器位描述

位	符号	描　述
7～6	—	无效
5～0	<小时>	代表 BCD 格式的当前小时数值，值为 00～23

7）日寄存器（地址 05H）。日寄存器的位描述见表 9-18。

表 9-18　　　　　　　　　　　　日寄存器位描述

位	符号	描　述
7～6	—	无效
5～0	<日>	代表 BCD 格式的当前日数值，值为 01～31。当年计数器的值是闰年时，PCF8563 自动给二月增加一个值，使其成为 29 天

8）星期寄存器（地址 06H）。星期寄存器的位描述见表 9-19。

表 9-19　　　　　　　　　　　　星期寄存器位描述

位	符号	描　述
7～3	—	无效
2～0	<星期>	代表当前星期数值 0～6，格式为 000～110，所对应的星期数为星期日～星期六，这些位也可以由用户重新分配

9）月寄存器（地址 07H）月寄存器的位描述见表 9-20。

表 9-20　　　　　　　　　　　　月寄存器位描述

位	符号	描　述
7	C	世纪位，C=0 指定世纪数为 20xx，C=1 指定世纪数为 19xx，"xx"为年寄存器中的值。当年寄存器中的值由 99 变为 00 时，世纪位会改变
6～5	—	无效
4～0	<月>	代表 BCD 格式的当前月份，值为 01～12（00001～10010）

10）年寄存器（地址 08H）年寄存器的位描述见表 9-21。

表 9-21 年寄存器位描述

位	符号	描述
7～0	＜年＞	代表 BCD 格式的当前年数值，值为 00～99

限于篇幅原因，其他寄存器（报警寄存器、倒计数定时器寄存器、CLKOUT 频率寄存器等）不一一列举，若需详细了解，请读者自行查阅 PCF8563 的数据手册（光盘中有附带）。

5. 数据通信

此处说到的通信就是单片机与 PCF8563 之间的通信。它们之间的通信，严格遵循 I²C 协议，因此只要掌握了前面章节的相关知识，这里就是很容易理解的。当然官方数据手册上也给出了通信协议图，通信协议图请读者参见前面章节的相关内容。

6. 硬件设计

这里的硬件设计就是 PCF8563 与单片机的硬件接口电路，具体的设计方法和思路读者既可以参考 PCF8563 的数据手册后进行确定，也可以参考此处的设计。

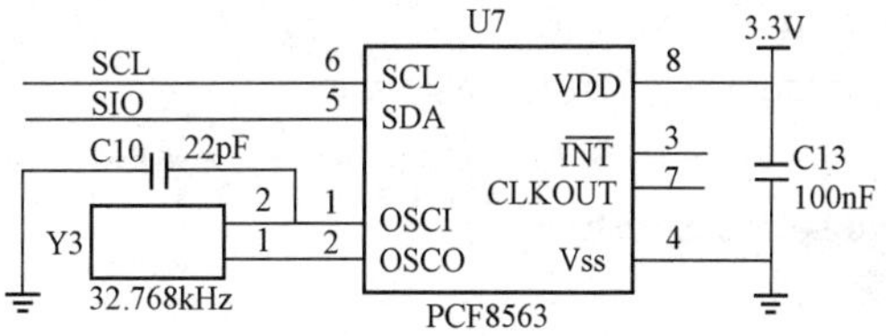

图 9-24　PCF8563 的原理图

实验板上的 PCF8563 原理图如图 9-24 所示。

PCF8563 管脚作简要说明。1、2 管脚为晶振的输入、输出管脚。3 管脚为中断管脚（开漏，低电平有效）。5、6 管脚分别为数据、时钟总线，都需要接上拉电阻（10kΩ），由于共用了总线（别的地方已经接了上拉电阻），所以这里不需再接上拉电阻。7 管脚为 CLKOUT 管脚。其中 3、7 管脚分别接了一排针，方便读者扩展。8、4 管脚分别为电源的正、负极。

7. PCF8563 应用程序

PCF8563 应用程序如下：

```
# include <STC15F2K60S2. h>
# include <intrins. h>
/*********************************************/
// 起别名
/*********************************************/
typedef unsigned char uChar8;
typedef unsigned int  uInt16;
typedef enum{FALSE, TRUE} BOOL;
/*********************************************/
// 位定义
/*********************************************/
sbit SCL = P2^0;        // EEPROM 时钟线
sbit SIO = P2^3;        // EEPROM 数据线
sbit SCH = P5^3;        //定义 P5^3 为 SCH
sbit RCH = P5^2;        //定义 P5^3 为 RCH
sbit smgSER = P5^0;     //定义 P5^0 为 smgSER
/*********************************************/
// 宏定义
```

```c
/*******************************************************************/
#define PCF8591DevID        0xA2
#define IIC _ WRITE         0x00
#define IIC _ READ          0x01
#define SEC    0x02 //秒寄存器
#define MIN    0x03 //分寄存器
#define HOU    0x04 //时寄存器
/*******************************************************************/
// 数组定义
/*******************************************************************/
uChar8 PCF8563 _ Store[3] = {0x36, 0x42, 0x10}; /* 初始时间定格在 10∶42∶36 */
uChar8 code Dis _ NoDot[] = {0x3f, 0x06, 0x5b, 0x4f, 0x66, 0x6d, 0x7d, 0x07, 0x7f, 0x6f, 0x40};
/*******************************************************************/
//微秒延时函数：Delay5US()
/*******************************************************************/
void Delay5US(void)
{
    unsigned char i;
    _ nop _ ();
    i = 11;
    while (— - i);
}
/*******************************************************************/
// 延时函数：DelayMS()
/*******************************************************************/
void DelayMS(uInt16 ValMS)
{
    unsigned char a, b, c;
    uInt16 k;
    for(k = ValMS; k>0; k - -)
    {
    for(c = 8; c>0; c - -)
        for(b = 197; b>0; b - -)
            for(a = 2; a>0; a - -);
    }
}
/*******************************************************************/
// 写一个字节函数名称：Wr595OneByte()
/*******************************************************************/
void Wr595OneByte (uChar8 uSerDat)
{
    uChar8 cBit;
    /* 通过 8 次循环将 8 位数据依次移入 74HC595 */
    SCH = 1;
```

任务
25

302

```
        for(cBit = 0; cBit < 8; cBit + +)
        {
            if(uSerDat & 0x80)
                smgSER = 1;
            else
                smgSER = 0;
            uSerDat = uSerDat << 1;
            SCH = 0;
            _ nop _ (); _ nop _ ();
            SCH = 1;
        }
        /* 数据并行输出(借助上升沿) */
        RCH = 0;
        _ nop _ ();   _ nop _ ();
        RCH = 1;
}
/*************************************************************/
// 数码管显示函数: LedDisplay()
/*************************************************************/
void LedDisplay(uChar8 TempArr[])
{
    uChar8 * up _ Temp = TempArr;
    P6 = 0xfe;
    Wr595OneByte(Dis _ NoDot[ * (up _ Temp + 2) / 16]);
    DelayMS(1);
    P6 = 0xfd;
    Wr595OneByte(Dis _ NoDot[ * (up _ Temp + 2) % 16]);
    DelayMS(1);
    P6 = 0xfb;
    Wr595OneByte(Dis _ NoDot[10]);
    DelayMS(1);
    P6 = 0xf7;
    Wr595OneByte(Dis _ NoDot[ * (up _ Temp + 1) / 16]);
    DelayMS(1);
    P6 = 0xef;
    Wr595OneByte(Dis _ NoDot[ * (up _ Temp + 1) % 16]);
    DelayMS(1);
    P6 = 0xdf;
    Wr595OneByte(Dis _ NoDot[10]);
    DelayMS(1);
    P6 = 0xbf;
    Wr595OneByte(Dis _ NoDot[ * (up _ Temp + 0) / 16]);
    DelayMS(1);
    P6 = 0x7f;
```

任务
25

303

```
    Wr595OneByte(Dis _ NoDot[ * (up _ Temp + 0) % 16]);
    DelayMS(1);
}
/******************************************************************/
// I²C 启动函数：IIC _ Start()
/******************************************************************/
void IIC _ Start(void)
{
    SIO = 1;
    Delay5US();
    SCL = 1;
    Delay5US();
    SIO = 0;
    Delay5US();
}

/******************************************************************/
// I²C 停止函数：IIC _ Stop()
/******************************************************************/
void IIC _ Stop(void)
{
    SIO = 0;
    Delay5US();
    SCL = 1;
    Delay5US();
    SIO = 1;
}
/******************************************************************/
// I²C 应答函数：IIC _ Ack()
/******************************************************************/
void IIC _ Ack(void)
{
    SCL = 0;                 // 为产生脉冲准备
    SIO = 0;                 // 产生应答信号
    Delay5US();              // 延时你懂得
    SCL = 1; Delay5US();
    SCL = 0; Delay5US();     // 产生高脉冲
    SIO = 1;                 // 释放总线
}
/******************************************************************/
//读 I²C 应答函数：IIC _ RdAck()
/******************************************************************/
BOOL IIC _ RdAck(void)
{
    BOOL AckFlag;
```

```
        uChar8 uiVal = 0;
        SCL = 0; Delay5US();
        SIO = 1;
        SCL = 1; Delay5US();
        while((1 = = SIO) && (uiVal < 255))
        {
            uiVal + +;
            AckFlag = SIO;
        }
        SCL = 0;
        return AckFlag; // 应答返回为 0；不应答返回为 1
}
/****************************************************************/
// I²C 不应答函数：IIC _ Nack()
/****************************************************************/
void IIC _ Nack(void)
{
        SIO = 1;
        SCL = 0; Delay5US();
        SCL = 1; Delay5US();
        SCL = 0;
}
/****************************************************************/
//从 I²C 器件中读出一个字节函数：OutputOneByte()
/****************************************************************/
uChar8 OutputOneByte(void)
{
        uChar8 uByteVal = 0;
        uChar8 iCount;
        SIO = 1;
        for (iCount = 0; iCount < 8; iCount + +)
        {
            SCL = 0;
            Delay5US();
            SCL = 1;
            Delay5US();
            uByteVal << = 1;
            if(SIO)
                uByteVal | = 0x01;
        }
        SCL = 0;
        return(uByteVal);
}
/****************************************************************/
```

```
//向 I²C 器件写入一个字节函数：InputOneByte()
/***************************************************************/
void InputOneByte(uChar8 uByteVal)
{
    uChar8 iCount;
    for(iCount = 0; iCount < 8; iCount + + )
    {
        SCL = 0;
        Delay5US();
        SIO = (uByteVal & 0x80) >> 7;
        Delay5US();
        SCL = 1;
        Delay5US();
        uByteVal << = 1;
    }
    SCL = 0;
}
/***************************************************************/
//向 I²C 器件写入器件和数据地址函数：IIC_WrDevAddAndDatAdd()
/***************************************************************/
BOOL IIC_WrDevAddAndDatAdd(uChar8 uDevAdd, uChar8 uDatAdd)
{
    IIC_Start();                  // 发送开始信号
    InputOneByte(uDevAdd);        // 输入器件地址
    IIC_RdAck();                  // 读应答信号
    InputOneByte(uDatAdd);        // 输入数据地址
    IIC_RdAck();                  // 读应答信号
    return TRUE;
}
/***************************************************************/
//向 I²C 器件写数据函数：IIC_WrDatToAdd()
/***************************************************************/
void IIC_WrDatToAdd(uChar8 uDevID, uChar8 uStaAddVal, uChar8 * p, uChar8 ucLenVal)
{
    uChar8 iCount;
    IIC_WrDevAddAndDatAdd(uDevID | IIC_WRITE, uStaAddVal);
    // IIC_WRITE 为写命令后缀符
    for(iCount = 0; iCount < ucLenVal; iCount + + )
    {
        InputOneByte( * p + + );
        IIC_RdAck();
    }
    IIC_Stop();
}
```

```
/* * * * * * * * * * * * * * * * * * * * * * * * * * * * * * * * * * * * * * * * * * * */
//向 I²C 器件读数据函数：IIC_RdDatFromAdd()
/* * * * * * * * * * * * * * * * * * * * * * * * * * * * * * * * * * * * * * * * * * * */
void IIC_RdDatFromAdd(uChar8 uDevID, uChar8 uStaAddVal, uChar8 * p, uChar8 uiLenVal)
{
    uChar8 iCount;
    IIC_WrDevAddAndDatAdd(uDevID | IIC_WRITE, uStaAddVal);
    IIC_Start();
    InputOneByte(uDevID | IIC_READ);
    // IIC_READ 为写命令后缀符
    IIC_RdAck();
    for(iCount = 0; iCount < uiLenVal; iCount + +)
    {
        * p+ + = OutputOneByte();
        if(iCount ! = (uiLenVal - 1))
        IIC_Ack();
    }
    IIC_Nack();
    IIC_Stop();
}
/* * * * * * * * * * * * * * * * * * * * * * * * * * * * * * * * * * * * * * * * * * * */
//写 PCF8563 任意寄存器值函数：PCF8563_WriteReg()
/* * * * * * * * * * * * * * * * * * * * * * * * * * * * * * * * * * * * * * * * * * * */
void PCF8563_WriteReg(uChar8 addr, uChar8 * val, uChar8 uLenVal)
{
    IIC_WrDatToAdd(PCF8591DevID, addr, val, uLenVal);
}
/* * * * * * * * * * * * * * * * * * * * * * * * * * * * * * * * * * * * * * * * * * * */
//读 PCF8563 任意寄存器值函数：PCF8563_ReadReg()
/* * * * * * * * * * * * * * * * * * * * * * * * * * * * * * * * * * * * * * * * * * * */
void PCF8563_ReadReg(uChar8 addr, uChar8 * val, uChar8 uLenVal)
{
    IIC_RdDatFromAdd(PCF8591DevID, addr, val, uLenVal);
}
/* * * * * * * * * * * * * * * * * * * * * * * * * * * * * * * * * * * * * * * * * * * */
//读取时间函数：P8563_ReadTime()
/* * * * * * * * * * * * * * * * * * * * * * * * * * * * * * * * * * * * * * * * * * * */
void P8563_ReadTime(void)
{
    uChar8 Time[3];
    PCF8563_ReadReg(SEC, Time, 3);
    PCF8563_Store[0] = Time[0] & 0x7f;        /* 秒 */
    PCF8563_Store[1] = Time[1] & 0x7f;        /* 分 */
    PCF8563_Store[2] = Time[2] & 0x3f;        /* 小时 */
```

```
}
/*************************************************************/
// 主函数: main ()
/*************************************************************/
void main (void)
{
    P2M0 = 0x00;          //设置 P2 口为普通双向 I/O 口
    P2M1 = 0x00;
    P5M0 = 0x00;          //设置 P5 口为普通双向 I/O 口
    P5M1 = 0x00;
    DelayMS (20);
    PCF8563 _ WriteReg (SEC, PCF8563 _ Store, 3);
    for (;;)
    {
        P8563 _ ReadTime ();
        LedDisplay (PCF8563 _ Store);
    }
}
```

 技能训练

一、训练目标

(1) 认识 PCF8563 时钟芯片。

(2) 学会应用 PCF8563 时钟芯片。

二、训练步骤与内容

1. 建立一个工程

(1) 在计算机 E 盘新建一个文件夹 "PCF8563"。

(2) 启动 Keil μVision4 软件。

(3) 选择执行 "Project" 工程菜单下的 "New μ Vision Project" 命令, 新建一个 μ Vision 工程项目命令, 弹出创建新项目对话框。

(4) 在创建新项目对话框, 输入工程文件名 "PCF8563", 单击 "保存" 按钮, 弹出选择 CPU 数据库对话框。

(5) 选择 STC CPU Data base 数据库, 单击 "OK" 按钮, 弹出 "Select Device for Target" 选择目标器件对话框。单击 "STC" 左边的 "+" 号, 展开选项, 选择 "STC15W4K32S4" 选项。

(6) 单击 "OK" 按钮, 弹出是否添加标准 8051 启动代码对话框。

(7) 单击 "是" 按钮, 即可在开发环境自动为我们建立好包含启动代码项目的空文件, 启动代码为 "STARTUP. A51"。

2. 编写程序文件

(1) 单击执行 "File" 文件菜单下的 "New" 命令, 新建一个文本文件 "TEXT1"。

(2) 单击执行 "File" 文件菜单下的 "Save As" 命令, 弹出另存文件对话框, 在文件名栏输入 "main. c", 单击 "保存" 按钮, 保存文件。

(3) 在左边的工程浏览窗口, 鼠标右键单击 "Source Group1", 在弹出的右键菜单中, 选择执行"Add Files to Croup′Source Group1′"命令。

（4）弹出选择文件对话框，选择"main. c"文件，单击"Add"添加按钮，将文件添加到工程项目中，单击添加文件对话框右上角的红色"×"，关闭添加文件对话框。

（5）在"main"中输入"PCF8563 应用程序"源代码，单击工具栏的保存按钮，并保存文件。

3. 调试运行

（1）编译程序。

1）设置输出文件选项。在左边的工程浏览窗口，右键单击"Target"选项，在弹出的右键菜单中，选择执行"Options for Target′Target1′"菜单命令。

2）在"Options for Target′Target1′"对话框，选择"Target"对象目标设置页，在晶体振荡器频率设置栏"Xtal（MHz）"，输入"11.0592"，设置晶振频率为 11.0592 MHz。

3）在"Options for Target′Target1′"对话框，选择"Output"输出页，选择"Create HEX File"创建 HEX 文件。

4）单击"OK"按钮，返回程序编辑界面。

5）单击编译工具栏的编译所有文件按钮，开始编译文件。

6）在编译输出窗口，查看程序编译信息。

（2）下载、调试程序。

1）启动 STC 单片机下载软件。

2）单击单片机型号栏右边的下拉列表箭头，选择"IAP15W4K58S2"。单击运行时的 IRC 频率栏右边的选择下拉箭头，选择"11.0592"（MHz）。

3）选择 COM 口，计算机连接 FSST15-V1.0 单片机开发板后，软件会自动选择。

4）单击"打开程序文件"按钮，弹出"打开程序代码文件"对话框，选择"PCF8563"文件夹里的"PCF8563. hex"文件，单击"打开"按钮，在程序代码窗口显示代码文件信息。

5）单击"下载/编程"按钮，此时代码显示框下面的提示框中会显示"正在检测目标单片机"。

6）程序代码开始下载，提示框显示一串下载信息，下载完成后显示"操作完成"，表示 HEX 代码文件已经下载到单片机中了。

7）程序自动运行，观察数码管显示的数据。

任务 26 应用 SPI 同步串口

 基础知识

一、STC15 单片机的 SPI 同步串口

1. SPI 同步串口结构

STC15F2K60S2 单片机集成了 SPI 同步串行口，SPI 同步串行口是一种全双工高速的同步串行通信接口。SPI 同步串行接口的核心是一个 8 位移位寄存器和数据缓冲器，它可以同时发送和接收数据，SPI 同步串行口内部逻辑功能如图 9-25 所示。

（1）SPI 同步串行口信号线。SPI 同步串行口由 4 条信号线组成。4 条信号线的功能介绍如下。

309

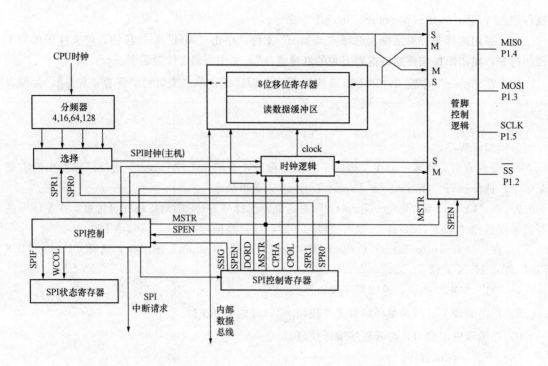

图 9-25　SPI 同步串行口内部逻辑功能

1）MOS1 线。主器件输出和从器件输入线，用于主器件到从器件的串行数据传输。根据 SPI 规范，一个主机可连接多个从机，主机的 MOS1 信号线可连接多个从机，多个从机共享一根 MOS1 信号线。在时钟边界的前半周期，主机将数据放在 MOS1 信号，从机在该边界处获取该数据。

2）MIS0 线。主器件输入和从器件输出线，用于实现从器件到主器件的数据传输。根据 SPI 规范，一个主机可连接多个从机，主机的 MIS0 信号线可连接多个从机，即多个从机共享一根 MIS0 信号线。当主机与一个从机通信时，其他从机应将其 MIS0 引脚设置为高阻状态。

3）SCLK 线。串行时钟信号线，它是主器件的输出和从器件的输入线，用于同步主器件和从器件之间在 MOS1 和 MIS0 线上的串行数据传输。当主器件启动一次数据传输时，自动产生 8 个时钟信号给从机。在 SCLK 的每个跳变处（上升沿或下降沿）移出一位数据，一次传输一个字节的数据。

4）$\overline{SS}$ 线从机选择信号线，低电平有效。主器件用它来选择处于从模式的 SPI 模块。在主模式下，SPI 接口只能有一个主机，不存在主机选择问题，此时 $\overline{SS}$ 不是必需的。主模式下，主机的 $\overline{SS}$ 引脚通过 10kΩ 的电阻上拉到高电平。从模式下，主机用一根 I/O 线连接从机的 $\overline{SS}$ 引脚，并由主机控制 $\overline{SS}$ 的电平高低，以便主机选择从机。在从模式下，$\overline{SS}$ 信号必须有效。

（2）SPI 同步串行口工作模式。SPI 接口具有主模式和从模式两种工作方式，主模式下支持 3 Mbit/s 以上的传输速率，还具有传输完成和写冲突标志保护。

在主模式下，若要发送一个字节数据，只要将这个数据写入数据寄存器 SPDAT 中即可。主模式下 $\overline{SS}$ 信号不是必需的，但在从模式下，则必须在 $\overline{SS}$ 信号有效并接收到合适的时钟信号后，才能进行数据传输。

从模式下，如果一个字节传输完成后，$\overline{SS}$ 信号变为高电平，立刻被硬件逻辑标志为接收完成，SPI 接口准备接收下一个数据。任何 SPI 控制寄存器的改变都将复位 SPI 接口，并清零相关寄存器。

2. 与 SPI 同步串口相关的特殊功能寄存器

与 SPI 同步串口相关的特殊功能寄存器见表 9-22。

表 9-22　　　　　　　　　　　　与 SPI 同步串口相关的特殊功能寄存器

寄存器	功能	地址	位地址和位名称								复位值
AUXR1	辅助寄存器	A2H	S1_S1	S1_S0	CCP_S1	CCP_S0	SPI_S1	SPI_S0	0	DPS	01000000
IE	中断控制寄存器	A8H	EA	ELVD	EADC	ES	ET1	EX1	ET0	EX0	00000000
IE2	中断控制寄存器 2	AFH	—	—	—	—	—	ET2	ESPI	ES2	xxxxx000
IP2	中断优先级控制寄存器 2	B5H	—	—	—	—	—	—	PSPI	PS2	xxxxxx00
SPSTAT	SPI 状态寄存器	CDH	SPIF	WCOL	—	—	—	—	—	—	00xxxxxx
SPCTL	SPI 控制寄存器	CEH	SSIG	SPEN	DORD	WSTR	CPOL	CAPHA	SPR1	SPR0	00000000
SPDAT	SPI 数据寄存器	CFH									00000000

（1）SPI 控制寄存器 SPCTL。SPCTL 主要用于控制 SPI 接口的工作方式。其中 SSIG 位为 $\overline{SS}$ 引脚忽略控制位，SSIG=1 时，由 MSTR 位确定器件为主机还是从机，$\overline{SS}$ 引脚被忽略，可配置普通 I/O 端口使用；SSIG=0 时，由 $\overline{SS}$ 引脚确定器件为主机还是从机。

1）SPEN 位为 SPI 使能位。SPEN=1 时，使能 SPI 功能；SPEN=0 时，禁止 SPI 功能。

2）DODR 位为 SPI 数据发送与接收顺序的控制位。DODR=1 时，SPI 数据的传输顺序为由低到高；DODR=0 时，SPI 数据的传输顺序为由高到低。

3）MSTR 位为 SPI 的主/从模式选择位。MSTR=1 时，选择主机模式；MSTR=0 时，选择从机模式。

4）CPOL 位为 SPI 时钟信号极性选择位。CPOL=1 时，SPI 空闲时 SCLK 为高电平，SCLK 前沿为下降沿；CPOL=0 时，SPI 空闲时 SCLK 为低电平，SCLK 的前沿为上升沿。

5）CPHA 位为 SPI 时钟信号相位选择位。CPHA=1 时，SPI 数据由 SCLK 时钟信号的前沿驱动到口线；CPHA=0 时，当 $\overline{SS}$ 引脚为低电平且 SSIG=0 时，数据被驱动到口线，并且在 SCLK 时钟信号的后沿被改变，在前沿被采样。

6）SPR1、SPR0 为主机模式下 SPI 时钟速率选择位，具体的时钟速率见表 9-23。

表 9-23　　　　　　　　　　　　主机模式下 SPI 时钟速率选择

SPR1	SPR0	SPI 时钟频率	SPR1	SPR0	SPI 时钟频率
0	0	$f_{sys}/4$	1	0	$f_{sys}/64$
0	1	$f_{sys}/16$	1	1	$f_{sys}/128$

（2）状态寄存器 SPSTAT 用于记录 SPI 接口的传输完成标志与写冲突标志。

1）SPIF 为 SPI 传输完成标志位。完成一次 SPI 传输后，SPIF 置位。此时若 SPI 允许中断，则向 CPU 申请 SPI 中断。当 SPI 处于主机模式且 SSIG＝0 时，如果 $\overline{SS}$ 引脚为输入且为低电平，则 SPIF 也将置位，表示模式改变（即由主机变为从机）。SPIF 标志需要由软件向其写入"1"来清零。

2）WCOL 位为 SPI 写入冲突标志位。当一个数据还在传输，又向数据寄存器写入数据时，WCOL 被置 1，WCOL 标志需要由软件向其写入"1"来清零。

（3）辅助寄存器 AUXR1 中的 SPI_S1、SPI_S0 位用于实现 SPI 接口功能引脚在不同端口进行切换，具体切换情况见表 9-24。

表 9-24   **SPI 接口引脚切换**

SPI_S1	SPI_S0	SPI 接口引脚功能			
		$\overline{SS}$	MOS1	MIS0	SCLK
0	0	P1.2	P1.3	P1.4	P1.5
0	1	P2.4（SS_2）	P2.3（MOS1_2）	P2.2（MIS0_2）	P2.1（SCLK_2）
1	0	P5.4（SS_3）	P4.0（MOS1_3）	P4.1（MIS0_3）	P4.3（SCLK_3）
1	1	无 效			

（4）SPI 接口的中断允许由 IE2 寄存器控制，其中 ESPI 位用于 SPI 中断控制。ESPI＝1 时，允许中断，ESPI＝0 时，禁止中断。

（5）SPI 接口的中断优先级由 IP2 寄存器控制，其中 PSPI 位用于 SPI 中断优先级控制。PS-PI＝1 时为高级，PSPI＝0 时为低级。

（6）数据寄存器 SPDAT 用于保存 SPI 通信数据字节。

3. SPI 同步串口的通信方式

STC15F2K60S2 单片机的 SPI 接口有三种数据通信方式：单主机—单从机方式、双器件方式、单主机—多从机方式。

（1）单主机—单从机方式。单主机—单从机方式如图 9-26 所示。此时从机的 SSIG＝0，$\overline{SS}$ 引脚用于选择从机。SPI 主机可以使用任何端口位来控制从机的 $\overline{SS}$。主机与从机的 8 位移位寄存器连接成一个循环的 16 位移位寄存器。当主机向 SPDAT 寄存器写入一个字节时，立即启动一个连续的 8 位移位通信过程。

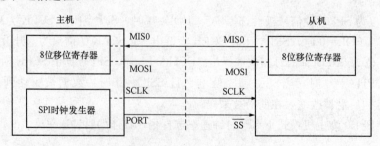

图 9-26 单主机—单从机方式

主机的 SCLK 引脚向从机的 SCLK 发送一串脉冲，在这串脉冲的驱动下，主机的 8 位移位寄存器中的数据移到从机中。与此同时，从机 8 位移位寄存器中的数据移到主机的 8 位移位寄存器中。因此主机既可以向从机发送数据，又可以读取从机中的数据。

（2）双器件方式。双器件方式如图 9-27 所示。此时，两个器件互为主/从机。没有发生 SPI 时，两个器件都可以设为主机。将 SSIG 清零，并将 P1.2 引脚配置为准双向模式，当其中一个器件启动传输时，可将 P1.2 引脚配置为输出，并输出低电平，这样就强制另一个器件为从机。

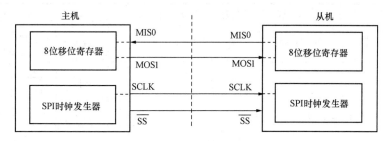

图 9-27　双器件方式

双方初始化时将自己设置为忽略 $\overline{SS}$ 引脚的从机模式。当一方要主动发送数据时，先检测 $\overline{SS}$ 引脚的电平，如果 $\overline{SS}$ 引脚为高电平，就将自己设置为忽略 $\overline{SS}$ 引脚的主机模式。平时双方将 SPI 设置为没有被选中从机模式，在该模式下，MIS0、MOS1、SCLK 均为输入，当多个单片机的 SPI 接口以此模式并联时，不会发生总线冲突。需要注意的是：互为主/从机模式时，双方的 SPI 速率必须相同。如果采用外部晶体振荡器，则双方的晶体振荡器频率也要相同。

（3）单主机—多从机方式。单主机—多从机方式如图 9-28 所示。此时从机的 SSIG＝0，从机通过对应的 $\overline{SS}$ 引脚信号被选中。SPI 主机可以使用任何端口位（包括 P1.4）来控制从机的 $\overline{SS}$ 输入。

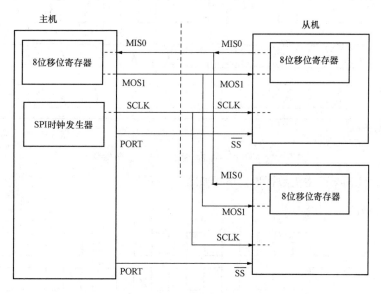

图 9-28　单主机—多从机方式

STC15F2K60S2 单片机进行 SPI 通信时，主机和从机的选择由 SPI 控制寄存器 SPCTL 中的 SPEN、SSIG、MSTR 和 $\overline{SS}$ 引脚一起控制，SPI 主从模式选择见表 9-25。

表 9-25　　　　　　　　　　　　　　SPI 主从模式选择

SPEN	SSIG	$\overline{SS}$	MSTR	主/从模式	MIS0	MOS1	SCLK	功能配置
0	×	P1.2	×	禁止	P1.4	P1.3	P1.5	禁止 SPI 功能
1	0	0	0	从机	输出	输入	输入	选择为从机
1	0	1	0	从机未选	高阻	输入	输入	未被选中，MIS0 为高阻，以避免冲突

续表

SPEN	SSIG	$\overline{SS}$	MSTR	主/从模式	MIS0	MOS1	SCLK	功能配置
1	0	0	1→0	从机	输出	输入	输入	选择为从机，$\overline{SS}=0$ 时，MSTR 清零
1	0	1	1	主（空闲）	输入	高阻	高阻	MOS1、SCLK 接上拉电阻，避免出现悬浮状态
				主（激活）		输出	输出	MOS1、SCLK 推挽输出
1	1	P1.2	0	从机	输出	输入	输入	
			1	主机	输入	输出	输出	

4. SPI 同步串口的通信的数据格式

时钟相位控制位 CPHA 用于设置采样和改变数据的时钟边沿，时钟极性控制位 CPOL 用于设置时钟极性。对于不同的 CPHA，主机和从机对应数据的格式不同。

（1）CPHA＝0 时 SPI 主机数据传输格式如图 9-29 所示。

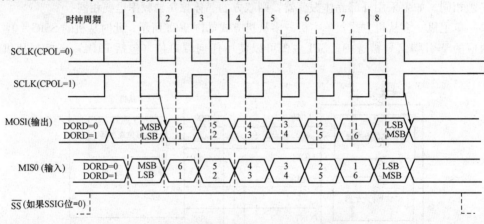

图 9-29　CPHA＝0 时 SPI 主机数据传输格式

（2）CPHA＝1 时 SPI 主机数据传输格式如图 9-30 所示。

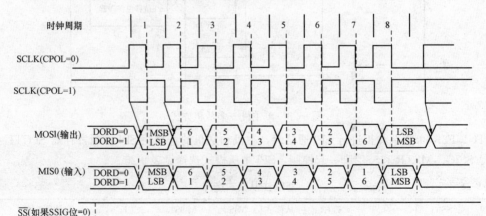

图 9-30　CPHA＝1 时 SPI 主机数据传输格式

（3）CPHA＝0 时 SPI 从机数据传输格式如图 9-31 所示。

（4）CPHA＝1 时 SPI 从机数据传输格式如图 9-32 所示。

任务
26

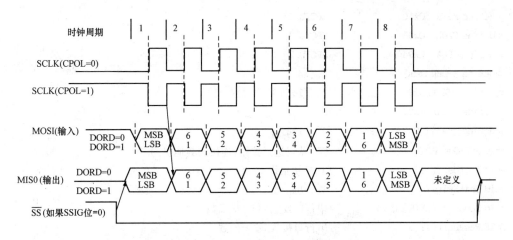

图 9-31 CPHA=0 时 SPI 从机数据传输格式

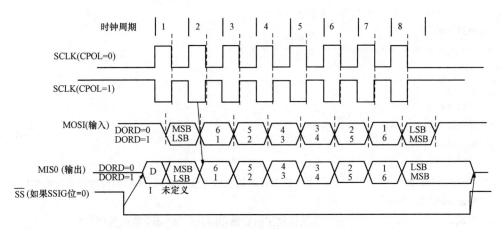

图 9-32 CPHA=1 时 SPI 从机数据传输格式

二、SPI 同步串口应用程序设计

1. 单主机—单从机 SPI 通信

计算机通过 RS-232 串口连接主单片机，向主单片机发送数据，主单片机每次接收完一个字节数据后，就立即将接收到的数据通过 SPI 同步串行通信接口发送到从单片机，同时主单片机接收从单片机发送回的一个字节数据，并把接收数据发送回计算机。

从单片机收到数据后，将数据存放到自己的 SPDATA 寄存器中，当下次主单片机发送一个字节数据时，把从单片机 SPDATA 寄存器数据发送回主单片机。程序清单如下：

```
#include< STC15F2K60S2.h>
#define   MASTER
#define   Fosc  18432000L
#define BAUD    (256-Fosc/32/115200)
typedef  unsigned  char  BYTE
#define SPIF   0x80          //SPSTAT.7
#define WCOL   0x40          //SPSTAT.6
#define SSIG   0x80          //SPCTL.7
#define SPEN   0x40          //SPCTL.6
#define DORD   0x20          //SPCTL.5
```

```
#define MSTR  0x10            //SPCTL. 4
#define CPOL  0x08            //SPCTL. 3
#define CPHA  0x04            //SPCTL. 2
#define SPDHH 0x00            //f_sys/4
#define  SPDH 0x01            //f_sys/16
#define  SPDL 0x02            //f_sys/64
#define  SPDLL 0x03           //f_sys/128
sbit SPISS = P1^6;            //SPI 从机选择控制,连接到其他机的SS
void InitUart();              //UART 初始化
void InitSPI();               //SPI 初始化
void SendUart(BYTE  dat);     //串行口发送到 PC 子函数
BYTE RecvUart();              //串行口接收 PC 子函数
BYTE SPISwap(BYTE  dat);      //SPI 主机与从机间的数据交换
/* * * * * * * * * * * * * * * * * * * * * * * * * * * * * * * * * * * * * */
//主函数:main ()
/* * * * * * * * * * * * * * * * * * * * * * * * * * * * * * * * * * * * * */
void main ()
{
    InitUart();
    InitSPI();
    While(1)
    {
    #ifdef MASTER      /* 主机从串行口接收数据发给从机,从机回传的数据发给串口 */
    SendUart (SPISwap( RecvUart()));
    #else                //从机接收主机数据,并将前一个 SPI 数据发回主机
    ACC = SPISwap(ACC);
    #endif
    }
}
/* * * * * * * * * * * * * * * * * * * * * * * * * * * * * * * * * * * * * */
//串口初始化函数:Inituart()
/* * * * * * * * * * * * * * * * * * * * * * * * * * * * * * * * * * * * * */
void InitUart()
  {SCON = 0x5a;              //设置串口为8位可变波特率
TMOD = 0x20;                 //设置定时器 T1 为 8 位自动重装模式
AUXR = 0x40;                 //设置定时器 T1 为 1T 工作模式
TH1 = TL1 = BAUD;            //赋初值
TR1 = 1;                     //启动定时器 T1
}
/* * * * * * * * * * * * * * * * * * * * * * * * * * * * * * * * * * * * * */
//SPI 初始化函数:InitSPI()
/* * * * * * * * * * * * * * * * * * * * * * * * * * * * * * * * * * * * * */
void  InitSPI()
{
```

任务 26

```
SPDAT   = 0;                    //初始化 SPI 数据
SPSTAT = SPIF|WCOL;             //清除 SPI 状态位
AUXR1 | = 0x04;                 //初始化 SPI 端口
#ifdef MASTER
SPTCL = SPEN|MSTR;              //主机模式
#else
SPCTL = SPEN;                   //从机模式
#endif
}
/* * * * * * * * * * * * * * * * * * * * * * * * * * * * * * * * * * * * */
//串口发送函数:SendUart(BYTE DaT)
/* * * * * * * * * * * * * * * * * * * * * * * * * * * * * * * * * * * * */
void SendUart(BYTE DaT)
{
while(! TI)                     //等待发送完成
TI = 0;                         //清除发送标志
SBUF = DaT;                     //发送串口数据
}
/* * * * * * * * * * * * * * * * * * * * * * * * * * * * * * * * * * * * */
//串口接收函数:RecvUart(BYTE DaT)
/* * * * * * * * * * * * * * * * * * * * * * * * * * * * * * * * * * * * */
BYTE RecvUart(BYTE DaT)
{
while(! RI)                     //等待接收完成
RI = 0;                         //清除接收标志
return SBUF;                    //返回接收数据
}
/* * * * * * * * * * * * * * * * * * * * * * * * * * * * * * * * * * * * */
//主从机数据交换函数:SPISwap(BYTE DaT)
/* * * * * * * * * * * * * * * * * * * * * * * * * * * * * * * * * * * * */
BYTE SPISwap(BYTE DaT)
{
#ifdef MASTER                   /* 主机从串行口接收数据发给从机,从机回传的数据发给串口 */
SPISS = 0 ;                     //拉高从机SS电平
#endif
SPDAT = DaT;                    //触发 SPI 发送数据
While(! (SPSTAT&SPIF))          //等待 SPI 发送完毕
SPSTAT = SPIF|WCOL;             //清 SPI 状态
#ifdef MASTER
SPISS = 1;                      //拉高从机SS电平
#endif
return SPDAT;                   //返回接收的 SPI 数据
}
```

基于 FSST15-V1.0 单片机开发板的 SPI 电路如图 9-33 所示。单片机使用 P2.1（SCLK_2）、

P2.2（MIS0_2）、P2.3（MOS1_2）、P2.4（SS_2）进行 SPI 通信。

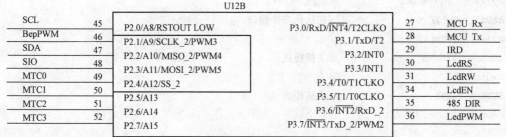

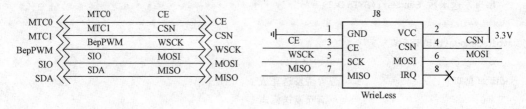

图 9-33　开发板的 SPI 电路

　　特殊辅助寄存器 AUXR1 对 SPI 接口进行切换，AUXR1 中的 SPI_S1、SPI_0 位用于实现 SPI 接口功能引脚在不同端口的切换，当 SPI_S1、SPI_0 分别为 0、1 时，使用 P2.1（SCLK_2）、P2.2（MIS0_2）、P2.3（MOS1_2）、P2.4（SS_2）进行 SPI 通信。程序中"AUXR1 |=0x04;"实现 SPI 接口功能引脚在 P2 端口的切换。

　　2. 双器件 SPI 通信

　　两单片机通过 SPI 接口以双器件方式进行通信，两单片机串口连接计算机 PC，两单片机互为主从机，接收到 PC 数据的单片机设置为主机，选择另一台单片机为从机，并发送数据到从机，从机发回数据到计算机。计算机串口波特率为 57600bit/s，单片机时钟频率为 18.432MHz。两单片机的 MOS1、MIS0、SCLK 对应连接，从机选择 P1.6 接对方的 $\overline{SS}$ 端口。程序清单如下：

```
#include< STC15F2K60S2.h>
#define    MASTER
#define   Fosc  18432000L
#define BAUD    (256 - Fosc/32/115200)
typedef  unsigned  char  BYTE
#define SPIF  0x80        //SPSTAT.7
#define WCOL  0x40        //SPSTAT.6
#define SSIG  0x80        //SPCTL.7
#define SPEN  0x40        //SPCTL.6
#define DORD  0x20        //SPCTL.5
#define MSTR  0x10        //SPCTL.4
#define CPOL  0x08        //SPCTL.3
#define CPHA  0x04        //SPCTL.2
#define SPDHH 0x00        //f_sys/4
#define   SPDH  0x01      //f_sys/16
```

```
#define   SPDL 0x02              //f_sys/64
#define   SPDLL 0x03             //f_sys/128
sbit SPISS = P1^6;              //SPI从机选择控制,连接到其他机的SS
void InitUart();               //UART初始化
void InitSPI();                //SPI初始化
void SendUart(BYTE  dat);       //串行口发送到PC子函数
BYTE RecvUart();               //串行口接收PC子函数
BYTE SPISwap(BYTE  dat);        //SPI主机与从机间的数据交换
/* * * * * * * * * * * * * * * * * * * * * * * * * * * * * * * * * * * * * * */
//主函数:main()
/* * * * * * * * * * * * * * * * * * * * * * * * * * * * * * * * * * * * * * */
void main()
{
InitUart();                    //初始化串口
InitSPI();                     //初始化SPI
IE2 | = ESPI;                  //允许SPI中断
EA = 1;                        //开总中断
While(1)
{
if(RI)                         //如果接收到数据
{
SPCTL = SPEN|MSTR;             //设置为主机
MSSEL = 1;                     //设置主机标志
ACC = RecvUart();              //接收串口数据
SPISS = 0;                     //拉低从机SS端口
SPDAT = ACC;                   //触发SPI发送数据
}
}
}
/* * * * * * * * * * * * * * * * * * * * * * * * * * * * * * * * * * * * * * */
//SPI中断处理函数:Spi_isr()
/* * * * * * * * * * * * * * * * * * * * * * * * * * * * * * * * * * * * * * */
void  Spi_isr()   interrupt 9 using l
{  SPSTAT = SPIF|WCOL;          //清除SPI状态位
if (MSSEL)                      //若为主机
{ SPCTL = SPEN;                 //设置回从机
MSSEL = 0;
SPISS = 1;
SendUart (SPDAT);              //将SPI数据发送回PC
}
Else                           //如果为从机,则返回SPI数据
{ SPDAT = SPDAT;
}
}
```

```
/* * * * * * * * * * * * * * * * * * * * * * * * * * * * * * * * * * * */
//串口初始化函数:Inituart()
/* * * * * * * * * * * * * * * * * * * * * * * * * * * * * * * * * * * */
void InitUart()
  {SCON = 0x5a;              //设置串口为8位可变波特率
TMOD = 0x20;                //设置定时器T1为8位自动重装模式
AUXR = 0x40;                //设置定时器T1为1T工作模式
TH1 = TL1 = BAUD;           //赋初值
TR1 = 1;                    //启动定时器T1
}
/* * * * * * * * * * * * * * * * * * * * * * * * * * * * * * * * * * * */
//SPI初始化函数:InitSPI()
/* * * * * * * * * * * * * * * * * * * * * * * * * * * * * * * * * * * */
void  InitSPI()
{
SPDAT  = 0;                 //初始化SPI数据
SPSTAT = SPIF|WCOL;         //清除SPI状态位
AUXR1 | = 0x04;             //初始化SPI端口
SPCTL = SPEN;               //从机模式
}
/* * * * * * * * * * * * * * * * * * * * * * * * * * * * * * * * * * * */
//串口发送函数:SendUart(BYTE DaT)
/* * * * * * * * * * * * * * * * * * * * * * * * * * * * * * * * * * * */
void SendUart(BYTE DaT)
{
while(! TI)                 //等待发送完成
TI = 0;                     //清除发送标志
SBUF = DaT;                 //发送串口数据
}
/* * * * * * * * * * * * * * * * * * * * * * * * * * * * * * * * * * * */
//串口接收函数:RecvUart(BYTE DaT)
/* * * * * * * * * * * * * * * * * * * * * * * * * * * * * * * * * * * */
BYTE RecvUart(BYTE DaT)
{
while(! RI)                 //等待接收完成
RI = 0;                     //清除接收标志
return SBUF;                //返回接收数据
}
```

任务
26

技能训练

一、训练目标

(1) 了解STC15系列单片机的SPI同步串口结构。

(2) 学会应用STC15系列单片机的SPI同步串口进行SPI通信。

二、训练步骤与内容

1. 建立一个工程

（1）在计算机 E 盘新建一个文件夹"SPIA"。

（2）启动 Keil μ Vision4 软件。

（3）选择执行"Project"工程菜单下的"New μ Vision Project"命令，新建一个 μ Vision 工程项目命令，弹出创建新项目对话框。

（4）在创建新项目对话框，输入工程文件名"SPIA"，单击"保存"按钮，弹出选择 CPU 数据库对话框。

（5）选择 STC CPU Data base 数据库，单击"OK"按钮，弹出"Select Device for Target"选择目标器件对话框，单击"STC"左边的"＋"号，展开选项，选择"STC15W4K32S4"选项。

（6）单击"OK"按钮，弹出是否添加标准 8051 启动代码对话框。

（7）单击"是"按钮，即可在开发环境自动为我们建立好包含启动代码项目的空文件，启动代码为"STARTUP. A51"。

2. 编写程序文件

（1）单击执行"File"文件菜单下的"New"命令，新建一个文本文件"TEXT1"。

（2）单击执行"File"文件菜单下的"Save As"命令，弹出另存文件对话框，在文件名栏输入"main. c"，单击"保存"按钮，保存文件。

（3）在左边的工程浏览窗口，鼠标右键单击"Source Group1"，在弹出的右键菜单中，选择执行"Add Files to Group ′Source Group1′"命令。

（4）弹出选择文件对话框，选择"main. c"文件，单击"Add"添加按钮，将文件添加到工程项目中，单击添加文件对话框右上角的红色"×"，关闭添加文件对话框。

（5）在"main"中输入"单主机-单从机 SPI 程序"源代码，单击工具栏的保存按钮 ![save icon]，并保存文件。

3. 调试运行

（1）编译程序。

1）设置输出文件选项。在左边的工程浏览窗口，右键单击"Target"选项，在弹出的右键菜单中，选择执行"Options for Target′Target1′"菜单命令。

2）在"Options for Target′Target1′"对话框，选择"Target"对象目标设置页，在晶体振荡器频率设置栏"Xtal（MHz）"，输入"18.432"，设置晶振频率为 18.432 MHz。

3）在"Options for Target′Target1′"对话框，选择"Output"输出页，选择"Create HEX File"创建 HEX 文件。

4）单击"OK"按钮，返回程序编辑界面。

5）单击编译工具栏的编译所有文件按钮 ![icon]，开始编译文件。

6）在编译输出窗口，查看程序编译信息。

（2）下载程序。

1）启动 STC 单片机下载软件。

2）单击单片机型号栏右边的下拉列表箭头，选择"IAP15W4K58S2"。单击运行时的 IRC 频率栏右边的选择下拉箭头，选择"18.432"（MHz）。

3）单击"打开程序文件"按钮，弹出"打开程序代码文件"对话框，选择"SPIA"文件夹里的"SPIA. hex"文件，单击"打开"按钮，在程序代码窗口显示代码文件信息。

4）单击"下载/编程"按钮，此时代码显示框下面的提示框中会显示"正在检测目标单片机"。

5）程序代码开始下载，提示框显示一串下载信息，下载完成后显示"操作完成"，表示HEX 代码文件已经下载到单片机 A 中了。

6）用类似的方法，下载程序到单片机 B。

（3）调试。

1）关闭单片机 A、单片机 B 开发板电源开关。

2）使用杜邦线连接单片机 A、单片机 B J8 口的 MIS0、MOS1、WSCK、CE。

3）打开一种串口调试助手软件，如果使用计算机的 USB 口，则需注意下载软件时的端口号（COM6），将串口调试软件中的串口号设置为 COM6。

4）在串口调试助手软件调试窗口，在发送数据区，依次输入"SPI"数据，单击调试软件的手动发送按钮。

5）在接收区，观察回送回来的数据。

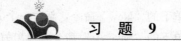

习 题 9

1. 编写单片机控制程序，利用 I²C 总线技术，统计单片机的开关机次数。

2. 编写单片机控制程序，利用单总线技术和 LM75A 测量温度。

3. 编写单片机控制程序，利用 SPI 总线技术，实现 SPI 通信。

项目十 矩阵 LED 点阵控制

 学习目标

(1) 深入理解循环结构。
(2) 学习 LED 点阵知识。
(3) 学会矩阵 LED 点阵驱动控制。
(4) 用 LED 点阵显示 "I LOVE YOU"。

任务 27 矩阵 LED 点阵驱动控制

 基础知识

一、C 语言的循环结构

C 语言中的循环有三种形式，分别是：while 循环、do…while 循环和 for 循环。这三种循环在功能上存在细微的差别，但共同的特点是实现一个循环体，可以使程序反复执行一段代码。

1. while 循环

while 循环的执行顺序是：执行循环之前，先判断条件的真假，若条件为真，则执行循环体内的语句，若为假则不执行循环体内的语句，直接结束该循环。while 循环的格式为

```
while(条件表达式)
{
    语句;
}
```

2. do…while 循环

do…while 循环的执行顺序是：先执行一次循环体，再判断条件真假，若为真则继续执行循环体内的语句，若为假则结束循环。do…while 循环的格式为

```
do
{
    语句;
}
while(条件表达式);
```

while 循环和 do…while 循环的区别是：若条件表达式为假，则 do…while 循环至少会执行一次循环体，而 while 循环一次都不执行。

3. for 循环

for 循环的执行顺序是：先求解表达式 1，再判断表达式 2 的真假，若为真，则执行 for 循环

的内部语句，再执行表达式 3，第一次循环结束，若为假，则结束整个循环，执行 for 循环之后的语句；第二次循环开始时不再求解表达式 1，直接判断条件表达式 2，再执行循环体内的语句，之后再执行表达式 3，这样依次循环。for 循环的格式为

```
for(表达式 1;表达式 2;表达式 3)
{
    语句;
}
```

（1）while（1）等价于 for（;;）。

（2）对 for 循环的三点说明如下。

1）建议 for 语句的循环控制变量的取值采用"半开半闭写法"。原因在于这种写法比"闭区间写法"直观，具体见表 10-1。

表 10-1　　　　　　　　　　　　　　for 循环区间写法区别

半开半闭的写法	闭区间写法

for(i = 0; i < 10;i + +)
{
　　语句;
}
	for(i = 0; i <= 9;i + +)
	{
	　　语句;
	}

2）在多重循环中，将最长的循环放在最内层，最短的循环放在最外层，以减少 CPU 跨切循环层的次数，具体见表 10-2。

表 10-2　　　　　　　　　　　　　　for 循环层写法区别

长循环在最内层（效率高）	长循环在最外层（效率低）

for (i = 0; i < 10; i++)
{
　　for (j = 0; j < 100; j++)
　　{
　　　　语句;
　　}
}
	for (j = 0; j < 100; j++)
	{
	　　for (i = 0; i < 10; i++)
	　　{
	　　　　语句;
	　　}
	}

3）不能在 for 循环体内修改循环变量，以防止循环失控。例如：

```
for(iVal = 0; iVal < 10; iVal + +)
{
    …
    iVal = 6;//千万不可,可能会使程序紊乱
}
```

二、LED 点阵知识

1. LED 点阵

LED 点阵显示屏作为一种现代电子媒体，具有灵活的显示面积（可任意的分割和拼装），具有高亮度、工作电压低、功耗小、小型化、寿命长、耐冲击和性能稳定等特点，所以其应

用前景极为广阔，目前正朝着高亮度、更高耐气候性、更高的发光密度、更高的发光均匀性、高可靠性、全色化发展。MGMC-V2.0 实验板上搭载的是一个 8×8 的红色 LED 点阵（HL-M0788BX），8×8 LED 点阵如图 10-1 所示。

图 10-1 8×8 LED 点阵

2. LED 点阵工作原理

说到 LED 点阵，它会给人一种神秘感，走在大街小巷，看到一个个 LED 显示屏，仿佛是高手的杰作，其实它并不神秘，无非就是控制一个个 LED 发光二极管的亮灭。当然，复杂的 LED 显示屏要涉及算法、电路设计、电源设计等，这些内容读者暂时不用考虑，先学会 8×8 的点阵控制，之后再去挑战控制其他的 LED 点阵就会很轻松了。

8×8 点阵内部原理图如图 10-2 所示。

8×8 的 LED 点阵，就是按行列的方式将其阳极、阴极有序地连接起来，将第 1、2、…、8 行 8 个 LED 的阳极都连在一起，作为行选择端（高电平有效），接着将第 1、2、…、8 列 8 个 LED 的阴极连在一起，作为列选择端（低电平有效）。从而通过控制这 8 行、8 列数据端来控制每个 LED 灯的亮灭。例如，要让第 1 行的第 1 个灯亮，只需给 9 管脚高电平（其余行为低电平），给 13 管脚低电平（其余列为高电平）；再如，要点亮第 6 行的第 5 个灯，只需给 7 管脚（第 6 行）高电平，再给 6 管脚（第 5 列）低电平。同理，就可以任意地控制这 64 个 LED 的亮灭。

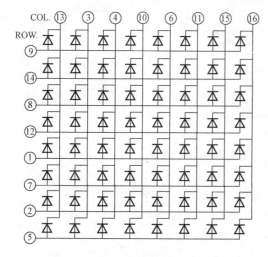

图 10-2 8×8 点阵内部原理图

在 MGMC-V2.0 实验板上，有很多处外设，倘若这些外设都单独占用一个 I/O 口，那么总共就需要七八十个 I/O 口，可是 STC89C52 单片机只有 32 个 I/O 口，所以我们需要通过一些 IC 来扩展端口，如前面学过的数码管驱动芯片（74HC573），还有这里即将讲解的 74HC595 都是既用于扩展端口，又用于扩流。现实工程中的 LED 显示屏，就是用 74HC595 芯片来扩展的，因为用此芯片可以用 3 个 I/O 口扩展无数个 "I/O 口"。

3. 74HC595 简介

74HC595 是硅结构的 COMS 器件，兼容低电压 TTL 电路，遵守 JEDEC 标准。74HC595 具有 8 位移位寄存器和一个存储器，以及三态输出功能。移位寄存器和存储寄存器的时钟是分开的。数据在 SHCP（移位寄存器时钟输入）的上升沿输入到移位寄存器中，在 STCP（存储器时钟输入）的上升沿输入到存储寄存器中去。如果两个时钟连在一起，则移位寄存器总是比存储器早一个脉冲。移位寄存器有一个串行移位输入端（DS）和一个串行输出端（Q'_H），还有一个异步低电平复位引脚，存储寄存器有一个并行 8 位且具备三态的总线输出，当使能 OE 时（为低电平），存储寄存器的数据将输出到总线。

（1）74HC595 的管脚说明见表 10-3。

表 10-3   74HC595 管脚说明表

引脚号	符号（名称）	端口描述
15、1~7	Qa~Qh	8 位并行数据输出口
8	GND	电源地
16	VCC	电源正极
9	Q'_H	串行数据输出
10	MR	主复位（低电平有效）
11	SHCP	移位寄存器时钟输入
12	STCP	存储寄存器时钟输入
13	OE	输出使能端（低电平有效）
14	SER	串行数据输入

（2）74HC595 的真值表见表 10-4。

表 10-4   74HC595 真值表

STCP	SHCP	MR	OE	功能描述
×	×	×	H	Qa~Qh 输出为三态
×	×	L	L	清空移位寄存器
×	↑	H	L	移位寄存器锁定数据
↑	×	H	L	存储寄存器并行输出

（3）74HC595 内部结构图如图 10-3 所示。

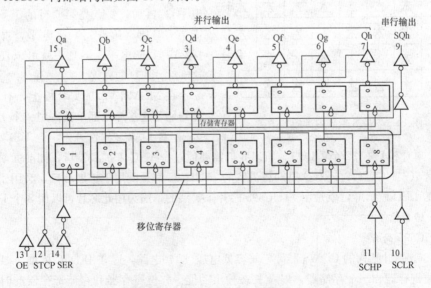

图 10-3　74HC595 内部结构图

（4）74HC595 的操作时序图如图 10-4 所示。结合 74HC595 的内部结构，首先数据的高位从 SER（14 脚）管脚进入，伴随的是 SHCP（11 脚）一个上升沿，这样数据就移入到了移位寄存器中，接着传送数据第 2 位。请注意：此时数据的高位也受到上升沿的冲击，从第 1 个移位寄存器的 Q 端到达了第 2 个移位寄存器的 D 端，而数据第 2 位就被锁存在了第一个移位寄存器中。依次类推，8 位数据就锁存在了 8 个移位寄存器中。

由于 8 个移位寄存器的输出端分别和后面的 8 个存储寄存器相连，因此这时的 8 位数据也会在后面 8 个存储器上，接着在 STCP（12 脚）上出现一个上升沿，这样，存储寄存器的 8 位数据就一次性并行输出了，从而达到了串行输入、并行输出的效果。

先分析 SHCP，它的作用是产生时钟，在时钟的上升沿将数据一位一位地移进移位寄存器。它可以用这样的程序来产生："SHCP = 0；SHCP = 1；"，这样循环 8 次，就是 8 个上升沿、8 个下降沿；接着看 SER，它是串行数据，由上述说明可知，时钟的上升沿有效，

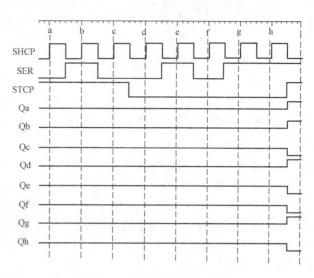

图 10-4 74HC595 操作时序图

那么串行数据为 0b0100 1011，就是 a~h 虚线所对应的 SER 此处的值；之后介绍 STCP，它是 8 位数据并行输出脉冲，也是上升沿有效，因而在它的上升沿之前，Qa~Qh 的值是多少并不清楚，所以这里就画成了一个高低不确定的值。

STCP 的上升沿产生之后，从 SER 输入的 8 位数据会并行输出到 8 条总线上，但这里一定要注意对应关系，Qh 对应串行数据的最高位，依次数据为"0"，之后依次对应关系为 Qg（数值"1"）…Qa（数值"1"）。再来对比时序图中的 Qh…Qa，数值为 0b0100 1011，这个数值刚好是串行输入的数据，分析就完成了。

当然还可以利用此芯片来级联，就是一片接一片，这样 3 个 I/O 口就可以扩展 24 个 I/O 口，此芯片的移位频率由 74HC595 数据手册可以得知，频率为 30MHz，因而还是可以满足一般的设计需求。

（5）硬件分析。根据 74HC595 数据手册可以设计出如图 10-5 所示的电路。其中 SCLR（10 脚）是复位脚，低电平有效，因而这里接 V_{CC}，意味着不对该芯片复位；之后 OE（13 脚）输出使能端，故接 GND，表示该芯片可以输出数据；接下来是 SER、STCP、SHCP 分别接单片机的 P5.1、P5.2、P5.3，用于控制 74HC595；Q'_H 用于级联，级联位码驱动的 74HC595；最后是 15 引脚和 1~7 引脚分别接点阵的 R32~R44，用来控制其点阵的 LED 电流。

点阵的 8 列（SEG7~SEG0）分别连接第 2 只 74HC595 的 Qa、Qb、Qc、Qd、Qe、Qf、Qg

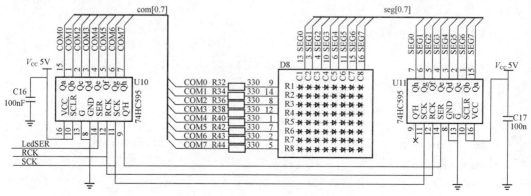

图 10-5 74HC595 驱动点阵电路图

Qh、SQh，用于控制点阵的列了。

4. 点亮 LED 点阵的第 2 行

首先分析列，要点亮第 2 行的 8 个灯，意味着 8 列（SEG7～SEG0）都为低电平，则有驱动第 2 只 74HC595 的数据 y = 0x00。接着分析行，只需第 2 行亮，那么就是只有第 2 行为高电平，其他行均为低电平，这样 74HC595 输出的数据就是 0x02，由上述原理可知，Qh 为高位，Qa 为低位，这样串行输入的数据就是 0x02，从而第二行的 8 个 LED 的正极为高电平，负极为低电平，此时第 2 行的 8 个灯被点亮。

这样接下来的主要任务就是让 74HC595 输出 0b0000 0010。其实对于 SPI 的这种操作，一般遵循一个原则，那就是在 SCL 时钟信号的"上升沿"时"锁存数据"，在其"下降沿"时"设置数据"。有了这个规则，利用 for 循环，很容易地便可以设计出下面的函数，具体过程请参看源代码，最后再分析代码。源程序代码如下：

```c
#include <STC15F2K60S2.h>
#include <intrins.h>
#define uChar8 unsigned char
/* * * * * * * * * * * * * * * * * * * * * * * * * * * * * * * * * * * * *
* SCH——595(11 脚)SHCP 移位时钟 8 个时钟移入一个字节
* RCH——595(12 脚)STCP 锁存时钟 1 个上升沿所存一次数据
* LEDSER——595(14 脚)SER   数据输入引脚
* * * * * * * * * * * * * * * * * * * * * * * * * * * * * * * * * * * * * */
sbit SCH = P5^3;          //定义 P5^3 为 SCH
sbit RCH = P5^2;          //定义 P5^3 为 RCH
sbit LEDSER = P5^1;       //定义 P5^1 为 LEDSER
// 数码管位选数组定义
uChar8 code Col_Tab[] = {0x7f,0xdf,0xbf,0xef,0xf7,0xfb,0xfd,0xfe};
/* * * * * * * * * * * * * * * * * * * * * * * * * * * * * * * * * * * * */
//写入双字节函数 Wr595twoByte()
/* * * * * * * * * * * * * * * * * * * * * * * * * * * * * * * * * * * * */
void Wr595twoByte (uChar8 x, uChar8 y)
{
    uChar8 cBit,Sbat;
    /* 通过 16 次循环将 16 位数据依次移入两只 74HC595 */
    SCH = 1;
    Sbat = x;
    for(cBit = 0; cBit < 8; cBit++)
    {
        if(Sbat & 0x80)
            LEDSER = 1;
        else
            LEDSER = 0;
        Sbat = Sbat << 1;
        SCH = 0;
        _nop_();_nop_();
        SCH = 1;
```

```
        }
        Sbat = y;
        for(cBit = 0; cBit < 8; cBit + +)
        {
            if(Sbat & 0x80)
                LEDSER = 1;
            else
                LEDSER = 0;
            Sbat = Sbat ≪1;
            SCH = 0;
            _nop_(); _nop_();
            SCH = 1;
        }
        /* 数据并行输出(借助上升沿) */
        RCH = 0;
        _nop_();  _nop_();
        RCH = 1;
    }void main()
    {
        uChar8 x,y;
        x = 0x00;
        y = 0x02;
        while(1)
        {
        Wr595twoByte(x, y);
        }
    }
```

　　Wr595twoByte（x，y）函数的功能是往两只 74HC595 中串行输入两个字节数据，再并行输出两个字节数据。第一个字节输出位码数据，第 2 个字节输出段码数据。通过 if 判断语句的逻辑与 0x80 运算，取出数据的最高位，通过移位端 SCH 的电平变化，移位数据。串行移入 16 个数据后，通过寄存器并行输出控制端 RCH 的电平变化，并行输出两个字节数据。并行数据到达LED 点阵的行端（COM0～COM7）、列端（SEG7～SEG0），从而驱动 LED 点阵。

 技能训练

一、训练目标

（1）认识 LED 点阵显示器件。

（2）学会应用 LED 点阵显示器件。

二、训练步骤与内容

1. 建立一个工程

（1）在计算机 E 盘新建一个文件夹"LED10A"。

（2）启动 Keil μ Vision4 软件。

（3）选择执行"Project"工程菜单下的"New μ Vision Project"命令，新建一个 μVision 工

程项目，弹出创建新项目对话框。

（4）在创建新项目对话框，输入工程文件名"LED10A"，单击"保存"按钮，弹出选择 CPU 数据库对话框。

（5）选择 STC CPU Data base 数据库，单击"OK"按钮，弹出"Select Device for Target"选择目标器件对话框，单击"STC"左边的"＋"号，展开选项，选择"STC15W4K32S4"选项。

（6）单击"OK"按钮，弹出是否添加标准 8051 启动代码对话框。

（7）单击"是"按钮，即可在开发环境自动为我们建立好包含启动代码项目的空文件，启动代码为"STARTUP. A51"。

2. 编写程序文件

（1）单击执行"File"文件菜单下的"New"命令，新建一个文本文件"TEXT1"。

（2）单击执行"File"文件菜单下的"Save As"命令，弹出另存文件对话框，在文件名栏输入"main. c"，单击"保存"按钮，保存文件。

（3）在左边的工程浏览窗口，鼠标右键单击"Source Group1"，在弹出的右键菜单中，选择执行"Add Files to Group′Source Group1′"命令。

（4）弹出选择文件对话框，选择"main. c"文件，单击"Add"添加按钮，将文件添加到工程项目中，单击添加文件对话框右上角的红色"×"，关闭添加文件对话框。

（5）在"main"中输入"点亮 LED 点阵的第 2 行程序"源代码，单击工具栏的保存按钮，并保存文件。

3. 调试运行

（1）编译程序。

1）设置输出文件选项。在左边的工程浏览窗口，右键单击"Target"选项，在弹出的右键菜单中，选择执行"Options for Target′Target1′"菜单命令。

2）在"Options for Target′Target1′"对话框，选择"Target"对象目标设置页，在晶体振荡器频率设置栏"Xtal（MHz）"，输入"11.0592"，设置晶振频率为 11.0592 MHz。

3）在"Options for Target′Target1′"对话框，选择"Output"输出页，选择"Create HEX File"创建 HEX 文件。

4）单击"OK"按钮，返回程序编辑界面。

5）单击编译工具栏的编译所有文件按钮，开始编译文件。

6）在编译输出窗口，查看程序编译信息。

（2）下载程序。

1）启动 STC 单片机下载软件。

2）单击单片机型号栏右边的下拉列表箭头，选择"IAP15W4K58S2"。单击运行时的 IRC 频率栏右边的选择下拉箭头，选择"11.0592"（MHz）。

3）选择 COM 口，计算机连接 FSST15-V1.0 单片机开发板后，软件会自动选择。

4）单击"打开程序文件"按钮，弹出"打开程序代码文件"对话框，选择"LED10A"文件夹里的"LED10A. hex"文件，单击"打开"按钮，在程序代码窗口显示代码文件信息。

5）单击"下载/编程"按钮，此时代码显示框下面的提示框中会显示"正在检测目标单片机"。

6）程序代码开始下载，提示框显示一串下载信息，下载完成后显示"操作完成"，表示 HEX 代码文件已经下载到单片机中了。

任务
27

（3）调试。

1）观察 LED 点阵显示的数据。

2）修改 x、y 数据，重新编译、下载程序，观察 LED 点阵显示的数据。

任务 28 用 LED 点阵显示 "I LOVE YOU"

基础知识

1. 字模提取

将图形转换成单片机中能存储的数据，这里要借助取于模软件的，启动后的字模提取软件见图 10-6。

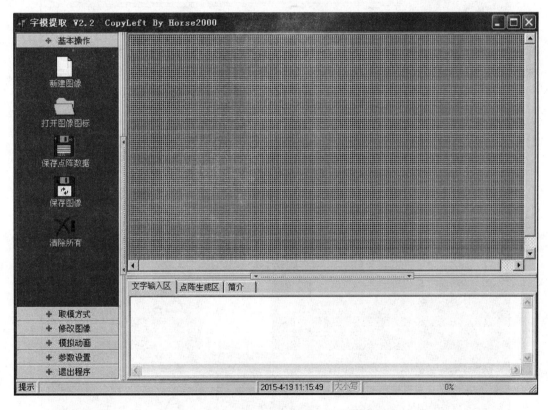

图 10-6 字模提取软件界面图

（1）单击如图 10-6 中所示的 "新建图像" 按钮，此时弹出图 10-7 所示的新建图像设置对话框，要求输入图像的 "宽度" 和 "高度"，因为 MGMC-V2.0 实验板中的点阵是 8×8 的，所以这里宽、高都输入 8，然后单击 "确定" 按钮。

（2）这时就能看到图形框中出现一个白色的 8×8 格子块，但是格子有点小，不便操作，接着单击左面的 "模拟动画" 按钮，再单击 "放大格点" 按钮，如图 10-8 所示。将格点一直放大到最大。

（3）此时就可以用鼠标来点击出读者想要的图形了，如图 10-9 所示。当然还可以对刚绘制的图形进行保存，以便以后调用。当然，读者还可以用同样的方法来绘制出别的图形，这里就不

图 10-7　新建图像设置

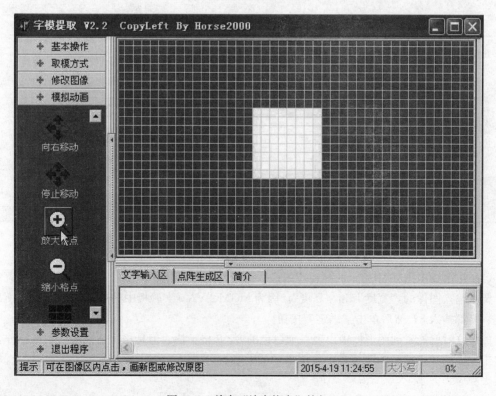

图 10-8　单击"放大格点"按钮

重复介绍了。

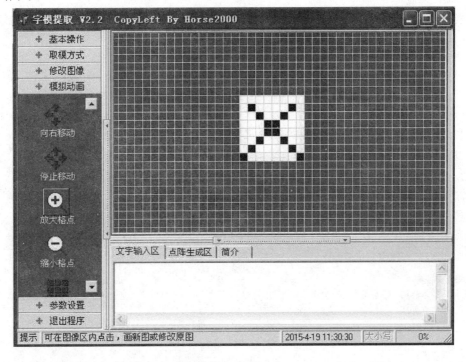

图 10-9　绘制图形

（4）选择左面的菜单项。单击"参数设置"选项，再单击"其他选项"按钮，弹出图 10-10 所示的对话框。

（5）如图 10-11 所示，取模方式选择"纵向取模"，在"字节倒序"前的复选框打勾，因为 MGMC-V2.0 实验板上是用 74HC595 来驱动的，也就是说串行输入的数据最高位对应的是点阵

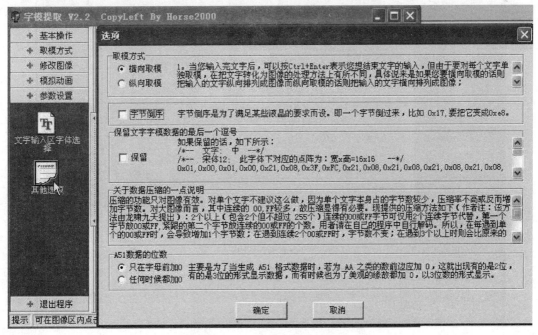

图 10-10　参数设置对话框

的第 8 行，所以要让字节数倒过来。然后单击"确定"按钮，确定取模参数。

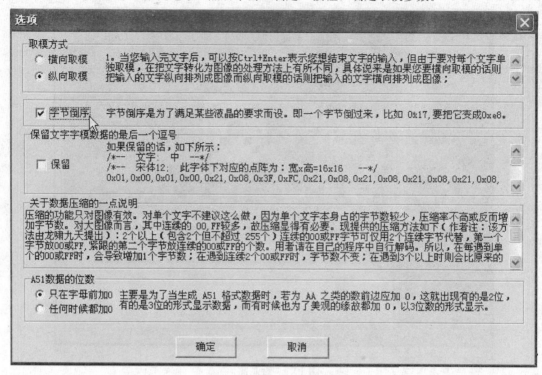

图 10-11 设置取模参数

（6）最后单击"取模方式"按钮，并选择"C51 格式"选项，此时右下角点阵生成区就会出现该图形所对应的数据，如图 10-12 所示。

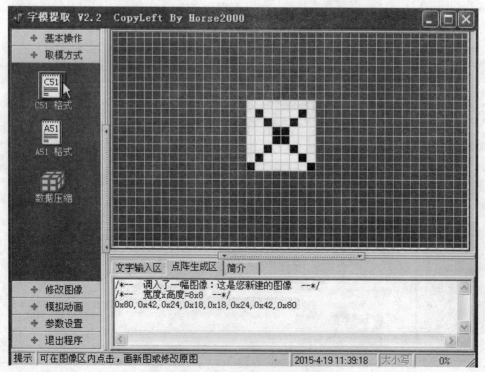

图 10-12 点阵生成图形所对应的数据

（7）此时就完整确定了一张图的点阵数据，然后直接复制到数组中显示就可以了。

2. 字模数据分析

在该取模软件中，黑点表示"1"，白点表示"0"。由于前面设置取模方式时选择了"纵向取模"，因此此时就是按从上到下的方式取模（软件默认的），此处在"字节倒序"前打了勾，这样就变成了从下到上取模。接着对应图 10-12 来分析数据。第一列的点色为：1 黑 7 白，那么数据就是：0b1000 0000（0x80），用同样的方式，读者可以自行算出第 2～8 列的数据，看是否与取模软件生成的相同。

3. 显示字符控制程序

有了以上取模软件，相信读者很快就能取出图 10-13 所示待取模的图形的字模数据。

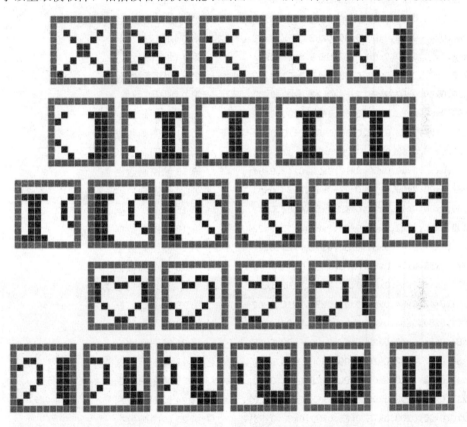

图 10-13 待取模的图形

这样，就可以得到 26 个图形的字模数据，最后将其写成一个 26 行 8 列的二维数组（作者在下面程序中所加的是为了增加花样），以便后续程序调用。具体源代码如下：

```
# include<STC15F2K60S2.h>
# include<intrins.h>
# define uChar8 unsigned char     // uChar8 宏定义
# define uInt16 unsigned int      // uInt16 宏定义
    // 位定义
    sbit SCH = P5^3;        //定义 P5^3 为 SCH
    sbit RCH = P5^2;        //定义 P5^3 为 RCH
    sbit LEDSER = P5^1;    //定义 P5^1 为 LEDSER
    // 数码管位选数组定义
```

```c
uChar8 code Col_Tab[] = {0x7f,0xdf,0xbf,0xef,0xf7,0xfb,0xfd,0xfe};
```
/* */
```c
//图形数据 RowArr1[32][8]
//取模方式 纵向取模 由下至上
```
/* */
```c
uChar8 code RowArr1[32][8] = {
{0x80,0x42,0x24,0x18,0x18,0x24,0x42,0x80},    // 第 1 帧图画数据
{0x42,0x24,0x18,0x18,0x24,0x42,0x80,0x00},    // 第 2 帧图画数据
{0x24,0x18,0x18,0x24,0x42,0x80,0x00,0x00},    // 第 3 帧图画数据
{0x18,0x18,0x24,0x42,0x80,0x00,0x00,0x82},    // 第 4 帧图画数据
{0x18,0x24,0x42,0x80,0x00,0x00,0x82,0xFE},    // 第 5 帧图画数据
{0x24,0x42,0x80,0x00,0x00,0x82,0xFE,0xFE},    // 第 6 帧图画数据
{0x42,0x80,0x00,0x00,0x82,0xFE,0xFE,0x82},    // 第 7 帧图画数据
{0x80,0x00,0x00,0x82,0xFE,0xFE,0x82,0x00},    // 第 8 帧图画数据
{0x00,0x00,0x82,0xFE,0xFE,0x82,0x00,0x00},    // 第 9 帧图画数据
{0x00,0x82,0xFE,0xFE,0x82,0x00,0x00,0x1C},    // 第 10 帧图画数据
{0x82,0xFE,0xFE,0x82,0x00,0x00,0x1C,0x22},    // 第 11 帧图画数据
{0xFE,0xFE,0x82,0x00,0x00,0x1C,0x22,0x42},    // 第 12 帧图画数据
{0xFE,0x82,0x00,0x00,0x1C,0x22,0x42,0x84},    // 第 13 帧图画数据
{0x82,0x00,0x00,0x1C,0x22,0x42,0x84,0x84},    // 第 14 帧图画数据
{0x00,0x00,0x1C,0x22,0x42,0x84,0x84,0x42},    // 第 15 帧图画数据
{0x00,0x1C,0x22,0x42,0x84,0x84,0x42,0x22},    // 第 16 帧图画数据
{0x1C,0x22,0x42,0x84,0x84,0x42,0x22,0x1C},    // 第 17 帧图画数据
{0x1C,0x3E,0x7E,0xFC,0xFC,0x7E,0x3E,0x1C},    // 第 18 帧图画数据
{0x1C,0x3E,0x7E,0xFC,0xFC,0x7E,0x3E,0x1C},    // 重复心形,停顿效果
{0x22,0x42,0x84,0x84,0x42,0x22,0x1C,0x00},    // 第 19 帧图画数据
{0x42,0x84,0x84,0x42,0x22,0x1C,0x00,0x00},    // 第 20 帧图画数据
{0x84,0x84,0x42,0x22,0x1C,0x00,0x00,0x7E},    // 第 21 帧图画数据
{0x84,0x42,0x22,0x1C,0x00,0x00,0x7E,0xFE},    // 第 22 帧图画数据
{0x42,0x22,0x1C,0x00,0x00,0x7E,0xFE,0xC0},    // 第 23 帧图画数据
{0x22,0x1C,0x00,0x00,0x7E,0xFE,0xC0,0xC0},    // 第 24 帧图画数据
{0x1C,0x00,0x00,0x7E,0xFE,0xC0,0xC0,0xFE},    // 第 25 帧图画数据
{0x00,0x00,0x7E,0xFE,0xC0,0xC0,0xFE,0x7E},    // 第 26 帧图画数据
{0x00,0x7E,0xFE,0xC0,0xC0,0xFE,0x7E,0x00},    // 第 27 帧图画数据
{0x00,0x7E,0xFE,0xC0,0xC0,0xFE,0x7E,0x00},    // 重复 U,产生停顿效果
{0x00,0x7E,0xFE,0xC0,0xC0,0xFE,0x7E,0x00},    /* 若要停顿时间长,则只需多重复几次即可 */
{0x00,0x7E,0xFE,0xC0,0xC0,0xFE,0x7E,0x00},
{0x00,0x7E,0xFE,0xC0,0xC0,0xFE,0x7E,0x00}
};
```
/* */
```c
//定时器 0 初始化函数:Tiemr0Init()
```
/* */
```c
void Tiemr0Init(void)
{
```

```
    AUXR & = 0x7F;                          //定时器时钟 12T 模式
    TMOD & = 0xF0;                          //设置定时器模式
    TMOD | = 0x01;                          //设置定时器模式
    TL0 = 0x66;                             //设置定时初值
    TH0 = 0xFC;                             //设置定时初值
    TF0 = 0;                                //清除 TF0 标志
    TR0 = 1;                                //定时器 0 开始计时
}
/* * * * * * * * * * * * * * * * * * * * * * * * * * * * * * * * * * * * * */
//写入双字节数据函数:Wr595twoByte()
/* * * * * * * * * * * * * * * * * * * * * * * * * * * * * * * * * * * * * */
void Wr595twoByte (uChar8 x, uChar8 y)
{
    uChar8 cBit,Sbat;
    /* 通过 8 次循环将 16 位数据依次移入 74HC595 */
    SCH = 1;
    Sbat = x;
    for(cBit = 0; cBit < 8; cBit + +)
    {
        if(Sbat & 0x80)
            LEDSER = 1;
        else
            LEDSER = 0;
        Sbat = Sbat << 1;
        SCH = 0;
        _nop_();_nop_();
        SCH = 1;
    }
    Sbat = y;
    for(cBit = 0; cBit < 8; cBit + +)
    {
        if(Sbat & 0x80)
            LEDSER = 1;
        else
            LEDSER = 0;
        Sbat = Sbat << 1;
        SCH = 0;
        _nop_();_nop_();
        SCH = 1;
    }
    /* 数据并行输出(借助上升沿) */
    RCH = 0;
    _nop_();  _nop_();
    RCH = 1;
```

任务
28

```
}
/* * * * * * * * * * * * * * * * * * * * * * * * * * * * * * * * * * * * * */
// 函数名称:Timer0_INT()
// 函数功能:定时器 0 中断服务:图形移动控制
/* * * * * * * * * * * * * * * * * * * * * * * * * * * * * * * * * * * * * */
void Timer0_INT(void) interrupt 1
{
    static uChar8 nMode = 0;           //帧号
    static uChar8 Col = 0;             //列号
    static uInt16 iShift = 0;          //移动时间计数变量
    TH0 = 0xFC;                        //定时 1ms
    TL0 = 0x66;
    iShift + + ;
    if(100 = = iShift)                 //移动时间为 100ms 移动一次
    {
        iShift = 0;                    //移动时间计数变量清零
        nMode + + ;
        Wr595twoByte(0xff,0x00);       //每帧运行完,关闭 LED 点阵一次
        if(32 = = nMode)
        nMode = 0;
    }
    switch(Col){
    case 0: Wr595twoByte (Col_Tab[0],RowArr1[nMode][0]);
    break;
    case 1: Wr595twoByte (Col_Tab[1],RowArr1[nMode][1]);
    break;
    case 2: Wr595twoByte (Col_Tab[2],RowArr1[nMode][2]);
    break;
    case 3: Wr595twoByte (Col_Tab[3],RowArr1[nMode][3]);
    break;
    case 4: Wr595twoByte (Col_Tab[4],RowArr1[nMode][4]);
    break;
    case 5: Wr595twoByte (Col_Tab[5],RowArr1[nMode][5]);
    break;
    case 6: Wr595twoByte (Col_Tab[6],RowArr1[nMode][6]);
    break;
    case 7: Wr595twoByte (Col_Tab[7],RowArr1[nMode][7]);
    break;
    }
    if(Col + + >8) Col = 0;
}
/* * * * * * * * * * * * * * * * * * * * * * * * * * * * * * * * * * * * * */
// 函数名称:main()
// 函数功能:关数码管定时器初始化后进入死循环,等待定时器中断
```

```
// 入口参数:无
// 出口参数:无
/* * * * * * * * * * * * * * * * * * * * * * * * * * * * * * * * * * * * * * * */
void main()
{
    Tiemr0Init();              //定时器 0 初始化
    ET0 = 1;                   //开定时器 0 中断
    EA = 1;                    // 开总中断
    while(1);                  //循环等待,使用定时器控制点阵显示
}
```

该程序有详细的注释,很容易理解,这里主要说明以下三点。

(1) 变量的定义。该中断函数中用到了三个变量,这三个变量的定义使用了静态变量定义。大家都知道,为了变量能保存上一次的值,一般将变量定义为全局变量,但之前介绍过,不到万不得已,尽量不要定义全局变量,那就只能定义成局部变量,可问题是局部变量不能保存其值,所以这里又引入了静态变量,该定义形式很好地解决了全局变量和动态局部变量的问题。

(2) 刷新。刷新在单片机程序中经常用到,如前面学过的数码管刷新等,这里将这种在函数中通过硬性调用子函数来刷新的方法定义为"硬刷新",而将在中断中随定时器刷新的方式定义为"软刷新"。当然使用时推荐使用这种软刷新。

(3) 图形的调用过程。这里运用的方式是先用取模软件对其要显示的图形取模,然后对其图形一张一张地进行调用,这种方式简单可行,但不易扩展和移植。

 技能训练

一、训练目标

(1) 学会使用字模软件。

(2) 学会应用 LED 点阵显示"I LOVE YOU"。

二、训练步骤与内容

1. 建立一个工程

(1) 在计算机 E 盘新建一个文件夹"LED10B"。

(2) 启动 Keil μ Vision4 软件。

(3) 选择执行"Project"工程菜单下的"New μ Vision Project"命令,新建一个 μVision 工程项目,弹出创建新项目对话框。

(4) 在创建新项目对话框,输入工程文件名"LED10B",单击"保存"按钮,弹出选择 CPU 数据库对话框。

(5) 选择 STC CPU Data base 数据库,单击"OK"按钮,弹出"Select Device for Target"选择目标器件对话框,单击"STC"左边的"+"号,展开选项,选择"STC15W4K32S4"选项。

(6) 单击"OK"按钮,弹出是否添加标准 8051 启动代码对话框。

(7) 单击"是"按钮,即可在开发环境自动为我们建立好包含启动代码项目的空文件,启动代码为"STARTUP. A51"。

2. 编写程序文件

(1) 单击执行"File"文件菜单下的"New"命令,新建一个文本文件"TEXT1"。

(2) 单击执行"File"文件菜单下的"Save As"命令,弹出另存文件对话框,在文件名栏输

入"main. c",单击"保存"按钮,保存文件。

(3)在左边的工程浏览窗口,鼠标右键单击"Source Group1",在弹出的右键菜单中,选择执行"Add Files to Group′Source Group1′"命令。

(4)弹出选择文件对话框,选择"main. c"文件,单击"Add"添加按钮,将文件添加到工程项目中,单击添加文件对话框右上角的红色"×",关闭添加文件对话框。

(5)在"main"中输入"显示字符控制程序"源代码,单击工具栏的保存按钮,并保存文件。

3. 调试运行

(1)插入 LED 点阵模块。将 8×8 LED 点阵模块插入 MGMC-V2. 0 单片机开发板右下角的 LED 点阵插座。

(2)编译程序。

1)设置输出文件选项。在左边的工程浏览窗口,右键单击"Target"选项,在弹出的右键菜单中,选择执行"Options for Target′Target1′"菜单命令。

2)在"Options for Target′Target1′"对话框,选择"Target"对象目标设置页,在晶体振荡器频率设置栏"Xtal(MHz)",输入"11. 0592",设置晶振频率为 11. 0592 MHz。

3)在"Options for Target′Target1′"对话框,选择"Output"输出页,选择"Create HEX File"创建 HEX 文件。

4)单击"OK"按钮,返回程序编辑界面。

5)单击编译工具栏的编译所有文件按钮,开始编译文件。

6)在编译输出窗口,查看程序编译信息。

(3)下载程序。

1)启动 STC 单片机下载软件。

2)单击单片机型号栏右边的下拉列表箭头,选择"IAP15W4K58S2"。单击运行时的 IRC 频率栏右边的选择下拉箭头,选择"11. 0592"(MHz)。

3)选择 COM 口,计算机连接 FSST15-V1. 0 单片机开发板后,软件会自动选择。

4)单击"打开程序文件"按钮,弹出"打开程序代码文件"对话框,选择"LED10B"文件夹里的"LED10B. hex"文件,单击"打开"按钮,在程序代码窗口显示代码文件信息。

5)单击"下载/编程"按钮,此时代码显示框下面的提示框中会显示"正在检测目标单片机"。

6)程序代码开始下载,提示框显示一串下载信息,下载完成后显示"操作完成",表示 HEX 代码文件已经下载到单片机中了。

(4)调试。

1)观察 LED 点阵显示的字符数据。

2)修改字符数据内容,重新编译、下载程序,观察 LED 点阵显示的字符数据。

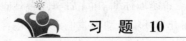

习 题 10

1. 用 LED 点阵依次显示跳动的数字 0~9。

2. 用 LED 点阵依次显示四个方向的箭头"↑"、"↓"、"←"、"→"。

项目十一 电动机的控制

 学习目标

（1）学会控制直流电动机。
（2）学会控制交流电动机。
（3）学会控制步进电动机。

任务 29 交流电动机的控制

 基础知识

一、直流电动机

直流电动机是将直流电能转换为机械能的电动机。直流电动机因其良好的调速性能而在电力拖动领域中得到广泛应用。直流电动机按励磁方式分为永磁电动机、他励电动机和自励电动机三类，其中自励电动机又分为并励电动机、串励电动机和复励电动机三种。

1. 直流电动机基本结构

直流电动机主要由定子与转子组成，定子包括主磁极、机座、换向电极、电刷装置等。转子包括电枢铁芯、电枢绕组、换向器、轴和风扇等。

2. 转子组成

直流电动机转子部分由电枢铁芯、电枢、换向器等装置组成。

（1）电枢铁芯部分。电枢铁芯的作用是嵌放电枢绕组和建立导磁通路，降低电机工作时电枢铁芯中发生的涡流损耗和磁滞损耗。

（2）电枢部分。电枢的作用是产生电磁转矩和感应电动势，从而进行能量变换。电枢绕组由玻璃丝包扁钢铜线或强度漆包线多圈绕制的线圈组成。

（3）换向器又称整流子，在直流电动机中，它的作用是将电刷上直流电源的电流变换成电枢绕组内的导通电流，使电磁转矩的转向稳定不变，在直流发电机中，它将电枢绕组导通的电动势变换为电刷端上输出的直流电动势。

3. 励磁方式

直流电动机的励磁方式是指对励磁绕组如何供电、产生励磁磁通势而建立主磁场的问题。根据励磁方式的不同，直流电动机可分为下列几种类型。

（1）他励直流电动机。励磁绕组与电枢绕组无连接关系，而由其他直流电源对励磁绕组供电的直流电动机称为他励直流电动机。

（2）并励直流电动机。并励直流电动机的励磁绕组与电枢绕组相并联，作为并励发电机来说，是由电动机本身发出来的端电压为励磁绕组供电；作为并励电动机来说，励磁绕组与电枢共

用同一电源，性能与他励直流电动机相同。

（3）串励直流电动机。串励直流电动机的励磁绕组与电枢绕组串联后，再接于直流电源。这种直流电动机的励磁电流就是电枢电流。

（4）复励直流电动机。复励直流电动机有并励和串励两个励磁绕组。若串励绕组产生的磁通势与并励绕组产生的磁通势方向相同，则称为积复励。若两个磁通势方向相反，则称为差复励。

不同励磁方式的直流电动机有着不同的特性。一般情况下直流电动机的主要励磁方式是并励式、串励式和复励式，直流发电机的主要励磁方式是他励式、并励式和复励式。

4. 直流电动机的特点

（1）调速性能好。所谓"调速性能"，是指电动机在一定负载的条件下，根据需要，人为地改变电动机的转速。直流电动机可以在重负载条件下，实现均匀平滑的无级调速，而且调速范围较宽。

（2）启动力矩大。适用于重负载下启动或要求均匀调节转速的机械，如大型可逆轧钢机、卷扬机、电力机车、电车等，都采用直流电动机。

5. 直流电动机的分类

直流电动机分为有刷直流电动机和无刷直流电动机两大类。

（1）无刷直流电动机。无刷直流电动机是将普通直流电动机的定子与转子进行了互换。其转子为永久磁铁产生气隙磁通，定子为电枢，由多相绕组组成直流电动机。在结构上，它与永磁同步电动机类似。无刷直流电动机定子的结构与普通的同步电动机或感应电动机相同：在铁芯中嵌入多相绕组（三相、四相、五相不等），绕组可接成星形或三角形，并分别与逆变器的各功率管相连，以便进行合理换相。由于电动机本体为永磁电动机，所以习惯上把无刷直流电动机也叫作永磁无刷直流电动机。

（2）有刷直流电动机。有刷电动机的两个刷（铜刷或者碳刷）是通过绝缘座固定在电动机后盖上直接将电源的正负极引入到转子的换相器上，而换相器连通了转子上的线圈，3个线圈极性不断的交替变换与外壳上固定的两块磁铁形成作用力而转动起来。由于换相器与转子固定在一起，而刷与外壳（定子）固定在一起，因此电动机转动时刷与换相器不断地产生摩擦产生大量的阻力与热量，所以有刷电动机的效率低，损耗非常大，但是它具有制造简单，成本低廉的优点。

6. 直流电动机的驱动

普通直流电动机有两个控制端子：一端接正电源，另一端接负电源，交换电源接线，可以实现直流电动机的正、反转。两端都为高或为低则电动机不转。

7. 直流电动机驱动芯片

一般情况下，直流电动机工作电流比较大，若只用单片机去驱动的话，肯定是不可行的。鉴于这种情况，必须要在电动机和单片机之间增加驱动电路，当然有些情况下为了防止干扰，还需增加光耦。

电动机的驱动电路大致分为两类：专用芯片和分立元件搭建。专用芯片又分很多种，如LG9110、L298N、L293、A3984、ML4428等。分立元件是指用一些继电器、晶体管等搭建的驱动电路。

L298N是SGS公司的产品，内部包含4通道逻辑驱动电路，是一种二相和四相电动机的专用驱动器，即内含两个H桥的高电压、大电流双全桥式驱动器，接受标准的TTL逻辑电平信号，可驱动46V/2A以下的电动机。芯片有插件式和贴片式两种封装，插件L298封装的实物图如图11-1所示。贴片式封装的实物图如图11-2所示。

图 11-1 插件 L298 实物

图 11-2 贴片 L298 实物

两种封装的引脚对应图读者可以自行查阅数据手册。芯片内部其实很简单，主要由几个与门和三极管组成，其内部结构如图 11-3 所示。

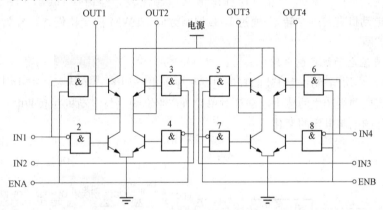

图 11-3 L298 内部结构

为了方便讲解，在图上面加入了 1、2、…、8 标号。图中有两个使能端子 ENA 和 ENB。ENA 控制着 OUT1 和 OUT2。ENB 控制着 OUT3 和 OUT4。要让 OUT1~OUT4 有效，ENA、ENB 都必须使能（即为高电平）。假如此时 ENA、ENB 都有效，再接着分析 1、2 两个与门，若 IN1 为 "1"，那么与门 1 的结果为 "1"，与门 2（注意与门 2 的上端有个反相器）的结果为 "0"，这样三极管 1 导通，2 截止，则 OUT1 为电源电压。相反，若 IN1 为 "0"，则三极管 1、2 分别为截止和导通状态，那么 OUT1 为地端电压（0V）。别的三个输出端子同理。

PWM（Pulse Width Modulation，脉宽调制）是利用微处理器的数字输出来对模拟电路进行控制的一种非常有效的技术，广泛地应用在测量、通信、功率控制与变换的

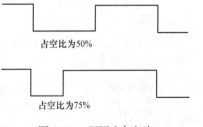

占空比为50%

占空比为75%

图 11-4 PWM 占空比

许多领域中。这里用 PWM 来控制电动机的快慢也是一种很有效的措施。PWM 其实就是高低脉冲的组合，如图 11-4 所示。占空比越大，电动机转动越快；占空比越小，电动机转动越慢。

8.H 桥驱动电路

其实 H 桥的电路与上面的图 11-3 有些类似，工作原理也是通过控制晶体管（三极管、MOS 管）或继电器的通断而达到控制输出的目的。H 桥的种类比较多，这里以比较典型的一个 H 桥电路（见图 11-5）为例，来讲解其工作原理。

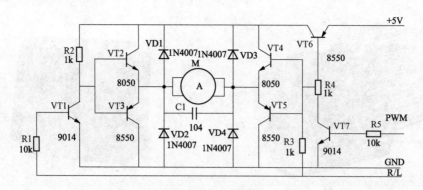

图 11-5　H 桥电路

通过控制 PWM 端子的高低电平来控制三极管 VT6 的通断，继而达到控制电源的通断，最后达到如图 11-4 所示的占空比。之后是 R/L（左转/右转控制端）端，若为高电平，则 VT1、VT3、VT4 导通，VT2、VT5 截止，这样电流从电源出发，经由 VT6、VT4、电动机（M）、VT3 到达地，电动机右转（左转）。通过 R/L 控制方向，PWM 控制快慢，这样就可实现电动机的快慢、左右控制。

9. 单片机直流电动机控制电路

由 L298 驱动模块与单片机组建的直流电动机驱动电路如图 11-6 所示。其中，二极管起续流作用，防止直流电动机产生的感生电动势对单片机产生影响。与电动机并联的电容用于消除由于电流浪涌而引起的电源电压的变化。

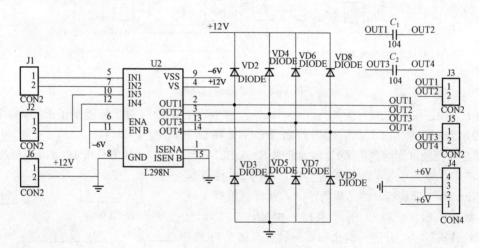

图 11-6　直流电动机驱动电路

10. 控制程序

通过两台直流电动机可以控制一部小车的前进、后退、左转和右转。程序代码如下：

（1）Car. h 源代码。Car. h 源代码如下：

```
#ifndef __CAR_H__
#define __CAR_H__
#include <STC15F2K60S2.h>
#include "common.h"
#include "delay.h"
#define  MOVETIME  8      //用于左转、右转、后退的速度
```

```
#define   STOPTIME    2
#define PWM_Valid    10        //调节前进的快慢
#define PWM_Invalid 0
#define CarGO()       P1 = 0x5f
#define CarTL()       P1 = 0xdf
#define CarTR()       P1 = 0x7f
#define CarRT()       P1 = 0xaf
#define CarST()       P1 = 0xff
extern void CarAdvance(uChar8 nAdvCircle);
extern void CarTurnLeft(uChar8 nTurnLeftCir);
extern void CarTurnRight(uChar8 nTurnRightCir);
extern void CarRetreat(uChar8 nRetreatCir);
extern void CarStop(uChar8 nStopCir);
#endif
```
/* = */

（2）Car. c 源代码。Car. c 源代码如下：

```
#include "car.h"
/* * * * * * * * * * * * * * *小车前进函数:void CarAdvance() * * * * * * * * * * * * * */
void CarAdvance(uChar8 nAdvCircle)
{
    uChar8 i = 0;
    for(i = 0; i < nAdvCircle; i++)
    {
        CarGO();DelayMS(PWM_Valid);
        CarST();DelayMS(PWM_Invalid);
    }
}
/* * * * * * * * * * * * * * * * * *小车左转函数:void CarTurnLeft() * * * * * * * * * * */
void CarTurnLeft(uChar8 nTurnLeftCir)
{
    uChar8 i,j,k;
    for(i = 0; i < nTurnLeftCir; i++)
    {
        for(j = 0; j < 2; j++)
        {
            CarTL();DelayMS(MOVETIME);
            CarST();DelayMS(STOPTIME);
        }
        for(k = 0; k < 2; k++)
        {
            CarGO();DelayMS(MOVETIME);
            CarST();DelayMS(STOPTIME);
        }
    }
```

```
}
/* * * * * * * * * * * * * * * * * * 小车右转函数:CarTurnRight() * * * * * * * * * * * */
void CarTurnRight(uChar8 nTurnRightCir)
{
    uChar8 i,j,k;
    for(i = 0; i < nTurnRightCir; i + +)
    {
        for(j = 0; j < 2; j + +)
        {
            CarTR();DelayMS(MOVETIME);
            CarST();DelayMS(STOPTIME);
        }
        for(k = 0; k < 2; k + +)
        {
            CarGO();DelayMS(MOVETIME);
            CarST();DelayMS(STOPTIME);
        }
    }
}
/* * * * * * * * * * * * * * * * 小车后退函数:void CarRetreat() * * * * * * * * * * * * * * * */
void CarRetreat(uChar8 nRetreatCir)
{
    uChar8 i;
    for(i = 0;i < nRetreatCir;i + +)
    {
        CarRT();DelayMS(PWM_Valid);
        CarST();DelayMS(PWM_Invalid);
    }
}
/* * * * * * * * * * * * * * * * 小车停止函数:void CarStop() * * * * * * * * * * * * * * * * */
void CarStop(uChar8 nStopCir)
{
    uChar8 i;
    for(i = 0;i < nStopCir;i + +)
    {
        CarST();DelayMS(2);
    }
}
```

二、交流电动机继电、接触器控制

1. 交流异步电动机的基本结构

交流异步电动机主要由定子、转子、机座等组成。定子由定子铁芯、三相对称分布的定子绕组组成，转子由转子铁芯、鼠笼式转子绕组、转轴等组成。此外，支撑整个交流异步电动机的部分是机座、前端盖、后端盖，机座上有接线盒、吊环等，散热部分有风扇、风扇罩等。交流异步电动机的基本结构如图 11-7 所示。

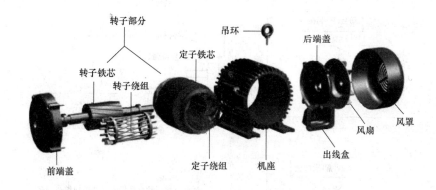

图 11-7　交流异步电动机的基本结构

2. 交流异步电动机的工作原理

交流异步电动机（也叫感应电动机）是一种交流旋转电动机。

当定子三相对称绕组加上对称的三相交流电压后，定子三相绕组中便有对称的三相电流流过，它们共同形成定子旋转磁场。

磁力线将切割转子导体而感应出电动势。在该电动势作用下，转子导体内便有电流通过，转子导体内电流与旋转磁场相互作用，使转子导体受到电磁力的作用。在该电磁力作用下，电动机转子就转动起来，其转向与旋转磁场的方向相同。这时，如果在电动机轴上加载机械负载，电动机便拖动负载运转，输出机械功率。

转子与旋转磁场之间必须要有相对运动才可以产生电磁感应，若两者转速相同，则转子与旋转磁场保持相对静止，没有电磁感应，转子电流及电磁转矩均为零，转子失去旋转动力。因此，这类电动机的转子转速必定低于旋转磁场的转速（同步转速），所以这类电动机被称为交流异步电动机。

3. 交流异步电动机的接触器控制

（1）闸刀开关。闸刀开关又叫刀开关，一般用于不频繁操作的低压电路中，用来接通和切断电源，或用来将电路与电源隔离，有时也用来控制小容量电动机的直接启动与停机。刀开关由闸刀（动触点）、静插座（静触点）、手柄和绝缘底板等组成。刀开关的种类有很多，按极数（刀片数）分为单极、双极和三极；按结构分为平板式和条架式；按操作方式分为直接手柄操作式、杠杆操作机构式和电动操作机构式；按转换方向分为单投式和双投式等。

（2）按钮。按钮主要用于接通或断开辅助电路，靠手动操作。它可以远距离操作继电器、接触器接通或断开控制电路，从而控制电动机或其他电气设备的运行。按钮的结构如图 11-8 所示。

按钮的触点分动断触点（常闭触点）和动合触点（常开触点）两种。

动断触点是按钮未按下时闭合、按下后断开的触点。动合触点是按钮未按下时断开、按下后闭合的触点。按钮按下时，动断触点先断开，然后动合触点闭合；松开后，依靠复位弹簧使触点恢复到原来的位置，触电自动复位的先后顺序相反，即动合触点先断开，动断触点后闭合。

（3）交流接触器。交流接触器由电磁铁和触头组成，电磁铁的线圈通电时产生电磁吸引力将衔铁吸下，使动合触点闭合，动断触点断开。线圈断电后电磁吸引力消失，依靠弹簧使触点恢复到原来的状态。交流接触器的有关符号如图 11-9 所示。

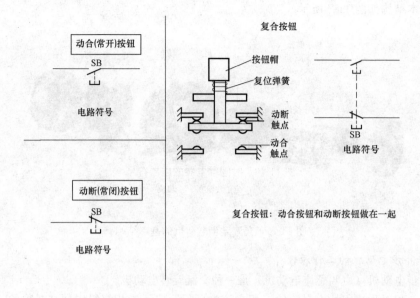

图 11-8　按钮

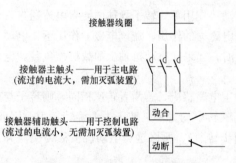

图 11-9　交流接触器的有关符号

根据用途不同，交流接触器的触点分为主触点和辅助触点两种。主触点一般比较大，接触电阻较小，用于接通或分断较大的电流，常接在主电路中；辅助触点一般比较小，接触电阻较大，用于接通或分断较小的电流，常接在控制电路（或称辅助电路）中。有时为了接通和分断较大的电流，在主触点上装有灭弧装置，以熄灭由于主触点断开而产生的电弧，防止烧坏触点。

接触器是电力拖动中最主要的控制电器之一。由于在设计它的触点时已考虑到接通负荷时的启动电流问题，因此，选用接触器时主要应根据负荷的额定电流来确定。例如，一台 Y112M-4 三相异步电动机，额定功率为 4kW，额定电流为 8.8A，选用主触点额定电流为 10A 的交流接触器即可。

（4）时间继电器。时间继电器是从得到输入信号（线圈通电或断电）起，经过一段时间延时后才动作的继电器，适用于定时控制。

时间继电器的种类有很多，按构成原理分，有电磁式、电动式、空气阻尼式、晶体管式、电子式和数字式时间继电器等。

空气阻尼式时间继电器是利用空气阻尼的原理制成的，有通电延时型和断电延时型两种。

时间继电器的电器符号如图 11-10 所示。

（5）交流异步电动机的单向连续启停控制。交流异步电动机的单向连续启停控制线路如图 11-11 所示。

交流异步电动机的单向连续启停控制线路包括主电路和控制电路。与电动机连接的是主电路，主电路包括熔断器、闸刀开关、接触器主触头、热继电器、电动机等。主电路右边是控制电路，包括按钮、接触器线圈、热继电器触点等。

在图 11-11 中，控制电路的保护环节有短路保护、过载保护和零压保护。起短路保护作用的是串接在主电路中的熔断器 FU。一旦电路发生短路故障，熔体立即熔断，电动机立即停转。

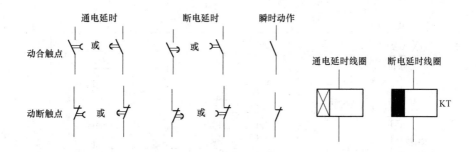

图 11-10　时间继电器的电器符号

起过载保护作用的是热继电器 FR。当发生过载时，热继电器的发热元件发热，将其动断触点断开，使接触器 KM 线圈断电，串联在电动机回路中的 KM 的主触点断开，电动机停转，同时 KM 辅助触点也断开。故障排除后若要重新启动，需按下 FR 的复位按钮，使 FR 的动断触点复位（闭合）即可。

起零压（或欠压）保护的是接触器 KM 本身。当电源暂时断电或电压严重下降时，接触器 KM 线圈的电磁吸力不足，衔铁自行释放，使主、辅触点自行复位，切断电源，电动机停转，同时解除自锁。

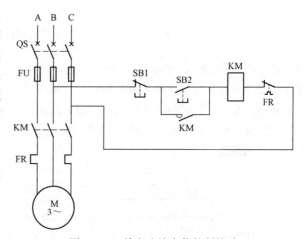

图 11-11　单向连续启停控制线路

图 11-11 中 SB1 为停止按钮，SB2 为启动按钮，KM 为接触器线圈。

按下启动按钮 SB2，接触器线圈 KM 得电，辅助触点 KM 闭合，维持线圈得电，主触头接通交流电动机电路，交流电动机得电运行。

按下停止按钮 SB1，接触器线圈 KM 失电，辅助触点 KM 断开，线圈维持断开，交流电动机失电停止。

（6）交流异步电动机的正反转控制。交流异步电动机的正反转启停控制线路如图 11-12 所示。

图 11-12 中，KMF 为正转接触器，KMR 为反转接触器，SB1 为停止按钮，SBF 为正转启动按钮，SBR 为反转启动按钮。

通过 KMF 正转接触器、KMR 反转接触器可以实现交流电相序的变换，通过交换三相交流电的相序来实现交流电动机的正、反转。

按下启动正转按钮 SBF，正转接触器线圈 KMF 得电，辅助触点 KMF 闭合，维持 KMF 线圈得电，主触头 KMF 接通交流电动机电路，交流电动机得电正转运行。

按下停止按钮 SB1，正转接触器线圈 KMF 失电，交流电动机停止。

按下启动反转按钮 SBR，反转接触器线圈 KMR 得电，辅助触点 KMR 闭合，维持 KMT 线圈得电，主触头 KMR 接通交流电动机电路，交流电动机得电反转运行。

按下停止按钮 SB1，反转接触器线圈 KMR 失电，交流电动机停止。

（7）交流异步电动机星三角降压启停控制。正常运转时定子绕组接成三角形的三相异步电动

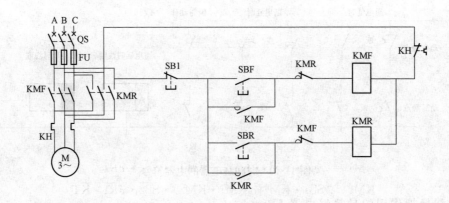

图 11-12　正反转启停控制线路

机在需要降压启动时，可采用Y—△降压启动的方法进行空载或轻载启动。其方法是启动时先将定子绕组连成星形接法，待转速上升到一定程度后，再将定子绕组的接线改接成三角形接法，使电动机进入全压运行。由于此法简便经济，因而得到了普遍应用。

交流异步电动机的星三角降压启停控制线路如图 11-13 所示。图 11-13 中各元器件的名称、代号、作用见表 11-1。

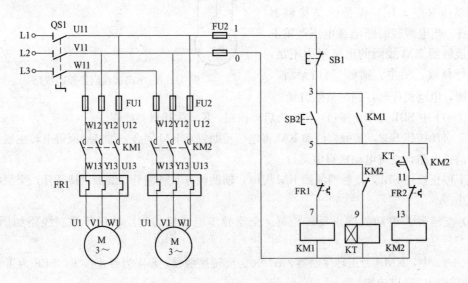

图 11-13　星三角降压启停控制线路

表 11-1　　　　　　　　　　　　　　元器件的代号、作用

名　　称	代　　号	作　　用
交流接触器	KM1	电源控制
交流接触器	KM2	星形联结
交流接触器	KM3	三角形联结
时间继电器	KT	延时自动转换控制

续表

名　　称	代　　号	作　　用
起动按钮	SB1	启动控制
停止按钮	SB2	停止控制
热继电器	FR1	过载保护

分析三相交流异步电动机的星三角（Y—△）降压启动控制线路可以写出控制函数

$$KM1 = (SB1 \cdot \overline{KM3} \cdot KM2 + KM1) \cdot \overline{SB2} \cdot \overline{FR1}$$

$$KM2 = (SB1 \cdot \overline{KM3} + KM1 \cdot KM2) \cdot \overline{SB2} \cdot \overline{FR1} \cdot \overline{KT}$$

$$KM3 = KM1 \cdot \overline{KM2}$$

$$KT = KM1 \cdot KM2$$

4. 交流电动机的单片机控制

用单片机控制交流电动机时，在单片机的输出端连接一个三极管，由三极管驱动继电器，再由继电器驱动交流接触器，最后通过交流接触器驱动交流电动机。单片机输出电路如图 11-14 所示。

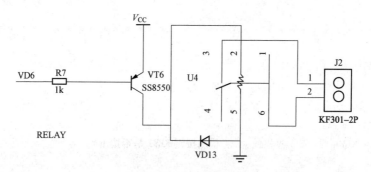

图 11-14　单片机输出电路

D6 连接单片机的输出端，当单片机输出端为低电平时，PNP 三极管导通，驱动继电器，再由继电器驱动外接的交流接触器，控制交流电动机的运行。

5. 交流电动机正反转控制

（1）程序清单。设定 K1 为正转启动按钮，K2 为停止按钮，K3 为反转启动按钮，P7.0 连接正转继电器，P7.1 连接反转继电器。程序清单如下：

```
/* * * * * * * * * * * * * * * * * * * * * * * * * * * * * * * * * * * * * */
#include <STC15F2K60S2.h>
/* * * * * * * * * * * * * * * * * * * * * * * * * * * * * * * * * * * * * */
// 宏定义
/* * * * * * * * * * * * * * * * * * * * * * * * * * * * * * * * * * * * * */
#define uInt16 unsigned int
#define uChar8 unsigned char
/* * * * * * * * * * * * * * * * * * * * * * * * * * * * * * * * * * * * * */
// 位定义
/* * * * * * * * * * * * * * * * * * * * * * * * * * * * * * * * * * * * * */
sbit K0 = P4^0;
```

```
sbit K1 = P4^4;                        //按键 K1(SBF)
sbit K2 = P4^5;                        //按键 K2(STOP)
sbit K3 = P4^6;                        //按键 K3(SBR)
sbit relayer1 = P7^0;                  //继电器 1
sbit relayer2 = P7^1;                  //继电器 2
/* * * * * * * * * * * * * * * * * * * * * * * * * * * * * * * * * * * * */
// 延时函数:DelyaMS()
/* * * * * * * * * * * * * * * * * * * * * * * * * * * * * * * * * * * * */
void DelayMS(uInt16N)
{
unsigned int i;
    do{
        i = 850;                       //MAIN_Fosc/13000 = 11059200/13000
        while( - - i);
    }while( - - N);
}
/* * * * * * * * * * * * * * * * * * * * * * * * * * * * * * * * * * * * */
//主函数
/* * * * * * * * * * * * * * * * * * * * * * * * * * * * * * * * * * * * */
void main(void)
{
    while(1)
    {
    KEY0 = 0;
        if(0 = = K1)                   // 检测按键 KEY1 是否按下
        {
            DelayMS(5);                // 延时去抖
            if(0 = = K1)               // 再次检测 KEY1
            {
                if(1 = = relayer2)
                relayer1 = 0;          //继电器 1 闭合
                while(! K1);           // 等待按键 K2 弹起
            }
        }
        if(0 = = K2)                   // 检测按键 K2 是否按下
        {
            DelayMS(5);                // 延时去抖
            if(0 = = K2)               // 再次检测 K2
            {
                relayer1 = 1;          //继电器 1 断开
                relayer2 = 1;          //继电器 2 断开
                while(! K2);           // 等待按键 K2 弹起
            }
        }
```

任务
29

```
    if(0 = = K3)                  // 检测按键 K2 是否按下
    {
        DelayMS(5);               // 延时去抖
        if(0 = = K3)              // 再次检测 K2
        {
            if(1 = = relayer1)    //继电器 1 断开
            relayer2 = 0;         //继电器 2 闭合
            while(! K3);          // 等待按键 K3 弹起
        }
    }
}
}
```

（2）程序分析。程序通过位定义设定了单片机的正、反转和停止按钮的输入控制端 K1、K3、K2，设定了继电器正转、反转输出控制端。设计了延时函数，按键扫描函数、按键处理程序。

在主函数程序中，为了防止按钮抖动的影响，通过延时函数，延时 2ms 再扫描检测一次，然后确定键值。

根据按键值，按键处理程序给出处理输出。

若按下正转启动输入端按钮 K1，控制与正转接触器连接的输出端 P7.0 为低电平，带动外部继电器 relayer1 动作，relayer1 继电器控制外部连接的正转接触器动作，驱动交流电动机正转。

若按下停止按钮，则程序使 relayer1、relayer2 赋值为 1，外接继电器失电，外接交流接触器失电，交流电动机停止运行。

若按下反转启动输入端按钮 K3，则控制与反转接触器连接的输出端 P7.1 为低电平，带动外部继电器 relayer2 动作，relayer2 继电器控制外部连接的反转接触器动作，驱动交流电动机反转。

 技能训练

一、训练目标

（1）学会使用单片机实现对交流电动机的控制。

（2）学会通过单片机实现交流电动机的正反转控制。

二、训练步骤与内容

1. 建立一个工程

（1）在计算机 E 盘新建一个文件夹 "MOTOR"。

（2）启动 Keil μ Vision4 软件。

（3）选择执行 "Project" 工程菜单下的 "New μ Vision Project" 命令，新建一个 μVision 工程项目，弹出创建新项目对话框。

（4）在创建新项目对话框，输入工程文件名 "MOTOR"，单击 "保存" 按钮，弹出选择 CPU 数据库对话框。

（5）选择 STC CPU Data base 数据库，单击 "OK" 按钮，弹出 "Select Device for Target" 选择目标器件对话框，单击 "STC" 左边的 "+" 号，展开选项，选择 "STC15W4K32S4" 选项。

（6）单击 "OK" 按钮，弹出是否添加标准 8051 启动代码对话框。

（7）单击 "是" 按钮，即可在开发环境自动为我们建立好包含启动代码项目的空文件，启动代码为"STARTUP. A51"。

2. 编写程序文件

（1）单击执行"File"文件菜单下的"New"命令，新建一个文本文件"TEXT1"。

（2）单击执行"File"文件菜单下的"Save As"命令，弹出另存文件对话框，在文件名栏输入"main. c"，单击"保存"按钮，保存文件。

（3）在左边的工程浏览窗口，鼠标右键单击"Source Group1"，在弹出的右键菜单中，选择执行"Add Files to Group′Source Group1′"命令。

（4）弹出选择文件对话框，选择"main. c"文件，单击"Add"添加按钮，将文件添加到工程项目中，单击添加文件对话框右上角的红色"×"，关闭添加文件对话框。

（5）在"main. c"文件中输入"交流电动机正反转控制"程序，单击工具栏的保存按钮▇，并保存文件。

3. 调试运行

（1）编译程序。

1）设置输出文件选项。在左边的工程浏览窗口，右键单击"Target"选项，在弹出的右键菜单中，选择执行"Options for Target′Target1′"菜单命令。

2）在"Options for Target′Target1′"对话框，选择"Target"对象目标设置页，在晶体振荡器频率设置栏"Xtal（MHz）"，输入"11.0592"，设置晶振频率为 11.0592（MHz）。

3）在"Options for Target′Target1′"对话框，选择"Output"输出页，选择"Create HEX File"创建 HEX 文件。

4）单击"OK"按钮，返回程序编辑界面。

5）单击编译工具栏的编译所有文件按钮▦，开始编译文件。

6）在编译输出窗口，查看程序编译信息。

（2）下载程序。

1）启动 STC 单片机下载软件。

2）单击单片机型号栏右边的下拉列表箭头，选择"IAP15W4K58S2"。单击运行时的 IRC 频率栏右边的选择下拉箭头，选择"11.0592"（MHz）。

3）选择 COM 口，计算机连接 FSST15-V1.0 单片机开发板后，软件会自动选择。

4）单击"打开程序文件"按钮，弹出"打开程序代码文件"对话框，选择"MOTOR"文件夹里的"MOTOR. hex"文件，单击"打开"按钮，在程序代码窗口显示代码文件信息。

5）单击"下载/编程"按钮，此时代码显示框下面的提示框中会显示"正在检测目标单片机"。

6）打开开发板电源开关，程序代码开始下载，提示框显示一串下载信息，下载完成后显示"操作完成"，表示 HEX 代码文件已经下载到单片机中了。

（3）调试。

1）按下 K1 正转启动按钮，观察正转 P7.0 输出端 LED 指示灯的状态。

2）按下 K2 停止按钮，观察正转 P7.0、P7.1 输出端 LED 指示灯的状态。

3）按下 K3 反转启动按钮，观察反转 P7.1 输出端 LED 指示灯的状态。

任务 30 步进电动机的控制

 基础知识

步进电动机是将电脉冲信号转变为角位移或线位移的开环控制元步进电动机件。在非超载的情况下，电动机的转速、停止的位置只取决于脉冲信号的频率和脉冲数，而不受负载变化的影响，当步进驱动器接收到一个脉冲信号后，它就驱动步进电动机按设定的方向转动一个固定的角度，称为"步距角"，它的旋转是以固定的角度一步一步运行的。使用时可以通过控制脉冲个数来控制角位移量，从而达到准确定位的目的；同时还可以通过控制脉冲频率来控制电动机转动的速度和加速度，从而达到调速的目的。

步进电动机的类型有很多，按结构可分为反应式步进电动机（Variable Reluctance，VR）、永磁式步进电动机（Permanent Magnet，PM）和混合式步进电动机（Hybrid Stepping，HS）。

（1）反应式步进电动机：定子上有绕组、转子由软磁材料组成。结构简单、成本低、步距角小（可达 1.2°），但动态性能差、效率低、发热大，可靠性难保证，因而慢慢地在淘汰。

（2）永磁式步进电动机：永磁式步进电动机的转子用永磁材料制成，转子的极数与定子的极数相同。其特点是动态性能好、输出力矩大，但这种电动机精度差，步矩角大（一般为 7.5° 或 15°）。

（3）混合式步进电动机：混合式步进电动机综合了反应式和永磁式的优点，其定子上有多相绕组，转子上采用永磁材料，转子和定子上均有多个小齿，以提高步矩精度。其特点是输出力矩大、动态性能好、步距角小，但结构复杂、成本相对较高。

步进电动机种类繁多，这里我们就以 MGMC-V1.0 实验板附带的 28BYJ-48 为例，来讲述一下步进电动机的相关知识。步进电动机上面型号的各个数字、字母的含义为：28——有效最大直径为 28mm；B——步进电机；Y——永磁式；J——减速型（减速比为 1/64）；48——四相八拍。

我们先看看 28BYJ-48 步进电动机的内部结构图，再来讲述四个相，其内部结构如图 11-15 所示。

图中的转子上面有 6 个齿，分别标注为 0～5，转子的每个齿上都带有永久

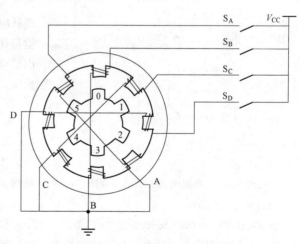

图 11-15 步进电动机内部结构图

的磁性，是一块永磁体；外边定子的 8 个线圈是保持不动的，实际上跟电动机的外壳固定在一起的。它上面有 8 个齿，而每个齿上都有一个线圈绕组，正对着的两个齿上的绕组又是串联在一起的，也就是说正对着的两个绕组总是会同时导通或断开的，如此就形成了四（8/2）相，在图中分别标注为 A—B—C—D。

当定子的一个绕组通电时，将产生一个方向的磁场，如果这个磁场的方向和转子磁场方向不在同一条直线上，那么定子和转子的磁场将产生一个扭力，将转子转动。

依次给 A、B、C、D 四个端子脉冲时，转子就会连续不断地转动起来。每个脉冲信号对应步进电动机的某一相或两相绕组的通电状态改变一次，也就对应转子转过一定的角度（一个步距角）。当通电状态的改变完成一个循环时，转子转过一个齿距。四相步进电动机可以在不同的通电方式下运行，常见的通电方式有单（单相绕组通电）四拍方式（A—B—C—D—A…），双（双相绕组通电）四拍方式（AB—BC—CD—DA—AB…）和八拍方式（A—AB—B—BC—C—CD—D—DA—A…）。八拍模式绕组控制顺序见表 11-2。

表 11-2　　　　　　　　　八拍模式绕组控制顺序表

线色	1	2	3	4	5	6	7	8
5红	+	+	+	+	+	+	+	+
4橙	−							+
3黄								
2粉				−	−	−		
1蓝								

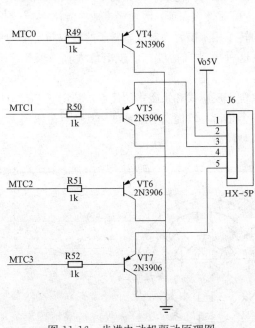

图 11-16　步进电动机驱动原理图

FSST15-V1.0 开发板上的步进电动机驱动电路如图 11-16 所示。其中 MTC0、MTC1、MTC2、MTC3 分别连接单片机的 P2.4、P2.5、P2.6、P2.7 引脚。

这里不用单片机来直接驱动电动机，原因是单片机的可驱动能力较弱，因此加三极管来提高驱动能力。上面已经提到，要让 B 相导通，那么电动机黄色线端子（图 11-16 的 J5-3）要出现低电平，等价于 MTC1 端子出现低电平，也就是让 P2.5（Q6）有个低电平。最后，读者可以结合表 11-2 将其对应的高低电平转换成一个数组，即

unsigned char code

MotorArrZZ[8] = {0x7f,0x3f,0xbf,0x9f,0xdf,0xcf,0xef,0x6f};

当然读者还可以写出反转所对应的数组，数组为

unsigned char code

MotorArrFZ[8] = {0x6f,0xef,0xcf,0xdf,0x9f,0xbf,0x3f,0x7f};

下面所示的程序是驱动电动机正转的基本程序。程序如下：

```
#include <STC15F2K60S2.h>
unsigned char code
MotorArrZZ[8] = {0x7f,0x3f,0xbf,0x9f,0xdf,0xcf,0xef,0x6f};
void DelayMS(unsigned int N)
{
    unsigned int i;
    do{
```

```
        i = 850;             //MAIN_Fosc/13000 = 11059200/13000
        while( - - i);
    }while( - - N);
}
void MotorInversion(void)
{
    unsigned char i;
    for(i = 0; i < 8; i + +)
    {  P2 = MotorArrZZ[i];  }
}
void main(void)
{
    while(1)
    {
        MotorInversion ();
    }
}
```

要使步进电动机转起来，还需对程序进行部分修改。

28BYJ-48 步进电动机的数据参数见表 11-3。

表 11-3　　　　　　　　　　28BYJ-48 步进电动机的数据参数

供电电压	相数	相电阻 (Ω)	步进角度	减速比	启动频率 (P. P. S)	转矩 (g. cm)	噪声 (dB)	绝缘介 电强度
5V	4	50±10%	5.625/64	1:64	≥550	≥300	≤35	600VAC

我们来看看表里的启动频率参数（≥550），所谓启动频率是指步进电动机在空载情况下能够启动的最高脉冲频率，如果脉冲高于这个值，电机就不能正常启动，因此也无法运转。按 550 个脉冲来计算，就是单个节拍持续时间为 1s÷550≈1.8ms，那么为了让电动机能正常转动，给的节拍时间必须要大于 1.8ms。因此在上面程序"P2 = MotorArrZZ [i]；"的后面增加一行 DelayMS (2)，当然前面需要添加 DelayMS () 函数，这时电动机就可以转起来了。

电动机虽然转起来了，但用步进电动机绝对不是为了光让其转一下，而是要既精确又快速地控制它转，例如，让其只转 30°或者使其所控制的东西只运动 3cm，这样不仅要精确地控制电动机，还要关注其转动的速度。

由表 11-3 可知，步进电动机转一周需要 64 个脉冲，且步进角为 5.625（5.625×64＝360°）。问题是该电动机内部又加了减速齿轮，减速比为 1:64，意思是要外面的转轴转一周，则里面转子需要 64×64（4096）个脉冲。那输出轴要转一周就需要 8192（2×4096）ms，也即 8s 多，即转速比较慢是有原因的。既然 4096 个脉冲转一周，那么 1°就需要 4096÷360 个脉冲，假如现在要让其转 20 周，则可以写出以下的程序。程序如下：

```
# include "STC15F2K60S2. h"
unsigned char code
MotorArrZZ[8] = {0x7f,0x3f,0xbf,0x9f,0xdf,0xcf,0xef,0x6f};
void DelayMS(unsigned int N)
{
```

```
    unsigned int i;
    do{
        i = 850;    //MAIN_Fosc/13000 = 11059200/13000
        while( - - i);
    }while( - - N);
}
void MotorCorotation(void)
{
    unsigned long ulBeats = 0;
    unsigned char uStep = 0;
    ulBeats = 20 * 4096;
    while(ulBeats - - )
    {
        P2 = MotorArrZZ[uStep];
        uStep + + ;
        if(8 = = uStep)
          { uStep = 0;}
          DelayMS(2);
    }
}
void main(void)
{
    P2M1 = 0X00;
    P2M0 = 0XF0;
    MotorCorotation();
    while(1);
}
```

　　讲到这里，细心的读者发现，电动机转得还不是那么精确，似乎在转了 20 周之后，还多转了一些角度，这些角度是多少呢？

　　拆开电动机，看看里面的减速结构，数一数、算一算，看减速比是不是 1：64。这里的计算结果是 $(31/10) \times (26/9) \times (22/11) \times (32/9) \approx 63.68395$，这样，转一周就需要 $64 \times 63.68395 \approx 4076$ 个脉冲，那作者就将上面的 13 行程序改写成 "ulBeats = 20×4076"；接着将程序重新编译，下载，看这回是不是精确的 20 周。其实此时还是差那么一点，但肯定在误差范围允许范围之内，若需更加精确，这里请读者自行思考。

　　步进电动机种类繁多，读者以后设计中未必就只用这么一种，可无论使用哪一种，分析的方法是相同的，就是依据厂家给的参数，之后一步一步地去测试、去分析、去计算。当然步进电动机可能还有很多参数，如步距角精度、失步、失调角等，这些我们可以具体项目具体对待。

 技能训练

一、训练目标

（1）学会使用单片机实现对步进电动机的控制。

（2）学会通过单片机实现步进电动机的定圈运动控制。

二、训练步骤与内容

1. 建立一个工程

（1）在计算机 E 盘新建一个文件夹"MOTOR11B"。

（2）启动 Keil μ Vision4 软件。

（3）选择执行"Project"工程菜单下的"New μ Vision Project"命令，新建一个 μVision 工程项目，弹出创建新项目对话框。

（4）在创建新项目对话框，输入工程文件名"MOTOR11B"，单击"保存"按钮，弹出选择 CPU 数据库对话框。

（5）选择 STC CPU Data base 数据库，单击"OK"按钮，弹出"Select Device for Target"选择目标器件对话框，单击"STC"左边的"＋"号，展开选项，选择"STC15W4K32S4"选项。

（6）单击"OK"按钮，弹出是否添加标准 8051 启动代码对话框。

（7）单击"是"按钮，即可在开发环境自动为我们建立好包含启动代码项目的空文件，启动代码为"STARTUP. A51"。

2. 编写程序文件

（1）单击执行"File"文件菜单下的"New"命令，新建一个文本文件"TEXT1"。

（2）单击执行"File"文件菜单下的"Save As"命令，弹出另存文件对话框，在文件名栏输入"main. c"，单击"保存"按钮，保存文件。

（3）在左边的工程浏览窗口，鼠标右键单击"Source Group1"，在弹出的右键菜单中，选择执行"Add Files to Group'Source Group1'"命令。

（4）弹出选择文件对话框，选择"main. c"文件，单击"Add"添加按钮，将文件添加到工程项目中，单击添加文件对话框右上角的红色"×"，关闭添加文件对话框。

（5）在"main. c"文件中输入单片机步进电动机 20 周的控制程序，单击工具栏的保存按钮 💾，并保存文件。

3. 调试运行

（1）编译程序。

1）设置输出文件选项。在左边的工程浏览窗口，右键单击"Target"选项，在弹出的右键菜单中，选择执行"Options for Target'Target1'"菜单命令。

2）在"Options for Target'Target1'"对话框，选择"Target"对象目标设置页，在晶体振荡器频率设置栏"Xtal（MHz）"，输入"11.0592"，设置晶振频率为 11.0592 MHz。

3）在"Options for Target'Target1'"对话框，选择"Output"输出页，选择"Create HEX File"创建二进制 HEX 文件。

4）单击"OK"按钮，返回程序编辑界面。

5）单击编译工具栏的编译所有文件按钮，开始编译文件。

6）在编译输出窗口，查看程序编译信息。

（2）下载程序。

1）启动 STC 单片机下载软件。

2）单击单片机型号栏右边的下拉列表箭头，选择"IAP15W4K58S2"。单击运行时的 IRC 频率栏右边的选择下拉箭头，选择"11.0592"（MHz）。

3）选择 COM 口，计算机连接 FSST15-V1.0 单片机开发板后，软件会自动选择。

4）单击"打开程序文件"按钮，弹出"打开程序代码文件"对话框，选择"MOTOR11B"

文件夹里的"MOTOR11B. hex"文件,单击"打开"按钮,在程序代码窗口显示代码文件信息。

5)单击"下载/编程"按钮,此时代码显示框下面的提示框中会显示"正在检测目标单片机"。打开开发板电源开关,程序代码开始下载,提示框显示一串下载信息,下载完成后显示"操作完成",表示 HEX 代码文件已经下载到单片机中了。

(3)调试运行。

1)关闭 FSST15-V1. 0 单片机开发板电源。

2)将步进电动机组件的排针插连接到 FSST15-V1. 0 单片机开发板左部的白色插座。

3)打开 FSST15-V1. 0 单片机开发板电源。

4)观察步进电动机的运行。

5)修改 ulBeats 参数值,重新编译下载程序,观察步进电动机的运行情况。

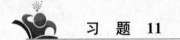

习 题 11

1. 设计交流异步电动机单向连续启停控制的单片机控制程序,并下载到单片机开发板中,观察程序的运行情况。

2. 设计交流异步电动机三相降压启停控制的单片机控制程序,并下载到单片机开发板中,观察程序的运行。

3. 设计步进电动机反转控制程序,并下载到单片机开发板中,观察步进电动机的运行。

4. 设计步进电动机正、反转控制程序,并下载到单片机开发板中,观察步进电动机的运行。

项目十二　红外发射与接收

学习目标

（1）学习单片机红外发射与接收技术。
（2）学习单片机红外遥控解码技术。

任务 31　红外遥控

基础知识

一、红外发射与接收

红外遥控是目前使用最广泛的一种通信和遥控手段。由于红外遥控装置具有体积小、功耗低、功能强、成本低等特点，因而继彩电、录像机之后，在录音机、音响设备、空调机以及玩具等其他小型电器装置上也纷纷采用红外遥控装置。工业设备中，在高压、辐射、有毒气体、粉尘等环境下，采用红外线遥控不仅完全可靠，而且能有效地隔离电气干扰。

1. 红外遥控器

电视遥控器使用专用集成发射芯片来实现遥控码的发射，如东芝 TC9012、飞利浦 SAA3010T 等，通常彩电遥控信号的发射，就是将某个按键所对应的控制指令和系统码（由 0 和 1 组成的序列）调制在 38kHz 的载波上，然后经放大、驱动红外发射管将信号发射出去。不同公司的遥控芯片，采用的遥控码格式也不一样。较为普遍的有两种：一种是 NEC 标准；一种是 PHILIPS 标准。FSST15-V1.0 实验板配套的红外接收头、红外遥控器都是以 NEC 为标准的，这里我们以 NEC 标准进行介绍。遥控红外接收头和遥控器实物如图 12-1 所示。

图 12-1　红外接收头和遥控器实物

2. 红外线

红外线又称红外光波。在电磁波谱中，光波的波长范围为 $0.01\sim1000\mu m$，根据波长的不同可分为可见光和不可见光。波长为 $0.38\sim0.76\mu m$ 的光波为可见光，依次为红、橙、黄、绿、青、蓝、紫七种颜色。光波为 $0.01\sim0.38\mu m$ 的光波为紫外光（线），波长为 $0.76\sim1000\mu m$ 的光波为红外光（线）。红外光按波长范围分为近红外、中红外、远红外、极红外四类。红外线遥控是利用近红外光传送遥控指令的，波长为 $0.76\sim1.5\mu m$。用近红外光作为遥控光源，是因为目前红外发射器件（红外发光管）与红外接收器件（光敏二极管、三极管及光电池）的发光与受光峰值波长一般为 $0.8\sim0.94\mu m$，在近红外光波段内，二者的光谱正好重合，能够很好地匹配，可以获得较高的传输效率及较高的可靠性。

3. 红外遥控系统

通用红外遥控系统由发射和接收两大部分组成。应用编码/解码专用集成电路芯片来进行控制操作，如图 12-2 所示。发射部分包括矩阵键盘、编码调制、LED 红外发送器；接收部分包括光、电转换放大器、解调、解码电路。

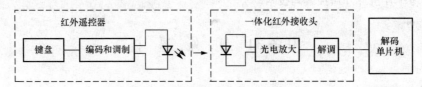

图 12-2　红外遥控系统框图

图 12-2 中接收部分用的是一体化红外接收头，不需要再行设计，只需编程就可以了。对于红外遥控器部分，这里介绍两种：一种是随实验板自带的遥控器，无需编程，可以直接应用，这种遥控器只能应用，不能学习编程、发射等原理；为了解决此问题，作者还开发了另一种可以自行编程的红外发射、接收实验板。

4. NEC 标准

遥控载波的频率为 38kHz（占空比为 1∶3）。当某个按键按下时，系统首先发射一个完整的全码，如果键按下超过 108ms 仍未松开，则接下来发射的代码（连发代码）将仅由起始码（9ms）和结束码（2.5ms）组成。一个完整的全码＝引导码＋用户码＋用户码＋数据码＋数据反码。其中，引导码为高电平 9ms，低电平 4.5ms；系统码 16 位，数据码 16 位，共 32 位，其中前 16 位为用户识别码，能区别不同的红外遥控设备，防止不同机种遥控器互相干扰，后 16 位为 8 位的操作码和 8 位的操作反码，用于核对数据是否接收准确。接收端根据数据码作出应该执行什么动作的判断。连发代码是在持续按键时发送的代码。它告知接收端，某键是在被连续地按着。特别要注意的是，发射端与接收端的电平相反，以发射端数据为例（接收端"取反"就可以了）进行介绍。

（1）位定义（"0" && "1"）。两个逻辑值的时间定义如图 12-3 所示。逻辑 "1" 脉冲时间为 2.25ms；逻辑 "0" 脉冲时间为 1.12ms。

（2）完整数据链。NEC 协议的典型脉冲链如图 12-4 所示。

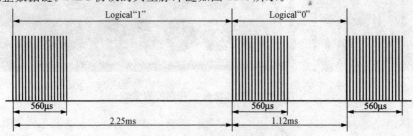

图 12-3　"0" 和 "1" 的时间定义格式

图 12-4　NEC 协议的典型脉冲链

协议规定低位首先发送，如图 12-3 所示。发送的地址码为 "0x59"，命令码为 "0x16"。每次发送的信息首先是为高电平的引导码（9ms），接着是 4.5ms 的低电平，接下来便是地址码和命令码。地址码和命令码发送两次，第二次发送的是反码（如 1111 0000 的反码为 0000 1111），用于验证接收信息的准确性。因为每位都发送一次它的反码，所以总体的发送时间是恒定的（即每次发送时，无论是 1 或 0，发送的时间都是它以及它反码发送时间的总和）。这种以发送反码验证可靠性的手段，当然可以 "忽略"，或者是扩展属于自己的地址码和命令码为 16 位，这样就可以扩展整个系统的命令容量。

（3）连发码。连发码如图 12-5 所示。若一直按住某个按键，一串信息也只能发送一次，且一直按着按键，发送的则是以 110ms 为周期的重复码，重复码由 9ms 的高电平和 4.5ms 的低电平组成。

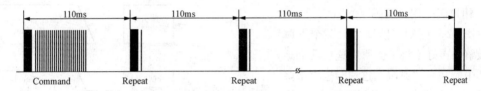

图 12-5　连发码格式

5. HT6221 键码的形式

这里所用遥控器的核心芯片是 HT6221。

当一个键按下时间超过 36ms 后，振荡器使芯片激活，如果这个键按下且延迟大约 108ms［这 108ms 发射代码由一个起始码（9ms）、一个结果码（4.5ms）、低 8 位地址码（9～18ms）、高 8 位地址码（9～18ms）、8 位数据码（9～18ms）、8 位数据反码（9～18ms）组成］，超过 108ms 仍未松开，则接下来发射的代码（连发代码）将仅由起始码（9ms）和结束码（2.5ms）组成。

这样的时间要求完全符合 NEC 标准，以 NEC 标准来解码就可以了。

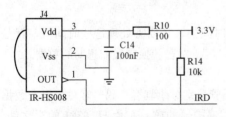

图 12-6　红外接收原理图

6. 硬件设计

在红外接收部分的电路中，我们使用一体化的接收头，红外接收部分的电路如图 12-6 所示。

7. 软件分析

用简易逻辑分析仪采样到的数据接收波形，接收与发送端的波形图刚好相反，现在以接收端为例，来说明解码的过程。红外接收端数据编码图的波形如图 12-7 所示。

只要读者把图 12-7 理解清楚了，那么整个解码过程也就理解了。这里还是以说明的形式来介绍此图。

（1）下降沿个数。由于需表示的内容比较多，而版面空间有限，所以这里没有标明此图下降沿的个数，这里总共有 34 个下降沿。

图 12-7　红外接收端数据编码图

（2）数据电平形式。无论是引导码、用户码，还是数据码、数据反码，都是以低电平开始，高电平结束。

（3）逻辑电平。依照每个低电平＋高电平的总时间来确定逻辑电平。例如，低（9ms）＋高（4.5ms）就是引导码；低（0.56ms）＋高（0.56ms）就是逻辑电平"0"；低（0.56ms）＋高（1.69ms）就是逻辑电平"1"。

（4）数据格式。每帧数据，低位（LSB）在前，高位（MSB）在后。例如数据码，由时间可以确定出此时的二进制数为 0b0110 0010，由于位置相反，因此反过来之后就是 0b0100 0110（0x46）。

（5）数据校验。数据码＋数据反码＝0xFF；用户码＋用户反码＝0xFF。

由图 12-7 可知，借助"34"个下降沿来做解码再好不过了。所以这里我们运用外部中断 0 来"抓取"这"34"个下降沿，除第一次之外，每进来一次外部中断，记录与前一次的时间间隔。解码操作流程如图 12-8 所示。这里需注意，在此过程中，定时器 0 一直工作，那么全局变量 p ＿ uIR ＿ Time＋＋每过（256×12/11.0592）μs 加一次，这样只要存下两中断的间隔数"p ＿ uIR ＿ Time"，再乘以（256×12/11.0592）μs，就可以计算出两间隔的时间了。

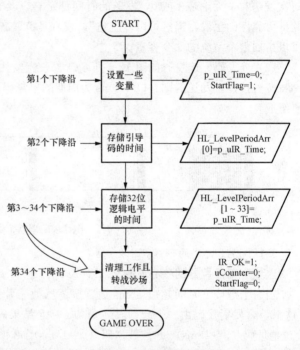

图 12-8　解码流程框图

特别提醒，在第 34 个下降沿到来之际，不但存储其时间值，还要去处理这些时间值，就是将"时间"转换成逻辑电平"0"、"1"，最后将逻辑电平"0"、"1"转换成我们想要的数据。

二、红外解码实例

当按下随开发板附带的遥控器时，实验板上 8 位数码管分别显示其客户码、客户反码，数据码、数据码反码。红外解码程序包括红外接收配置文件、遥控器的核心芯片 HT6221 的头文件、HT6221 的 C 语言程序文件和主程序 C 语言程序文件。

（1）红外接收配置文件。红外接收配置文件如下：

```
#ifndef    __CONFIG_H
#define    __CONFIG_H
/******************************************************************/
#define MAIN_Fosc    22118400L//定义主时钟
/******************************************************************/
```

```
# include< STC15F2K60S2.h>
# include <intrins.h>
typedef      unsigned char uChar8;
typedef      unsigned int uInt16;
typedef      unsigned long uLong32;
/*****************************************************/
# define SysTick 10000// 次/秒,系统滴答频率,在 4000~16000
/*****************************************************/
# define DIS_DOT    0x20
# define DIS_BLACK 0x10
# define DIS_       0x11
# endif
```

通过红外接收配置文件,可以根据用户需求,配置系统的主控时钟,系统滴答频率等。

(2) HT6221 的头文件。HT6221 的头文件如下:

```
# ifndef    __HT6121_H
# define    __HT6121_H
# include    "config.h"
/************用户配置*****************/
# define D_USER_CODE    0xFF00        //定义红外接收用户码
/*************************************/
extern bit B_IrUserCodeErr;           //用户码错误标志,0 正确,   1 错误
extern bit B_IR_Press;                //按键动作发生,   0 无按键,1 有按键
extern unsigned char IR_code;          //红外键码
extern unsigned int UserCode;          //用户码
void IR_RX_HT6121(void);
# endif
```

通过 HT6221 的头文件,可以引用 HT6221 模块程序文件。

(3) HT6221 的 C 语言程序文件。HT6221 的 C 语言程序文件如下:

```
/*------------------------------------------------------------*/
/* --- STC MCU International Limited -------------------- */
/* --- STC 1T Series MCU Demo Programme ---------------- */
/* 如果要使用此代码,请注明使用了宏晶科技的资料及程序        */
/*------------------------------------------------------------*/
/*************功能说明***************
红外接收程序。适用于市场上用量最大的 HT6121/6122 及其兼容 IC 的编码。
用户可以在 "HT6121.h" 文件中指定用户码。
用户底层程序按固定的时间间隔(60~125μs)调用 "IR_RX_HT6121()"函数。
```

应用层查询 B_IR_Press 标志位,则已接收到一个键码放在 IR_code 中,同时 B_IrUserCodeErr 指示放在 UserCode 中的用户码是否跟"HT6121.h" 文件中指定的用户码相等,0 为相等(用户码正确),1 为不相等(用户码错误)。

处理完成,务必将 B_IR_Press 标志清零

```
*************************************/
# include"    HT6121.h"
```

```
/* * * * * * * * * * * * * *本地常量声明* * * * * * * * * * * * * */


/* * * * * * * * * * * * * *本地变量声明* * * * * * * * * * * * * * */
sbit    P_IR_RX   = P3^2;              //定义红外接收输入 I/O 口
uChar8 IR_SampleCnt;                   //采样计数
uChar8 IR_BitCnt;                      //编码位数
uChar8 IR_UserH;                       //用户码(地址)高字节
uChar8 IR_UserL;                       //用户码(地址)低字节
uChar8 IR_data;                        //数据原码
uChar8 IR_DataShit;                    //数据移位
bit P_IR_RX_temp;                      //Last sample
bit B_IR_Sync;                         //已收到同步标志
bit B_IrUserCodeErr;                   //User code error flag
bit B_IR_Press;                        //按键动作发生
uChar8 IR_code;                        //红外键码
uInt16 UserCode;                       //用户码
/* * * * * * * * * * 红外采样时间宏定义,用户不要随意修改 * * * * * * * * * * * * */

#define IR_SAMPLE_TIME    (1000000UL/SysTick)  //查询时间间隔, μs, 红外接收要求在 60~250μs */
# if ((IR_SAMPLE_TIME < = 250) && (IR_SAMPLE_TIME > = 60))
#define  D_IR_sample      IR_SAMPLE_TIME     /*定义采样时间,在 60~250μs */
#endif
#define D_IR_SYNC_MAX    (15000/D_IR_sample)  //同步最大时间
#define D_IR_SYNC_MIN    (9700 /D_IR_sample)  //同步最小时间
#define D_IR_SYNC_DIVIDE (12375/D_IR_sample)  //判定数据 0 or 1
#define D_IR_DATA_MAX    (3000 /D_IR_sample)  //数据最大时间
#define D_IR_DATA_MIN    (600  /D_IR_sample)  //数据最小时间
#define D_IR_DATA_DIVIDE (1687 /D_IR_sample)  //判定数据 0 or 1
#define D_IR_BIT_NUMBER   32                  //位数据量
//* * * * * * * * * * * * * * * * * * * * * * * * * * * * * * * * * * * * * * * * *
//* * * * * * * * IR RECEIVE MODULE * * * * * * * * * * * * * * * * * * * * * * * * *
void IR_RX_HT6121(void)
{
  uChar8  SampleTime;
  IR_SampleCnt + +;            //采样计数值加 1
  F0 = P_IR_RX_temp;           //保存最后的采样状态
  P_IR_RX_temp = P_IR_RX;      //读取当前状态
  if(F0 &&! P_IR_RX_temp)      //前一次采样是高电平,当前采样为低电平,采样标志为下降沿
  {
      SampleTime = IR_SampleCnt; //获取采取时间
      IR_SampleCnt = 0;          //清除采样计数值
          if(SampleTime > D_IR_SYNC_MAX)    B_IR_Sync = 0;
  //如果采样时间大于同步最大时间,那么出错
      else if(SampleTime > = D_IR_SYNC_MIN)           //判断采样时间大于同步最小时间
```

```
    {
        if(SampleTime >= D_IR_SYNC_DIVIDE)
        {
          B_IR_Sync = 1;                              //已经接收到同步信号
          IR_BitCnt = D_IR_BIT_NUMBER;                //加载数据位数
        }
    }
    else if(B_IR_Sync)                                //已经接收到同步信号
    {
        if(SampleTime > D_IR_DATA_MAX)    B_IR_Sync = 0;//数据采样时间太长
        else
        {
        IR_DataShit >>= 1;                            //数据右移位1位
        if(SampleTime >= D_IR_DATA_DIVIDE)  IR_DataShit |= 0x80;  //判断数据是0或1
          if(--IR_BitCnt == 0)                        //接收数据完成
          {
            B_IR_Sync = 0;                            //清除同步信号
          if(~IR_DataShit == IR_data)                 //判断数据正反码
            {
              UserCode = ((uInt16)IR_UserH<<8) + IR_UserL;
              IR_code      = IR_data;
              if(UserCode == D_USER_CODE)
                  B_IrUserCodeErr = 0;                //用户码正确
          else  B_IrUserCodeErr = 1;                  //用户码错误
            B_IR_Press    = 1;                        //数据有效
            }
          }
          else if((IR_BitCnt & 7) == 0)               //接收一字节数据
          {
              IR_UserL = IR_UserH;                     //保存用户码高字节数据
              IR_UserH = IR_data;                      //保存用户码低字节数据
              IR_data  = IR_DataShit;                  //保存红外接收字节数据
          }
        }
    }
  }
}
```

（4）主程序 C 语言程序文件。主程序 C 语言程序文件如下

```
#include  "config. H"
#include  "HT6121. h"
/* * * * * * * * * * * * 用户定义宏 * * * * * * * * * * * * * * * * * * * * * * * * * * * * * * * /
#define    LED_TYPE  0x00  //定义 LED 类型，0x00——共阴，0xff——共阳
#define  Timer0_Reload  (65536UL - ((MAIN_Fosc + SysTick/2) / SysTick))    /* Timer 0 中断频率，
在 config. h 中指定系统滴答频率，在 4000~16000 * /
```

367

```
/************************************************************/

/* * * * * * * * * * *  本地常量声明  * * * * * * * * * * * * * */
uChar8 code t_display[] = {              //标准字库
/* 0    1    2    3    4    5    6    7    8    9    A    B    C    D    E    F*/
   0x3F,0x06,0x5B,0x4F,0x66,0x6D,0x7D,0x07,0x7F,0x6F,0x77,0x7C,0x39,0x5E,0x79,0x71,
/* black  -    H    J    K    L    N    o    P    U    t    G    Q    r    M    y*/
   0x00,0x40,0x76,0x1E,0x70,0x38,0x37,0x5C,0x73,0x3E,0x78,0x3d,0x67,0x50,0x37,0x6e,
   0xBF,0x86,0xDB,0xCF,0xE6,0xED,0xFD,0x87,0xFF,0xEF,0x46}; /*0. 1. 2. 3. 4. 5. 6. 7. 8. 9. -1*/
uChar8 code T_COM[] = {0x01,0x02,0x04,0x08,0x10,0x20,0x40,0x80};     //位码
/* * * * * * * * * * *  I/O 口定义  * * * * * * * * * * * * * */
sbit  HC595_SER   = P5^0;     //pin 14  SER     data input
sbit  HC595_RCLK  = P5^2;     //pin 12  RCLk   store (latch) clock
sbit  HC595_SRCLK = P5^3;     //pin 11  SRCLK  Shift data clock
/* * * * * * * * * * *  本地变量声明  * * * * * * * * * * * * * */
uChar8   LED8[8];            //显示缓冲
uChar8   display_index;      //显示位索引
bit   B_1ms;                 //1ms 标志
uChar8   cnt_1ms;            //1ms 基本计时
/* * * * * * * * * * *  本地函数声明  * * * * * * * * * * * * * */
void Timer0Init(void)        //100μs@22.1184MHz
{
    AUXR |= 0x80;            //定时器时钟 1T 模式
    TMOD &= 0xF0;            //设置定时器模式
    TL0 = 0x5C;             //设置定时初值
    TH0 = 0xF7;             //设置定时初值
    TF0 = 0;               //清除 TF0 标志
    ET0 = 1;               //定时器 0 中断允许
    TR0 = 1;               //定时器 0 开始计时
}
/* * * * * * * * * * *  外部函数声明和外部变量声明 * * * * * * * * * * * * * */

/* * * * * * * * * * * * * 主函数 * * * * * * * * * * * * * * * * * * * */
void main(void)
{
    uChar8  i;

    display_index = 0;

    Timer0Init();
    cnt_1ms = SysTick / 1000;
    EA = 1;                                    //打开总中断

    for(i = 0; i<8; i++)  LED8[i] = DIS_;       //上电显示
```

```
      LED8[4] = DIS_BLACK;
      LED8[5] = DIS_BLACK;

  while(1)
  {
      if(B_1ms)   //1ms 到
      {
         B_1ms = 0;

         if(B_IR_Press)                              //检测到收到红外键码
         {
            B_IR_Press = 0;
            LED8[0] = (uChar8)((UserCode >>12) & 0x0f);    /*用户码高字节的高半字节*/
            LED8[1] = (uChar8)((UserCode >>8)  & 0x0f);    /*用户码高字节的低半字节*/
            LED8[2] = (uChar8)((UserCode >>4)  & 0x0f);    /*用户码低字节的高半字节*/
            LED8[3] = (uChar8)(UserCode & 0x0f);           /*用户码低字节的低半字节*/
            LED8[6] = IR_code >> 4;
            LED8[7] = IR_code & 0x0f;
         }
      }
  }
}
/**************************************************/


/************* 向 HC595 发送一个字节函数 ****************/
void Send_595(uChar8 dat)
{
  uChar8  i;
  for(i = 0; i<8; i++)
  {
    dat <<= 1;
    HC595_SER   = CY;
    HC595_SRCLK = 1;
    HC595_SRCLK = 0;
  }
}
/******************** 显示扫描函数 *******************/
void DisplayScan(void)
{
  P6 = (~LED_TYPE ^ T_COM[display_index]);               //输出位码
  Send_595( LED_TYPE ^ t_display[LED8[display_index]]);  //输出段码
  HC595_RCLK = 1;
  HC595_RCLK = 0;                                        //锁存输出数据
  if( ++display_index >= 8)  display_index = 0;          //8 位结束回 0
```

```
}
/ * * * * * * * * * * * * * * * * * * Timer0 1ms 中断函数 * * * * * * * * * * * * * * * * * * * * */
void timer0 (void) interrupt 1
{
    IR_RX_HT6121();
    if( - -cnt_1ms = = 0)
    {
        cnt_1ms = SysTick / 1000;
        B_1ms = 1;    //1ms 标志
        DisplayScan();  //1ms 扫描显示一位
    }
}
```

主程序文件中，包括标准字库定义、使用的 I/O 口定义、HC595 用驱动函数、定时器 0 初始化函数、定时器 0 中断处理函数、显示函数、主函数等。

三、红外发送（编码）

1. 红外发送板

前面已经提到，上述实验所用的遥控器是厂家已经定制好的，用户无法更改，或者说用户无法真正了解其编码的原理，为了解决此问题，作者还开发了一块小实验板——MGIR-V1.0 红外编码实验板，通过编写代码，制作属于自己的遥控器。其原理图如图 12-9 所示。

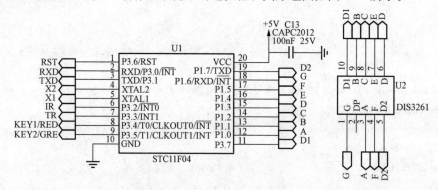

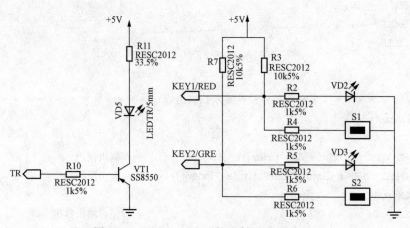

图 12-9 MGIR-V1.0 遥控发射板原理图

2. 红外编码发射

该实例是通过编写程序，控制其红外发射小板发射红外数据，并将数据码显示到数码管上，在发射过程中用 FSST15-V1.0 实验板接收红外发射的数据，并比对自己发射的数据和接收到的数据是否相同，若发送的数据与接收到的数据完全相同，则说明整个数据传输过程正确无误。红外编码发射代码如下：

```c
#include "STC11F04E.h"
typedef unsigned char uChar8;
typedef unsigned int   uInt16;
uChar8 code DuanArr[] = {                 //段码显示编码
0x3f,0x06,0x5b,0x4f,0x66,0x6d,0x7d,0x07,
0x7f,0x6f,0x77,0x7c,0x39,0x5e,0x79,0x71};
sbit TxIrLed = P3^3;                      //红外发送管
sbit DisWeiH = P3^7;                      //数码管高位位选
sbit LedYellow = P3^4;                    //发送(黄色)指示灯 高电平点亮
sbit LedGreen = P3^5;                     //接收(绿色)指示灯 高电平点亮
sbit Key1 = P3^4;                         //发送模式选择按键
sbit Key2 = P3^5;                         //接收模式选择按键
//发送使用全局变量
uInt16 g_uiTimeCount;                     //延时计数器
uChar8 g_ucIrSendFlag;                    //红外发送标志
uChar8 g_ucIrAddr1;                       //16 位地址的第一个字节
uChar8 g_ucIrAddr2;                       //16 位地址的第二个字节
void DelayMS(unsigned int ms)
{
unsigned char a,b,c;
unsigned int i;
for(i = 0; i < ms; i++)
{
for(c=4;c>0;c--)
for(b=197;b>0;b--)
for(a=2;a>0;a--);
}
}
void Port_Init(void)
{
    P3M1 = 0x00;
    P3M0 = 0x00;                          //P3 口为准双向口
    P1M1 = 0x00;
    P1M0 = 0xff;                          //P1 口都为准双向口
}
void Timer1Init(void)
{
    TMOD |= 0x10;                         //设定时器 0 和 1 为 16 位模式 1
```

```
    TH1 = 0xFF;
    TL1 = 0xf6;                          //设定时值 0 为 38kHz,也就是每隔 13μs 中断一次
    ET1 = 1;                             //定时器 0 中断允许
    TR1 = 1;                             //开始计数
    EA = 1;                              //允许 CPU 中断
}
/* * * * * * * * * * * * * * * * * * * * * * * * * * * * * * * * * * * * * * * * * */
// 函数功能:红外发送数据
// 入口参数:待发送数据(p_u)
/* * * * * * * * * * * * * * * * * * * * * * * * * * * * * * * * * * * * * * * * * */
void SendIRdata(char c_IrData)
{
    int i;
    uInt16 uiEndCount;                   //终止延时计数
    uChar8 ucIrData = 0;                 //待发送数据暂存
    //发送 9ms 的起始码
    LedYellow = 1;
    uiEndCount = 695;                    //9.05ms
    g_ucIrSendFlag = 1;                  //红外发送标志置1,即发送 38kHz 载波
    g_uiTimeCount = 0;                   //时间计数清零
    while(g_uiTimeCount < uiEndCount);   //等待计数时间完成
/* * * * * * * * * * * * * * * * * 发送 4.5ms 的结果码 * * * * * * * * * * * * * * * * */
    uiEndCount = 346;                    //4.5ms
    g_ucIrSendFlag = 0;                  //红外发送标志清零,即不发送载波
    g_uiTimeCount = 0;                   //时间计数清零
    while(g_uiTimeCount < uiEndCount);   //等待计数时间完成
/* * * * * * * * * * * * * * 发送 16 位地址的前 8 位 * * * * * * * * * * * * * * * * * */
    ucIrData = g_ucIrAddr1;              //将地址前 8 位暂存,等待按位发送
    for(i = 0;i < 8;i + +)
    {
/* * * * * 先发送 0.56ms 的 38kHz 红外波(即编码中 0.56ms 的低电平) * * * * */
      uiEndCount = 43;                   //0.56ms
      g_ucIrSendFlag = 1;                //红外发送标志置1
      g_uiTimeCount = 0;                 //时间计数清零
      while(g_uiTimeCount < uiEndCount);
/* * * * * * * * * * * * 停止发送红外信号(即编码中的高电平) * * * * * * * * * * * * * */
      if(ucIrData - (ucIrData / 2) * 2)  //判断二进制数个位为 1 还是 0
      {
        uiEndCount = 130;                //1 为宽的高电平 1.69ms + 0.56ms
      }
      else
      {
        uiEndCount = 43;                 //0 为窄的高电平 0.56ms + 0.56ms
      }
```

```
  g_ucIrSendFlag = 0;
  g_uiTimeCount = 0;
  while(g_uiTimeCount < uiEndCount);
  ucIrData = ucIrData >> 1;          //右移,准备下一个发送位
}
/* * * * * * * * * * * * * * * * * *发送16位地址的后8位* * * * * * * * * * * * * * * */
ucIrData = g_ucIrAddr2;
for(i = 0;i < 8;i++)
{
  uiEndCount = 43;
  g_ucIrSendFlag = 1;
  g_uiTimeCount = 0;
  while(g_uiTimeCount < uiEndCount);
  if(ucIrData - (ucIrData / 2) * 2)
  {   uiEndCount = 130;   }
  else
  {   uiEndCount = 43;   }
  g_ucIrSendFlag = 0;
  g_uiTimeCount = 0;
  while(g_uiTimeCount < uiEndCount);
  ucIrData = ucIrData >> 1;
}
/* * * * * * * * * * * * *发送8位数据* * * * * * * * * * * * * * * * * * * * * * * * */
ucIrData = c_IrData;
for(i = 0;i < 8;i++)
{
  uiEndCount = 43;
  g_ucIrSendFlag = 1;
  g_uiTimeCount = 0;
  while(g_uiTimeCount < uiEndCount);
  if(ucIrData - (ucIrData / 2) * 2)
  {   uiEndCount = 130;   }
  else
  {   uiEndCount = 43;   }
  g_ucIrSendFlag = 0;
  g_uiTimeCount = 0;
  while(g_uiTimeCount < uiEndCount);
  ucIrData = ucIrData >> 1;
}
/* * * * * * * * * * * * * * *发送8位数据的反码* * * * * * * * * * * * * * * * * * */
ucIrData = ~ c_IrData;
for(i = 0;i < 8;i++)
{
  uiEndCount = 43;
```

```
    g_ucIrSendFlag = 1;
    g_uiTimeCount = 0;
    while(g_uiTimeCount < uiEndCount);
    if(ucIrData - (ucIrData / 2) * 2)
    {   uiEndCount = 130;   }
    else
    {   uiEndCount = 43;   }
    g_ucIrSendFlag = 0;
    g_uiTimeCount = 0;
    while(g_uiTimeCount < uiEndCount);
    ucIrData = ucIrData >> 1;
  }
  uiEndCount = 50;                    // 发送短时间的结束码
  g_ucIrSendFlag = 1;
  g_uiTimeCount = 0;
  while(g_uiTimeCount < uiEndCount);
  g_ucIrSendFlag = 0;
  LedYellow = 0;
}
void Display(uChar8 Num)
{
  DisWeiH = 0;
  P1 = DuanArr[Num/16] | 0x80;        //小数点没有使用到,忽略
  DelayMS(2);
  DisWeiH = 1; P1 = 0xff;
  P1 = 0x7f & DuanArr[Num % 16]; DelayMS(2);
    P1 = 0xff;
}
void NumIncrement(void)
{
  uChar8 i,j;
  for(i = 0; i < 16; i++)
  {
    SendIRdata(i);                    //发送数据
    for(j = 254; j > 0; j--)
      Display(i);                     //循环显示多次
  }
}
void main(void)
{
  Port_Init();                        //端口配置初始化
  Timer1Init();                       //定时器初始化
  g_ucIrAddr1 = 0x03;                 //地址码 00000011
  g_ucIrAddr2 = 0xfc;                 //地址反码 11111100
```

```
   LedYellow = 0;
   LedGreen = 0;
   while(1)
   {   NumIncrement();   }                //循环发送 0～F
}
void timeint(void) interrupt 3
{
   TH1 = 0xFF;
   TL1 = 0xf6;                            //设定时值为 38kHz 也就是每隔 13μs 中断一次
   g_uiTimeCount + + ;                    //时间计数自增
   if(1 = = g_ucIrSendFlag)               //若红外发送标志为 1 时,发送 38kHz 载波
   {   TxIrLed = ～ TxIrLed;   }          //高低电平交替,形成 26μs 的载波周期
else TxIrLed = 0;
}
```

关于该程序,简单说明几点:第一点,该测试小板用的是 STC 公司的 1T 单片机 (STC11F04E),如需具体了解读者可以自行查阅其数据手册;第二点,由于 1T 单片机执行速度比较快,所以延时函数有别(如 18～27 行代码)。

 技能训练

一、训练目标

(1)学习单片机红外接收控制技术。

(2)学会通过单片机实现红外解码显示。

二、训练步骤与内容

1. 建立一个工程

(1)在计算机 E 盘新建一个文件夹 "IRD"。

(2)启动 Keil μ Vision4 软件。

(3)选择执行 "Project" 工程菜单下的 "New μ Vision Project" 命令,新建一个 μVision 工程项目,弹出创建新项目对话框。

(4)在创建新项目对话框,输入工程文件名 "IRD1",单击 "保存" 按钮,弹出选择 CPU 数据库对话框。

(5)选择 STC CPU Data base 数据库,单击 "OK" 按钮,弹出 "Select Device for Target" 选择目标器件对话框,单击 "STC" 左边的 "＋" 号,展开选项,选择 "STC15W4K32S4" 选项。

(6)单击 "OK" 按钮,弹出是否添加标准 8051 启动代码对话框。

(7)单击 "是" 按钮,即可在开发环境自动为我们建立好包含启动代码项目的空文件,启动代码为 "STARTUP. A51"。

2. 编写程序文件

(1)单击执行 "File" 文件菜单下的 "New" 命令,新建 5 个文本文件 "TEXT1～ TEXT4"。

(2)选择 TEXT1,单击执行 "File" 文件菜单下的 "Save As" 命令,弹出另存文件对话框,在文件名栏输入 "main. c",单击 "保存" 按钮,保存文件。其他文件分别另存为 "config. h"、"HT6121. h"、" HT6121. c"。

(3)在左边的工程浏览窗口,鼠标右键单击 "Source Group1",在弹出的右键菜单中,选择

执行 "Add Files to Group′Source Group1′" 命令。

（4）弹出选择文件对话框，选择 "main. c" 文件，单击 "Add" 添加按钮，将文件添加到工程项目中，选择 " HT6121. c" 文件，单击 "Add" 添加按钮，文件添加到工程项目中。单击添加文件对话框右上角的红色 "×"，关闭添加文件对话框。

（5）在 "main. c" 文件中输入 "主程序 C 语言程序"，单击工具栏的保存按钮💾，并保存文件。输入 "红外接收配置文件" 代码到 "config. h" 文件，保存文件。输入 "HT6121 头文件" 代码到 HT6121. h 文件中，保存文件。输入 "HT6221 的 C 语言程序" 代码到 HT6121. c 文件中，保存文件。

3. 调试运行

（1）编译程序。

1）设置输出文件选项。在左边的工程浏览窗口，右键单击 "Target" 选项，在弹出的右键菜单中，选择执行 "Options for Target′Target1′" 菜单命令。

2）在 "Options for Target′Target1′" 对话框，选择 "Target" 对象目标设置页，在晶体振荡器频率设置栏 "Xtal（MHz）"，输入 "22.1184"，设置晶振频率为 22.1184 MHz。

3）在 "Options for Target′Target1′" 对话框，选择 "Output" 输出页，选择 "Create HEX File" 创建 HEX 文件。

4）单击 "OK" 按钮，返回程序编辑界面。

5）单击编译工具栏的编译所有文件按钮📖，开始编译文件。

6）在编译输出窗口，查看程序编译信息。

（2）下载程序。

1）启动 STC 单片机下载软件。

2）单击单片机型号栏右边的下拉列表箭头，选择 "IAP15W4K58S2"。单击运行时的 IRC 频率栏右边的选择下拉箭头，选择 "22.1184"（MHz）。

3）单击 "打开程序文件" 按钮，弹出 "打开程序代码文件" 对话框，选择 "IRD" 文件夹里的 "IRD1. hex" 文件，单击 "打开" 按钮，在程序代码窗口显示代码文件信息。

4）单击 "下载/编程" 按钮，此时代码显示框下面的提示框中会显示 "正在检测目标单片机"。

5）程序代码开始下载，提示框显示一串下载信息，下载完成后显示 "操作完成"，表示 HEX 代码文件已经下载到单片机中了。

（3）调试。

1）按下遥控器的不同按键，观察数码管的状态，记录数码管红外解码显示信息。

2）修改配置文件中的振荡频率为 11.0592MHz，并修改定时器 0 初始化代码定时参数 "TL0 = 0xAE; TH0 = 0xFB;"，重新编译下载程序。

3）按下遥控器的不同按键，观察数码管的状态，记录数码管红外解码显示信息，并与振荡频率为 22.11184MHz 程序下运行的信息进行比较。

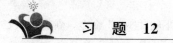

习 题 12

1. 利用 FSST15-V1.0 单片机开发板显示红外发射、接收解码数据。

2. 记录解码数据，总结解码数据显示规律。

项目十三 实时多任务操作系统及应用

（1）学习 RTX51 Tiny 操作系统。

（2）学习实时跑马灯的控制。

任务 32 RTX51 Tiny 操作系统

一、操作系统

操作系统（Operating System，OS）是管理和控制计算机硬件与软件资源的计算机程序，是直接运行在计算机上的最基本的系统软件，任何其他软件都必须在操作系统的支持下才能运行。操作系统是用户和计算机的接口，同时也是计算机硬件和其他软件的接口。操作系统的功能包括管理计算机系统的硬件、软件及数据资源，控制程序运行，改善人机界面，为其他应用软件提供支持等，使计算机系统所有资源最大限度地发挥作用，提供了各种形式的用户界面，使用户有一个好的工作环境，为其他软件的开发提供必要的服务和相应的接口。实际上，用户是不用接触操作系统的，操作系统管理着计算机硬件资源，同时按用户应用程序的资源请求，为其分配资源、划分 CPU 时间、分配内存空间、管理任务线程、调用外部设备等。

操作系统的种类有很多，具体可分为智能卡操作系统、实时操作系统、传感器节点操作系统、嵌入式操作系统、个人计算机操作系统、多处理器操作系统、网络操作系统和大型机操作系统。按其应用领域划分，操作系统主要有三种：桌面操作系统、服务器操作系统和嵌入式操作系统。

操作系统确实很多、很复杂，大家知道的有 Windows、Linux、Android 等，下面重点介绍实时操作系统，之后为大家介绍一款能运用于 51 单片机上的嵌入式操作系统。

实时操作系统（Real Time Operating System，RTOS）是指当外界事件或数据产生时，能够接受并以足够快的速度予以处理，其处理的结果又能在规定的时间之内来控制生产过程或对处理系统做出快速响应，并控制所有实时任务协调一致运行的操作系统。因而，具备实时响应和高可靠性是其主要特点。实时操作系统有硬实时和软实时之分，硬实时要求在规定的时间内必须完成操作，这是在操作系统设计时保证的；软实时则只要按照任务的优先级，尽可能快地完成操作即可。

1. RTX51 Tiny 操作系统

RTX51 Tiny 是一款可以运行在大多数 8051 兼容的器件及其派生器件上的实时操作系统（准实时），相对于传统的开发方式而言，用实时操作系统进行开发是一种效率更高的方式。

RTX51 Tiny 是 Keil 公司开发的专门针对于 8051 内核所做的实时操作系统（RTOS）。RTX51 有两个版本：RTX51-Full 与 RTX51-Tiny。Full 版本支持四级任务优先级，最大支持 256 个任务，它工作在类似于中断功能的状态下，同时支持抢占式与时间片循环调度、支持信号（signal）、消息队列、二进制信号量（semaphore）和邮箱（mailbox），其功能强大，仅仅占用6～8KB 的程序存储器空间。RTX51 Tiny 是 RTX51 Full 的子集，是一个很小的内核，只占 800B 的存储空间（主要的程序 RTX51 TNY. A51 仅有不足一千行）它适用于对实时性要求不严格的、仅要求多任务管理并且任务间通信功能不要求非常强大的应用。它仅使用 51 内部寄存器来实现，应用程序只需要以系统调用（system call）的方式引用 RTX51 中的函数即可，RTX51-Tiny 可以支持 16 个任务，多个任务遵循时间片轮转的规则，任务间以信号（signal）的方式进行通信，任务可以等待另一任务给发出信号然后再从挂起状态恢复运行，它并不支持抢占式任务切换的方式。

RTX51 Tiny 是一种实时操作系统（RTOS），用户可以使用它来建立多个任务（函数）同时执行的应用程序。RTOS 可以提供调度、维护、同步等功能。

实时操作系统能灵活地调度系统资源，如 CPU 和存储器，并且提供任务间的通信。RTX51 Tiny 是一个功能强大的 RTOS，且易于使用，能用于 8051 系列的微控制器。

RTX51 Tiny 的程序采用标准的 C 语言构造，由 Keil C51 C 编译器编译，用户可以很容易地定义任务函数，而不需要进行复杂的栈和变量结构配置，只需包含一个指定的头文件（rtx51tny. h）即可。

2. RTX51 Tiny 产品

两种 RTX51 Tiny 具体产品的规格见表 13-1。为了能更好地理解，这里对比一下 RTX51 Tiny 和 RTX51 Full 两种系统的区别。

表 13-1 两种 **RTX51 系统的产品规格比较**

文字说明	RTX51 Full	RTX51 Tiny
任务的数量	256（最多），其中 19 任务处于激活状态	16
代码空间需求	6～8KB	900 字节（最大）
数据空间需求	40～46 字节	7 字节
栈空间需求	20～200 字节	3×N（任务计数）字节
外扩 RAM 需求	650 字节（最小）	0
所用定时器	Timer 0 或者 Timer 1	Timer 0
系统时钟因子	1000～40000	1000～65535
中断等待	小于、等于 50 个周期	小于等于 20 个周期
切换时间	70～100 个周期（快速任务） 180～700 个周期（标准任务）	100～700 个周期
邮箱系统	8 个邮箱，每个邮箱 8 个入口	不可用
存储器池系统	最多可达 16 个存储器池	不可用
旗标	8×1 bit	不可用

由表 13-1 可知，RTX51 Full 比 RTX51 Tiny 功能强。

3. 目标需求

RTX51 Tiny 运行于大多数与 8051 兼容的器件上。RTX51 Tiny 应用程序可以访问外部数据存储器，但内核无此需求。

RTX51 Tiny 支持 Keil C51 编译器全部的存储模式。存储模式的选择只影响应用程序对象的位置，RTX51 Tiny 系统变量和应用程序栈空间总是位于 8051 的内部存储区（DATA 或 IDATA 区）。

RTX51 Tiny 支持协作式任务切换（每个任务调用一个操作系统例程）和时间片轮转任务切换（每个任务在操作系统切换到下一个任务前运行一个固定的时间段），不支持抢先式任务切换以及任务优先级。RTX51 Full 支持抢先式任务切换。

RTX51 Tiny 与中断函数并行运作，中断服务程序可以通过发送信号（用 isr _ send _ signal 函数）或设置任务就绪的标志（用 isr _ set _ ready 函数）与 RTX51 Tiny 的任务进行通信。如同在一个标准的、没有 RTX51 Tiny 的应用中一样，中断例程必须在 RTX51 Tiny 应用中实现并允许，RTX51 Tiny 只是没有中断服务程序的管理。

RTX51 Tiny 应用的是定时器 0、定时器 0 中断和寄存器组 1。如果在程序中使用了定时器 0，则 RTX51 Tiny 将不能正常运转。读者当然可以在 RTX51 Tiny 定时器 0 的中断服务程序后加入自己的定时器 0 中断服务程序代码。

RTX51 Tiny 假设总中断总是允许（EA=1）。RTX51 Tiny 程序库例程在需要时会改变中断系统（EA）的状态，以确保 RTX51 Tiny 的内部结构不被中断破坏。当允许或禁止总中断时，RTX51 Tiny 只是简单地改变 EA 的状态，而不会保存也并不重装 EA，EA 只是简单地被置位或清除。因此，如果程序在调用 RTX51 例程前终止了中断，RTX51 可能会失去响应。在程序的临界区，可能需要在短时间内禁止中断。但是，在中断禁止后是不能调用任何 RTX51 Tiny 例程的。如果程序确实需要禁止中断，则应该持续很短的时间。

4. 寄存器组

RTX51 Tiny 分配所有的任务到寄存器 0，因此，所有的函数必须用 C51 默认的设置进行编译。中断函数可以使用剩余的寄存器组。然而，RTX51 Tiny 需要寄存器组区域中 6 个永久性的字节，这些字节的寄存器组需要在配置文件中指定（CONF _ TNY. A51）。

二、实时程序

实时程序必须对实时发生的事件快速响应。事件很少的程序不用实时操作系统也很容易实现，但随着事件的增加，编程的复杂程度和难度也随之加大，这正是 RTOS 的用武之地。

1. 单任务程序

嵌入式程序和标准 C 程序都是从 main 函数开始执行的，在嵌入式应用中，main 通常是无限循环执行的，或者认为是一个持续执行的单任务。例如：

```
void main (void)
{
    while(1)                /* while 循环 */
    {
        do_something();    /* 执行 do_something "任务" */
    }
}
```

在这个例子里，do _ something 函数可以认为是一个单任务，由于仅有一个任务在执行，所以没有必要进行多任务处理或使用多任务操作系统。

2. 多任务程序

C 程序可以在一个循环里调用服务函数（或任务）来实现伪多任务调度。例如：

```
void main(void)
{
```

```
    int counter = "0";
    while(1)                          //while循环
    {
        check_serial_io();            //检查串行输入
        process_serial_cmds();        //处理串行输入
        check_kbd_io();               //检查键盘输入
        process_kbd_cmds();           //处理键盘输入
        Adjust_ctrlr_parms();         //调整控制器
        counter + + ;                 //增加计数器值
    }
}
```

该例中，每个函数执行一个单独的操作或任务，函数（或任务）按次序依次执行。随着任务越来越多，调度问题就被自然而然地提出来了。例如，如果 process_kbd_cmds 函数执行时间较长，则主循环就可能需要较长的时间才能返回来执行 check_sericd_io 函数，这样可能会导致串行数据丢失。

3. RTX51 Tiny 程序

当使用 Rtx51 Tiny 时，为每个任务建立独立的任务函数。程序如下：

```
void check_serial_io_task(void) _task_ 1
{/ * 该任务检测串行 I/O * /}
void process_serial_cmds_task(void) _task_ 2
{/ * 该任务处理串行命令 * /}
void check_kbd_io_task(void) _task_ 3
{/ * 该任务检测键盘 I/O * /}
void process_kbd_cmds_task(void) _task_ 4
{/ * 该任务处理键盘命令 * /}
void startup - _task(void) _task_ 0
{
    os_create_task(1);       //建立串行 I/O 任务
    os_create_task(2);       //建立串行命令任务
    os_create_task(3);       //建立键盘 I/O 任务
    os_create_task(4);       //建立键盘命令任务
    os_delete_task(0);       //删除启动任务
}
```

该例中，每个函数定义为一个 RTX51 Tiny 任务。RTX51 Tiny 程序不需要 main 函数，取而代之，RTX51 Tiny 从任务 0 开始执行。在典型的应用中，任务 0 只是用于创建建立所有其他的任务，建立完成后便删除任务 0。

三、多任务管理原理

1. 定时器滴答中断

RTX51 Tiny 用标准 8051 的定时器 0（模式 1）产生一个周期性的中断，该中断就是 RTX51 Tiny 的定时滴答（Timer Tick）。库函数中的超时和时间间隔就是基于该定时滴答来测量的。默认情况下，RTX51 每 10000 个机器周期产生一个滴答中断，因此，对于运行于 12MHz 的标准 8051 单片机来说，滴答的周期是 0.01s，也即频率是 100Hz（12MHz/12/10000）。该值当然可以在 CONF_TNY. A51 配置文件中进行修改。

2. 任务及管理

RTX51 Tiny 本质上是一个任务切换器，建立一个 RTX51 Tiny 程序，就是建立一个或多个任务函数的应用程序。任务用新关键字是由 C 语言定义的，该关键字是 Keil C51 所支持的。RTX51 Tiny 维护每个任务处于正确的状态（运行、就绪、等待、删除、超时）。其中某个时刻只有一个任务处于运行状态，任务也可能处于就绪、等待、删除或超时态。空闲任务（Idle_Task）总是处于就绪态，当定义的所有任务处于阻塞状态时，运行该任务（空闲任务）。

每个 RTX51 Tiny 任务总是处于上述状态中的一种状态中，各种状态功能描述见表 13-2。

表 13-2   状态功能描述

状态	功 能 描 述
运行	正在运行的任务处于运行态。某个时刻只能有一个任务处于该状态。os_running_task_id 函数返回当前正在运行的任务编号
就绪	准备运行的任务处于就绪态。一旦运行的任务完成了处理，RTX51 Tiny 就选择一个就绪的任务执行。一个任务可以通过用 os_set_ready 或 isr_set_ready 函数设置就绪标志来使其立即就绪（即便该任务正在等待超时或信号）
等待	正在等待一个事件的任务处于等待态。一旦事件发生，任务就切换到就绪态。Os_wait 函数用于将一个任务置为等待态
删除	没有被启动或已被删除的任务处于删除态。Os_delete_task 函数将一个已经启动（用 os_create_task）的任务置为删除态
超时	被超时循环中断的任务处于超时态。在循环任务程序中，该状态相当于就绪态

3. 事件

在实时操作系统中，事件可以用于控制任务的执行，一个任务可能等待一个事件，也可能向其他任务发送任务标志。os_wait 函数可以使一个任务等待一个或多个事件。

超时是一个任务可以等待的公共事件。超时就是一些时钟滴答数，当一个任务等待超时时，其他任务就可以执行了。一旦到达指定数量的滴答数，任务就可以继续执行。

时间间隔（Interval）是一个超时（Timeout）的变种。时间间隔与超时类似，不同的是时间间隔是相对于任务上次调用 os_wait 函数的指定数量的时钟滴答数。

信号是任务间通信的方式。一个任务可以等待其他任务给它发送信号（用 os_send_signal 和 isr_send_signal 函数）。

每个任务都有一个可以被其他任务设置的就绪标志（用 os_set_ready 和 isr_set_ready 函数）。多个等待超时、时间间隔或信号的任务可以通过设置它的就绪标志来启动。

os_wait 函数等待的事件列表和返回值见表 13-3。

表 13-3   os_wait 函数事件列表

参数名称	事件说明	返回值名称	返回值的意义
K_IVL	等待指定的间隔时间	RDY_EVENT	任务的就绪标志被置位
K_SIG	等待一个信号	SIG_EVENT	收到一个信号
K_TMO	等待指定的超时时间	TMO_EVENT	超时完成或时间间隔到达

os_wait 函数还可以等待事件组合，组合形式如下。

（1）K_SIG | K_TMO：任务延迟直到有信号发给它或者指定数量的时钟滴答数到达。

（2）K_SIG | K_IVL：任务延迟直到有信号到来或者指定的时间间隔到达。

注意：K_IVL 和 K_TMO 事件不能组合！

4. 循环任务切换

RTX51 Tiny 可以配置为用循环法进行多任务处理（任务切换）。循环法允许并行地执行若干任务，任务并非真的同时执行，而是分时间片执行的（CPU 时间分成时间片，RTX51 Tiny 给每个任务分配一个时间片），由于时间片很短（几毫秒），因此看起来好像任务在同时执行。任务在它的时间片内持续执行（除非任务的时间片用完），然后，RTX51 Tiny 切换到下一个就绪的任务运行。时间片的持续时间可以通过 RTX51 Tiny 配置定义。

下面是一个 RTX51 Tiny 程序的例子，用循环法处理多任务，程序中的两个任务是计数器循环。RTX51 Tiny 在启动时执行函数名为 job0 的任务 0，同时该函数建立了另一个任务 job1，在 job0 执行完它的时间片后，RTX51 Tiny 切换到 job1，在 job1 执行完它的时间片后，RTX51 Ting 又切换到 job0，该过程无限重复。具体程序代码如下：

```
＃include< rtx51tny. h>
int counter0;
int counter1;
void job0(void)  _ task _   0
{
    os _ create(1);          //标记任务 1 为就绪
    while(1)                 //无限循环
    {
        counter0 + +;        //更新计数器
    }
}
void job1(void)  _ task _   1
{
    while(1)                 //无限循环
    {
        counter + +;         //更新计数器
    }
}
```

特别提醒：如果禁止了循环任务处理，就必须让任务以协作的方式运行，在每个任务里调用 os _ wait 或 os _ switch _ task，以通知 RTX51 Tiny 切换到另一个任务。os _ wait 与 os _ switch _ task 的不同是，os _ wait 是让任务等待一个事件，而 os _ switch _ task 是立即切换到另一个就绪的任务。

5. 空闲任务

没有任务准备运行时，RTX51 Ting 执行一个空闲任务。空闲任务就是一个无限循环。有些与8051兼容的芯片提供一种降低功耗的空闲模式，该模式停止程序的执行，直到有中断产生为止。在该模式下，所有的外设包括中断系统仍在运行。RTX51 Tiny 允许在空闲任务中启动空闲模式。当 RTX51 Tiny 的定时滴答中断（或其他中断）产生时，微控制器恢复程序的执行。空闲任务执行的代码在 CONF _ TNY. A51 配置文件中允许和配置。

6. 栈管理

RTX51 Tiny 为每个任务在8051的内部 RAM 区（IDATA）维护一个栈。任务运行时，将尽可能得到最大数量的栈空间。任务切换时，先前的任务栈被压缩并重置，当前任务的栈被扩展和重置。图 13-1 所示的栈区分配图表明一个三任务应用的内部存储器的布局。

图 13-1 中，"STACK" 表示栈的起始地址。该例中，位于栈下方的对象包括全局变量、寄

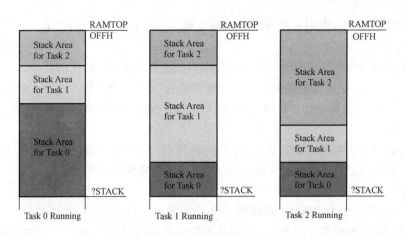

图 13-1   三个任务运行时栈区分配图

存储器和位寻址存储器，剩余的存储器用于任务栈。

四、RTX51 Tiny 的配置

工程项目有区别，应用 RTX51 Tiny 的方式和方法也有差异，为了满足不同的需求，Keil 公司提供了可定制的 RTX51 Tiny，以满足用户需求。

1. 配置

建立了嵌入式应用后，RTX51 Tiny 必须要进行配置。所有的配置设置都在 CONF _ TNY. A51 文件中进行，该文件位于 Keil 安装目录。

"D：\ keil4 \ C51 \ RtxTiny2 \ SourceCode"下。在 CONF _ TNY. A51 中允许配置的选项如下，"→"后的为默认配置。

(1) 指定滴答中断寄存器组 → INT _ REGBANK   EQU   1。

(2) 指定滴答间隔（以 8051 机器周期为单位）→ INT _ CLOCK   EQU   10000。

(3) 指定循环超时 → TIMESHARING EQU   5。

(4) 指定应用程序占用长时间的中断 → LONG _ USR _ INTR   EQU   0。

(5) 指定是否使用 code banking → CODE _ BANKING   EQU   0。

(6) 定义 RTX51 Tiny 的栈顶 → RAMTOP   EQU   0FFH。

(7) 指定最小的栈空间需求 → FREE _ STACK   EQU   20。

(8) 指定栈错误发生时要执行的代码→ STACK _ ERROR   MACRO。

CLR   EA   SJMP $ ENDM。

注意：CONF _ TNY. A51 的默认配置包含在 RTX51 Tiny 库中。但是，为了保证配置的有效性和正确性，须将 CONF _ TNY. A51 文件复制到工程目录下并将其加入到工程中。

第 1 个配置项"指定滴答中断寄存器组"的作用是指定哪些寄存器用于 RTX51 Tiny，默认为寄存器"1"。

第 2 个配置项"指定滴答间隔"用于定义系统的时钟间隔。系统时钟使用这个间隔产生中断，定义的数目确定了每一中断的 CPU 周期数量。假如单片机的晶振频率为 12MHz，则周期就是 10ms。

第 3 个配置项"指定循环超时"用于指定时间片轮转任务切换的超时时间。它的值表明了在 RTX51 Tiny 切换到另一任务之前时间报时信号中断的数目。如果这个值为 0，则时间片轮转多重任务将失效。这里定义为 5，那就意味着一个任务分配的时间为 5×10ms＝50ms。

第 6 个配置项"定义 RTX51 Tiny 的栈顶"用于指定 RTX51 Tiny 运行的栈顶，也即表明

8051 派生系列存储器单元的最大尺寸。用于 8051 时，这个值应设定为 07FH，用于 8052 时该值设置设定为 0FFH。

第 7 个配置项"指定最小的栈空间需求"按字节定义了自由堆栈区的大小。当切换任务时，RTX51 Tiny 检验栈区指定数量的有效字节，如果栈区太小，则 RTX51 Tiny 将激活 STACK_ERROR 宏；若设为 0，则会禁止栈检查。用于 FREE_STACK 的缺省值是 20 字节，其允许值为 00H~0FFH。

第 8 个配置项是"指定栈错误发生时要执行的代码"，RTX51 Tiny 检查到一个栈有问题时，便运行此宏，读者可以将这个宏改为自己的应用程序需要完成的任何操作。

2. RTX51 Tiny 的优化

在用 RTX51 Tiny 做工程时，可以借助以下方式来优化系统，具体方法如下。

（1）如果可能，禁止循环任务切换。循环切换需要 13 个字节的栈空间存储任务环境和所有的寄存器。当任务切换通过调用 RTX51 Tiny 库函数（像 os_wait 或 os_switch_task）触发时，不需要这些空间。

（2）用 os_wait 替代依靠循环超时切换任务。这样可以缩短系统反应时间和任务响应时间。

（3）避免将滴答中断率设置得太快。

（4）为了最小化存储器需求，推荐从 0 开始对任务进行编号。

五、RTX51 Tiny 应用

RTX51 Tiny 的应用分为编写 RTX51 程序，编译并链接程序，测试和调试程序三大步骤。

1. 编写程序

写 RTX51 Tiny 程序时，必须用关键字对任务进行定义，并使用在 RTX51TNY.h 中声明的 RTX51 Tiny 核心例程。

（1）包含文件。RTX51 Tiny 仅需要包含一个文件 RTX51TNY.h。所有的库函数和常数都在该头文件中定义。包含方式为 #include<rtx51tny.h>。

（2）编程原则。以下是建立 RTX51 Tiny 程序时必须遵守的原则。

1）确保包含了 RTX51TNY.h 头文件，不要建立 main 函数，RTX51 Tiny 有自己的 mian 函数。

2）中断必须有效（EA=1），在临界区要禁止中断时一定要小心。读者可以参见概述中的中断一节。

3）程序必须至少包含一个任务函数，Task 0 是程序中首先要执行的函数，必须在任务 0 中调用 os_create_task 函数以运行其他任务。

4）程序必须至少调用一个 RTX51 Tiny 库函数（如 os_wait），否则链接器将不包含 RTX51 Tiny 库。

5）任务函数必须是从不退出或返回的。任务必须用一个 while（1）或类似的结构重复。用 os_delete_task 函数停止运行的任务。

6）必须在 uVision（Keil μVision4）中指定 RTX51 Tiny，或者在连接器命令行中进行指定。

（3）定义任务。实时或多任务应用由一个或多个执行具体操作的任务组成，RTX51 Tiny 最多支持 16 个任务。任务就是一个简单的 C 函数，返回类型为 void，参数列表为 void，并且用 _task_ 声明函数属性。例如：

```
void func(void) _task_ task_id
```

其中：func 是任务函数的名字；task_id 是从 0 到 15 的一个任务 ID 号。

下面的例子定义函数 job0 编号为 0 的任务。该任务使一个计数器递增并不断重复。程序如下：
```
void job0(void) _ task_ 0
{
    while(1)
    {
        Counter0 + + ;
    }
}
```

附注：①所有的任务都应该是无限循环；②不能对一个任务传递参数，任务的形参必须是void；③每个任务必须赋予一个唯一的且不重复的 ID；④为了最小化 RTX51 Tiny 的存储器需求，建议从 0 开始对任务进行顺序编号。

2. 编译和链接

有两种方法编译和链接 RTX51 Tiny 应用程序，分别为用 μVision 集成开发环境和用命令行工具。这里对用命令行工具编译和链接不作讲解，主要讲述用 μVision 集成开发环境的编译和链接方法。

用 μVision 建立 RTX51 Tiny 程序，除了以上编写程序时所要求的之外，这里还有很重要的一点设置，那就是在"Options for Target"中添加"RTX51 Tiny"，操作过程如下。

在 Keil μVision4 的主界面下选择"Project" → "Options for Target"选项（或直接接 Alt＋F7），打开"Options for Target"目标对话框，接着选择"Target"选项卡，在下面的"Operating system"列表框中选择"RTX-51 Tiny"选项，具体操作如图 13-2 所示。

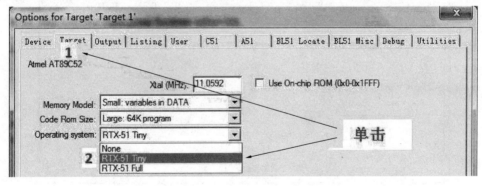

图 13-2 添加"RTX-51 Tiny"操作系统

3. 调试

μVision 模拟器允许运行和测试 RTX51 Tiny 应用程序。RTX51 Tiny 程序的载入和无 RTX51 Tiny 程序的载入是一样的，无需指定特别的命令和选项。

在调试过程中，可以借助一个对话框显示 RTX51 Tiny 程序中任务的所有特征。具体操作步骤如下。

（1）由编程界面进入仿真界面，直接按快捷键 CTRL＋F5（当然可以使用其他方法）。

（2）在仿真界面，选择执行"Debug" → "OS Support" → "Rtx-Tiny Tasklist"命令，具体操作如图 13-3 所示。

（3）打开的"Rtx-Tiny-Tasklist"实时任务列表对话框如图 13-4 所示。

该对话框中各个项目的含义介绍如下。

1）TID：TID 是在任务定义中指定的任务 ID。

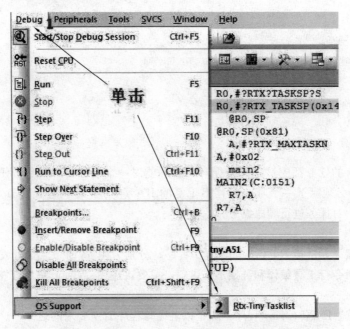

图 13-3 执行 "RTX—51 Tiny Tasklist" 命令

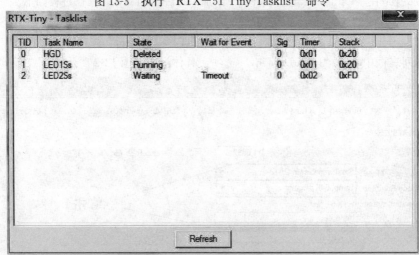

图 13-4 打开的 Rtx-Tiny-Tasklist 对话框

2）Task Name：Task Name 是任务函数的名字。

3）State：State 是任务当前的状态。

4）Wait for Event：Wait for Event 指出任务正在等待什么事件。

5）Sig：Sig 显示任务信号标志的状态（1 为置位）。

6）Timer：Timer 指示任务距超时的滴答数，这是一个自由运行的定时器，仅在任务等待超时和时间间隔时使用。

7）Stack：Stack 指示任务栈的起始地址。

六、参考函数

1. 函数调用

RTX51 Tiny 的系统函数调用之前必须包含 "rtx51tny. h" 头文件。

（1）以 os_ 开头的函数可以由任务调用，但不能由中断服务程序调用。

（2）以 isr＿开头的函数可以由中断服务程序调用，但不能由任务调用。

2. irs＿send＿signal

定义：char isr＿send＿signal（unsigned char task＿id）；　　／＊给任务发送信号＊／

描述：isr＿send＿signal 函数给任务 task＿id 发送一个信号。如果指定的任务正在等待一个信号，则该函数使该任务就绪，但不启动它，信号存储在任务的信号标志中。

返回值：成功调用后返回 0，如果指定任务不存在，则返回-1。

参阅：os＿clear＿signal，os＿send＿signal，os＿wait。

例如：isr＿send＿signal（13）；　　／＊给任务 13 发信号＊／

3. irs＿set＿ready

定义：char isr＿set＿ready（unsigned char task＿id）；　　／＊使任务就绪＊／

描述：将由 task＿id 指定的任务置为就绪态。

例如：isr＿set＿ready（6）；　　／＊置位任务 6 的就绪标志＊／

4. os＿clear＿signal

定义：char os＿clesr＿signal（unsigned char task＿id）；　　／＊清除信号的任务＊／

描述：清除由 task＿id 指定的任务信号标志。

返回值：信号成功清除后返回 0，指定的任务不存在时返回-1。

参阅：isr＿send＿signal，os＿send＿signal，os＿wait。

例如：os＿clear＿signal（5）；　　／＊清除任务 5 的信号标志＊／

5. os＿create＿task

定义：char os＿create＿task（unsigned char task＿id）；　　／＊要启动的任务 ID＊／

描述：启动任务 task＿id，该任务被标记为就绪，并在下一个时间点开始执行。

返回值：任务成功启动后返回 0，如果任务不能启动或任务已在运行，或没有以 task＿id 定义的任务，则返回-1。

例如：

```
void new＿task（void）＿task＿2
{ … }
void tst＿os＿create＿task（void）＿task＿0
{
    if（os＿create＿task（2））/＊返回的不是" 0" ＊/
      printf（" couldn´t start task2 \ n"）;/＊ 返回的是" -1" ＊/
}
```

6. os＿delete＿task

定义：char os＿delete＿task（unsigned char task＿id）；　　／＊要删除的任务＊／

描述：函数将由 task＿id 指定的任务停止，并从任务列表中将其删除。

返回值：任务成功停止并删除后返回 0，指定任务不存在或未启动时返回-1。

附注：如果任务删除自己，将立即发生任务切换。

例如：

```
void tst＿os＿delete＿task（void）＿task＿0
{
    if（os＿delete＿task（2））/＊ 没有删除任务 2＊/
    {
      printf（" couldn´t stop task2 \ n"）;
```

```
    }
}
```

7. os_reset_interval

定义：void os_reset_interval（unsigned char ticks）；   /＊定时器滴答数＊/

描述：用于纠正由于 os_wait 函数同时等待 K_IVL 和 K_SIG 事件而产生的时间问题。在这种情况下，如果一个信号事件（K_SIG）引起 os_wait 退出，时间间隔定时器并不调整，这样，会导致后续的 os_wait 调用（等待一个时间间隔）延迟的不是预期的时间周期。此函数允许用户将时间间隔定时器复位，这样，后续对 os_wait 的调用就会按预期的操作进行。

例如：

```
void task_func (void) _task_ 4
{
    switch (os_wait2 (KSIG | K_IVL, 100))
    {
        case TMO_EVENT: break; /＊发生了超时，不需要 os_reset_interval＊/
        case SIG_EVCENT: /＊收到信号，需要 os_reset_interval＊/
            os_reset_interval (100); /＊依信号执行的其他操作＊/
        break;
    }
}
```

8. os_running_task_id

定义：char os_running_task_id（void）；

描述：函数确认当前正在执行的任务的任务 ID。

返回值：返回当前正在执行的任务号，该值为 0~15 的某一个数。

例如：

```
void tst_os_running_task (void) _task_ 3
{
    unsigned char tid;
    tid = os_running_task_id ( ); /＊tid = 3＊/
}
```

9. os_send_signal

定义：char os_send_signal（char task_id）；   /＊信号发往的任务＊/

描述：函数向任务 task_id 发送一个信号。如果指定的任务已经在等待一个信号，则该函数使任务准备执行但不启动它。信号存储在任务的信号标志中。

返回值：成功调用后返回 0，指定任务不存在时返回-1。

例如：os_send_signal（2）；   /＊向 2 号任务发信号＊/

10. os_set_ready

定义：char os_set_ready（unsigned char task_id）；   /＊使就绪的任务＊/

描述：将由 task_id 指定的任务置为就绪状态。

例如：os_set_ready（1）；   /＊置位任务 1 的就绪标志＊/

11. os_switch_task

定义：char os_switch_task（void）；

描述：该函数允许一个任务停止运行，并运行另一个任务。如果调用 os _ switch _ task 的任务是唯一的就绪任务，它将立即恢复运行。

例如：os _ switch _ task ( )；　　　/ * 运行其他任务 * /

12. os _ wait

定义：char os _ wait (unsigned char event _ sel,　　/ * 要等待的事件 * /

　　　　　　　　unsigned char ticks,　　　　/ * 要等待的滴答数 * /

　　　　　　　　unsigned int dammy)；　　/ * 无用参数 * /

描述：该函数挂起当前任务，并等待一个或几个事件，如时间间隔、超时或从其他任务和中断发来的信号。参数 event _ set 指定要等待的事件，具体情况见表 13-4。

表 13-4　　　　　　　　　　os _ wait ( ) 函数事件参数列表

事 件	描 述
K _ IVL	等待滴答值为单位的时间间隔
K _ SIG	等待一个信号
K _ TMO	等待一个以滴答值为单位的超时

这里 K _ SIG 可能比较好理解，但对于 K _ TMO 和 K _ IVL 的理解可能就比较模糊了。都是从调用 os _ wait 此刻挂起任务，前者是延时 K _ TMO 个滴答数，后者是间隔 K _ IVL 个滴答数，最后等到时间到了以后都回到 READY 状态，并且可以被再次执行。真正的区别是前者定时器的节拍数会复位，而后者不会。

返回值：当有一个指定的事件发生时，任务进入就绪态。任务恢复执行时，表 13-5 列出了由返回的常数指出的使任务重新启动事件。

表 13-5　　　　　　　　　　os _ wait ( ) 函数的返回值

返 回 值	描 述
RDY _ EVENT	表示任务的就绪标志是被或函数置位的
SIG _ EVENT	收到一个信号
TMO _ EVENT	超时完成，或时间间隔到
NOT _ OK	参数的值无效

例如：

```
#include<rtx51tny.h>
void tst _ os _ wait(void) _ task _ 9
{
    while(1)
    {
        char event;
        event = os _ wait(K _ SIG | K _ TMO, 50.0);
        switch(event)
        {
            default: ; break;        / * 从不发生该情况 * /
            case : TMO _ EVENT; break;   / * 超时，50 次滴答超时 * /
            case : SIG _ EVENT; break;   / * 收到信号 * /
        }
```

```
    }
}
```

13. os _ wait1

定义：char os _ wait1 (unsigned char event _ sel);　　　/ * 要等待的事件 * /

描述：该函数挂起当前的任务等待一个事件发生。os _ wait1 是 os _ wait 的一个子集，它不支持 os _ wait 提供的全部事件。参数 event _ sel 指定要等待的事件，该参数只能是 K _ SIG。

返回值：当指定的事件发生时，任务进入就绪态。当任务恢复运行时，os _ wait1 返回的值表明所启动的任务事件，返回值见表 13-6。

表 13-6　　　　　　　　　　　　os _ wait1 ( ) 函数返回值列表

返 回 值	描 述
RDY _ EVENT	任务的就绪标志位是被 os _ set _ ready 或 isr _ set _ ready 置位的
SIG _ EVENT	收到一个信号
NOT _ OK	event _ sel 参数的值无效

14. os _ wait2

定义：char os _ wait2 (unsigned char event _ sel,　　　/ * 要等待的事件 * /

unsigned char ticks);　　　　　　　　　　　　/ * 要等待的滴答数 * /

描述：函数挂起当前任务等待一个或几个事件发生，如时间间隔、超时或一个从其他任务或中断来的信号。参数 event _ sel 指定的事件参考表 13-4，返回值参考表 13-5 和 13-6。

七、RTX51 Tiny 的应用

1. 用 RTX51 Tiny 控制渐暗的流星灯

（1）控制要求。用 RTX51 Tiny 的实时操作系统控制 MGMC-V2.0 开发板上 8 个 LED 灯，使 8 个 LED 灯从上到下亮度依次变暗。

（2）控制程序清单。

1）任务文件 task.c。程序代码如下：

```
# include   <rtx51tny.h>
# include   "common.h"     // 包含公共头文件
/ * ******************************************************
/ *   初始化任务函数名称：Init _ Task()
 ***************************************************** * /
void  Init _ Task(void)  _task_   INIT _ ID
{
  os _ create _ task(LED1 _ ID);   os _ create _ task(LED2 _ ID); / *  启动 LED1/2 _ ID(1/2)任务 * /
  os _ create _ task(LED3 _ ID);   os _ create _ task(LED4 _ ID);   os _ create _ task(LED5 _ ID);
  os _ create _ task(LED6 _ ID);   os _ create _ task(LED7 _ ID);   os _ create _ task(LED8 _ ID);
  os _ delete _ task(INIT _ ID); //  初始化只需一遍，因此删除 INIT _ ID(0)任务
}
/ * ******************************************************
/ *   LED1 任务函数：LED1 _ Task()
 ***************************************************** * /
void  LED1 _ Task(void)  _task_   LED1 _ ID
{
```

```
    while(1)
    {
        LED1  =  0;   os_wait(K_TMO, 9, 0);    //  等待 9ms 的时间超时，以下同理
        LED1  =  1;   os_wait(K_TMO, 1, 0);
    }
}
```
/* **
/*   LED2 任务函数：LED2_Task()
   *** */

```
void  LED2_Task(void)  _task_  LED2_ID
{
  while(1)
  {
    LED2  =  0;   os_wait(K_TMO, 7, 0);
    LED2  =  1;   os_wait(K_TMO, 3, 0);
  }
}
```
/* **
/*   LED3 任务函数：LED3_Task()
   *** */

```
void  LED3_Task(void)  _task_  LED3_ID
{
  while(1)
  {
    LED3  =  0;   os_wait(K_TMO, 6, 0);
    LED3  =  1;   os_wait(K_TMO, 4, 0);
  }
}
```

/* **
/*   LED4 任务函数：LED4_Task()
   *** */
```
void  LED4_Task(void)  _task_  LED4_ID
{
  while(1)
  {
    LED4  =  0;   os_wait(K_TMO, 5, 0);
    LED4  =  1;   os_wait(K_TMO, 5, 0);
  }
}
```
/* **
/*   LED5 任务函数：LED5_Task()

任务
32

```
*********************************************************** */

void  LED5 _ Task(void)  _ task _   LED5 _ ID
{
  while(1)
  {
    LED5  =  0;   os _ wait(K _ TMO, 4, 0);
    LED5  =  1;   os _ wait(K _ TMO, 6, 0);
  }
}
/ *  ***********************************************************
/ *   LED6 任务函数：LED6 _ Task()
*********************************************************** */

void  LED6 _ Task(void)  _ task _   LED6 _ ID
{
  while(1)
  {
    LED6  =  0;   os _ wait(K _ TMO, 3, 0);
    LED6  =  1;   os _ wait(K _ TMO, 7, 0);
  }
}
/ *  ***********************************************************
/ *   LED7 任务函数：LED7 _ Task()
*********************************************************** */

void  LED7 _ Task(void)  _ task _   LED7 _ ID
{
  while(1)
  {
    LED7  =  0;   os _ wait(K _ TMO, 2, 0);
    LED7  =  1;   os _ wait(K _ TMO, 8, 0);
  }
}
/ *  ***********************************************************
/ *   LED8 任务函数：LED8 _ Task()
*********************************************************** */

void  LED8 _ Task(void)  _ task _   LED8 _ ID
{
  while(1)
      {
          LED8  =  0;   os _ wait(K _ TMO, 1, 0);
          LED8  =  1;   os _ wait(K _ TMO, 9, 0);
```

```
        }
}
```

在任务 0 中，创建 LED1 _ Task（）～LED8 _ Task（）等 8 个子任务，创建完成后，删除任务 0。

在 LEDn（n＝1，2，…，8）的任务中，使用了 os _ wait（　）系统延时等待函数，等待的事件是"延时 K _ TMO 个滴答数"，其后说明等待的滴答数数值，每个 LED 灯的亮、灭时间由等待函数中的滴答数确定，滴答数的不同，则 LED 的亮、灭的时间不同，亮度也不同，从而实现了 8 个 LED 灯从上到下、亮度依次变暗的控制效果。

2）公共文件 common. h 的源代码。程序代码如下：

```
#ifndef_ COMMON _ H_
#define_ COMMON _ H_
# include ＜reg52. h＞
sbit LED1 = P2~7;      // 各个 LED 灯位定义
sbit LED2 = P2~6;
sbit LED3 = P2~5;
sbit LED4 = P2~4;
sbit LED5 = P2~3;
sbit LED6 = P2~2;
sbit LED7 = P2~1;
sbit LED8 = P2~0;
#define INIT _ ID 0     //宏定义初始化任务号 0
#define LED1 _ ID 1     //宏定义 LED1 任务号 1
#define LED2 _ ID 2     //宏定义 LED2 任务号 2
#define LED3 _ ID 3     //宏定义 LED3 任务号 3
#define LED4 _ ID 4     //宏定义 LED4 任务号 4
#define LED5 _ ID 5     //宏定义 LED5 任务号 5
#define LED6 _ ID 6     //宏定义 LED6 任务号 6
#define LED7 _ ID 7     //宏定义 LED7 任务号 7
#define LED8 _ ID 8     //宏定义 LED8 任务号 8
#endif
```

公共文件用 sbit 定义，设置与 LED 灯相连接的单片机的输出。宏定义各个 LED 任务号，便于未来程序的移植。

以上是对工程的建立和配置文件所做的简要概述。读者需要注意的是一定要加入"rtx51tny. h"头文件，不要忘记添加"RTX51 Tiny"51 单片机操作系统。同时要复制配置文件（CONF _ TNY. A51）到此工程目录下，并添加到工程中，可以对 CONF _ TNY. A51 文件作修改，将默认的 INT _ CLOCK 由 10000 改成了 1000，这样一个滴答对应的时间是 1ms 左右，具体读者可以自行测试。

接着再来由现象说明一下整个例程运行的过程。现象就是：从左到右，灯的亮度依次递减。为什么 LED 灯亮度会不一样呢？这里需要提出一个概念——PWM。所谓的 PWM 就是有效电平占整个脉冲周期的比例。例如，任务 1 中，9ms 的低电平，1ms 的高电平，在 MGMC-V2.0 实验板上，LED 低电平有效，那么 9ms/（1＋9）ms＝90%；再如，任务 8 中，PWM 则为 10%。这样一分析，D8 比 D1 亮便合乎逻辑了，当然也可以从仿真图上很清楚地看到，各个 LED 在一个周期内所占的有效电平比例不同,流星慧灯的仿真图如图 13-5 所示。

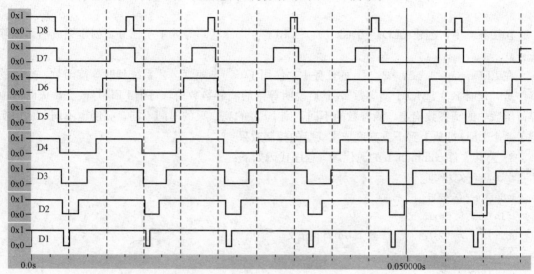

图 13-5　流星慧灯软件仿真波形图

2. 用 RTX51 Tiny 控制 LED

(1) 控制要求。某电路 P2 口接有 8 个 LED,要求 P2.0 所接 LED 每秒亮、灭各 1 次,P2.1 所接 LED 每秒亮、灭 5 次。

(2) 用 Keil 所带的 RTX51 Tiny 操作系统的控制程序。程序代码如下:

```
#include <STC15F2K60S2.h>
#include <rtx51tny.h> //使用 RTX51 必须加上该头文件
/*****************************************************
// 位变量定义
*****************************************************/
sbit LED0 = P7^0;
sbit LED1 = P7^1;
/*****************************************************
// 任务 0 函数:job0 () _ task _ 0
*****************************************************/
void job0 (void) _ task _ 0
{ //任务 0
os _ create _ task (1); // 创建任务 1
os _ create _ task (2); // 创建任务 2
os _ delete _ task (0); //删除任务 0
}
/*****************************************************
// 任务 1 函数:led1 () _ task _ 1
*****************************************************/
void led1 (void) _ task _ 1
{ //任务 1
    while (1)
```

```
    {
    LED0 = ! LED0;
    os _ wait (K _ TMO, 50, 0);
    }
}
/ ************************************************************
// 任务 2 函数: led2 () _ task _ 2
 ************************************************************/
void LED2 (void) _ task _ 2
{//任务 2
    while (1)
    {
    LED1 = ! LED1;
    os _ wait (K _ TMO, 20, 0);
    }
    }
```

 技能训练

一、训练目标

（1）学习单片机实时操作系统技术。

（2）学会通过单片机实时操作系统技术控制 LED。

二、训练步骤与内容

1. 建立一个工程

（1）在计算机 E 盘新建一个文件夹 "TINY13"。

（2）启动 Keil μVision4 软件。

（3）选择执行 "Project" 工程菜单下的 "New μVision Project" 命令，新建一个 "μVision" 工程项目，弹出创建新项目对话框。

（4）在创建新项目对话框，输入工程文件名 "rxty1"，单击 "保存" 按钮，弹出选择 CPU 数据库对话框。

（5）选择 STC CPU Data base 数据库，单击 "OK" 按钮，弹出 "Select Device for Target" 选择目标器件对话框，单击 "STC" 左边的 "+" 号，展开选项，选择 "STC15W4K32S4" 选项。

（6）单击 "OK" 按钮，弹出是否添加标准 8051 启动代码对话框。

（7）单击 "是" 按钮，即可在开发环境自动为我们建立好包含启动代码项目的空文件，启动代码为 "STARTUP. A51"。

2. 编写程序文件

（1）单击执行 "File" 文件菜单下的 "New" 命令，新建一个文本文件 "TEXT1"。

（2）单击执行 "File" 文件菜单下的 "Save As" 命令，弹出另存文件对话框，在文件名栏输入 "rxty1. c"，单击 "保存" 按钮，保存文件。

（3）在左边的工程浏览窗口，右键单击 "Source Group1"，在弹出的右键菜单中，选择执行 "Add Files to Group 'Sources Group1'" 命令。

（4）弹出选择文件对话框，选择 "rxty1. c" 文件，单击 "Add" 添加按钮，将文件添加到工程项目中，单击添加文件对话框右上角的红色"×"，关闭添加文件对话框。

（5）在"rxty1.c"文件中输入"用 RTX51 Tiny 控制 LED"程序，单击工具栏的保存按钮 ![save]，并保存文件。

3. 调试运行

（1）编译程序。

1）设置输出文件选项。在左边的工程浏览窗口，右键单击"Target"选项，在弹出的右键菜单中，选择执行"Options for Target'Target1'"菜单命令。

2）在"Options for Target'Target 1'"对话框，选择"Target"对象目标设置页，在晶体振荡器频率设置栏"Xtal（MHz）"，输入"11.0592"，设置晶振频率为 11.0592 MHz。在"Operating system"选项的下拉列表中选择"RTX-51 Tiny"选项，如图 13-6 所示。

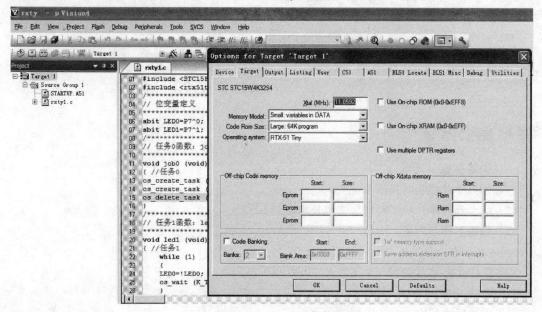

图 13-6　选择"RTX-51 Tiny"选项

3）在"Options for Target 'Target1'"对话框，选择"Output"输出页，选择"Create HEX File"创建 HEX 文件。

4）单击"OK"按钮，返回程序编辑界面。

5）单击编译工具栏的编译所有文件按钮![icon]，开始编译文件。

6）在编译输出窗口，查看程序编译信息。

（2）下载程序。

1）启动 STC 单片机下载软件。

2）单击单片机型号栏右边的下拉列表箭头，选择"IAP15W4K58S2"。单击运行时的 IRC 频率栏右边的选择下拉箭头，选择"11.0592"（MHz）。

3）单击"打开程序文件"按钮，弹出"打开程序代码文件"对话框，选择"TINY13"文件夹里的"rxty1.hex"文件，单击"打开"按钮，在程序代码窗口显示代码文件信息。

4）单击"下载/编程"按钮，此时代码显示框下面的提示框中会显示"正在检测目标单片机"。程序代码开始下载，提示框显示一串下载信息，下载完成后显示"操作完成"，表示 HEX 代码文件已经下载到单片机中了。

5）观察连接在 P2 输出端的 LED 指示灯，看 LED0、LED1 的亮暗次数变化。

6）将 CONF_TNY.A51 文件拷贝到工程目录下并将其加入到工程中。

7）将指定滴答间隔项，修改为"INT_CLOCK EQU 5000"，如图 13-7 所示。

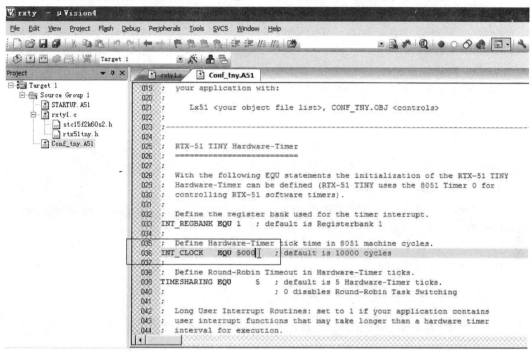

图 13-7 修改指定滴答间隔

8）重新编译，下载"rxty1.hex"文件到单片机开发板，观察连接在 P7 输出端的 LED 指示灯，观察 LED0、LED1 亮暗次数变化的快慢情况。

任务 33 实时跑马灯控制

 基础知识

一、控制要求

运用 FSST15-V1.0 单片机开发板，通过多任务控制，实现以下控制功能。

（1）任务 0：FSST15-V1.0 单片机开发板的 P7 口连接 8 只 LED，从左（P7.0）到右（P7.7）依次循环点亮，再从左（P7.0）到右（P7.7）依次循环点亮。

（2）任务 1：FSST15-V1.0 单片机开发板的 P7 口连接 8 只 LED，从左（P7.0）至右（P7.7）全部点亮，然后全部熄灭，再从左（P7.0）到右（P7.7）全部点亮，再次全部熄灭。

（3）任务 2：FSST15-V1.0 单片机开发板的 P7 口连接 8 只 LED，从左（P7.0）至右（P7.7）两边依次点亮，再从左（P7.0）到右（P7.7）中间依次点亮。

（4）此后，任务 0、任务 1、任务 2 循环运行。

二、控制程序

应用 RTX51 Tiny 实时操作系统，编辑三个任务程序，循环调度执行，完成上述控制任务。

1. **基本程序**

基本程序如下：

```
#include<STC15F2K60S2. h>
#include<rtx51tny. h>
const unsigned char
table [] = {0xfe, 0xfd, 0xfb, 0xf7, 0xef, 0xdf, 0xbf, 0x7f, 0xbf, 0xdf, 0xef, 0xf7, 0xfb,
0xfd, 0xfe, 0x00, 0xff};
```

2. 任务 0 控制程序

任务 0 控制程序如下：

```
//任务 0 左→右→左
void LED0 (void) _ task _ 0
{
  int i;
  os _ create _ task (1); //创建任务 1
  os _ create _ task (2); //创建任务 2
while (1)
   {
   for (i = 0; i < 15; i + +)
     {
     P7 = table [i];
     os _ wait (K _ TMO, 300, 0); //等待
     }
   os _ send _ signal (1); //发送 Signal 信号，激活任务 1
   os _ wait (K _ SIG, 0, 0); //等待信号
   }
}
```

3. 任务 1 控制程序

任务 1 控制程序如下：

```
//任务 1 全亮→全灭→全亮
void LED1 (void) _ task _ 1
{
  int i;
while (1)
   {
os _ wait (K _ SIG, 0, 0);
   for (i = 0; i < 3; i + +)
     {
     P7 = table [15]; //全亮
     os _ wait (K _ TMO, 300, 0);
     P7 = table [16]; //全灭
     os _ wait (K _ TMO, 300, 0);
     }
   os _ send _ signal (2);
   }
```

```
}
```

4. 任务 2 控制程序

任务 2 控制程序如下：

```
//任务 2 两边->中间->两边
void LED2 (void) _ task _ 2
{
  int i;
while (1)
  {
  os _ wait (K _ SIG, 0, 0);
  for (i = 0; i < 8; i + +)
   {
  P7 = table [i] & table [i + 7];
  os _ wait (K _ TMO, 300, 0);
  }
  os _ send _ signal (0); //发送 Signal 信号，激活任务 0
  }
}
```

 技能训练

一、训练目标

（1）学会使用单片机的 RTX51 Tiny 实操操作系统。

（2）学会通过单片机的 RTX51 Tiny 实操操作系统，实现实时跑马灯控制。

二、训练步骤与内容

1. 建立一个工程

（1）在计算机 E 盘，新建一个文件夹 "rxtyled"。

（2）启动 Keil μVision4 软件。

（3）选择执行 "Project" 工程菜单下的 "New μVision Project" 命令，新建一个 μVision 工程项目命令，弹出创建新项目对话框。

（4）在创建新项目对话框，输入工程文件名 "rxtyled"，单击 "保存" 按钮，弹出选择 CPU 数据库对话框。

（5）选择 STC CPU Data base 数据库，单击 "OK" 按钮，弹出 "Select Device for Target" 选择目标器件对话框，单击 "STC" 左边的 "＋" 号，展开选项，选择 "STC15W4K32S4" 选项。

（6）单击 "OK" 按钮，弹出是否添加标准 8051 启动代码对话框。

（7）单击 "是" 按钮，即可在开发环境自动为我们建立好包含启动代码项目的空文件，启动代码为 "STARTUP. A51"。

2. 设计程序文件

（1）设计基本控制程序。

（2）设计任务 0 控制程序。

（3）设计任务 1 控制程序。

（4）设计任务 2 控制程序。

3. 输入控制程序

（1）单击执行"File"文件菜单下的"New"命令，新建一个文本文件"TEXT1"。

（2）单击执行"File"文件菜单下的"Save As"命令，弹出另存文件对话框，在文件名栏输入"rxtyled. c"，单击"保存"按钮，保存文件。

（3）在左边的工程浏览窗口，右键单击"Source Group1"，在弹出的右键菜单中，选择执行"Add Files to Group 'Source Group1'"命令。

（4）弹出选择文件对话框，选择"rxtyled. c"文件，单击"Add"添加按钮，将文件添加到工程项目中，单击添加文件对话框右上角的红色"×"，关闭添加文件对话框。

（5）在"rxtyled. c"中输入实时跑马灯控制程序，单击工具栏的保存按钮![save]，并保存文件。

4. 调试运行

（1）编译程序。

1）设置输出文件选项。在左边的工程浏览窗口，右键单击"Target"选项，在弹出的右键菜单中，选择执行"Options for Target'Target1'"菜单命令。

2）在"Options for Target'Target1'"对话框，选择"Target"对象目标设置页，在晶体振荡器频率设置栏"Xtal（MHz）"，输入"11.0592"，设置晶振频率为 11.0592 MHz。在"Operating system"选项的下拉列表中选择"RTX-51 Tiny"选项。

3）在"Options for Target'Target1'"对话框，选择"Output"输出页，选择"Create HEX File"创建 HEX 文件。

4）单击"OK"按钮，返回程序编辑界面。

5）单击编译工具栏的编译所有文件按钮![compile]，开始编译文件。

6）在编译输出窗口，查看程序编译信息。

（2）下载程序。

1）启动 STC 单片机下载软件。

2）单击单片机型号栏右边的下拉列表箭头，选择"STC89C/LE52RC"。

3）选择 COM 口，计算机连接 FSST15-V1.0 单片机开发板后，软件会自动选择。

4）单击"打开程序文件"按钮，弹出"打开程序代码文件"对话框，选择"rxtyled"文件夹里的"rxtyled. hex"文件，单击"打开"按钮，在程序代码窗口显示代码文件信息。

5）单击"下载/编程"按钮，此时代码显示框下面的提示框中会显示"正在检测目标单片机"。

6）提示框显示一串下载信息，下载完成后显示"操作完成"，表示 HEX 代码文件已经下载到单片机中了。

（3）调试程序。

1）观察单片机输出端的状态变化，记录 LED 灯的控制时序。

2）修改实时操作控制中等待函数的参数，重新编译，下载"rxtyled. hex"文件到 FSST15-V1.0 单片机开发板，观察连接在 P7 输出端的 LED 指示灯的状态变化。

习 题 13

1. 设计控制程序，使 FSST15-V1.0 开发板 P7 口连接的 8 只 LED 以不同的时间闪烁。

2. 更改实时跑马灯的控制花样，应用 RTX51 Tiny 实时操作系统控制函数，设计单片机程序，使其满足控制需求。

项目十四 模块化编程训练

 学习目标

(1) 学会管理单片机开发系统文件。

(2) 学会模块化编程。

(3) 用模块化编程实现彩灯控制。

(4) 设计基于系统定时器的时钟。

任务 34 模块化彩灯控制

 基础知识

一、模块化编程

当一个项目小组做一个相对比较复杂的工程时，就需要小组成员分工合作，一起完成项目，这就意味着不再是某人独立完成，而是要求小组成员各自负责一部分工程。比如，某成员可能只是负责通信或者显示这一块。这个时候，就应该将自己的这一块程序写成一个模块，单独调试，留出接口供其他模块调用。最后，小组成员都将自己负责的模块写完并调试无误后，最后由项目组长进行综合调试。像这样的场合就要求程序必须模块化。模块化的好处非常多，不仅仅是便于分工，它还有助于程序的调试，有利于程序结构的划分，还能增加程序的可读性和可移植性。

1. Keil μVision4 的进阶应用——建模

由于这里的模块化编程是基于 Keil μVision4 的，因此这里先来讲述 Keil μVision4 中如何"建模"，或者说如何管理自己的工程文件比较妥当。

2. 新建工程文件夹

新建文件夹，并将其命名为"模块化编程"（当然也可以是别的）。接着设置好路径，这里的路径为"I：\模块化编程"。如图 14-1 所示，打开此文件夹，接着在下面再新建四个文件夹，分别命名为"inc"、"listing"、"output"、"src"。

然后新建工程。打开 Keil μVision4 软件，选择"Project"→"New μVision Project"菜单项，此时弹出工程保存对话框，这里将工程定位到自己新建的工程文件下（这里的为"I：\模块化编程"）。输入工程名：模块化编程。接着就是器件选型、是否添加启动代码等，进行相关操作，完成工程构建，如图 14-2 所示。此时的工程只是一个"框架"，没有"内容"。

3. 目标选项"Option for Target'Target1'"对话框的设置

打开"Option for Target'Target1'"对话框，除了在"Target"选项卡下的"Xtal"设置栏处输入"11.0592"和在"Output"选项卡下的"Create HEX File"选项前打钩之外，还需增加以下两步操作。

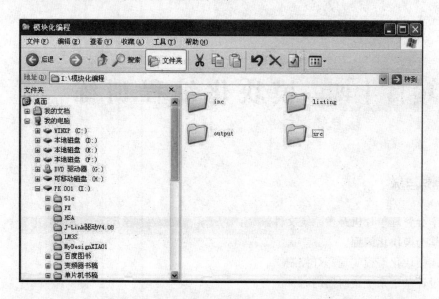

图 14-1　模块化编程中的文件夹

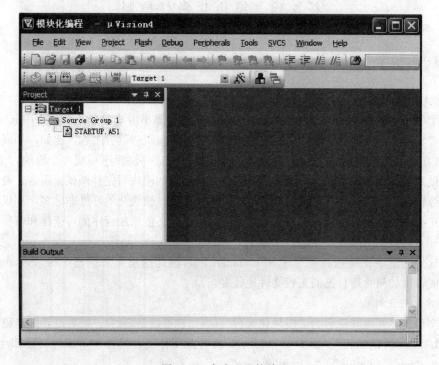

图 14-2　完成工程构建

　　（1）选择"Output"选项卡，接着单击"Select Folder for Objects"按钮，打开文件夹选择对话框，定位到刚建立的"output"文件夹下（路径为"I：\ 模块化编程 \ output \"），最后单击"OK"按钮，具体操作如图 14-3 所示。最后编译产生的一些输出文件就存放在该文件夹里，需要注意的是 HEX 文件就在此文件夹下。

　　（2）选择"Listing"选项卡，接着单击"Select Folder for Listing"按钮，打开文件夹选择对话框，定位到刚建立的"listing"文件夹下，最后单击"OK"按钮，如图 14-4 所示。该文件夹里存放编译过程中产生的一些链接文件。

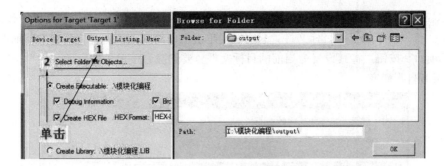

图 14-3 "output" 文件夹设置示意图

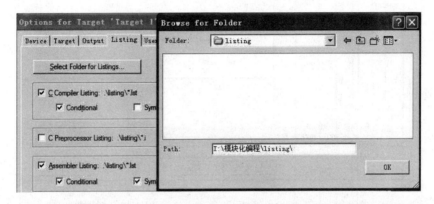

图 14-4 "Listing" 文件夹设置示意图

4. 工程组件 "Components，Environment and Books" 对话框的设置

右键单击 "Target1" 选项，弹出级联菜单，选择执行 "Manage Components" 菜单命令，如图 14-5 所示。打开工程组件对话框。所打开的对话框如图 14-6 所示。

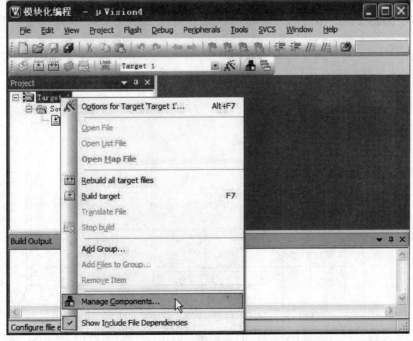

图 14-5 打开 "Components，Environment and Books" 对话框

接着双击图 14-6 左边的"Target1",将其修改为"模块化编程"(当然也可以修改成自己习惯的名称)。若想再添加工程目标文件,只需轻轻单击上面的新建图标,之后单击下面的"Set as Current Target"按钮,将其设置为当前的目标文件。要删除直接单击红色的"×",这些作为扩展内容,读者自行研究。

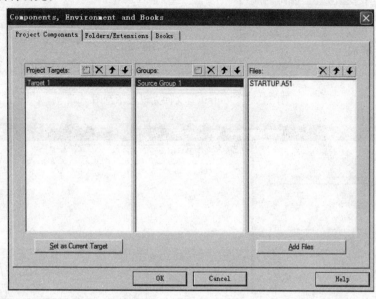

图 14-6 "Components,Environment and Books"对话框

接着双击图 14-6 中间的"Source Group1",将其修改为"System";之后单击此列上方的新建图标,新建一个组,命名为"USER";由于此时没有源文件,所以还无法添加源文件,若已经有源文件,这时就可以通过选择右下角的"Add Files"选项来添加文件了。这些步骤后面将会详细讲解。修改完之后的界面如图 14-7 所示。

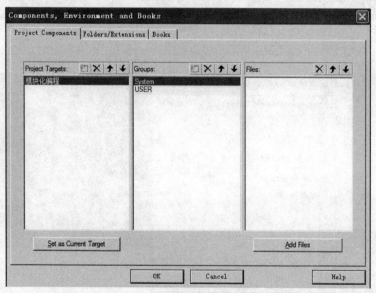

图 14-7 修改后的"Components,Environment and Books"对话框

(1)新建源文件。回到 Keil μVision4 的主界面,直接按 8 次快捷键 Ctrl+N,新建 8 个文件,

此时 Keil μVision4 的编辑界面应该是 8 个文本文件，名称依次为：Text1、…、Text8（也可以是 Text3、…、Text10 等情形）。

接下来就是保存这 8 个文件，保存有下面几个步骤。

1）保存".c"文件。按快捷键 Ctrl+S，此时弹出文件保存路径选择对话框，默认是工程文件夹"模块化编程"，这时在下面的文件名处键入"main.c"，再之后单击"保存"按钮完成操作。

2）同理，再保存三个".c"文件，有区别的是文件不能保存在工程文件夹下了，而是要定位到前面新建的"src"文件夹下，其中文件名称依次为"led.c"、"delay.c"、"uart.c"。界面如图 14-8 所示。

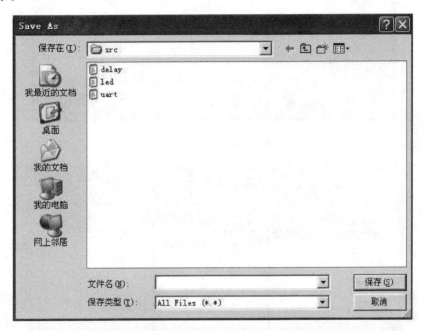

图 14-8 保存三个".c"文件

3）保存".h"文件。同理按 4 次快捷键 Ctrl+S，此时弹出的保存路径默认在"src"文件夹下，但我们的目的是用该文件夹用来保存".c"文件，而我们要将".h"文件保存到"inc"文件夹下。当选定到"inc"文件夹下以后，依次输入文件名"led.h"、"delay.h"、"uart.h"、"common.h"。最后的界面如图 14-9 所示。

（2）添加源文件到工程。右键单击"USER"文件组，在弹出的下拉菜单中选择"Add Files to Group 'USER'"选项，接着依次选中"main.c"、"delay.c"、"led.c"、"uart.c"，并添加到"USER"组中。

按图 14-5 所示的方式打开"Components，Environment and Books"对话框，所打开的对话框如图 14-7 所示。接着单击选择"USER"组（选中之后会有灰色变成蓝色），之后再单击右下角的"Add Files"按钮，如图 14-10 所示。之后也会弹出"Add Files to Group 'USER'"对话框，依次选中"main.c"、"delay.c"、"led.c"、"uart.c"，并添加到"USER"组中，添加完之后单击"OK"按钮。添加完源文件之后的 Keil μVision4 主界面如图 14-11 所示。

这样模块化工程的建立就完成了，接下来的任务就是编写代码。

5. 单片机模块化编程

模块化编程是难点、重点，应该具有清晰的思路、严谨的结构，便于程序移植。

图 14-9　保存 4 个 ".h" 文件

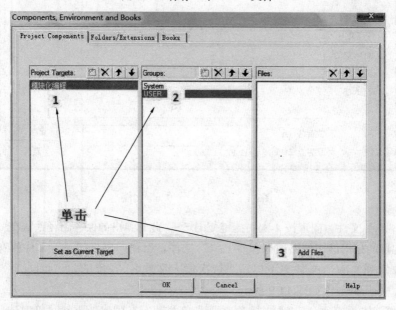

图 14-10　单击添加源文件按钮

（1）模块化编程说明。

1）模块即是一个 ".c" 文件和一个 ".h" 文件的结合，头文件（.h）是对该模块的声明。

2）某模块提供给其他模块调用的外部函数以及数据需在所对应的 ".h" 文件中冠以 extern 关键字来声明。

3）模块内的函数和变量需在 ".c" 文件开头处冠以 static 关键字声明。

4）不要在 ".h" 文件中定义变量。

我们先解释以上说明中的两个关键词语：定义、声明。所谓的定义就是（编译器）创建一个对象，为这个对象分配一块内存并给它命名，这个名称就是我们经常所说的变量名或者对象名。并且这块内存的位置也不能被改变。一个变量或对象在一定的区域内（比如函数内、全局等）只

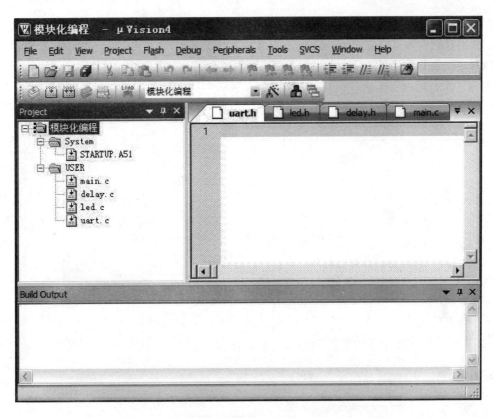

图 14-11　添加完源文件的 Keilel μVision4 主界面图

能被定义一次，如果定义多次，编译器会提示用户重复定义了同一个变量或对象。

声明具有两重含义。第一重含义是告诉编译器，这个名称已经匹配到一块内存上了，下面的代码用到变量或对象是在别的地方定义的。声明可以出现多次。第二重含义是告诉编译器，这个变量或对象名称某块内存先预定了，别的地方再也不能用它来作为变量名或对象名。比如，读者在图书馆的某个座位上放了一本书，表明这个座位已经有人预定，别人再也不允许使用这个座位。其实这个时候读者本人并没有坐在这个座位上。这种声明最典型的例子就是函数参数的声明，例如：void fun（int i, char c）。

定义、声明最重要的区别是：定义创建了对象并为这个对象分配了内存，而声明没有分配内存。

（2）模块化编程实质。模块化的实现方法和实质就是将一个功能模块的代码单独编写成一个".c"文件，然后把该模块的接口函数放在".h"文件中。

（3）源文件中的".c"文件。提到C语言源文件，大家都不会陌生。因为我们平常写的程序代码几乎都在这个".c"文件里面。编译器也是以此文件来进行编译并生成相应的目标文件。作为模块化编程的组成基础，所有要实现功能的源代码均在这个文件里。理想的模块化应该可以看成是一个黑盒子，即只关心模块提供的功能，而不予理睬模块内部的实现细节。好比读者买了一部手机，只需会用手机提供的功能即可，而不需要知晓它是如何进行通信，如何把短信发出去，又是如何响应按键输入的，这些过程对于用户而言，就是一个黑盒子。

在大规模程序开发中，一个程序由很多个模块组成，很可能这些模块的编写任务被分配给不同的人。例如，当读者在编写模块时，很可能需要用到别人所编写模块的接口，这个时候读者关心的是它的模块实现了什么样的接口，该如何去调用，至于模块内部是如何组织、如何实现的，读者无需过多关注。特此说明，为了追求接口的单一性，把不需要的细节尽可能对外屏蔽起来，只留需要的让别人知道即可。

以延时函数 DelayMS（uInt16 ms）为例，编写"delay.c"源文件。具体程序代码如下：

```c
#include "delay.h"
static void Delay1MS(void)
{
  uChar8 i = 11, j = 190;
  do
  {
    while (--j);
  }
  while (--i);
}
void DelayMS(uInt16 ValMS)
{
  uInt16 uiVal;
  for(uiVal = 0; uiVal < ValMS; uiVal++)
  {
    Delay1MS();
  }
}
```

看到此程序，读者是不是疑惑三点。第一点：第 1 行代码是从何而来的？第二点：static 是什么？第三点：void DelayMS（uInt16 ValMS）函数为何没用 for 循环。

（4）头文件.h。谈及模块化编程，必然会涉及多文件编译，也就是工程编译。在这样的一个系统中，往往会有多个 C 文件，而且每个 C 文件的作用不尽相同。在我们的 C 文件中，由于需要对外提供接口，因此必须有一些函数或变量需提供给外部其他文件进行调用。例如，上面新建的 delay.c 文件提供了最基本的延时功能函数。语句如下：

```c
void DelayMS(uInt16 ValMS); // 延时 ValMS(ValMS = 1～65535)ms
```

而在另外一个文件中需要调用此函数，那应该如何做呢？头文件的作用正是在此。可以称其为一份接口描述文件。其文件内部不应该包含任何实质性的函数代码。读者可以把这个头文件理解成为一份说明书，说明的内容就是模块对外提供的接口函数或者是接口变量了。同时该文件也可以包含一些宏定义以及结构体的信息，离开了这些信息，很可能就无法正常使用接口函数或者是接口变量了。但是总的原则是：不该让外界知道的信息就不应该出现在头文件里，而外界调用模块内接口函数或者是接口变量所必需的信息就一定要出现在头文件里，否则外界就无法正确调用。因此，为了让外部函数或者文件调用我们提供的接口功能，就必须包含我们提供的这个接口描述文件——头文件。同时，我们自身的模块也需要包含这份模块头文件（因为其包含了模块源文件中所需要的宏定义或者是结构体），好比三方协议，除了给学校、公司有之外，自己还需要留一份。下面我们来定义这个头文件，一般来说，头文件的名称应该与源文件的名称保持一致，这样便可以清晰地知道哪个头文件是哪个源文件的描述。于是便得到了"delay.c"如下的"delay.h"头文件，具体代码如下：

```c
#ifndef __DELAY_H__
#define __DELAY_H__
```

```
# include " common. h"
extern void DelayMS (uInt16 ValMS);
# endif
```

1)". c"源文件中不想被别的模块调用的函数、变量不要出现在". h"文件中。例如，本地函数 static void Delay1MS (void)，即使出现在". h"文件中也是在做无用功，因为其他模块根本不去调用它，实际上也调用不了它（static 关键字起了限制作用）。

2)". c"源文件中需要被别的模块调用的函数、变量就声明在". h"文件中。例如，void DelayMS (uInt16 ValMS) 函数，这与以前我们写的源文件中的函数声明有些类似，没说相同，因为前面加了修饰词 extern，表明是一个外部函数。

特别提醒：在 Keil 编译器中，extern 这个关键字即使不声明，编译器也不会报错，且程序运行良好，但不保证使用其他编译器时也如此，因此强烈建议加上，养成良好的编程习惯。

3)1、2、5 行是条件编译和宏定义，目的是为了防止重复定义。假如有两个不同的源文件需要调用 void DelayMS (uInt16 ValMS) 这个函数，它们分别都通过 ♯include "delay. h"把这个头文件包含进去。在第一个源文件进行编译的时候，由于没有定义过—DELAY _ H—，因此♯ifndef—DELAY _ H—条件成立，于是定义—DELAY _ H—并将下面的声明包含进去。在第二个文件编译时候，由于第一个文件包含的时候，已经将—DELAY _ H—定义过了，因而此时♯ifndef—DELAY _ H—不成立，整个头文件内容就不再被包含。假设没有这样的条件编译语句，那么两个文件都包含了 extern void DelayMS (uInt16 ValMS)，就会引起重复包含的错误。

特别说明，可能刚入门的学者看到 DELAY 前后的这些"—"、"_"时会觉得很模糊，其实它们是"纸老虎"，似复杂，实测不难理解。举几个例子：DELAY _ H—、DELAY _ H、DELAYH、——DELAY _ H、—Delay _ H。经调试，这些写法都是正确的，读者可以根据情况使用，（—DELAY _ H—）写是出于编程的习惯。

看看上面预留的问题——♯include "common. h"，其中包含着下面几行代码。

```
# ifndef—COMMON _ H—
# define—COMMON _ H—
typedef unsigned char uChar8;
typedef unsigned int uInt16;
# endif
```

这里简单说一下条件编译（1、2、5 行）。在一些头文件的定义中，为了防止重复定义，一般用条件编译来解决此问题。例如，第 1 行的意思是如果没有定义 "_ COMMON _ H _"，那么就定义 "♯define _ COMMON _ H _"（第 2 行），定义的内容包括 3、4 行，代码含义就不说了，只要读者还能记得"typedef"重新定义变量类型别名的相关内容，就能理解这两句的意思和这么写的好处了。

（5）位置决定思路——变量。变量不能定义在". h"文件中，解决这个问题可以借鉴嵌入式操作系统——μCOS-Ⅱ，该操作系统处理全局变量的方法比较特殊，也比较难理解，但学会之后妙用无穷。感兴趣的读者可以研究一下，这里就不进行介绍了。

依个人的编程习惯，介绍一种处理方式。概括地讲，就是在". c"文件中定义变量，之后在该". c"源文件所对应的". h"中声明即可。注意，一定要在变量声明前加一修饰词——extern，这样无论"他"执行到哪里，"别人"都可以指示"他"处理事务，想怎样修改就怎样修改，但读者用"他"时，切忌过分使用。同理，滥用全局变量会使程序的可移植性、可读性变差。接下来用两段代码来比较说明全局变量的定义和声明。

1）计算机爆炸式的代码计算机爆炸式的代码如下：

```
module1.h                    // 编写一个 ".h" 文件
uChar8 uaVal = 0;            // 在模块 1 的 ".h" 文件中定义一个变量 uaVal
/* ============================================================= */
module1.c                    // 编写一个 ".c" 文件
#include " module1.h"         // ".c" 模块 1 中包含模块 1 的 ".h" 文件
/* =============================================================*/
module2 ".c"
#include " module1.h"         // ".c" 模块 2 中包含模块 1 的 ".h" 文件
```

以上程序的结果是在模块 1、2 中都定义了无符号 char 型变量 uaVal，uaVal 在不同的模块中对应不同的内存地址。如果都这样编写程序，那计算机就"爆炸"了，这里的"爆炸"当然是夸张的说法。

2）推荐式的代码。推荐式的代码如下：

```
module1.h                    // 编写一个 ".h" 文件
extern uChar8 uaVal;         // 在 ".h" 文件中声明 uaVal
/* ============================================================= */
module1 .c
#include " module1.h"         // ".c" 模块 1 中包含模块 1 的 ".h"
uChar8 uaVal = 0;            // 在模块 1 的 ".h" 文件中定义一个变量 uaVal
/* ============================================================= */
module2 .c
#include " module1.h"         // 在模块 2 的 ".h" 文件中定义一个变量 uaVal
```

这样一来，如果模块 1、2 操作 uaVal，则对应的是同一块内存单元。

（6）符号决定出路——头文件之包含。以上模块化编程中，要大量地包含头文件。学过 C 语言的读者都知道，包含头文件的方式有两种：一种是"<xx.h>"，第二种是"″xx.h″"。那么何时用第一种，又何时用第二种，可能读者会从相对路径、绝对路径、系统的用什么、工程中的用什么进行考虑，当然如果读者记不住，那么可以记住一句口诀：自己编写的用双引号，不是自己编写的用尖括号。

（7）模块的分类。一个嵌入式系统通常包括两类模块：硬件驱动模块和软件功能模块。硬件驱动模块是指一种特定硬件对应一个模块。软件功能模块，其模块的划分应满足低耦合、高内聚的要求。

低耦合、高内聚是软件工程中的概念。简单地说是六个字，但是所涉及的内容比较多，如果读者感兴趣，则可以自行查阅资料，慢慢理解、总结、归纳其中的知识内容。

1）内聚和耦合。内聚是从功能角度来度量模块内的联系，一个好的内聚模块应当恰好做一件事。它描述的是模块内的功能联系。耦合是软件结构中各模块之间相互连接的一种度量，耦合强弱取决于模块间接口的复杂程度、进入或访问一个模块的点以及通过接口的数据。

理解了以上两个词的含义之后，"低耦合、高内聚"就很好理解了，通俗地讲，就是指模块与模块之间少来往，模块内部多来往。当然对应到程序中，就不是这么简单了，这时还需要大量的编程和练习才能掌握其真正的内涵，具体的应用留给读者去研究。

2）硬件驱动模块和软件功能模块的区别。所谓硬件驱动模块是指所写的驱动（也就是 ".c" 文件）对应一个硬件模块。例如 "led.c" 是用来驱动 LED 灯的，"smg.c" 是用来驱动数码管的，"lcd.c" 是用来驱动 LCD 液晶的，"key.c" 是用来检测按键的……，将这样的模块统称为硬件驱动模块。

所谓的软件功能模块是指所编写的模块只是某个功能的实现，而没有所对应的硬件模块。例如"delay. c"是用来延时的，"main. c"是用来调用各个子函数的。这些模块都没有对应的硬件模块，只是实现了某个功能而已。

6. 源文件路径的添加

（1）打开"Options for Target'模块化编程'"对话框，并选择"C51"选项卡，此时界面如图 14-12 所示。请读者注意图 14-12 添加的圆角矩形框 。

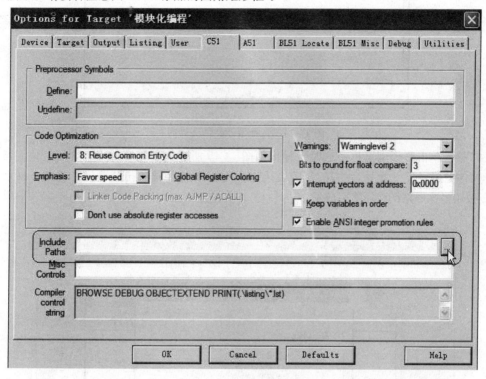

图 14-12　路径添加对话框

（2）单击圆角矩形柜后的鼠标箭头处；弹出"Floder Setup"对话框。接着单击如图 14-13 所示的"New"按钮，设置新的编译文件夹。

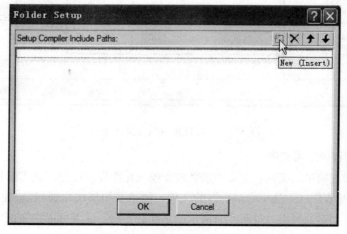

图 14-13　单击"New"按钮

（3）此时该对话框会变成图 14-14 所示的选择编译文件夹界面。

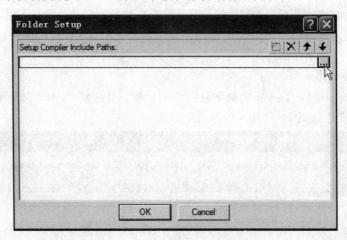

图 14-14　选择编译文件夹界面

（4）接着单击路径浏览框，这时会弹出如图 14-15 所示的浏览文件夹，这里定位到自己的
"inc" 文件夹路径下（此处为 "I：\模块化编程\inc"），接着单击 "确定" 按钮，最后单击
"OK" 按钮，这样路径添加就完成了。

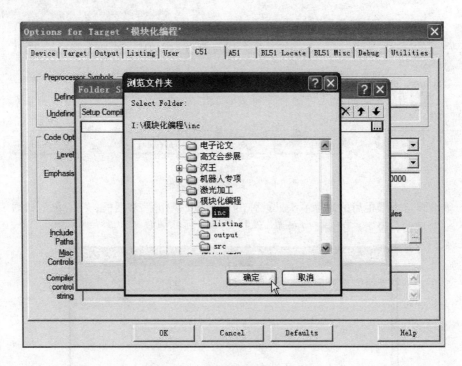

图 14-15　设置新的编译文件路径

二、模块化编程的应用实例

下面我们先通过简单的实例，主要理一理整个模块化编程的过程。该实例就是利用 FSST15-
V1.0 实验板，编写程序（不是一个 ".c" 的文件，而是要用模块化编程），让其 8 个 LED 灯实
现流水灯的效果，同时通过串口打印此时演示的是什么实验。读者可以在实例中认真体会，掌握
其模块化编程的思想。

1. 新建工程文件夹

（1）新建文件夹，文件路径为"I：\模块化编程"。

（2）打开此文件夹，接着在下面再新建四个文件夹，分别命名为："inc"、"listing"、"output"、"src"。

2. 新建工程

（1）启动 Keil μVision4 软件。

（2）选择执行"Project"菜单下的"New μVision Project"菜单命令，弹出创建工程对话框。

（3）在对话框中输入工程名"模块化编程"。定位到自己新建的工程文件下（"I：\模块化编程"）。

（4）单击"保存"按钮，弹出选择 CPU 数据库对话框，选择 Generic CPU Data base 通用CPU 数据库。

（5）单击"OK"按钮，弹出"Select Device for Target"选择目标器件对话框，单击"STC"左边的"＋"号，展开选项，选择"STC15F2K60S2"选项。

（6）单击"OK"按钮，弹出是否添加标准 8051 启动代码对话框。

（7）单击"是"按钮，即可在开发环境自动为我们建立好包含启动代码项目的空文件，启动代码为"STARTUP. A51"

3. 目标选项"Options for Target'Target1'"对话框的设置

打开"Options for Target'Target1'"对话框，除了在"Target"选项卡下的"Xtal"处输入"11.0592"和在"Output"选项卡下的"Create HEX File"选项前打钩之外，还需增加以下两步操作。

（1）选择"Output"选项卡，接着单击"Select Folder for Objects"按钮，打开文件夹选择对话框，定位到刚建立的"output"文件夹下（路径为："I：\模块化编程\output\"），最后单击"OK"按钮，使编译产生的一些输出文件就存放在该文件夹里，需要注意的是 HEX 文件就在此文件夹下。

（2）选择"Listing"选项卡，接着单击"Select Folder for Listing"按钮，打开文件夹选择对话框，定位到刚建立的"listing"文件夹下，最后单击"OK"按钮，使编译过程中产生的一些链接文件存放此文件夹。

4. 工程组件"Components，Environment and Books"对话框的设置

（1）右键单击"Target1"选项，弹出级联菜单，选择执行"Manage Components"菜单命令，打开工程组件对话框。

（2）双击工程组件对话框中目标选项的"Target1"，将其修改为"模块化编程"。

（3）双击工程组件对话框中间的"Source Group1"，将其修改为"System"。

（4）单击此列上方的新建图标，新建一个组，命名为"USER"。

5. 新建源文件

（1）回到 Keil μVision4 的主界面，直接按 8 次快捷键 Ctrl＋N，新建 8 个文件，此时 KeilμVision4 的编辑界面应该是 8 个文本文件，名称依次为：Text1、…、Text8（也可以是 Text3、…、Text10 等情形）。

（2）单击程序编辑界面上的"Text1"文件页选项，选择执行"File"文件菜单下的"Save As"命令，弹出另存文件对话框，此时默认是工程文件夹"模块化编程"，在下面的文件名处输入"main. c"。单击"保存"按钮，保存"main. c"文件。

（3）同理，依次编辑"Text2"、"Text3"、"Text4"选项页，另存文件名称依次为"led. c"、"delay. c"、"uart. c"文件，有区别的是文件不能保存在工程文件夹下了，而是要定位到前面新

任务
34

建的"src"文件夹下。

（4）单击"Text5"文件页选项，选择执行"File"文件菜单下的"Save As"命令，弹出另存文件对话框，定位到工程文件夹"模块化编程"下的"inc"文件夹，在下面的文件名处输入"led. h"。单击"保存"按钮，保存"led. h"文件。

（5）依次编辑"Text6"、"Text7"、"Text8"选项页，选择执行"File"文件菜单下的"Save As"命令，分别将它们保存到"inc"文件夹内，另存的文件名分别是"delay. h"、"uart. h"、"common. h"。

6. 添加源文件到工程

右键单击"USER"文件组，在弹出的下拉菜单中选择"Add Files to Group 'USER'"选项，接着依次选中"main. c"、"delay. c"、"led. c"、"uart. c"，并添加到"USER"组中。

7. 添加主模块"main. c"的源代码

在"main. c"文件内添加的程序代码如下：

```
#include <STC15F2K60S2. h>
#include <stdio. h>
#include " led. h"
#include " uart. h"
void main (void)
{
  UART_Init ();
  while (1)
    {
    LED_FLASH ();
    TI = 1;
    printf ("/*====================*/\n");
    printf (" 此时演示的是模块化编程实验！\n");
    printf ("/*====================*/\n");
    while (! TI);
    TI = 0;
    }
}
```

8. 添加通用模块"common. h"的源代码

左"Common. h"文件内添加的程序代码如下：

```
#ifndef __COMMON_H__
#define __COMMON_H__
typedef unsigned char uChar8;
typedef unsigned int  uInt16;
#endif
```

9. 添加延时模块"delay. c"的源代码

在"delay. c"文件内添加的程序代码如下：

```
#include "delay. h"
  static void Delay1MS(void)
  {
  uChar8 i = 2, j = 199;
```

```
  do
  {
  while(--j);
    }
    while(--i);
  }
   void DelayMS(uInt16 ValMS)
  {
  uInt16 uiVal;
  for(uiVal = 0; uiVal < ValMS; uiVal++)
   {
   Delay1MS();
    }
  }
```

10. 添加延时模块 "delay. h" 的源代码

在 "delay. h" 文件内添加的程序代码如下：

```
#ifndef __ DELAY _ H
#define __ DELAY _ H __
#include " common. h"
extern void DelayMS (uInt16 ValMS);
#endif
```

11. 添加发光二极管模块 "led. c" 的源代码

在 "led. c" 文件内添加的程序代码如下：

```
#include " led. h"
void LED _ FLASH (void)
{while (1)
  { uChar8 i;
    P2 = 0xff;              //设定 LED 灯初始值
    DelayMS (200);          //延时 200ms
    for (i = 0; i < 8; i++)
     {
     P2 = P2 << 1;          //移位、依次点亮
     DelayMS (200);         //延时 200ms
     }
  }
}
```

12. 添加发光二极管模块 "led. h" 头文件的源代码

在 "led. h" 文件内添加的程序代码如下：

```
#ifndef __ LED _ H __
#define __ LED _ H __
#include <STC15F2K60S2. h>    // 程序用到了 P2 口, 所以包含此头文件
#include " delay. h"          // 程序用到延时函数, 所以包含此头文件
extern void LED _ FLASH (void);
```

```
#endif
```

13. 添加串口通信模块"uart.c"的源代码

在"uart.c"文件内添加的程序代码如下：

```
#include " uart.h"
void UART _ Init (void)
{
    TMOD &= 0x0f;        // 清空定时器 1
    TMOD | = 0x20;       // 定时器 1 工作方式 2
    TH1 = 0xfd;          // 为定时器 1 赋初值
    TL1 = 0xfd;          // 等价于将波特率设置为 9600
    ET1 = 0;             // 防止中断产生不必要的干扰
    TR1 = 1;             // 启动定时器 1
    SCON | = 0x40;       // 串口工作方式 1，不允许接收
}
```

14. 添加串口通信模块"uart.h"的源代码

在"uart.c"文件内添加的程序代码如下：

```
#ifndef _UART _ H_
#define _UART _ H_
#include < STC15F2K60S2.h>     /* 程序用到了 TMOD、SCON 等，所以必须包含此头文件 */
extern void UART _ Init (void);
#endif
```

 技能训练

一、训练目标

(1) 学会模块化工程管理。

(2) 学会通过模块化编程实现 LED 流水灯的控制。

二、训练步骤与内容

1. 新建工程文件夹

(1) 新建文件夹，文件路径为"I：\模块化编程"。

(2) 打开此文件夹，接着在下面再新建四个文件夹，分别命名为"inc"、"listing"、"output"、"src"。

2. 新建工程

(1) 启动 Keil μVision4 软件。

(2) 选择执行"Project"菜单下的"New μVision Project"菜单命令，弹出创建工程对话框。

(3) 在对话框中输入工程名"模块化编程"。定位到自己新建的工程文件下（"I：\模块化编程"）。

(4) 单击"保存"按钮，弹出选择 CPU 数据库对话框，选择 STC CPU Data base 数据库，单击"OK"按钮，弹出"Select Device for Target"选择目标器件对话框，单击"STC"左边的"+"号，展开选项，选择"STC15W4K32S4"选项。

(5) 单击"OK"按钮，弹出是否添加标准 8051 启动代码对话框。

(6) 单击"是"按钮，即可在开发环境自动为我们建立好包含启动代码项目的空文件，启动

代码为"STARTUP. A51"

3. 目标选项 "Options for Target 'Target1'" 对话框的设置

（1）选择 "Output" 选项卡，接着单击 "Select Folder for Objects" 按钮，打开文件夹选择对话框，定位到刚建立的 "output" 文件夹下（路径为 "I：\模块化编程\output\"），最后单击 "OK" 按钮，使编译产生的一些输出文件就存放在该文件夹里，需要注意的是 HEX 文件就在此文件夹下。

（2）选择 "Listing" 选项卡，接着单击 "Select Folder for Listing" 按钮，打开文件夹选择对话框，定位到刚建立的 "listing" 文件夹下。

4. 工程组件 "Components，Environment and Books" 对话框的设置

（1）右键单击 "Target1" 选项，弹出级联菜单，选择执行 "Manage Components" 菜单命令，打开工程组件对话框。

（2）双击工程组件对话框中目标选项的 "Target1"，将其修改为 "模块化编程"。

（3）双击工程组件对话框中间的 "Source Group1"，将其修改为 "System"。

（4）单击此列上方的新建图标，新建一个组，命名为 "USER"。

5. 新建源文件

（1）回到 Keil μVision4 的主界面，直接按 8 次快捷键 Ctrl＋N，新建 8 个文件，此时 Keil μVision4 的编辑界面应该是 8 个文本文件，名称依次为：Text1、…、Text8（也可以是 Text3、…、Text10 等情形）。

（2）单击程序编辑界面上的 "Text1" 文件页选项，选择执行 "File" 文件菜单下的 "Save As" 命令，弹出另存文件对话框，此时默认是工程文件夹 "模块化编程"，在下面的文件名处输入 "main. c"。单击 "保存" 按钮，保存 "main. c" 文件。

（3）同理，依次编辑 "Text2"、"Text3"、"Text4" 选项页，另存文件名称依次为 "led. c"、"delay. c"、"uart. c" 文件，有区别的是文件不能保存在工程文件夹下了，而是要定位到前面新建的 "src" 文件夹下。

（4）单击 "Text5" 文件页选项，选择执行 "File" 文件菜单下的 "Save As" 命令，弹出另存文件对话框，定位到工程文件夹 "模块化编程" 下的 "inc" 文件夹，在下面的文件名处输入 "led. h"。单击 "保存" 按钮，保存 "led. h" 文件。

（5）依次编辑 "Text6"、"Text7"、"Text8" 选项页，选择执行 "File" 文件菜单下的 "Save As" 命令，分别将它们保存到 "inc" 文件夹内，另存的文件名分别是 "delay. h"、"uart. h"、"common. h"。

6. 添加源文件到工程

右键单击 "USER" 文件组，在弹出的下拉菜单中选择 "Add Files to Group 'USER'" 选项，接着依次选中 "main. c"、"delay. c"、"led. c"、"uart. c"，并添加到 "USER" 组中。

7. 源文件路径的添加

（1）打开 "Options for Target '模块化编程'" 对话框，并选择 "C51" 选项卡。

（2）在 "C51" 选项卡中部的 "include paths" 栏，单击右侧的选择路径按钮 ⬚，进入 "Floder Setup" 文件夹设置对话框。

（3）在 "Floder Setup" 文件夹设置对话框中，单击新文件选择按钮 ⬚，弹出 "浏览文件夹" 对话框，选择文件夹 "I：\模块化编程\inc"，单击 "OK" 按钮，完成编译源文件路径设置。

8. 添加模块化程序代码

(1) 添加主模块"main. c"的源代码。

(2) 添加通用模块"common. h"的源代码。

(3) 添加延时模块"delay. c"的源代码。

(4) 添加延时模块"delay. h"的源代码。

(5) 添加发光二极管模块"led. c"的源代码。

(6) 添加发光二极管模块"led. h"头文件的源代码。

(7) 添加串口通信模块"uart. c"的源代码。

(8) 添加串口通信模块"uart. h"的源代码。

9. 调试运行

(1) 编译程序。

1) 设置输出文件选项。在左边的工程浏览窗口，右键单击"Target"选项，在弹出的右键菜单中，选择执行"Options for Target'Target1'"菜单命令。

2) 在"Options for Target'Target1'"对话框，选择"Target"对象目标设置页，在晶体振荡器频率设置栏"Xtal（MHz）"，输入"11.0592"，设置晶振频率为 11.0592 MHz。

3) 在"Options for Target'Target1'"对话框，选择"Output"输出页，选择"Create HEX File"创建 HEX 文件。

4) 单击"OK"按钮，返回程序编辑界面。

5) 单击编译工具栏的编译所有文件按钮 ，开始编译文件。

6) 在编译输出窗口，查看程序编译信息。

(2) 下载程序。

1) 启动 STC 单片机下载软件。

2) 单击单片机型号栏右边的下拉列表箭头，选择"IAP15W4K58S2"。单击运行时的 IRC 频率栏右边的选择下拉箭头，选择"11.0592"（MHz）。

3) 单击"打开程序文件"按钮，弹出"打开程序代码文件"对话框，选择"模块化编程"文件夹里的"模块化编程. hex"文件，单击"打开"按钮，在程序代码窗口显示代码文件信息。

4) 单击"下载/编程"按钮，此时代码显示框下面的提示框中会显示"正在检测目标单片机"。

5) 程序代码开始下载，提示框显示一串下载信息，下载完成后显示"操作完成"，表示 HEX 代码文件已经下载到单片机中了。

(3) 调试程序。

1) 观察连接到 P7 输出端的 LED 显示。

2) 修改延时函数 DelayMS（x）中的 x 数值，保存文件。

3) 编译程序，下载到 FSST15-V1.0 单片机开发板，观察连接到 P7 输出端的 LED 的显示情况。

4) 通过工程组件"Components, Environment and Books"对话框，删除串口通信模块"uart. c"文件。

5) 修改主模块"main. c"文件如下：

```
void main （void）
{
while （1）
```

```
    {
        LED _ FLASH ();
    }
```

6) 保存 "main. c" 文件。

7) 编译程序，下载到 FSST15-V1.0 单片机开发板，观察连接到 P7 输出端的 LED 显示。

任务 35 基于系统定时器的时钟

 基础知识

一、基于定时器的时钟简介

基于定时器的时钟，其核心内容是定时器，本任务采用模块化编程，制作一个时钟。以 FSST15-V1.0 开发板为硬件平台，以模块化的方式编写程序，让其能在 LCD 1602 液晶的第一行显示 "2013-12-08 SUN"，其中 "SUN" 代表星期天；第二行显示 "11：27：11" 如图 14-16 所示。

接着增加按键调时功能。如果按一次 S4 键时，则时间停止 "走" 动，并且秒各位处的光标开始闪烁，此时，短按一次 S8，则秒数加 1，长按 S8 时，数值连续加 1；同理，若此时短按一次 S12，则秒数减 1，长按 S12，则数值连续减 1，调节的界面如图 14-17 所示。

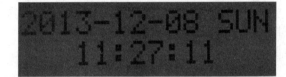

图 14-16 时钟显示界面图 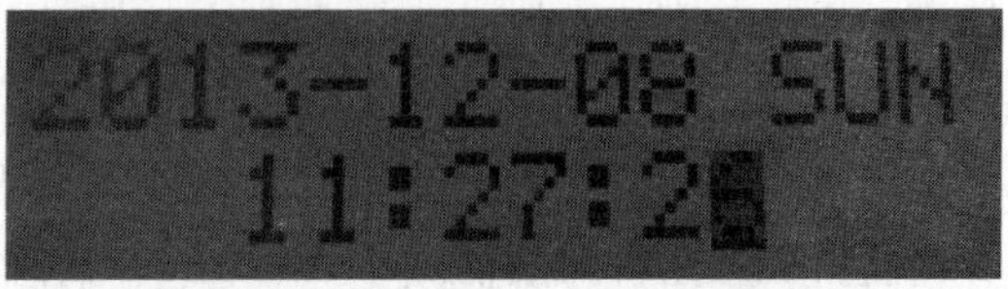　　　　　　　图 14-17 调节 "秒" 界面图

之后，若再按一次 S4，则秒数位置处的数值正常显示，调整的时间数切换到分钟处，这时按下 S8、S12 分钟数作相应的递增和递减，如图 14-18 所示。

若再按一次 S4，同理可以调节小时数，如图 14-19 所示。限于时间关系，作者没有写年、月、日、星期功能的调节，就留得读者自行研究。同时还需增加蜂鸣器功能，当短按一次 S4、S8、S12 时，蜂鸣器响一次，若长按 S4、S8、S12，则蜂鸣器不响。

图 14-18 调节 "分" 界面图 　　　　　　　图 14-19 调节 "时" 界面图

二、定时器时钟模块化程序设计

1. 新建工程文件夹

(1) 新建文件夹，文件路径为 "I：\ 模块化时钟"。

(2) 打开此文件夹，接着在下面再新建四个文件夹，分别命名为 "inc"、"listing"、"output"、"src"。

2. 新建工程

(1) 启动 Keil μVision4 软件。

(2) 选择执行"Project"菜单下的"New μVision Project"菜单命令,弹出创建工程对话框。

(3) 在对话框中输入工程名"模块化时钟"。定位到自己新建的工程文件下("I:\模块化时钟")。

(4) 单击"保存"按钮,弹出选择 CPU 数据库对话框,选择 Generic CPU Data base 通用 CPU 数据库。

(5) 单击"OK"按钮,弹出"Select Device for Target"选择目标器件对话框,单击"STC"左边的"+"号,展开选项,选择"STC15F2K60S2"选项。

(6) 单击"OK"按钮,弹出是否添加标准 8051 启动代码对话框。

(7) 单击"是"按钮,即可在开发环境自动为我们建立好包含启动代码项目的空文件,启动代码为"STARTUP. A51"

3. 目标选项"Options for Target'Target1'"对话框的设置

(1) 选择"Output"选项卡,接着单击"Select Folder for Objects"按钮,打开文件夹选择对话框,定位到刚建立的"output"文件夹下(路径为"I:\模块化定时\output\"),最后单击"OK"按钮,使编译产生的一些输出文件就存放在该文件夹里,需要注意的是 HEX 文件就在此文件夹下。

(2) 选择"Listing"选项卡,接着单击"Select Folder for Listing"按钮,打开文件夹选择对话框,定位到刚建立的"listing"文件夹下。

4. 工程组件"Components,Environment and Books"对话框的设置

(1) 右键单击"Target1"选项,弹出级联菜单,选择执行"Manage Components"菜单命令,打开工程组件对话框。

(2) 双击工程组件对话框中目标选项的"Target1",将其修改为"模块化时钟"。

(3) 双击工程组件对话框中间的"Source Group1",将其修改为"System"。

(4) 单击此列上方的新建图标,新建一个组,命名为"USER",如图 14-20 所示。

5. 新建源文件

(1) 回到 Keil μVision4 的主界面,直接按 8 次快捷键 Ctrl+N,新建 8 个文件,此时 Keil μVision4 的编辑界面应该是 8 个文本文件,名称依次为:Text1、…、Text8(也可以是 Text3、…、Text10 等情形)。

(2) 单击程序编辑界面上的"Text1"文件页选项,选择执行"File"文件菜单下的"Save As"命令,弹出另存文件对话框,此时默认是工程文件夹"模块化编程",在下面的文件名处输入:"main. c"。单击"保存"按钮,保存"main. c"文件。

(3) 同理,依次编辑"Text2"、"Text3"、"Text4"选项页,另存文件名称依次为"delay. c"、"lcd1602. c"、"keyscan. c"文件,有区别的是文件不能保存在工程文件夹下了,而是要定位到前面新建的"src"文件夹下。

(4) 单击"Text5"文件页选项,选择执行"File"文件菜单下的"Save As"命令,弹出另存文件对话框,定位到工程文件夹"模块化编程"下的"inc"文件夹,在下面的文件名处输入"LCD1602. h"。单击"保存"按钮,保存"LCD1602. h"文件。

(5) 依次编辑"Text6"、"Text7"、"Text8"选项页,选择执行"File"文件菜单下的"Save As"命令,分别将它们保存到"inc"文件夹内,另存的文件名分别是"DELAY. h"、"KYY-

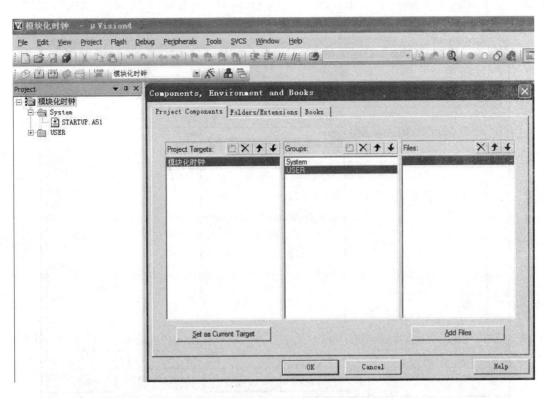

图 14-20 新建一个组文件夹 "USER"

SCAN. h"、"COMMON. h"，保存的 ".h" 文件如图 14-21 所示。

图 14-21 保存的 ".h" 文件

6. 添加源文件到工程

右键单击 "USER" 文件组，在弹出的下拉菜单中选择 "Add Files to Group 'USER'"，接着依次选中"main. c"、"delay. c"、"lcd1602. c"、"keyscan. c",并添加到"USER"组中,如图 14-22 所示。

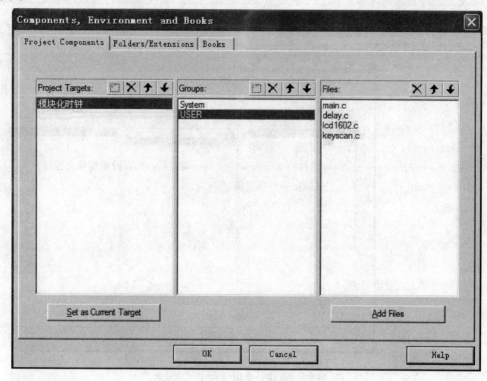

图 14-22　添加源文件到工程

7. 设计程序

（1）设计主模块"main. c"的程序。在"main. c"文件内添加的程序代码如下：

```c
#include<STC15F2K60S2. h>
#include "common. h"
#include "delay. h"
#include "lcd1602. h"
#include "KeyScan. h"
uChar8 Count50MS;            //定时器 50ms 计数
char Second, Hour, Minute;   //秒、时、分
void Timer0Init(void)
{
        TMOD = 0x01;         //设置定时器 0 工作模式 1
        TH0 = 0x4c;          //定时器装初值
        TL0 = 0x00;
        EA = 1;              //开总中断
        ET0 = 1;             //开定时器 0 中断
        TR0 = 1;             //启动定时器 0
}
void Timer1Init(void)
{
```

```
        TMOD | = 0x10;              // 设置定时器 1 工作在模式 1 下
        TH1 = 0xDC;
        TL1 = 0x00;                 // 赋初始值
        TR1 = 1;                    // 开定时器 0
}
void Init(void)
{
        LCD _ Init();               //液晶初始化
        Timer0Init();               //定时器 0 初始化
        Timer1Init();               //定时器 1 初始化
        CONTROL = 0;                /* * 软件将矩阵按键第 4 列一端置低, 用以分解出独立按键 * /
        Minute = 0;                 //初始化各种变量值
        Second = 0;
        Hour = 0;
        Count50MS = 0;
        WrTimeLCD(10, Second);      //分别送去液晶显示
        WrTimeLCD(7, Minute);
        WrTimeLCD(4, Hour);
}
void main(void)
{
        Init();                     //首先初始化各数据
        while(1)                    //进入主程序大循环
{
        ExecuteKeyNum();            //不停地检测按键是否被按下
}
}
void timer0(void) interrupt 1
{
        TH0 = 0x4c;                 //再次装定时器初值
        TL0 = 0x00;
        Count50MS + + ;             //中断次数累加
        if(Count50MS = = 20)        //20 次 50ms 为 1s
{
        Count50MS = 0;
        Second + + ;
        if(Second = = 60)           //秒加到 60 则进位分钟
        {
        Second = 0;                 //同时秒数清零
        Minute + + ;
        if(Minute = = 60)           //分钟加到 60 则进位小时
    {
          Minute = 0;               //同时分钟数清零
          Hour + + ;
```

```
        if(Hour == 24)          //小时加到 24 则小时清零
        {
          Hour = 0;
        }
        WrTimeLCD(4, Hour);      //小时若变化则重新写入
      }
        WrTimeLCD(7, Minute);    //分钟若变化则重新写入
    }
    WrTimeLCD(10, Second);       //秒若变化则重新写入
  }
}
```

(2) 设计通用模块"common. h"的程序。在"common. h"文件内添加的程序代码如下:

```
#ifndef __COMMON_H__
#define __COMMON_H__
typedef unsigned char uChar8;
typedef unsigned int uInt16;
#endif
```

(3) 设计延时模块"DELAY. h"的程序。在"DELAY. h"文件内添加的程序代码如下:

```
#ifndef __DELAY_H__
#define __DELAY_H__
#include "common. h"
void DelayMS(uInt16 ValMS);
#endif
```

(4) 设计延时模块"delay. c"的程序。在"delay. c"文件内添加的程序代码如下:

```
#include "delay. h"
void DelayMS(uInt16 ValMS)
{
    uInt16 uiVal, ujVal;
  for(uiVal = 0; uiVal < ValMS; uiVal + +)
    for(ujVal = 0; ujVal < 1700; ujVal + +);
}
```

(5) 添加液晶显示模块"LCD1602. h"头文件的程序。在"LCD1602. h"文件内添加的程序代码
如下:

```
#ifndef _LCD1602_H_
#define _LCD1602_H_
#include<STC15F2K60S2. h>
#include "common. h"
#include "delay. h"
sbit RS = P3^3;          //数据/命令选择端(H/L)
sbit RW = P3^4;          //数/写选择端(H/L)
sbit EN = P3^5;          //使能信号
extern void WrComLCD(uChar8 ComVal);
extern void LCD_Init(void);
```

```
extern void WrTimeLCD(uChar8 Add, uChar8 Data);
#endif
```

（6）添加液晶显示模块"lcd1602.c"的程序。在"Lcd1602.c"文件内添加的程序代码如下：

```
#include "LCD1602.h"
uChar8 code table[] = " 2015-8-16 SUN";   /*定义初始上电时液晶默认显示状态*/
void DectectBusyBit(void)
{ P0 = 0xff;            // 读状态值时，先赋高电平
  RS = 0;
  RW = 1;
  EN = 1;
  DelayMS(1);
  while(P0 & 0x80);     // 若 LCD 忙，停止到这里，否则继续执行
  EN = 0;               // 之后将 EN 初始化为低电平
}
void WrComLCD(uChar8 ComVal)
{
  DectectBusyBit();
  RS = 0;
  RW = 0;
  EN = 1;
  P0 = ComVal;
  DelayMS(1);
  EN = 0;
}
void WrDatLCD(uChar8 DatVal)
{
  DectectBusyBit();
  RS = 1;
  RW = 0;
  EN = 1;
  P0 = DatVal;
  DelayMS(1);
  EN = 0;
}
/* ************************************************** */
// 函数名称：WrTimeLCD()
// 函数功能：向液晶的某个位置写数据
// 入口参数：液晶地址(Addr)，数据(Data)
// 出口参数：键值(num)
/* ************************************************** */
void WrTimeLCD(uChar8 Addr, uChar8 Data)      //写时分秒函数
{
  uChar8 shi, ge;
  shi = Data / 10;                            //分解一个两位数的十位和个位
```

425

```
  ge = Data % 10;
  WrComLCD(0x80 + 0x40 + Addr);        //设置显示位置
  WrDatLCD(0x30 + shi);                //送去液晶显示十位
  WrDatLCD(0x30 + ge);                 //送去液晶显示个位
}
void LCD _ Init(void)
{
  uChar8 Num;
  P0M0 = 0x00;                         //设置 P0 口为普通双向 I/O 口
  P0M1 = 0x00;
  P3M0 = 0x00;                         //设置 P3 口为普通双向 I/O 口
  P3M1 = 0x00;
  DelayMS(20);
  WrComLCD(0x38);                      // 16×2 行显示、5×7 点阵、8 位数据接
  DelayMS(1);                          // 稍作延时
  WrComLCD(0x38);                      // 重新设置一遍
  WrComLCD(0x01);                      // 显示清屏
  WrComLCD(0x06);                      // 光标自增、画面不动
  DelayMS(1);                          // 稍作延时
  WrComLCD(0x0C);                      // 开显示、关光标、并不闪烁
  for(Num = 0; Num < 15; Num++)        //显示年月日星期
  {
    WrDatLCD(table[Num]);
    DelayMS(5);
  }
  WrComLCD(0x80 + 0x40 + 6);           //写出时间显示部分的两个冒号
  WrDatLCD(':');
  DelayMS(5);
  WrComLCD(0x80 + 0x40 + 9);
  WrDatLCD(':');
  DelayMS(5);
}
```

对于 LCD1602 液晶的驱动"LCD1602.c"程序，其中读者需要注意的是 WrTimeLCD（）函数，该函数的主要功能是将待显示的数据实时地在液晶上进行刷新，首先进行位的分离，然后再确定位置，最后向确定的位置写数据。

（7）添加键盘扫描模块"KEYSCAN.h"的程序。在"KEYSCAN.h"文件内添加的程序代码如下：

```
#ifndef _KEYSCAN_H_
#define _KEYSCAN_H_
#include <STC15F2K60S2.h>
#include "common.h"
#include "delay.h"
#include "LCD1602.h"
```

```
sbit Beep = P2^1;                        //定义蜂鸣器端
sbit KEY1 = P4^4;
sbit KEY2 = P4^5;
sbit KEY3 = P4^6;
sbit CONTROL = P4^0;                     //分离按键用
extern void KeyScan(void);
extern void ExecuteKeyNum(void);
#endif
```

(8) 添加键盘扫描模块"keyscan. c"的程序。在"keyscan. c"文件内添加的程序代码如下:

```
#include "KeyScan.h"
extern char Second, Hour, Minute;        //秒、时、分 外部变量
extern uChar8 code table[];              //LCD 显示数组 外部变量
char FunctionKeyNum;                     //功能键键值
char FuncTempNum;                        //功能键临时键值
typedef enum KeyState{StateInit, StateAffirm, StateSingle, StateRepeat};    //键值状态值
/* ************************************************************* */
// 函数名称:DropsRing()
// 函数功能:蜂鸣器发声
// 入口参数:无
// 出口参数:无
/* ************************************************************* */
void DropsRing(void)
{
  Beep = 0;
  DelayMS(100);
  Beep = 1;
}
/* ************************************************************* */
// 函数名称:KeyScan(void)
// 函数功能:扫描按键
// 入口参数:无
// 出口参数:键值(num)
/* ************************************************************* */
void KeyScan(void)
{
  static uChar8 KeyStateTemp1 = 0;       //按键状态临时存储值 1
  static uChar8 KeyStateTemp2 = 0;       //按键状态临时存储值 2
  static uChar8 KeyStateTemp3 = 0;       //按键状态临时存储值 3
  static uChar8 KeyTime = 0;             //按键延时时间
  bit KeyPressTemp1;                     //按键是否按下存储值 1
  bit KeyPressTemp2;                     //按键是否按下存储值 2
  bit KeyPressTemp3;                     //按键是否按下存储值 3

  KeyPressTemp1 = KEY1;                  //读取 I/O 口的键值
```

任务
35

427

```
switch(KeyStateTemp1)
{
  case StateInit:                        //按键初始状态
    if(! KeyPressTemp1)                  //当按键按下时，状态切换到确认态
      KeyStateTemp1 = StateAffirm;
    break;
  case StateAffirm:                      //按键确认态
    if(! KeyPressTemp1)
    {
      KeyTime = 0;
      KeyStateTemp1 = StateSingle;       //切换到单次触发态
    }
    else KeyStateTemp1 = StateInit;//按键已抬起，切换到初始态
    break;
  case StateSingle:                      //按键单发态
    if(KeyPressTemp1)                    //按下时间小于 1s
    {
      DropsRing();                       //每当有按键释放时蜂鸣器发出滴声
      KeyStateTemp1 = StateInit;         //按键释放，则回到初始态
      FuncTempNum + + ;                  //键值加 1
      if(FuncTempNum > 4) FuncTempNum = 0;
    }
    else if( + + KeyTime > 100)          //按下时间大于 1s(100×10ms)
    {
      KeyStateTemp1 = StateRepeat;       //状态切换到连发态
      KeyTime = 0;
    }
    break;
  case StateRepeat:                      //按键连发态
    if(KeyPressTemp1)
      KeyStateTemp1 = StateInit;         //按键释放，则进初始态
    else                                 //按键未释放
    {
      if( + + KeyTime > 10)             //按键计时值大于 100ms(10×10ms)
      {
        KeyTime = 0;
        FuncTempNum + + ;                //键值每过 100ms 加一次
        if(FuncTempNum > 4) FuncTempNum = 0;
      }
      break;
    }
    break;
  default: KeyStateTemp1 = KeyStateTemp1 = StateInit; break;
}
```

任务
35

```
if(FuncTempNum)                        //只有功能键被按下后，增加和减小键才有效
{
  KeyPressTemp2 = KEY2;                 //读取 I/O 口的键值
  switch(KeyStateTemp2)
  {
    case StateInit:                     //按键初始状态
      if(! KeyPressTemp2)               //当按键按下，状态切换到确认态
        KeyStateTemp2 = StateAffirm;
      break;
    case StateAffirm:                   //按键确认态
      if(! KeyPressTemp2)
      {
        KeyTime = 0;
        KeyStateTemp2 = StateSingle;    //切换到单次触发态
      }
      else KeyStateTemp2 = StateInit;   //按键已抬起，切换到初始态
      break;
    case StateSingle:                   //按键单发态
      if(KeyPressTemp2)                 //按下时间小于 1s
      {
        KeyStateTemp2 = StateInit;      //按键释放，则回到初始态
        DropsRing();                    //每当有按键释放时蜂鸣器发出滴声
        if(FunctionKeyNum == 1)         //若功能键第一次按下
        {
          Second++;                     //则调整秒加 1
          if(Second == 60)              //若满 60 后将清零
            Second = 0;
          WrTimeLCD(10, Second);        //每调节一次送液晶显示一次
          WrComLCD(0x80 + 0x40 + 11);   //显示位置重新回到调节处
        }
        if(FunctionKeyNum == 2)         //若功能键第二次按下
        {
          Minute++;                     //则调整分钟加 1
          if(Minute == 60)              //若满 60 后将清零
            Minute = 0;
      WrTimeLCD(7, Minute);             //每调节一次送液晶显示一下
      WrComLCD(0x80 + 0x40 + 8);        //显示位置重新回到调节处
        }
        if(FunctionKeyNum == 3)         //若功能键第三次按下
        {
          Hour++;                       //则调整小时加 1
          if(Hour == 24)                //若满 24 后将清零
            Hour = 0;
      WrTimeLCD(4, Hour);               //每调节一次送液晶显示一下
```

任务 35

```
        WrComLCD(0x80 + 0x40 + 5);              //显示位置重新回到调节处
        }
    }
    else if( + +KeyTime > 100)                  //按下时间大于 1s(100×10ms)
    {
        KeyStateTemp2 = StateRepeat;            //状态切换到连发态
        KeyTime = 0;
    }
    break;
case StateRepeat:                               //按键连发态
    if(KeyPressTemp2)
        KeyStateTemp2 = StateInit;              //按键释放，则进入初始态
    else                                        //按键未释放
    {
        if( + +KeyTime > 10)                    //按键计时值大于 100ms(10×10ms)
        {
            KeyTime = 0;
            if(FunctionKeyNum = = 1)            //若功能键第一次按下
            {
                Second + + ;                    //则调整秒加 1
                if(Second = = 60)               //若满 60 后将清零
                    Second = 0;
            WrTimeLCD(10, Second);              //每调节一次送液晶显示一次
            WrComLCD(0x80 + 0x40 + 11);
                //显示位置重新回到调节处
            }
            if(FunctionKeyNum = = 2)            //若功能键第二次按下
            {
                Minute + + ;                    //则调整分钟加 1
                if(Minute = = 60)               //若满 60 后将清零
                    Minute = 0;
            WrTimeLCD(7, Minute);               //每调节一次送液晶显示一次
                WrComLCD(0x80 + 0x40 + 8);      //重新回到调节处
            }
            if(FunctionKeyNum = = 3)            //若功能键第三次按下
            {
                Hour + + ;                      //则调整小时加 1
                if(Hour = = 24)                 //若满 24 后将清零
                    Hour = 0;
            WrTimeLCD(4, Hour);                 //每调节一次送液晶显示一次
            WrComLCD(0x80 + 0x40 + 5);          //重新回到调节处
            }
        }
    }
    break;
```

```
    }
    break;
  default: KeyStateTemp2 = KeyStateTemp2 = StateInit; break;
}


KeyPressTemp3 = KEY3;                    //读取 I/O 口的键值
switch(KeyStateTemp3)
{
  case StateInit:                        //按键初始状态
    if(! KeyPressTemp3)                  //当按键按下，状态切换到确认态
      KeyStateTemp3 = StateAffirm;
    break;
  case StateAffirm:                      //按键确认态
    if(! KeyPressTemp3)
    {
    KeyTime = 0;
    KeyStateTemp3 = StateSingle;         //切换到单次触发态
    }
  else KeyStateTemp3 = StateInit;        //按键已抬起，切换到初始态
    break;
  case StateSingle:                      //按键单发态
    if(KeyPressTemp3)                    //按下时间小于 1s
    {
    KeyStateTemp3 = StateInit;           //按键释放，则回到初始态
     DropsRing();                        //每当有按键释放时蜂鸣器发出滴声
     if(FunctionKeyNum == 1)             //若功能键第一次按下
     {
       Second--;                         //则调整秒减 1
        if(Second == -1)                 //若减到负数则将其重新设置为 59
          Second = 59;
       WrTimeLCD(10, Second);            //每调节一次送液晶显示一次
       WrComLCD(0x80 + 0x40 + 11);       //显示位置重新回到调节处
     }
     if(FunctionKeyNum == 2)             //若功能键第二次按下
     {
       Minute--;                         //则调整分钟减 1
       if(Minute == -1)                  //若减到负数则将其重新设置为 59
          Minute = 59;
    WrTimeLCD(7, Minute);                //每调节一次送液晶显示一次
    WrComLCD(0x80 + 0x40 + 8);           //显示位置重新回到调节处
     }
     if(FunctionKeyNum == 3)             //若功能键第二次按下
     {
       Hour--;                           //则调整小时减 1
```

```
    if(Hour = = -1)                  //若减到负数则将其重新设置为23
       Hour = 23;
    WrTimeLCD(4, Hour);              //每调节一次送液晶显示一次
    WrComLCD(0x80 + 0x40 + 5);       //显示位置重新回到调节处
      }
    }
    else if( + +KeyTime > 100)       //按下时间大于1s(100×10ms)
    {
       KeyStateTemp3 = StateRepeat;  //状态切换到连发态
       KeyTime = 0;
    }
    break;
case StateRepeat:                    //按键连发态
    if(KeyPressTemp3)
       KeyStateTemp3 = StateInit;    //按键释放，则进入初始态
    else                             //按键未释放
    {
       if( + +KeyTime > 10)          //按键计时值大于100ms(10×10ms)
       {
       KeyTime = 0;
       if(FunctionKeyNum = = 1)      //若功能键第一次按下
       {
         Second--;                   //则调整秒减1
       if(Second = = -1)             //若减到负数则将其重新设置为59
          Second = 59;
       WrTimeLCD(10, Second);        //每调节一次送液晶显示一次
       WrComLCD(0x80 + 0x40 + 11);   //重新回到调节处
       }
       if(FunctionKeyNum = = 2)      //若功能键第二次按下
       {
         Minute--;                   //则调整分钟减1
       if(Minute = = -1)             //若减到负数则将其重新设置为59
       Minute = 59;
       WrTimeLCD(7, Minute);         //每调节一次送液晶显示一次
         WrComLCD(0x80 + 0x40 + 8);  //重新回到调节处
       }
       if(FunctionKeyNum = = 3)      //若功能键第二次按下
       {
          Hour--;                    //则调整小时减1
          if(Hour = = -1)            //若减到负数则将其重新设置为23
             Hour = 23;
       WrTimeLCD(4, Hour);           //每调节一次送液晶显示一次
       WrComLCD(0x80 + 0x40 + 5);    //重新回到调节处
       }
```

```
                }
              break;
            }
          break;
        default: KeyStateTemp3 = KeyStateTemp3 = StateInit; break;
      }
    }
}
/* ****************************************************** */
// 函数名称: ExecuteKeyNum(void)
// 函数功能: 按键值来执行相应的动作
// 入口参数: 无
// 出口参数: 无
/* ****************************************************** */
void ExecuteKeyNum(void)
{
  if(TF1)
  {
    TF1 = 0;
    TH1 = 0xDC;
    TL1 = 0x00;
    KeyScan();
  }
  switch(FuncTempNum)
  {
    case 1:
      FunctionKeyNum = 1;
      TR0 = 0;                        //关闭定时器
      WrComLCD(0x80 + 0x40 + 11);     //光标定位到秒位置
      WrComLCD(0x0f);                 //光标开始闪烁
    break;
    case 2:
      FunctionKeyNum = 2;             //第二次按下光标闪烁定位到分钟位置
      WrComLCD(0x80 + 0x40 + 8);
    break;
    case 3:
      FunctionKeyNum = 3;             //第三次按下光标闪烁定位到小时位置
      WrComLCD(0x80 + 0x40 + 5);
    break;
    case 4:
      FunctionKeyNum = 0;             //记录按键数清零
      WrComLCD(0x0c);                 //取消光标闪烁
      TR0 = 1;
      FuncTempNum = 0;
```

```
    break;
  }
}
```

按键扫描部分程序其实也不难，就是用了一个状态机来检测按键，这里读者可以先画出状态图，再看这部分源代码，就容易理解了。

8. 模块化编程技巧

该程序的内容有详细的注释，这里不再解释程序，主要说明几点作者的编程、调试心得。

模块化编程，不是从第一行按次序写到最后一行，而是首先划分模块，再将各个模块分别击破。同样地，在击破各个模块时，也不是从第一行写到最后一行，而是先将模块按功能划分成几个函数，之后画出流程图，最后再按流程图编写程序。

（1）模块的划分。该实例中，模块的划分已经很清晰了，因为上面的源代码就是按模块编写的，如该实例主要包括主模块、LCD模块、键盘调试模块。

（2）模块到函数的划分。以主程序为例，这里将其划分为5个函数：一个是中断函数；之后再加三个初始化函数，分别用来初始化定时器0、初始化定时器1和显示LCD的初始界面；最后一个是主函数 main（）。

（3）画流程图。这部分的子流程图比较多，这里就不具体阐述了，但是建议读者画出流程图，这对编程很有作用，望读者能铭记于心。画流程图相当于做一件事的规划，只要流程图画得好，编程思路就清晰，编写程序是很容易的。相反，没有好的规划，一上来直接写，边写边删，最后形成一种恶性循环，导致整个思路中断，这就是很多读者写不出完整程序的原因所在，也恰恰是一种错误的方法。

9. 程序调试技巧

再来说说整个实例的调试心得。作者当初就是按这个步骤来调试的，读者可以去其糟粕，取其精华。

（1）编写程序，让液晶能正常显示字符。

（2）增加液晶刷新函数，并随便写一个数，观察是否能显示到液晶上。

（3）增加定时器功能，让时、分、秒三个全局变量动起来，看是否能正常显示到液晶上。刚开始时，可以将秒时间设置得快一点，同时将秒逢60进一暂时改为逢5进1，这样做主要是便于调试。

（4）增加按键扫描功能。这里编程风格很重要，各个大括号一定要按程序语句对齐，否则最后会很混乱。同时全局变量的处理一定要到位，否则会导致时间数不统一。这里读者特别要注意，什么时候开定时器，什么时候关定时器，什么时候光标闪烁，什么时候光标不闪烁，更要注意光标闪烁的位置。这一步是最难的，也是最重要的，读者一定要耐心、仔细地进行考虑。

（5）增加蜂鸣器功能。按一下按键，让连接蜂鸣器的 beep 端延时交替变化就可以了，一个小小的函数就可以实现该功能。

 技能训练

一、训练目标

（1）学会模块化工程管理。

（2）学会通过模块化编程实现可调的时钟显示。

二、训练步骤与内容

1. 新建工程文件夹

（1）新建文件夹，文件路径为"I：\ 模块化时钟"。

（2）打开此文件夹，接着在下面再新建四个文件夹，分别命名为"inc"、"listing"、"output"、"src"。

2. 新建工程

（1）启动 Keil μVision4 软件

（2）选择执行"Project"菜单下的"New μVision Project"菜单命令，弹出创建工程对话框。

（3）在对话框中输入工程名"模块化时钟"。定位到自己新建的工程文件下（"I：\ 模块化时钟"）。

（4）单击"保存"按钮，弹出选择 CPU 数据库对话框，选择 STC CPU Data base 数据库，单击"OK"按钮，弹出"Select Device for Target"选择目标器件对话框，单击"STC"左边的"＋"号，展开选项，选择"STC15W4K32S4"选项。

（5）单击"OK"按钮，弹出是否添加标准 8051 启动代码对话框。

（6）单击"是"按钮，即可在开发环境自动为我们建立好包含启动代码项目的空文件，启动代码为"STARTUP. A51"

3. 目标选项"Options for Target′Target1′"对话框的设置

（1）选择"Output"选项卡，接着单击"Select Folder for Objects"按钮，打开文件夹选择对话框，定位到刚建立的"output"文件夹下（路径为"I：\ 模块化时钟 \ output \"），最后单击"OK"按钮，使编译产生的一些输出文件就存放在该文件夹里，需要注意的是 HEX 文件就在此文件夹下。

（2）选择"Listing"选项卡，接着单击"Select Folder for Listing"按钮，打开文件夹选择对话框，定位到刚建立的"listing"文件夹下。

4. 工程组件"Components，Environment and Books"对话框的设置

（1）右键单击"Target1"选项，弹出级联菜单，选择执行"Manage Components"菜单命令，打开工程组件对话框。

（2）双击工程组件对话框中目标选项的"Target1"，将其修改为"模块化时钟"。

（3）双击工程组件对话框中间的"Source Group1"，将其修改为"System"。

（4）单击此列上方的新建图标，新建一个组，命名为"USER"。

5. 新建源文件

（1）回到 Keil μVision4 的主界面，直接按 8 次快捷键 Ctrl＋N，新建 8 个文件，此时 Keil μVision4 的编辑界面应该是 8 个文本文件，名称依次为：Text1、…、Text8（也可以是 Text3、…、Text10 等情形）。

（2）单击程序编辑界面上的"Text1"文件页选项，选择执行"File"文件菜单下的"Save As"命令，弹出另存文件对话框，此时默认是工程文件夹"模块化编程"，在下面的文件名处输入："main. c"。单击"保存"按钮，保存"main. c"文件。

（3）同理，依次编辑"Text2"、"Text3"、"Text4"选项页，另存文件名称依次为"delay. c"、"lcd1602. c"、"keyscan. c"文件，有区别的是文件不能保存在工程文件夹下了，而是要定位到前面新建的"src"文件夹下。

（4）单击"Text5"文件页选项，选择执行"File"文件菜单下的"Save As"命令，弹出另存文件对话框，定位到工程文件夹"模块化编程"下的"inc"文件夹，在下面的文件名处输入

"LCD1602. h"。单击"保存"按钮，保存"LCD1602. h"文件。

（5）依次编辑"Text6"、"Text7"、"Text8"选项页，选择执行"File"文件菜单下的"Save As"命令，分别将它们保存到"inc"文件夹内，另存的文件名分别是"DELAY. h"、"KEY-SCAN. h"、"COMMON. h"。

6. 添加源文件到工程

右键单击"USER"文件组，在弹出的下拉菜单中选择"Add Files to Group 'USER'"选项，接着依次选中"main. c"、"delay. c"、"lcd1602. c"、"keyscan. c"，并添加到"USER"组中。

7. 源文件路径的添加

（1）打开"Options for Target'模块化时钟'"对话框，并选择"C51"选项卡。

（2）在"C51"选项卡中部的"include paths"栏，单击右侧的选择路径按钮 ⬚，进入"Floder Setup"文件夹设置对话框。

（3）在"Floder Setup"文件夹设置对话框中，单击新文件选择按钮 ⬚，弹出"浏览文件夹"对话框，选择文件夹"I：\模块化编程\inc"，单击"OK"按钮，完成编译源文件路径设置。

8. 添加模块化程序代码

（1）添加主模块"main. c"的源代码。

（2）添加通用模块"common. h"的源代码。

（3）添加延时模块"delay. h"的源代码。

（4）添加延时模块"delay. c"的源代码。

（5）添加发光二极管模块"LCD1602. h"头文件的源代码。

（6）添加发光二极管模块"lcd1602. c"的源代码。

（7）添加串口通信模块"KEYSCAN. h"的源代码。

（8）添加串口通信模块"keyscan. c"的源代码。

9. 调试运行

（1）编译程序。

1）设置输出文件选项。在左边的工程浏览窗口，右键单击"Target"选项，在弹出的右键菜单中，选择执行"Options for Target'Target1'"菜单命令。

2）在"Options for Target'Target1'"对话框，选择"Target"对象目标设置页，在晶体振荡器频率设置栏"Xtal（MHz）"，输入"11.0592"，设置晶振频率为 11.0592 MHz。

3）在"Options for Target'Target1'"对话框，选择"Output"输出页，选择"Create HEX File"创建 HEX 文件。

4）单击"OK"按钮，返回程序编辑界面。

5）单击编译工具栏的编译所有文件按钮 ⬚，开始编译文件。

6）在编译输出窗口，查看程序编译信息。

（2）下载程序。

1）启动 STC 单片机下载软件。

2）单击单片机型号栏右边的下拉列表箭头，选择"IAP15W4K58S2"。单击运行时的 IRC 频率栏右边的选择下拉箭头，选择"11.0592"（MHz）。

3）选择 COM 口，计算机连接 FSST15-V1.0 单片机开发板后，软件会自动选择。

4）单击"打开程序文件"按钮，弹出"打开程序代码文件"对话框，选择"模块代时钟"文件夹里的"模块化时钟 . hex"文件，单击"打开"按钮，在程序代码窗口显示代码文件信息。

5）单击"下载/编程"按钮，此时代码显示框下面的提示框中会显示"正在检测目标单片机"。

6）打开开发板电源开关，程序代码开始下载，提示框显示一串下载信息，下载完成后显示"操作完成"，表示 HEX 代码文件已经下载到单片机中了。

（3）调试程序。

1）关掉电源，将液晶显示器安装到 FSST15-V1.0 单片机开发板。

2）重新按下电源开关，观察液晶显示器的显示。

3）按下 K2 按钮一次，暂停时钟的走时，秒数据在闪烁。

4）按下 K3 按钮，递增调节"秒"显示数据，按下 K4 按钮，递减调节"秒"显示数据。

5）再按下 K2 按钮一次，"分"数据闪烁，按下 K3 按钮，递增调节"分"显示数据，按下 K4 按钮，递减调节"分"显示数据。

6）再按下 K2 按钮一次，"时"数据闪烁，按下 K3 按钮，递增调节"时"显示数据，按下 K4 按钮，递减调节"时"显示数据。

7）再按下 K2 按钮一次，恢复时钟走时。

习 题 14

1. 改变流水灯的显示方向，重新按模块化编程设计 LED 流水灯控制程序。

2. 在时钟中增加年、月、日、星期的调节和动态走时功能。

3. 在时钟中增加阴历功能。

项目十五 创 新 设 计

 学习目标

（1）了解单片机产品的开发流程。

（2）学会演讲限时器和无线温度、湿度测试系统的开发。

任务 36 演 讲 限 时 器

 基础知识

一、单片机创新设计开发流程

一般来说，单片机创新设计开发是单片机设计者根据客户或市场需求，完成特定功能的单片机应用系统的过程。

一个完备的单片机应用系统包括硬件和软件两大部分，硬件是载体，软件是核心。只有系统的软、硬件紧密配合、协调一致，才能发挥其高性能作用。在单片机应用系统的开发过程中，涉及多种开发技术和工具，需要反复修改调整软、硬件，以便尽可能地提高系统的工作效率。

单片机应用系统的功能不同，其硬件和软件结构也不相同，但研制、开发的方法和步骤基本上是类似的。

1. 单片机产品总体设计

（1）可行性调研。进行单片机产品开发时，首先应进行需求分析，需求分析通过设计者与客户进行良好沟通和充分的实地调研实现，由此确定单片机系统所要完成的任务和所具备的功能。

单片机产品可行性调研的目的，是分析完成该产品项目的可能性。进行这方面的工作时，可以参考国内外有关资料，看是否有过类似产品的工作。如果有，则可以分析它有什么优缺点，有何值得借鉴学习的地方。如果没有，则需做进一步的研究，此时的重点应放在能否实现目标这个环节上，首先从理论上进行分析，探讨实现的可能性，所要求的客观条件（环境、测试手段、仪器设备、资金、人员等）是否具备，然后结合实际情况，确定能否进行产品立项的问题。

（2）草拟设计任务书。设计者首先应对单片机创新设计开发的任务、控制对象、工作环境作周密的调查研究，必要时还要勘察工业现场，明确系统的各项指标，进而编写单片机创新设计开发任务书，整个单片机创新的设计开发都要围绕着如何达到产品的技术指标来进行。

（3）建立数学模型。设计任务书拟定后，接下来应对单片机创新设计开发的被控对象的物理过程和计算任务进行全面分析，并从中抽象出数学表达式，即建立数学模型。数学模型的形式是多种多样的，可以是一系列的数学表达式，可以是数学推理和判断，也可以是运行状态的模拟等。数学模型要能真实描述单片机创新设计开发的客观控制过程，要精确而简单。

（4）总体方案设计。在上述基础上，对单片机创新设计开发的各部分构成进行总体规划。主

要考虑以下几个问题。

1）系统组成。根据系统功能，确定系统主要由哪些功能模块构成，如键盘、显示、输入/输出通道、通信等。

2）单片机选型。根据系统的精度和速度要求合理选择单片机机型。可以综合考虑单片机的实用性、性价比、开发工具和研发人员的熟悉程度等方面因素。

3）软硬件功能分配。确定哪些功能由硬件实现，哪些功能由软件完成。在不影响系统技术指标的前提下，提倡尽量用软件实现。

2．硬件设计

根据总体方案画出硬件电路原理图，然后在单片机开发装置或实验板上搭出电路，并且在调试和运行软件中随时加以修改和补充，最后制作印制电路板并组装成样机。

为了使硬件设计合理，系统的电路设计应注意以下几个方面。

（1）选择标准化、模块化的典型电路，提高设计的成功率和结构的灵活性。

（2）选用功能强、集成度高的电路或芯片。

（3）选择通用性强、市场货源充足的元器件。

（4）系统扩展及各功能模块在设计满足应用系统功能要求的基础上，应适当留有余地。

（5）采用新技术。

（6）充分考虑各部分的驱动能力。

（7）系统的抗干扰设计。

3．软件设计

在进行单片机创新设计开发应用系统的总体设计时，软件设计和硬件设计应统一考虑，相互结合。当系统硬件电路确定后，软件的任务也就明确了。

单片机创新设计开发系统中的应用软件是根据系统功能要求设计的。一般来讲，软件按功能可分为两大类：一类是执行软件，它能完成各种实质性的功能，如测量、计算、显示、打印、输出控制等功能；另一类是监控软件，它是专门用来协调各执行模块和操作者的关系的，在系统软件中充当组织、协调角色。由于应用系统种类繁多，程序编制者风格不一，因此应用软件因系统而异。尽管如此，作为优秀的系统软件，还是有其特点及规律的。

（1）程序的总体设计。程序总体设计是指从系统的高度考虑程序结构、数据形式和程序功能的实现方法和手段。

在拟定单片机创新设计开发总体设计方案时，设计者必须合理选择切合实际的程序设计方法。常用的程序设计方法有以下三种。

1）模块化程序设计。把一个复杂的应用程序按整体功能划分成若干相对独立的程序模块，各模块可以单独设计、编程、调试，然后组合起来联调，最终成为一个有实用价值的程序。

2）自顶向下程序设计。从应用系统的主干程序开始，集中精力解决全局问题，然后层层细化逐步求精，最终完成一个复杂的程序。

3）结构化程序设计。在编程过程中，先进行结构设计，再进行细化设计。在结构设计中，对程序结构进行适当限制，特别是限制转移指令的使用，用于控制程序的复杂程序，使程序与执行流程保持一致。

（2）画程序流程图。不论采用哪种设计方法，程序总体结构确定后，应结合数学模型确立各子任务的具体算法和步骤，画出流程图，以方便程序编写。

（3）程序的编制。在开始编写程序之前，应先对程序地址空间、工作寄存器、数据结构、端口地址等进行分配。然后再根据程序流程图用汇编语言、C语言或其他高级语言编写程序。

任务36

（4）程序的检查和修改。上机调试前，可以借助一些编译软件对程序中的语法错误进行查找，并加以修改。系统的调试与运行调试包括硬件调试、软件调试和系统联调。调试通过后还要进行一段时间的试运行，以验证系统能否经受实际环境的考验。经过一段时间的试运行后就可以投入正式运行，在正式运行中还要建立一套健全的维护制度，以确保系统的正常工作。

二、演讲限时器

1. 演讲限时器的功能

演讲限时器可以应用于演讲比赛、研讨会场、会议现场，对演讲者的演讲时间加以限制，当演讲时间到时，切断演讲者话筒输入线路，中断演讲者的语音传输。

演讲限时器由计时器、控制器、电源插座、麦克风转接线、功放转接线等组成，具有以下功能。

（1）当倒计时至1min时提供频率较高的鸣叫提示音。

（2）当倒计时至10s时提供频率较低的鸣叫提示音。

（3）当倒计时结束时，自动关闭麦克风。

2. 功能键设置

（1）设定键。在倒计时模式时，按下此键后停止倒计时，进入设置状态；如果已经处于设置状态，则此键无效。

（2）增值键。在设置状态时，每按一次增值键，初始值的数字增加30。

（3）减值键。在设置状态时，每按一次减值键，初始值的数字减小30。

（4）确认键。在设置状态时，按下此键后，确认单片机倒计时开始，单片机按照新的初始值进行倒计时及显示倒计时的数字。如果已经处于倒计时状态，则此键无效。

3. 演讲限时器的总体设计

（1）任务分析与整体设计思路。根据演讲限时器的要求，需要实现以下几个方面的功能。

1）计时功能。如果要实现计时功能，则需要使用定时器来计时，通过设置定时器的初始值来控制溢出中断的时间间隔，再利用一个变量记录定时器溢出的次数，达到定时1s的功能。然后，当计时每到1s后，倒计时的计数器减1。当倒计时计数器减到0时，触发另一个标志变量，进入闪烁状态。

2）显示功能。显示倒计时的数字要采用动态扫描的方式将数字拆成"分钟十位"、"分钟个位"、"十位"和"个位"动态扫描显示。如果处于闪烁状态，则可以不需要动态扫描显示，只需要控制共阴极数码管的位控线，即可实现数码管的灭和亮。

3）键盘扫描和运行模式的切换。主程序在初始化一些变量和寄存器之后，需要不断循环地读取键盘的状态和动态扫描数码管显示相应的数字。根据键盘的按键值实现设置状态、计时状态的切换。

4）控制功能。按下确认键，输出通道1继电器接通，麦克风信号送音频功率放大器，演讲者的声音经音频功率放大后通过扬声器播放出来。倒计时的时间到，输出通道1继电器失电，麦克风信号与音频功率放大器断开，扬声器停止播放演讲者的声音。

（2）元件选择。

1）单片机及其硬件元件选择。选用宏晶STC系列STC15F2K60S2单片机作为微控制器，选择两个四联的共阴极数码管组成8位显示模块，由于STC15F2K60S2单片机的驱动能力有限，采用两片74HC573实现控制和驱动，一个74HC573完成位控线的控制和驱动，另一个74HC573完成数码管的7段码输出，在输出口上各串联一个100Ω的电阻对7段数码管限流。

由于键盘数量不多，选择独立式按键与P3口连接作为四个按键输入。没有键按下时P3.4~

P3.7 为高电平，当有键按下时，P3.4～P3.7 相应管脚为低电平。电路原理图如图 15-1 所示。

2）单片机演讲显示器电路原理图如图 15-2 所示。

（3）程序设计思路和单片机资源分配。

1）单片机资源分配。采用单片机的 P3 口作为按键的输入，使用独立式按键与 P3.4～P3.7 连接，构成四个功能按键。

在计时功能中，需要三个变量分别暂存定时器溢出的次数（T1_cnt）、倒计时的初始值（init_val）以及当前倒计时的秒数（cnt_val）。

在按键扫描功能中，需要两个变量，一个变量（key_new）用来存储当前扫描的键值（若无按键按下则为 255），另一个变量（key_old）用来存储上一次扫描的键值。只有这两个变量值不一样时，才能说明是一次新的按键按下或弹起了，同时将新的键值赋给 key_old 变量。

在显示功能中，需要定义一组数组（code 类型），其值为 0～9 数字对应的数码管 7 段码。除此之外，还需要定义一个变量（show_val）暂存要显示的数据，用于动态扫描显示中。

在整个程序中，定义了一个状态变量（state_val）用来存储当前单片机工作在哪种状态。

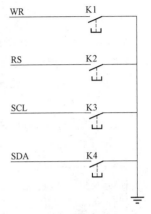

图 15-1　按键电路

2）程序设计思路。鉴于题目要求，存在三种工作模式：初始值设置模式、倒计时模式、计时到 0 时的闪烁模式。当变量 state_val 为 0 时，处于倒计时模式；当变量 state_val 为 1 时，处于初始值设置模式；当变量 state_val 为 2 时，处于闪烁模式。这些状态的切换取决于按下哪一个键以及是否计时到 60。状态的切换如图 15-3 所示。

单片机复位之后，默认处于倒计时模式，启动定时器，定时器每隔 10ms 溢出一次，根据定时器溢出次数来计时，到 1s 时将时间的计数器减 1。当"设置键"按下时，变量 state_val 由 0 变为 1，切换到设置模式。可以使用"递增键""递减键"对计时初始值进行修改。当按下"确认键"时，回到计时模式，开始以新的初始值进行倒计时。当倒计时到 60 时，变量 state_val 由 1 变为 2，处于提示状态，提示 5s，倒计时到 60 时，进入变音提示状态，在这种状态下，根据按键的情况分别又切换到计时和设置状态。

（4）程序流程。主程序首先需要初始化定时器的参数和一些变量，然后进入一个循环结构，在循环中始终只做两件事：一是键盘的扫描；二是数码管动态扫描和输出控制。

在扫描键盘后，判断前一次按键的结果是否与本次键值相同。如果不同，表示有键按下或弹起，同时用本次按键值更新上一次的按键值。这样设计旨在避免一个按键长时间按下时被重复判为有新键按下，使得当前按下的键只有松开后，下一次按下时才算一次新的按键。

根据按键的值分别改变变量（state_val）的值或者在设置状态时的改变倒计时初始值。完整的程序流程图如图 15-4 所示。

单片机上电，系统进入主程序初始化流程，进行变量初始化和定时器 0 初始化。初始化完成后，切入 while 循环。在 while 循环中，执行按键扫描、按键处理、数码管数据更新显示程序。

在按键处理中，按下 K1 键进入设置状态，每按一次 K2 键，初始值加 30，每按一次 K3 键，初始值减 30，按下 K4 键，切换到倒计时状态。

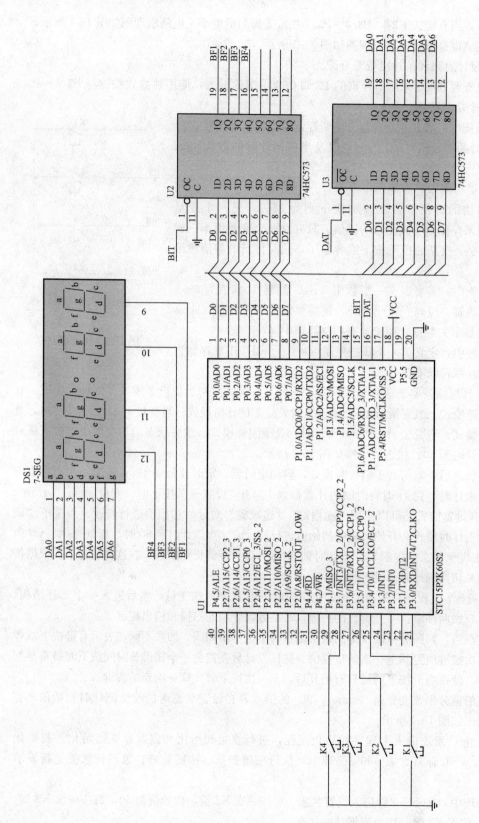

图 15-2　单片机演讲显示器电路原理图

任务
36

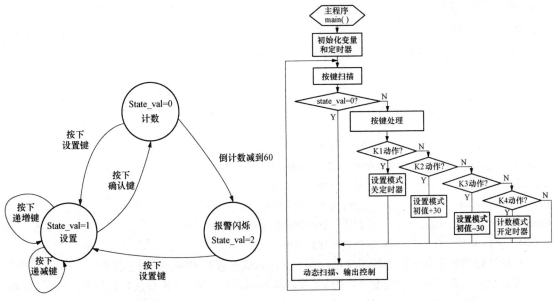

图 15-3 状态的切换　　　　　　　　图 15-4 程序流程图

4. 演讲限时器的程序设计

（1）宏定义。宏定义如下：

```
/* **************************************************** */
# include <STC15F2K60S2.h>
/* **************************************************** */
// 宏定义
/* **************************************************** */
#define uInt16 unsigned int
#define uChar8 unsigned char
```

通过宏定义，定义了无符号 16 位整形变量类型 uInt16，无符号字符类型变量 uChar8，以便简化程序的书写。

（2）变量定义。

```
/* **************************************************** */
// 数码管显示数字表格 0～9 定义
/* **************************************************** */
uChar8 code Disp_Tab[] = {0x3f, 0x06, 0x5b, 0x4f, 0x66, 0x6d, 0x7d, 0x07, 0x7f, 0x6f};
/* **************************************************** */
// 位定义
/* **************************************************** */
sbit SEG_SELECT = P1^7;        //段选
sbit BIT_SELECT = P1^6;        //位选
sbit K1 = P3^4;                //按键 K1
sbit K2 = P3^5;                //按键 K2
sbit K3 = P3^6;                //按键 K3
sbit K4 = P3^7;                //按键 K4
sbit led1 = P2^0;              //秒显示
```

```
sbit jdq1 = P1^5;                    //继电器1
sbit beep = P1^4;                    //蜂鸣器
```

/* *** */

// 全局变量定义

/* *** */

```
uChar8 ucRefresh = 0;           // 刷新数码管用变量
uChar8  data state_val;         //状态值
uChar8 Key_m, Key_h;            //定义按键检测变量
uInt16  data cnt_val;           //保存倒计数的当前值
uInt16  T0_cnt;                 //保存定时器0溢出次数
uInt16  T0_shan;                //定时器T0中断计数
uInt16  data show_val;          //存放需要在数码管显示的数字
uInt16  data init_val;          //暂存倒计数的初始值
```

在程序存储区定义了显示数组变量,用于共阴极数码管的数字字符显示控制。

通过 sbit 定义了四个位控变量,P1^7 作段选控制信号,P1^6 作位选控制信号,P3^4 作按键 K1 设置信号,P3^5 作按键 K2 增值计数信号,P3^6 作按键 K3 减值计数信号,P3^4 作按键 K4 确认信号。

通过 uChar8 定义了无符号字符变量 state_val、Key_m,Key_h 等,定义了数码管刷新变量 ucRefresh。通过 uInt16 定义了无符号整型变量 cnt_val、show_val、init_val、T0_cnt、T0_shan 等。

(3) 延时控制程序。控制程序如下:

/* *** */

// 延时函数:DelayMS()

/* *** */

```
void DelayMS(unsigned int tms)
{
  unsigned int i, j; //局部变量定义,变量在所定义的函数内部引用
  for(i = 0; i < tms; i++)        //执行语句,for 循环语句
    for(j = 0; j < 1080; j++);    //执行语句,for 循环语句
}
```

通过 for 循环实现毫秒延时控制,形参 tms 用于传递定时毫秒的数值。

(4) 按键扫描检测程序。按键扫描检测程序如下:

/* *** */

//按键扫描函数:ScanKey()

/* *** */

```
bit ScanKey()
{
Key_m =   0x00;      //按键赋值
Key_m |= K4;         //检测按键 K4
Key_m <<= 1;         //K4 检测数据左移一位
Key_m |= K3;         //检测按键 K3
Key_m <<= 1;         //检测数据左移一位
Key_m |= K2;         //检测按键 K2
```

```
Key_m <<= 1;              //K2 检测数据左移一位
Key_m | = K1;            //检测按键 K1
return(Key_m^Key_h);       //返回按键检测数据
}
```

在按键扫描过程中,通过或逻辑运算检测按键 K4 的动作数据,然后 Key_m 移位一位,通过或逻辑运算检测按键 K3 的动作数据,然后 Key_m 数据移位一位,通过或逻辑运算检测按键 K2 的动作数据,然后 Key_m 数据移位一位,再通过或逻辑运算检测按键 K1 的动作数据,通过异或运算判断,将按键检测结果返回。当有按键按下时,返回结果为 1;没有按键按下时,返回结果为 0。

(5) 按键处理程序。按键处理程序如下:

```
/* ********************************************************** */
//按键处理函数: Proc_Key()
/* ********************************************************** */
void Proc_Key(void)
{   EA = 0;
        if(0 = = (Key_h&0x01))        //按键 K1 检测动作
    {
    state_val = 1;                   //处于设置状态
        show_val = init_val;          //显示原来的倒计数初始值
    }

    if(0 = = (Key_h&0x02))           //按键 K2 检测动作
    {
        if(1 = = state_val)           //只有在设置状态时,增计数键才有用
            {   if (init_val<600)
                {init_val + = 30; }     //更改原来的倒计数初始值
                 else
            {init_val = 600;}
                show_val = init_val;    //显示更改后的计数初始值
            }
    }

        if(0 = = (Key_h&0x04))        //按键 K3 检测动作
    {
        if(1 = = state_val)           //只有在设置状态时,减计数键才有用
            { if (init_val>0)
                {init_val- = 30; }      //更改原来的倒计数初始值
                else
                {init_val = 600;}
                show_val = init_val;    //显示更改后的倒计数初始值
            }
    }

    if(0 = = (Key_h&0x08))           //按键 K4 检测动作
```

```
    {
        if(0! = state _ val)      //如果已处于计数模式，则确认键不起作用
                {cnt _ val = init _ val;    //将初始值赋给计数变量
                    show _ val = cnt _ val;    //将计数变量的数字显示

                    state _ val = 0;        //将状态切换为计数模式
            }
        }
    EA = 1;
}
```

在按键处理程序中，首先关闭中断，然后通过 if 语句判断按键的动作，K1 按键动作，将状态设置为 1。若按下增计数键 K2，则在设置状态时，每次将计数初始值加 30。若按下减计数键 K3，则在设置状态时，每次将计数初始值减 30。若按下确认键 K4，则开始倒计时。按键信号处理完成后，开启总中断。

（6）定时中断初始化程序。定时中断初始化程序如下：

```
/* ********************************************************** */
// 定时器 0 初始化函数 Timer0Init()
/* ********************************************************** */
void Timer0Init(void)
{
    AUXR & = 0x7F;          //定时器时钟 12T 模式
    TMOD & = 0xF0;          //设置定时器模式
    TMOD | = 0x01;          // 设置定时器 0 工作在模式 1
    TH0 = 0xFC;             // 为定时器 0 的 TH0 赋初始值
    TL0 = 0x66;             //为定时器 0 的 TL0 赋初始值，定时 1ms
    EA = 1;                 // 开总中断
    ET0 = 1;                // 开定时器 0 中断
    TR0 = 1;                // 启动定时器 0
}
```

在定时中断初始化程序中，首先设定定时器 0 的工作模式为工作模式 1，即 16 位计时模式，然后为定时器 0 设置初值，再开启总中断和定时中断，启动定时器 0。

（7）中断计时程序。中断计时程序如下：

```
/* ********************************************************** */
// 函数名称：Timer0 _ ISR()
// 函数功能：定时器 0 的服务操作
// 入口参数：无
// 出口参数：无
/* ********************************************************** */
void Timer0 _ ISR(void) interrupt 1
{
    static uInt16 uiCounter;
    TH0 = 0xFC;                 //重装 1ms 定时数据
    TL0 = 0x66;
```

```
      uiCounter + + ;              //1ms 计数
      T0 _ cnt + + ;               //T0 计数
        T0 _ shan + + ;            //T0 中断计数
      ucRefresh + + ;              //更新数码管刷新变量
      if(4 = = ucRefresh)          //4 位数码管更新完
      ucRefresh = 0;


      if(0 = = state _ val)
        {
        if( uiCounter> = 1000 )  // 计 1000 次数, 说明 1s 时间已到
            {  uiCounter = 0;
                if(cnt _ val! = 0)
                {
          cnt _ val--;}            //当前值减 1
          else
              {state _ val = 2;}//定时计数到 0 时, 切换状态
              show _ val = cnt _ val;
          }
        }
    }
}
```

在定时器 0 的中断服务程序中, 通过 static 设置静态变量 uiCounter, 接着重装 1ms 定时初值, 更新数码管刷新变量 ucRefresh, 更新 T0 计数、T0 中断计数和 1ms 计数 uiCounter 变量。数码管刷新变量每 4ms 刷新一次。

当 uiCounter 毫秒 (ms) 定时中断发生 1000 次时, 说明 1s 时间已到, 毫秒计数信号变量 uiCounter 复位, 当倒计时当前值 cnt _ val 不为 0 时, 倒计时当前值 cnt _ val 减 1, 当倒计时当前值 cnt _ val 减到 0 时, 转入倒计时状态 2。

最后将倒计时当前值 cnt _ val 赋值给倒计时显示变量 show _ val。

(8) 秒闪烁显示函数。秒闪烁显示函数如下:

```
/* * * * * * * * * * * * * * * * * * * * * * * * * * * * * * * * * * * * * * * * */
//秒闪烁显示函数: SHAN _ sec()
/* * * * * * * * * * * * * * * * * * * * * * * * * * * * * * * * * * * * * * * * */
void SHAN _ sec(void)
{if(T0 _ shan> = 500)
  {T0 _ shan = 0;
  led1 = ! led1;
  }
}
```

为了使分钟与秒之间的冒号显示, 设计了秒闪烁显示函数。利用定时器 T0 中断计数变量 T0 _ shan, 每 1ms 计数一次, 当计数值大于等于 499 时, 复位变量 T0 _ shan, 并使 led1 取反一次, 即每 0.5s led1 的值变化一次, 秒指示灯闪烁显示。

(9) 主程序。主程序如下:

```
/* * * * * * * * * * * * * * * * * * * * * * * * * * * * * * * * * * * * * * * * */
// 函数名称: main()
```

```
// 函数功能：倒计时
// 入口参数：无
// 出口参数：无
/* ********************************************************** */
void main(void)
{
    uChar8 GeMin, ShiMin, GeNum, ShiNum;
    init _ val = 300;                        //计数变量初始设置为300
    cnt _ val = init _ val;                  //初始值赋值给当前值
    show _ val = cnt _ val;                  //当前值赋值给显示值
    state _ val = 2;                         //初始状态设置为2
    Timer0Init();                            //定时器0初始化
    while(1)
    {
    if(ScanKey())                            //按键扫描
        { DelayMS(2);                        //消除抖动
        if(ScanKey())                        //再次检测按键动作
        {Key _ h = Key _ m;
         Proc _ Key();                       //按键处理
         }
        }
    if(0 = = state _ val)                    //倒计时开始
    {jdq1 = 0;                               //继电器动作
    SHAN _ sec();                            //秒指示灯闪烁
    }
    else
    {jdq1 = 1;
    led1 = 1;
    }
    if((cnt _ val< = 60)&(cnt _ val>56))    //倒计时到60时，beep提示5s
    { if(T0 _ cnt>249)                       //如果计数大于249，计时0.25s
        { T0 _ cnt = 0; beep = ! beep; }
    }

    if((cnt _ val< = 10)&(cnt _ val>0))      //倒计时到10s时
      { if(T0 _ cnt>499)                     //如果计数大于499，计时0.5s
          { T0 _ cnt = 0; beep = ! beep; }   //报警状态
      }
      else
      {beep = 1;
      }
      /* 利用"/"和"%"来分离位 */
      GeNum  = show _ val%60%10;             //秒数据个位
      ShiNum = show _ val%60/10%10;          //秒数据十位
```

```
GeMin   = show _ val/60 % 10;              //分钟数据个位
ShiMin = show _ val/60/10 % 10;            //分钟数据十位

switch(ucRefresh)
{
  case 0：
    / * 位选选中第 1 位数码管 * /
    SEG _ SELECT = 1;
    P0 =  0x00;
    SEG _ SELECT = 0;
    BIT _ SELECT = 1;                      //位开门
    P0 = 0xfe;                             //送位选通数据
    BIT _ SELECT = 0;                      //位关门
    P0 = 0X00;
    / * 为该位数码管送小时十位显示数值 * /
    SEG _ SELECT = 1;                      //段选通开
    P0 = Disp _ Tab[ShiMin];               //送段数据
    SEG _ SELECT = 0;                      //段选通关闭
    break;

  case 1：
    / * 位选选中第 2 位数码管 * /
    SEG _ SELECT = 1;
    P0 = 0x00;
    SEG _ SELECT = 0;
    BIT _ SELECT = 1;
    P0 = 0xfd;
    BIT _ SELECT = 0;
    P0 = 0X00;
    / * 为该位数码管送小时个位显示数值 * /
    SEG _ SELECT = 1;
    P0 = Disp _ Tab[GeMin];
    SEG _ SELECT = 0;
    break;

  case 2：
    / * 位选选中第 3 位数码管 * /
    SEG _ SELECT = 1;
    P0 = 0x00;
    SEG _ SELECT = 0;
    BIT _ SELECT = 1;
    P0 = 0xfb;
    BIT _ SELECT = 0;
    P0 = 0X00;
```

```
            /* 为该位数码管送秒个位显示数值 */
            SEG _ SELECT = 1;
            P0 = Disp _ Tab[ShiNum];
            SEG _ SELECT = 0;
            break;

        case 3:
            /* 位选选中第 4 位数码管 */
            SEG _ SELECT = 1;
            P0 = 0x00;
            SEG _ SELECT = 0;
            BIT _ SELECT = 1;
            P0 = 0xf7;
            BIT _ SELECT = 0;
            P0 = 0X00;
            /* 为该位数码管送秒个位显示数值 */
            SEG _ SELECT = 1;
            P0 = Disp _ Tab[GeNum];
            SEG _ SELECT = 0;
            break;
        default:
        break;
        }
    }
}
```

在主程序中，首先进行变量初始化，运行定时器 0 初始化程序，运行完毕后，进入 while 循环。在 while 循环中，首先运行按键检测程序，运行按键处理程序，再运行继电器、蜂鸣器控制程序，然后等待定时中断发生，进行时间数据更新，再通过 switch 开关语句依次处理各个数码显示管的显示。这个数码管显示程序进行了消隐处理，首先送段选数据 0，熄灭所有数码管，接着关段选信号，开位选通信号，送指定数码管导通信息，关位选通信号。开段选前，送数据 0x00，熄灭所有数码管，再开段选信号，送段选数据，关段选信号。如果在 case 执行语句中，缺乏数码管熄灭信息，数码管会有重复显示的数据，产生重影，数据显示就不清晰，且会显示我们所不希望显示的字符数据。

5. 软硬件调试方案

软件调试方案：在 Keil μVision 4 软件中，在"文件\新建文件"中，新建 C 语言源程序文件，编写相应的程序。在"文件\新建项目"的菜单中，新建项目并将 C 语言源程序文件包括在项目文件中。

在"项目\编译"菜单中将 C 源文件编译，检查语法错误及逻辑错误。在编译成功后，产生以"*.hex"为后缀的目标文件。

在 Keil μVision 4 中将程序文件编译成目标文件后，运行 ISP 下载程序，将程序文件下载到单片机的 Flash 中。

然后，上电重新启动单片机，检查所编写的程序是否达到了题目的要求，是否全面完整地完成了限时器控制的内容。

 技能训练

一、训练目标

(1) 学会进行单片机产品的开发。

(2) 学会演讲限时器的开发。

二、训练步骤与内容

1. 建立一个工程

(1) 在计算机 E 盘新建一个文件夹"xianshiqi"。

(2) 启动 Keil μVision4 软件。

(3) 选择执行"Project"工程菜单下的"New μVision Project"命令，新建一个 μVision 工程项目命令，弹出创建新项目对话框。

(4) 在创建新项目对话框，输入工程文件名"xianshiqi"，单击"保存"按钮，弹出选择 CPU 数据库对话框。

(5) 选择 STC CPU Data base 数据库，单击"OK"按钮，弹出"Select Device for Target"选择目标器件对话框，单击"STC"左边的"+"号，展开选项，选择"STC15F2K60S2"选项。

(6) 单击"OK"按钮，弹出是否添加标准 8051 启动代码对话框。

(7) 单击"是"按钮，即可在开发环境自动为我们建立好包含启动代码项目的空文件，启动代码为"STARTUP. A51"。

2. 编写程序文件

(1) 单击执行"File"文件菜单下的"New"命令，新建一个文本文件"TEXT1"。

(2) 单击执行"File"文件菜单下的"Save As"命令，弹出另存文件对话框，在文件名栏输入"main. c"，单击"保存"按钮，保存文件。

(3) 在左边的工程浏览窗口，右键单击"Source Group1"，在弹出的右键菜单中，选择执行"Add Files to Group′Source Group1′"命令。

(4) 弹出选择文件对话框，选择"main. c"文件，单击"Add"添加按钮，将文件添加到工程项目中，单击添加文件对话框右上角的红色"×"，关闭添加文件对话框。

(5) 在"main. c"文件中输入单片机演讲限时器程序，单击工具栏的保存按钮 ，并保存文件。

3. 调试运行

(1) 编译程序。

1) 设置输出文件选项。在左边的工程浏览窗口，右键单击"Target"选项，在弹出的右键菜单中，选择执行"Options for Target′Target1′"菜单命令。

2) 在"Options for Target′Target1′"对话框，选择"Target"对象目标设置页，在晶体振荡器频率设置栏"Xtal（MHz）"，输入"11.0592"，设置晶振频率为 11.0592 MHz。

3) 在"Options for Target′Target1′"对话框，选择"Output"输出页，选择"Create HEX File"创建 HEX 文件。

4) 单击"OK"按钮，返回程序编辑界面。

5) 单击编译工具栏的编译所有文件按钮 ，开始编译文件。

6) 在编译输出窗口，查看程序编译信息。

任务 36

（2）下载程序。

1）启动 STC 单片机下载软件。

2）单击单片机型号栏右边的下拉列表箭头，选择"STC15F2K60S2"。

3）选择 COM 口，计算机连接单片机开发板后，软件会自动选择。

4）单击"打开程序文件"按钮，弹出"打开程序代码文件"对话框，选择"Xianshiqi"文件夹里的"xianshiqi. hex"文件，单击"打开"按钮，在程序代码窗口显示代码文件信息。

5）单击"下载/编程"按钮，此时代码显示框下面的提示框中会显示"正在检测目标单片机"。

6）打开开发板电源开关，程序代码开始下载，提示框显示一串下载信息，下载完成后显示"操作完成"，表示 HEX 代码文件已经下载到单片机中了。

（3）调试。

1）按下演讲限时器的 K1 设置键，进入初始值设置状态。

2）按下演讲限时器的 K3 减值键，观察数码管显示数值，将数值调到 1：30。

3）按下演讲限时器的 K2 增值键，观察数码管显示数值，将数值调到 2：00。

4）按下演讲限时器的 K4 确认键，观察数码管的显示和继电器的输出。

5）继续运行，等倒计时到 60s 时，仔细聆听蜂鸣器的提示音。继续运行，等倒计时到 10s 时，仔细聆听蜂鸣器的提示音。

6）倒计时到 0s 时，观察继电器的输出。

7）修改初始值数值，重新编译，下载运行程序，观察运行结果。

任务 37　无线温度、湿度测试系统

 基础知识

一、无线温度、湿度测试系统简介

无线温度、湿度测试系统是基于单片机控制下的无线温、湿度检测系统。它能将温室大棚的温度、湿度以无线的方式实时地传输到检测室的 PC 机上，这样，当管理人员看到温度、湿度升高或降低时便可以采取相应的措施，继而为蔬菜提供一个舒适的生长环境。

无线温度、湿度测试系统需要两套子系统：一套用来采样温、湿度，并通过无线信号发射出去；另一套用来接收数据，并将数据传输到 PC 机上。无线温度、湿度测试系统的总体结构如图15-5 所示。

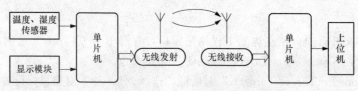

图 15-5　无线测温系统总体结构

1. 无线模块的概述

市场上常见的无线模块可以分为三类，分别是：①幅移键控 ASK 超外差模块，主要用在简单的遥控和数据传送；②无线收发模块，主要用来通过单片机控制无线收发数据，一般为频移键控 FSK、高斯频移键控 GFSK 调制模式；③无线数传模块，主要用来直接通过串口收发数据，使用简单。

按工作频率来分类，市场上常见的无线模块有 230MHz、315MHz、433MHz 和 2.4GHz 等。其中 230MHz 的代表型号有 MDS EL-7052 等；315MHz 的一般是 ASK 无线模块，代表型号是 YB315 等；433MHz 的代表型号有 CC1101S、CC1101＋PA＋LNA 等；2.4GHz 的代表型号有 MDS EL-805、CC2500S、CC2500＋PA＋LNA、YB2530、YB2530＋PA 以及 nRF24L01 等。

无线模块广泛地运用在无人机通信控制、工业自动化、油田数据采集、铁路无线通信、煤矿安全监控系统、管网监控、水文监测系统、污水处理监控、PLC、车辆监控、遥控、测试、小型无线网络、无线抄表、智能家居、非接触 RF 智能卡、楼宇自动化、安全防火系统、无线遥控系统、生物信号采集、机器人控制、无线 RS-232 数据通信、无线 RS-485/422 数据通信传输等领域中。因而这里就以 nRF24L01 为例，来详细介绍一下如何用此模块来进行无线传输数据。

2. nRF24L01 模块的概要

nRF24L01 是一款新型单片射频收发器件，工作于 2.4～2.5GHz ISM 频段。它内置频率合成器、功率放大器、晶体振荡器、调制器等功能模块，并融合了增强型 ShockBurst 技术，其中输出功率和通信频道可以通过程序进行配置。

nRF24L01 功耗较低，在以－6dBm 的功率发射时，工作电流也只有 9mA；接收时，工作电流只有 12.3 mA，多种低功率工作模式（掉电模式和空闲模式）使节能设计更加方便。以下特点更让该模块的应用得到了升级。

（1）2.4GHz 全球开放 ISM 频段免许可证使用。

（2）最高工作速率 2Mbit/s，高效 GFSK 调制，抗干扰能力强，特别适合工业控制场合。

（3）126 频道，满足多点通信和跳频通信需要。

（4）内置硬件 CRC 检错和点对多点通信地址控制。

（5）低功耗 1.9～3.6V 工作，待机模式下状态为 $22\mu A$；掉电模式下为 900nA。

（6）内置 2.4GHz 天线，体积小巧，为 34mm×17mm。

（7）模块可以软件设置地址，只有收到本机地址时才会输出数据（提供中断指示），可以直接接各种单片机使用，软件编程非常方便。

（8）内置专门稳压电路，使用各种电源，包括 DC/DC、开关电源，均有很好的通信效果。

3. nRF24L01 模块的硬件结构

nRF24L01 模块使用 Nordic 公司的 nRF24L01 芯片开发而成。这里介绍的模块由深圳云佳科技有限公司生产，成熟性和稳定性已经被许多大公司认可。其模块的 PCB 如图 15-6 所示。实物如图 15-7 所示。

nRF24L01 模块是以 SPI（Serial Peripheral Interface，串行外设接口）方式和单片机通信的。nRF24L01 模块所用到的管脚介绍如下。

（1）GND（模块 1 管脚）：模块参考地，电源负极。

（2）VCC（模块 2 管脚）：模块电源正极供电端。

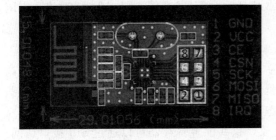
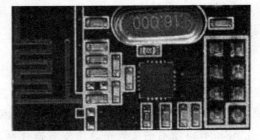

图 15-6　nRF24L01 的 PCB　　　　图 15-7　nRF24L01 实物图

(3) CE（模块 3 管脚）：RX 或 TX 模式选择。

(4) CSN（模块 4 管脚）：SPI 片选信号。

(5) SCK（模块 5 管脚）：SPI 时钟。

(6) MOSI（模块 6 管脚）：SPI 数据输入引脚（主出从进）。

(7) MISO（模块 7 管脚）：SPI 数据输出引脚（主入从出）。

(8) IRQ（模块 8 管脚）：可屏蔽中断脚。

4. nRF24L01 模块的工作模式

通过配置寄存器和设置 CE 的高低电平可将 nRF241L01 配置为发射、接收、空闲及掉电四种工作模式，具体见表 15-1。

表 15-1　　　　　　　　　　　　　　nRF241L01 的模式配置

模式	PWR_UP	PRIM_RX	CE	FIFO 寄存器状态
接收模式	1	1	1	—
发射模式	1	0	1	数据在 TX FIFO 寄存器中
发射模式	1	0	1→0	停留在发送模式，直至数据发送完
待机模式 2	1	0	1	TX FIFO 为空
待机模式 1	1		0	无数据传输
掉电模式	0	—	—	—

5. nRF24L01 模块的工作原理

发射数据时，首先将 nRF24L01 配置为发射模式，接着把接收节点地址 TX_ADDR 和有效数据 TX_PLD 按照时序由 SPI 口写入 nRF24L01 缓存区，TX_PLD 必须在 CSN 为低时连续写入，而 TX_ADDR 在发射时写入一次即可，然后将 CE 置为高电平并保持至少 $10\mu s$，延迟 $130\mu s$ 后发射数据；若自动应答开启，那么 nRF24L01 在发射数据后立即进入接收模式，接收应答信号（自动应答接收地址应该与接收节点地址 TX_ADDR 一致）。如果收到应答，则认为此次通信成功，TX_DS 置为高电平，同时 TX_PLD 从 TX FIFO 中清除；若未收到应答，则自动重新发射该数据（自动重发已开启），若重发次数（ARC）达到上限，则 MAX_RT 置为高电平，TX FIFO 中数据保留以便再次重发；当 MAX_RT 或 TX_DS 置为高电平时，使 IRQ 变低，产生中断，通知 MCU。最后发射成功时，若 CE 为低则 nRF24L01 进入空闲模式 1；若发送堆栈中有数据且 CE 为高，则进入下一次发射；若发送堆栈中无数据且 CE 为高，则进入空闲模式 2。

接收数据时，首先将 nRF24L01 配置为接收模式，接着延迟 $130\mu s$ 进入接收状态，等待数据的到来。当接收方检测到有效的地址和 CRC 时，就将数据包存储在 RX FIFO 中，同时中断标志位 RX_DR 置为高电平，IRQ 变低，产生中断，通知 MCU 去取数据。若此时自动应答开启，则接收方同时进入发射状态回传应答信号。最后接收成功时，若 CE 变低，则 nRF24L01 进入空闲模式 1。

6. nRF24L01 模块的配置字

SPI 口为同步串行通信接口，最大传输速率为 10Mbit/s，传输时先传送低位字节，再传送高位字节。但针对单个字节而言，要先送高位再送低位。与 SPI 相关的指令共有 8 个，使用时这些控制指令由 nRF24L01 的 MOSI 输入。相应的状态和数据信息从 MISO 输出给 MCU。

nRF24L0l 所有的配置字都由配置寄存器定义，这些配置寄存器可以通过 SPI 接口访问。nRF24L01 的配置寄存器共有 25 个，常用的配置寄存器见表 15-2。

表 15-2   nRF24L01 寄存器的概述

地址	寄存器名称	功　能
00H	CONFIG	设置 24L01 工作模式
01H	EA _ AA	设置接收通道及自动应答
02H	EA _ RXADDR	使能接收通道地址
03H	SETUP _ AW	设置地址宽度
04H	SETUP _ RETR	设置自动重发数据时间和次数
07H	STATUS	状态寄存器，用来判定工作状态
0AH～0FH	RX _ ADDR _ P0～P5	设置接收通道地址
10H	TX _ ADDR	设置发送地址（先写低字节）
11H～16H	RX _ PW _ P0～P5	设置接收通道的有效数据宽度

7. 数字温湿度传感器 DHT11

温湿度的测量这里选择 DHT11。DHT11 数字温湿度传感器是一款含有已校准数字信号输出的温湿度复合传感器，它应用专用的数字模块采集技术和温湿度传感技术，确保产品具有极高的可靠性和稳定性。传感器包括一个电阻式感湿元件和一个 NTC 测温元件，并与一个高性能的 8 位单片机相连接。因此该产品具有品质卓越、超快响应、超强抗干扰性、性价比极高等优点。每个 DHT11 传感器都在极为精确的湿度校验室中进行校准。校准系数以程序的形式存在 OTP 内存中，传感器内部在检测型号的处理过程中要调用这些校准系数。它具有单线制串行接口，使系统集成变得简易快捷。超小的体积，超低的功耗，使其成为该类应用甚至是最为苛刻的应用场合的最佳选择。产品为 4 针单排引脚封装，连接方便。其实物图如图 15-8 所示。与单片机连接的 DHT11 应用原理图如图 15-9 所示。

DHT11 数字温湿度传感器以单总线的方式和单片机通信。单总线即只有一根数据线，系统中的数据交换、控制均由单总线完成。设备（主机或从机）通过一个漏极开漏或三态端口连到该数据线上，以允许设备在不发送数据时能够释放总线，而让其他设备使用总线，因此上拉电阻（4.7～10kΩ）是少不了的。

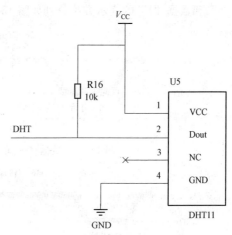

图 15-8　DHT11 实物图　　　　图 15-9　DHT11 应用原理图

（1）DHT11 的数据位定义。在数据传输过程中，一次传送 5 个字节（40 位）的数据，高位先出。其格式为：8bit 湿度整数＋8bit 湿度小数＋8bit 温度整数＋8bit 温度小数＋8bit 校验位。其中，8bit 校验位等于"8bit 湿度整数＋8bit 湿度小数＋8bit 温度整数＋8bit 温度小数"数据之和。

下面举例说明。若一帧数据为 00111010 00000000 00011000 00000000 01010010，计算 00111010 ＋00000000＋00011000＋00000000＝01010010，说明数据接收正确，且湿度为 58（00111010）％ RH，温度为 24（00011000）℃，若校验位不等于前 4 个数据之和，那么放弃这帧数据。

（2）读数据时序图。用户主机（MCU）发送一次开始信号后，DHT11 从低功耗模式转换到高速模式，待主机开始信号结束后，DHT11 发送响应信号，送出 40bit 的数据，并触发一次信息采集。发送数据流程如图 15-10 所示。

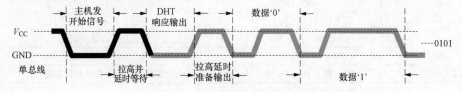

图 15-10　发送数据流程图

注意：主机从 DHT11 读取的温湿度数据总是前一次的测量值，如果两次测量间隔时间很长，请连续读两次，最后以第二次获得的值为实时温湿度值。

（3）主机复位信号和 DHT11 响应信号。主机发送开始信号后，延时等待 $20\sim40\mu s$ 后读取 DH11T 的回应信号，读取总线为低电平，说明 DHT11 在发送响应信号，然后再把总线拉高，准备发送数据，每一位数据都以低电平开始，格式如图 15-11 所示。如果读取响应信号为高电平，则 DHT11 没有响应，应检查线路是否连接正常。

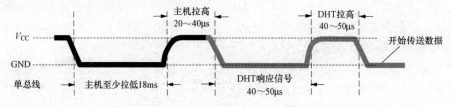

图 15-11　主机复位信号和 DHT11 响应信号图

（4）数据"0"和数据"1"的表示方法分别如图 15-12 和图 15-13 所示。

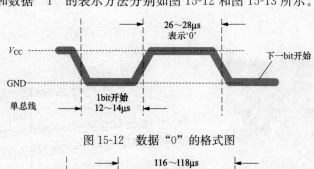

图 15-12　数据"0"的格式图

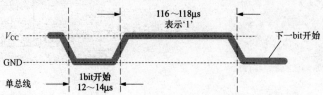

图 15-13　数据"1"的格式图

二、发射系统的设计

发射系统按功能来分应该包括三部分，分别为：温度、湿度的采集（也即传感器的驱动），温度、湿度的显示（通过液晶的控制），无线发射（无线模块的控制）。接下来从软、硬件两个方面来讲述发射系统。

1. 发射系统的硬件设计

以 MGSS-V1.0 单片机最小系统板电路为控制核心，制作温度、湿度测试小板，总体的系统图如图 15-14 所示。

2. 发射系统的软件开发

发射系统的软件主要包括三部分：传感器的驱动、无线模块的驱动、液晶的驱动。

（1）温、湿度传感器的驱动程序。温、湿度传感器的驱动程序文件"DHT11.c"的源代码如下：

图 15-14　发射系统实物图

```c
/* ***************************************
*********************** */
#include "common.h"        //包含定义 uChar8 所有的头文件
#include "delay.h"         //包含延时函数的头文件
sbit DHT11DATA = P2^0 ;    //定义传感器所有的端口
uChar8   U8FLAG;           /* 状态标志位。0→超时；1→跳出循环；2→初始值 */
uChar8   U8temp;           //临时的全局变量
uChar8   U8T_data_H;       //温度高 8 位
uChar8   U8T_data_L;       //温度低 8 位
uChar8   U8RH_data_H;      //湿度高 8 位
uChar8   U8RH_data_L;      //湿度低 8 位
uChar8   U8comdata;        //校验位
uChar8   U8checkdata;      //校验数据
/* ************************************************************* */
// 读数据函数：DHT11ReadData()
/* ************************************************************* */
void DHT11ReadData(void)
{
  uChar8 i;
  for(i = 0; i < 8; i++)                    //串行按位读取数据
  {
    U8FLAG = 2;                             //初始值
    while((! DHT11DATA) && U8FLAG++);       //低电平等待
    Delay5US(); Delay5US(); Delay5US();
    U8temp = 0;
    if(DHT11DATA)U8temp = 1;                //若此时数据线还为高，表示数据为 1
    U8FLAG = 2;
    while((DHT11DATA) && U8FLAG++);
        //判断数据线是否还原为低电平和超时
    if(U8FLAG == 1)break;                   //超时则跳出 for 循环
    U8comdata <<= 1;
```

```
    U8comdata | = U8temp;                        //计算校验位
  }
}
/* **************************************************** */
//读取温湿度函数：DHT11TemAndHum()
// 出口参数：操作成功与否的标志位
/* **************************************************** */
uChar8 DHT11TemAndHum(void)
{
  uChar8  U8T_data_H_temp;              //温度高8位(第二次读数)
  uChar8  U8T_data_L_temp;              //温度低8位(第二次读数)
  uChar8  U8RH_data_H_temp;             //湿度高8位(第二次读数)
  uChar8  U8RH_data_L_temp;             //湿度低8位(第二次读数)
  uChar8  U8checkdata_temp;             //校验数据(第二次读数)
  DHT11DATA = 0; DelayMS(18);           //主机拉低18ms
  DHT11DATA = 1;                        //接着拉高数据线
  Delay5US(); Delay5US(); Delay5US(); /* 总线由上拉电阻拉高 主机延时20μs */
  DHT11DATA = 1;                        //主机设为输入，判断从机响应信号
  //判断从机是否有低电平响应信号，如不响应则跳出，若响应则向下运行
  if(! DHT11DATA)
  {
    U8FLAG = 2;
    while((! DHT11DATA) && U8FLAG + +);
        //判断从机是否发出80μs的低电平，响应信号是否结束
    U8FLAG = 2;
        //判断从机是否发出80μs的高电平，如果发出则进入数据接收状态
    while((DHT11DATA) && U8FLAG + +);
    DHT11ReadData(); U8RH_data_H_temp = U8comdata;
    DHT11ReadData(); U8RH_data_L_temp = U8comdata;
    DHT11ReadData(); U8T_data_H_temp = U8comdata;
    DHT11ReadData(); U8T_data_L_temp = U8comdata;
    DHT11ReadData(); U8checkdata_temp = U8comdata;
    //数据校验
    U8temp = U8T_data_H_temp + U8T_data_L_temp +
             U8RH_data_H_temp + U8RH_data_L_temp;
    if(U8temp = = U8checkdata_temp)
    {
      U8RH_data_H = U8RH_data_H_temp;
      U8RH_data_L = U8RH_data_L_temp;
      U8T_data_H = U8T_data_H_temp;
      U8T_data_L = U8T_data_L_temp;
      U8checkdata = U8checkdata_temp;
      return 1;          //若校验相等，则返回1，否则返回0
    }
```

任务 37

```
    }
    return 0;
}
```

程序中稍有难度的地方，作者加了详细的注释。

温度、湿度传感器的驱动程序文件"DHT11.h"的源代码如下：

```
#ifndef __DHT11_H__
#define __DHT11_H__
extern void DHT11ReadData(void);
extern uChar8 DHT11TemAndHum(void);
#endif
```

（2）无线模块的发射驱动。无线模块的发射程序文件"NRF24L01.c"的源代码如下：

```
#include "NRF24L01.h"
#define TX_ADR_WIDTH    5      //本机地址宽度设置
#define RX_ADR_WIDTH    5      //接收方地址宽度设置
#define TX_PLOAD_WIDTH  20     // 4 字节数据长度
#define RX_PLOAD_WIDTH  20     // 4 字节数据长度
uChar8 const TX_ADDRESS[TX_ADR_WIDTH] = {0x34, 0x43, 0x10, 0x10, 0x01};  //本地地址
uChar8 const RX_ADDRESS[RX_ADR_WIDTH] = {0x34, 0x43, 0x10, 0x10, 0x01};  //接收地址
/* ***********NRF24L01 寄存器指令，详细请对照数据手册************* */
#define WRITE_REG     0x20  // 写寄存器指令
#define WR_TX_PLOAD   0xA0  // 写待发数据指令
#define CONFIG        0x00  /* 配置收发状态、CRC 校验模式以及收发状态响应方式 */
#define EN_AA         0x01  // 自动应答功能设置
#define EN_RXADDR     0x02  // 可用信道设置
#define RF_CH         0x05  // 工作频率设置
#define RF_SETUP      0x06  // 发射速率、功耗功能设置
#define STATUS        0x07  // 状态寄存器
#define RX_ADDR_P0    0x0A  // 频道 0 接收数据地址
#define TX_ADDR       0x10  // 发送地址寄存器
#define RX_PW_P0      0x11  // 接收频道 0 接收数据长度
/* ********************************************************** */
// 函数名称：NRF24L01Init()
// 函数功能：初始化 NRF24L01
// 入口参数：无
// 出口参数：无
/* ********************************************************** */
void NRF24L01Init(void)
{
    DelayMS(1);
    CE = 0;                  // 片选信号
    CSN = 1;                 // SPI 使能信号
    SCK = 0;                 // SPI 时钟信号
    SPI_Write_Buf(WRITE_REG + TX_ADDR, TX_ADDRESS, TX_ADR_WIDTH);
```

```
    // 写本地地址
SPI_Write_Buf(WRITE_REG + RX_ADDR_P0, RX_ADDRESS, RX_ADR_WIDTH);
    // 写接收端地址
SPI_RW_Reg(WRITE_REG + EN_AA, 0x01);              /* 频道 0 自动  ACK 应答允许 */
SPI_RW_Reg(WRITE_REG + EN_RXADDR, 0x01);
    //允许接收地址只有频道 0, 如果需要多频道可以参考数据手册 Page21
SPI_RW_Reg(WRITE_REG + RF_CH, 0);          /* 设置信道工作频率为 2.4GHz, 收发必须一致 */
SPI_RW_Reg(WRITE_REG + RX_PW_P0, RX_PLOAD_WIDTH);
    //设置接收数据长度, 本次设置为 4 字节
SPI_RW_Reg(WRITE_REG + RF_SETUP, 0x07);
    //设置发射速率为 1Mkbit/s, 发射功率为最大值 0dB
}
```

```
/* ********************************************************* */
// 函数名称: SPI_RW()
// 函数功能: 用 SPI 方式读写 nRF24L01 的数据
// 入口参数: 待写入的数据(ucDat)
// 出口参数: 无
/* ********************************************************* */
uChar8 SPI_RW(uChar8 ucData)
{
  uChar8 bit_ctr;
    for(bit_ctr = 0; bit_ctr < 8; bit_ctr++)        //输出 8 位数值
    {
    MOSI = (ucData & 0x80);                         //输出高位值到 MOSI 引脚
    ucData = (ucData << 1);                         //移位之高位
    SCK = 1;                                        //设置时钟线为高
    ucData |= MISO;                                 //捕获当前 MISO 位
    SCK = 0;                                        //拉低时钟线
    }
    return(ucData);                                 //返回读到的数值
}
```

```
/* ********************************************************* */
// 函数名称: SPI_RW_Reg(ucReg, ucValue)
// 函数功能: 读写 nRF24L01 寄存器
// 入口参数: 寄存器地址(ucReg), 待写入数值(ucValue)
// 出口参数: 无
/* ********************************************************* */
uChar8 SPI_RW_Reg(uChar8 ucReg, uChar8 ucValue)
{
  uChar8 ucStatus;
  CSN = 0;                                          //片选拉低
  ucStatus = SPI_RW(ucReg);                         //选择寄存器
  SPI_RW(ucValue);                                  //向该寄存器写入数值
  CSN = 1;                                          //片选拉高
```

```
    return(ucStatus);                                        //返回 nRF24L01 状态值
}
/* ******************************************************** */
// 函数名称：SPI _ RW _ Reg()
// 函数功能：为 nRF24L01 写数据
/* 入口参数：寄存器地址(ucReg)，待写入数据（* ucpBuf），待写入数据个数(ucNum) */
// 出口参数：无
/* ******************************************************** */
uChar8 SPI _ Write _ Buf(uChar8 ucReg, uChar8 * ucpBuf, uChar8 ucNum)
{
    uChar8 ucStatus, uChar8 _ ctr;
    CSN = 0;                                                  //SPI 使能
    ucStatus = SPI _ RW(ucReg);
    for(uChar8 _ ctr = 0; uChar8 _ ctr < ucNum; uChar8 _ ctr + + )
        SPI _ RW( * ucpBuf + + );
    CSN = 1;                                                  //关闭 SPI
    return(ucStatus);
}
/* ******************************************************** */
// nRF24L01 发送 TxBuf 数据函数 nRF24L01 _ TxPacket()
// 入口参数：待发送数据地址( * TxBuf)
/* ******************************************************** */
void nRF24L01 _ TxPacket(uChar8 * TxBuf)
{
    CE = 0;                          //StandBy I 模式
    SPI _ Write _ Buf(WRITE _ REG + RX _ ADDR _ P0, TX _ ADDRESS, TX _ ADR _ WIDTH);    //装载接收端地址
    SPI _ Write _ Buf(WR _ TX _ PLOAD, TxBuf, TX _ PLOAD _ WIDTH);//装载数据
    SPI _ RW _ Reg(WRITE _ REG + CONFIG, 0x0E); /* IRQ 收发完成中断响应，16 位 CRC */
    CE = 1;                          //置高 CE，激发数据发送
    Delay5US();
    SPI _ RW _ Reg(WRITE _ REG + STATUS, 0XFF);
}
```

无线 NRF24L01 模块可以选用的通信频道比较多，我们只用了 0 频道，剩余的读者以后需要用时可以去研读数据手册。

（3）显示模块 LCD1602 的驱动。LCD1602 液晶基本部分的驱动代码，在项目七"应用 LCD 模块"一章中作了大量的讲解，读者可以直接拿过来应用。

（4）发射系统主程序的设计。发射系统主程序就是对各个子模块、子程序进行调用，最后达到整个要实现的功能。其实如果读者的各个".c"文件写得好，这里的主函数就会很简单。所以作者推荐一定要将各个子函数按模块来聚合，最后达到真正的模块化编程。发射系统主程序如下：

```
# include <STC15F2K60S2. h>
# include "common. h"
# include "delay. h"
# include "NRF24L01. h"
```

```
#include "DHT11.h"
#include "LCD1602.h"
extern uChar8  U8T_data_H;              //温度高8位
extern uChar8  U8T_data_L;              //温度低8位
extern uChar8  U8RH_data_H;             //湿度高8位
extern uChar8  U8RH_data_L;             //湿度低8位
uChar8 dispaly[4] = {0};                //显示缓冲区
void main(void)
{
    uChar8 i = 0, Num = 0;
    LCD_Init();                         //LCD1602 初始化
    NRF24L01Init();                     //nRF24L01 初始化配置
    while(1)
    {
        Num = DHT11TemAndHum();         //DHT11 温湿度读取
        if(Num)
        {
            dispaly[0] = U8RH_data_H;   //湿度高位
            dispaly[1] = U8RH_data_L;   //湿度低位
            dispaly[2] = U8T_data_H;    //温度高位
            dispaly[3] = U8T_data_L;    //温度低位
            nRF24L01_TxPacket(dispaly); //通过 nRF2401 发送数据
            LcdDisplay();
        }
    }
}
```

1~6 行代码都是包含头文件，用"<>"和""""是有区别的，请读者注意。

7~10 行为变量的声明，使用 extern 与不用 extern 是有区别的，extern 说明该变量是一个引用的外部变量，不加 extern 说明该变量是本地定义的变量。

3. 接收系统的设计

接收系统的下位机主要包含无线接收和上位机通信两部分。无线接收和无线发射的硬件是相同的，软件与发射部分稍微有些不同。与上位机通信无非就是将数据通过串口输出到 PC 机上。因此，接收系统只需一块 MGSS-V1.0 最小系统板和无线模块即可，读者无需再设计。剩下的主要就是软件部分的设计了。

（1）单片机下位机系统的硬件设计。单片机下位机系统的硬件设计如图 15-15 所示。

（2）无线模块的接收驱动。下位机系统的软件开发主要包括无线接收和串口通信。

无线模块接收的驱动要比无线发射的多一点，因为要设置一些接收端的寄存器等，用 SPI 方式来操作寄存器，

图 15-15　接收系统实物图

与发射重复的程序代码读者请参考发送部分的源代码,具体的".c"源代码如下:

```c
# include <STC15F2K60S2.h>
# include "common.h"
# include "delay.h"
# include "NRF24L01.h"
uChar8    bdata sta;                    //nRF24L01 状态标志
sbit   RX_DR = sta^6;
sbit   TX_DS = sta^5;
sbit   MAX_RT = sta^4;
#define TX_ADR_WIDTH      5       //本机地址宽度设置
#define RX_ADR_WIDTH      5       //接收方地址宽度设置
#define TX_PLOAD_WIDTH    20      // 4 字节数据长度
#define RX_PLOAD_WIDTH    20      // 4 字节数据长度
uChar8 const TX_ADDRESS[TX_ADR_WIDTH] = {0x34,0x43,0x10,0x10,0x01};   //本地地址
uChar8 const RX_ADDRESS[RX_ADR_WIDTH] = {0x34,0x43,0x10,0x10,0x01};   //接收地址
#define WRITE_REG         0x20    // 写寄存器指令
#define RD_RX_PLOAD       0x61    // 读取接收数据指令
#define WR_TX_PLOAD       0xA0    // 写待发数据指令
#define CONFIG            0x00
// 配置收发状态、CRC 校验模式以及收发状态响应方式
#define EN_AA             0x01    // 自动应答功能设置
#define EN_RXADDR         0x02    // 可用信道设置
#define RF_CH             0x05    // 工作频率设置
#define RF_SETUP          0x06    // 发射速率、功耗功能设置
#define STATUS            0x07    // 状态寄存器
#define RX_ADDR_P0        0x0A    // 频道 0 接收数据地址
#define TX_ADDR           0x10    // 发送地址寄存器
#define RX_PW_P0          0x11    // 接收频道 0 接收数据长度
void NRF24L01Init(void)
{   /* 见发送部分源代码 */    }
uChar8 SPI_RW(uChar8 ucData)
{   /* 见发送部分源代码 */    }
uChar8 SPI_RW_Reg(uChar8 ucReg, uChar8 ucValue)
{   /* 见发送部分源代码 */    }
uChar8 SPI_Write_Buf(uChar8 ucReg, uChar8 * ucpBuf, uChar8 ucNum)
{   /* 见发送部分源代码 */    }
/* ****************************************************** */
// 函数名称:SetRX_Mode()
// 函数功能:配置 nRF24L01 的数据接收模式
// 入口参数:无
// 出口参数:无
/* ****************************************************** */
void SetRX_Mode(void)
{
```

```
   CE = 0;
   SPI _ RW _ Reg(WRITE _ REG + CONFIG, 0x0f);
      //IRQ 收发完成中断响应，16 位 CRC，主接收
   CE = 1;
   DelayMS(1);
}
```

/* ** */
// 函数名称：SPI _ Read()
// 函数功能：用 SPI 方式读取 nRF24L01 的读数据
// 入口参数：待存入数据寄存器地址(ucReg)
// 出口参数：操作成功与否标志位
/* ** */

```
uChar8 SPI _ Read(uChar8 ucReg)
{
   uChar8 reg _ val;
   CSN = 0;                        //片选使能，初始化 SPI 通信
   SPI _ RW(ucReg);                //选中读取寄存器
   reg _ val = SPI _ RW(0);        //读寄存器数据值
   CSN = 1;                        //片选拉高
   return(reg _ val);              //返回读到的值
}
```

/* ** */
// 函数名称：SPI _ Read()
// 函数功能：读 nRF24L01 的数据
/* 入口参数：寄存器地址(ucReg)，待读出数据(* ucpBuf)，读出数据的个数(ucNum) */
// 出口参数：操作状态
/* ** */

```
uChar8 SPI _ Read _ Buf(uChar8 ucReg, uChar8 * ucpBuf, uChar8 ucNum)
{
   uChar8 status, uchar _ ctr;
   CSN = 0;                        //片选使能
   status = SPI _ RW(ucReg);       //选中寄存器并写入、读出数值
   for(uchar _ ctr = 0; uchar _ ctr < ucNum; uchar _ ctr + +)
      ucpBuf[uchar _ ctr] = SPI _ RW(0);
   CSN = 1;
   return(status);                 //返回状态值
}
```

/* ** */
// 函数名称：nRF24L01 _ RxPacket()
// 函数功能：nRF24L01 接收数据
// 入口参数：待存入数据(* RxBuf)
// 出口参数：操作成功与否标志位
/* ** */

```
uChar8 nRF24L01 _ RxPacket(uChar8 * RxBuf)
```

```
{
    uChar8 revale = 0;
  sta = SPI _ Read(STATUS);           // 读取状态寄存器来判断数据接收状况
  if(RX _ DR)                          // 判断是否接收到数据
  {
      CE = 0;
    SPI _ Read _ Buf(RD _ RX _ PLOAD, RxBuf, TX _ PLOAD _ WIDTH);
        // read receive payload from RX _ FIFO buffer
    revale = 1;                        //读取数据完成标志
  }
  SPI _ RW _ Reg(WRITE _ REG + STATUS, sta);
    /* 接收到数据后 RX _ DR, TX _ DS, MAX _ PT 都置高为 1, 通过写 1 来其清除中断标志 */
  return revale;
}
```

(3) 串口通信的驱动。串口通信的驱动就是将无线接收到的数据通过串口输送到 PC 机上去, 一次要发送的数据是 4 个字节, 其实真正有用的是两个字节, 因为温、湿度传感器的小数部分未使用。

(4) 接收系统主程序的设计。无论多大的系统, 多么复杂的程序, 只要各个子模块的驱动写得好, 那主函数的编写就会显得简单。接收系统主程序如下:

```
#include <STC15F2K60S2.h>
#include "common.h"
#include "delay.h"
#include "LCD1602.h"
#include "NRF24L01.h"
#include "UART.h"
uChar8 RxBuf[10] = {0};            //接收缓冲区
uChar8 temp[4];                    //临时记忆数组
uChar8 code TAB[] = "www.lzmgtech.com";
void main(void)
{
  uChar8 i = 0;
  NRF24L01Init();                  //nRF24L01 初始化
  UART _ Init();                   //串口初始化
  LCD _ Init();                    //LCD1602 初始化
  DelayMS(50);
  while(1)
  {
    SetRX _ Mode();                //接收模式设置
    if(nRF24L01 _ RxPacket(RxBuf))
    {
      temp[0] = RxBuf[0]; temp[1] = RxBuf[1];     //接收湿度的整数、小数
      temp[2] = RxBuf[2]; temp[3] = RxBuf[3];     //接收温度的整数、小数
      for(i = 0; i < 4; i++)
      {
```

任务 37

```
        SendData(temp[i]); DelayMS(5);          /*通过串口将数据传输到上位机*/
      }
      LcdDisplay();                             //将数据显示在 LCD1602 上
    }
  }
}
```

（5）接收系统的上位机开发。用 VB 开发上位机程序，上位机开发也可以用 C 语言、G 语言（LabVIEW）、C++进行开发，开发时使用读者熟悉的语言就可以了。

 技能训练

一、训练目标

（1）认识 nRF24L01 无线发射接收模块。

（2）设计制作 nRF24L01 无线发射系统。

（3）设计制作 nRF24L01 无线接收系统。

二、训练步骤与内容

1. 设计制作 nRF24L01 无线发射系统

（1）参考 nRF24L01 无线发射接收模块数据手册，设计制作 nRF24L01 无线发射系统。

（2）设计温、湿度传感器的驱动程序。

（3）开发 nRF24L01 无线发射驱动软件。

（4）设计 LCD1602 液晶显示器驱动程序。

2. 设计制作 nRF24L01 无线接收系统

（1）参考 nRF24L01 无线发射接收模块数据手册，设计制作 nRF24L01 无线接收系统。

（2）开发 nRF24L01 无线接收驱动软件。

（3）设计 LCD1602 液晶显示器驱动程序。

（4）设计计算机串口通信接收软件。

3. 调试 nRF24L01 无线发射、接收系统

（1）调试 nRF24L01 无线发射系统。

（2）调试 nRF24L01 无线接收系统。

（3）nRF24L01 无线发射、接收系统联调。

 习 题 15

1. 在演讲限时器产品中，增加无线控制部分，增加以下功能

（1）直通功能。按下直通按键，麦克风信号直接接通音频功能放大器，用于演讲者直接回答评委的提问。

（2）复位功能。按下复位功能键，系统恢复到初始倒计时状态。

（3）远程倒计时功能。按下远程倒计时功能键，远程开始倒计时。

2. 应用 nRF24L01 无线发射接收模块设计多点无线温度测试系统

参 考 文 献

［1］ 刘平. 深入浅出玩转 51 单片机［M］. 北京：北京航空航天大学出版社，2014.

［2］ 徐爱钧. STC15 增强型单片机 C 语言编程与应用［M］. 北京：电子工业出版社，2014.